DEUTSCHE DEMOKRATISCHE REPUBLIK
DEUTSCHE AKADEMIE DER LANDWIRTSCHAFTSWISSENSCHAFTEN ZU BERLIN
INSTITUT FÜR LANDWIRTSCHAFTLICHE INFORMATION UND DOKUMENTATION

Landwirtschaftliches Zentralblatt

ABTEILUNG III

TIERZUCHT · TIERERNÄHRUNG FISCHEREI

9. JAHRGANG

1964

AKADEMIE-VERLAG · BERLIN

III TIERZUCHT · TIERERNÄHRUNG · FISCHEREI · JG. 1964 · NR. 11 · SEITE 2245—2468 · BERLIN · NOVEMBER 1964

LANDWIRTSCHAFTLICHES ZENTRALBLATT

ABTEILUNG TIERZUCHT · TIERERNÄHRUNG · FISCHEREI

INHALTSVERZEICHNIS

NAMENVERZEICHNIS

3–64/11–0001 bis 0658 und 3–64/11–9001 bis 9177

Ab Jahrgang 1964 beziehen sich die hinter dem Autorennamen angegebenen Zahlen auf die Signatur des Dokumentationsmaterials

Signatur in [Klammer] bedeutet Bibliographie, mit Stern * bedeutet Buchbesprechung

LANDWIRTSCHAFTLICHES ZENTRALBLATT
ABT. TIERZUCHT · TIERERNÄHRUNG · FISCHEREI

1964 NR. 11 NOVEMBER

ALLGEMEINES

A. GESCHICHTE, FORSCHUNG, UNTERRICHT

3-64/11-0001 Schwerdtfeger, Georg. **Die Ingenieurschulen der Landwirtschaft.** Ausbild. Berat. Land- u. Hauswirtsch. **17** (1964) Nr. 5. S. 110 bis 112. – 8 Lit. 50.

3-64/11-0002 Acker, Duane. What and how should we teach the beginning animal science student. **(Was und wie sollen wir die neu beginnenden Tierzuchtstudenten lehren?)** J. Animal Sci. **23** (1964) Nr. 1. S. 278-282. – 1 Tab., 1 Lit. 50.

3-64/11-0003 Krider, J. L. Preparing today's students for tomorrow's opportunities. **(Vorbereitung der Studenten von heute auf die Aufgaben von morgen.)** J. Animal Sci. **23** (1964) Nr. 1. S. 289-292. – 1 Tab. 50.

3-64/11-0004 **25 Jahre Institut für Tierzuchtforschung Dummerstorf.** Hrsg.: Deutsche Akademie der Landwirtschaftswissenschaften zu Berlin. 1964. (220 S. m. Abb.) 17,5 × 24,5 cm. Anläßlich des 25jährigen Bestehens am 1. Jan. 1964 wird mit vorliegendem Buch ein kurzer Überblick über die Entwicklung des Instituts gegeben. Es werden einige neuere Daten aus der Abt. Landwirtschaft mitgeteilt und die gegenwärtigen Aufgaben der einzelnen wissenschaftlichen Abteilungen besprochen. Den Hauptteil der Festschrift bildet die Zusammenstellung aller Publikationen aus dem Institut. Titel, Annotationen, überwiegend jedoch Referate ermöglichen einen Einblick in die Ergebnisse der geleisteten wissenschaftlichen Arbeit. Von Mitarbeitern angefertigte Habil.-Schriften und Dissertationen sowie verfaßte oder mitgestaltete Fachbücher sind gesondert angeführt. H. D. Hennig.

B. GRUNDLAGENWISSENSCHAFTEN UND METHODIK

3-64/11-0005 Müller, Egon. **Fragen der Anwendung statistischer Verfahren in Veterinärmedizin und Tierzucht.** Wiener tierärztl. Mschr. **51** (1964) Nr. 2. S. 89-97. 160.

3-64/11-0006 Renner, E. und Kiermeier, F.; Weihenstephan, Milchwirtsch. Inst. der TH München. **Einsatz der Sichtlochkarte in der Literaturkartei.** Z. Lebensmittel-Unters. u. -Forsch. **123** (1963) Nr. 2. S. 115-124. – 1 Abb., 4 Tab., 5 Lit.
Vff. beschreiben die Anwendungsmöglichkeiten der Sichtlochkarte bei Literaturkarteien und vergleichen sie mit anderen Kartensystemen (Rand- und Flächenlochkarte). Einige methodische und techn. Einzelheiten, wie Schlagwortsystem, Schlagwortkombination, Autorenkartei, Kerben u. a. werden diskutiert. Die Vorteile der Sichtlochkartei für die von den Vff. geforderten Fragestellungen werden hervorgehoben. H.-D. Bock. 170.

C. JAHRESBERICHTE UND TAGUNGEN

3-64/11-0007 Stubbe, H. **Über die Verwirklichung der Beschlüsse des VII. Deutschen Bauernkongresses auf dem Gebiet der Agrarwissenschaft.** Dtsch. Landwirtsch. **15** (1964) Nr. 6. S. 263-268. 200.

ALLGEMEINE TIERZUCHT

A. ENTWICKLUNGSLEHRE

3-64/11-0008 Schmidt, S., Pociej, J. und Steczkowski, J. Zastosowanie metod taksonomicznych w zootechnice. **(Die Anwendung von taxonomischen Verfahren in der Zootechnik.)** Zeszyty naukowe wyższej Szkoły rolniczej Krakowie, Zootechn. **1963** Nr. 4. S. 1-27. – 2 Abb., 1 Tab., 15 Lit.
In der Arbeit werden die Methoden der formelfreien Taxonomie sowie die Möglichkeiten ihrer Anpassung an die Zootechnik behandelt: Methode der kleinsten Unterschiede von Czekanowski, Wrocław-Methode und Methode über die Häufigkeit des Auftretens von Merkmalkomplexen nach Wanke. Für die eigentlichen taxonomischen Methoden dienten 1. Vergleichsprofile nach J. Jentys-Szaferowa; 2. Koeffizienten der natürlichen Ähnlichkeit von J. Perkal. PRL/CBR. 1015.

B. ORGANE DES TIERKÖRPERS

3-64/11-0009 Anonym. Stubbs' anatomy of the horse. **(Stubbs Anatomie des Pferdes.)** Brit. veterin. J. **120** (1964) Nr. 1. S. 43-49. – 12 Abb.
Im Herbst 1963 fand die Royal Academy eine neue Sammlung anatomischer Zeichnungen des Pferdes von George Stubbs (geb. 1724). In der Originalgruppe befinden sich 18 Zeichnungen; 23 neue wurden gefunden. Es handelt sich um Zeichnungen, die Stubbs an Hand eigener Präparationen am Pferde angefertigt hatte. Einige der 18 Originalzeichnungen wurden mit anatomischen Texten versehen und 1766 herausgegeben. Unter den vielen Zeichnungen ist die Wentworth-Woodhouse-Sammlung bes. hervorzuheben. Wenn man alle Zeichnungen im Zusammenhang betrachtet, ergeben sich 3 komplette Serien, jede wieder aus 5 Bildern bestehend, die die fortschreitende Präparation vom intakten Pferd bis zum Skelett zum Inhalt haben.
R. Berg. 1100.

3-64/11-0010 Wyrzykowski, Z. Morfologija układu krwiotwórczego i krwi ú świń rasy wielkiej białej w wieku 6-12 miesięcy. **(Die Morphologie des blutbildenden und Blutsystems bei Schweinen der Großen Weißen Rasse im Alter von 6-12 Monaten.)** Roczniki Nauk rolniczych, Ser. B **83** (1963) Nr. 3. S. 347-370. – 5 Abb., 5 Tab., 48 Lit.
Die Blutuntersuchung umfaßte das Zählen der Erythrocyten und Leukocyten in 1 mm^3 Blut, Messungen des Dmr. der Erythrocyten und Retikulocyten, die Bestimmung von Hb und des Hämatokritindexes, die Berechnung der Blutkörperchen nach der Methode von Fonio und die Ermittlung der prozentualen Zusammensetzung der Leukocyten. Mit Hilfe der panchromatischen Methode wurde die prozentuale Zusammensetzung der Markzellen ermittelt. Durch zytochemische Methoden wurden festgestellt: DNS, Lipide, Polysaccharide, Peroxydase. In 1 mm^3 Blut wurden 6,7 Mill. Erythrocyten gezählt. Bei sämtlichen untersuchten Schweinen wird das Vorhandensein von Retikulocyten im Blut festgestellt, die man in 2 Gruppen einteilen kann, die sich nach Größe und Intensität der Färbung durch Farbstoffe deutlich unterscheiden. Die Kurve der Anisozytose der Retikulocyten ist deutlich nach rechts verschoben im Verhältnis zur ähnlichen Kurve der Erythrocyten. Wie aus den Angaben im Leukogramm hervorgeht, haben die Lymphocyten ein bedeutendes Übergewicht. PRL/CBR. 1120.

3-64/11-0011 Perk, K., Frei, Y. F. und Herz, A. The osmotic resistance and hemoglobin pattern of erythrocytes obtained from growing lambs. **(Resistenz- und Hämoglobinbestimmung der Erythrocyten wachsender Lämmer.)** Amer. J. veterin. Res. **25** (1964) Nr. 104. S. 68-73.
Durch Papierelektrophorese lassen sich bei Lämmern der Awasi-Rasse 2 Hb-Typen nachweisen, und zwar ein schnell wandernder fetaler Typ (Hb F)

und ein langsam wandernder (Hb B), der dem Typ B erwachsener Schafe entspricht. Bei der Geburt beträgt der Anteil an Hb F ∅ 74,8%. Die Bildung von Hb B setzt somit bereits vor der Geburt ein. Nach 8 Wochen ist das Hb F vollständig verschwunden. Die gegenüber NaCl-Lösungen durchgeführten Resistenzbestimmungen der Erythrocyten lassen ebenfalls 2 Arten dieser Zellen erkennen, nämlich resistente Zellen mit Hb F und weniger resistente mit Hb B. Mit fortschreitendem Wachstum der Lämmer vermindert sich die Zahl der resistenteren, Hb F enthaltenen Erythrocyten. Es besteht allerdings keine Korrelation zwischen dem elektrophoretisch erhobenen Hb F-Gehalt und der Menge der durch Resistenzbestimmung ermittelten fetalen Erythrocyten. H. J. Gußmann. 1120.

3-64/11-0012 Iwańska, S. Wpływ przesączu osocza doświadczalnie anemizowanych owiec (erytropeotyny) oraz wstrzykiwań żelaza na erytropoezę prosiąt w pierwszych tygodniach ich życia. **(Der Einfluß eines Blutplasmafiltrats von zu Versuchszwecken anämisierten Schafen sowie von Eiseninjektionen auf die Erythropoese der Ferkel in den ersten Lebenstagen.)** Roczniki Nauk rolniczych, Ser. B **83** (1963) Nr. 3. S. 371-397. — 8 Abb., 8 Tab., 77 Lit. PRL/CBR. 1120.

3-64/11-0013 Rao, M. R., Pal, A. K. und Razdan, M. N.; Izatnagar, Indian Veterin. Res. Inst. Studies on some of the lipid constituents in the blood of chicken under different physiological conditions. Part 1. Lipid concentration in 'Prelaying', 'Just-started-laying', 'At-the-height-of-laying', 'Moulting' and 'Non-laying' White-Leghorn chicken. **(Untersuchungen über einige Lipidbestandteile im Blut von Hühnern in unterschiedlichen physiologischen Bedingungen. 1. Mitt. Die Lipidkonzentration bei Weißen Leghorn vor dem Legen, bei Legebeginn, auf der Höhe der Legeleistung, während der Mauser und während der Legepause.)** Indian veterin. J. **40** (1963) Nr. 11. S. 696-702. — 2 Tab., 20 Lit.
Die Blutwerte des Gesamtcholesterins, der Phospholipide, der Gesamtfettsäuren sowie der Gesamtlipide zeigten einen Anstieg mit dem Einsetzen und Ansteigen der Legeleistung. Während der Mauser trat ein Abfall ein. Als Ursache wird die während der Legeperiode gleichlaufende Erhöhung der Gonadotropine und Geschlechtshormone angenommen. B. Busch/Dummerstorf. 1120.

3-64/11-0014 Lebeda, M. und Surynek, J. Alkalická rezerva krve u jatečné drůbeže (kura domácího a kachny). **(Blutalkalireserve des Schlachtgeflügels [Haushuhn und Ente].)** Sborník Vysoké Školy zemědělské Brně, Rada B **1963** Nr. **3**. S. 321-325. — 1 Abb., 2 Tab., 8 Lit. Zus. in Russ., Dtsch.
Auf Grund der Untersuchung von 202 Blutproben des Haushuhns (Weiße Leghorn) und 199 Blutproben der Pekingente mit Hilfe der potentiometrischen Titrierung, die nach der Titriermethode von Kudrjavcov modifiziert wurde, fand man folgende Werte der Alkalireserve: Haushuhn 130,80 mg% NaOH (± 88,28), Küken 93,24 mg% NaOH (± 67,81), Hahn 106,68 mg% NaOH (± 66,90), Henne 144,81 mg% NaOH (± 86,60), Ente 153,68 mg% NaOH (± 87,49). 10,34% der untersuchten Küken, 5,71% der 1589 Hähne, 2,89% der Hennen und 3,01% der Enten wiesen azidotisches Blut auf, wahrscheinlich als Folge der Beunruhigung und des Hungerns während des Transportes sowie in der neuen Umgebung vor dem Schlachten. Um die Verringerung des biol. Fleischwertes zu verhindern, empfehlen Vff., die Küken sofort nach dem Eintreffen zu schlachten oder erst nach Ausruhen und mäßigem Füttern und Tränken. ČSSR/ÚVTI. 1120.

3-64/11-0015 Juhn, Mary. Spectrophotometric identification of feather pigments in the Brown Leghorn fowl. **(Spektrophotometrische Identifizierung der Federpigmente bei den Braunen Leghorn.)** Nature [London] **202** (1964) Nr. 4931. S. 507-508. — 7 Lit. 1140.

3-64/11-0016 Michel, G. **Zum Bau des Reizbildungs- und Erregungsleitungssystems bei Haus- und Wildschwein.** Arch. exp. Veterinärmed. **17** (1963) Nr. 5. S. 1049-1080. — 10 Abb., 24 Lit.
Die Untersuchungen wurden an über 100 Schweineherzen der Rassen Deutsches veredeltes Landschwein und Deutsches Edelschwein sowie an 26 Wildschweinherzen durchgeführt. Die spez. Fasern beim Hausschwein zeigen sowohl im Sinusknoten als auch im Atrioventricularknoten eine im Vergleich zu anderen Huftieren rel. dichte Anordnung. Der Dmr. der spez. Fasern beim Hausschwein ist einmal zwischen den Abschnitten des Systems sowie auch zwischen den einzelnen Fasern in einem bestimmten Abschnitt sehr unterschiedlich. Das Reizbildungs- und Erregungsleitungssystem ist bei Haus- und Wildschwein grundsätzlich gleich ausgebildet. Die Fasern der Anfangsabschnitte des Atrioventricularsystems sind beim Wildschwein dünner, die der Endabschnitte dagegen i. allg. etwas dicker. Im übrigen lassen sich zwischen dem Reizbildungs- und Erregungsleitungssystem des Haus- und Wildschweines keine auffallenden unterschiedlichen Merkmale feststellen.
R. Berg. 1210.

3-64/11-0017 Majorova, V. F. Izmenenie nejrosekretornoj sistemy pri rentgenovskom oblučenii. **(Veränderungen des neurosekretorischen Systems bei der Röntgenbestrahlung.)** Problemy ėndokrinologii i gormonoterapii, Moskva **9** (1963) Nr. 2. S. 26-30. — 2 Abb., 31 Lit. 1250.

3-64/11-0018 Smith, James H.; Columbus, O. Agric. Exp. Stat. Relation of body size to muscle cell size and number in the chicken. **(Beziehungen zwischen der Körpergröße und der Muskelzellanzahl und der Muskelzellgröße bei Küken.)** Poultry Sci. **42** (1963) Nr. 2. S. 283-290. — 1 Abb., 5 Tab.
Für die Untersuchungen wurden Tiere einer Mastrasse (R), einer Legerasse (L), einer auf hohes Mastendgewicht selektierten Broiler-Linie (S) und die Nachkommen aus den Kreuzungen dieser Rassen verwendet. Die Untersuchungen wurden an Eintagsküken und an 10 Wochen alten Tieren vorgenommen. Die Zellvermehrung ist bis zum Schlüpfen abgeschlossen. Nach dem Schlüpfen ist die Zellvergrößerung vorherrschend. Beim Schlupf haben die R-Tiere kleinere, dafür aber mehr Zellen als die L-Tiere. Die Kreuzungen R×L verhielten sich hinsichtlich der Zellgröße und Zellanzahl intermediär. Durch die Selektion auf höhere Mastendgewichte scheint die Anzahl der Zellen zuzunehmen. Mit 10 Wochen haben die R-Tiere größere Muskelfasern als die L-Tiere. Die Nachkommen aus R×L bzw. L×R verhielten sich bei der Geburt in der Zellanzahl und Zellgröße und mit 10 Wochen in der Zellgröße intermediär. Nach dem Schlupf haben die S-Tiere etwas kleinere, aber mehr Zellen als die R-Tiere. Mit 10 Wochen haben die S-Tiere bedeutend größere Muskelzellen als die R-Tiere. Bei den Nachkommen aus S×R bzw. R×S verhalten sich das Muskelgewicht und die Zellgröße intermediär. Die Zellgröße ist für die Bestimmung der Muskel- bzw. Körpergröße bedeutender als die Zellanzahl. Die Muskelzellanzahl bei der Geburt und die Zellgröße im Alter von 10 Wochen werden hauptsächlich durch additive Genwirkung bedingt. F. Häseler. 1320.

3-64/11-0019 Hafez, E. S. E.; Pullman, Washington State Univ. Development of Corpus luteum verum during multiple pregnancy in cattle. **(Die Entwicklung des echten Corpus luteum bei Vielträchtigkeit beim Rinde.)** Proc. Soc. exp. Biol. Med. **115** (1964) Nr. 1. S. 109-112. — 3 Abb., 1 Tab., 17 Lit.
Nach einer kurzen Besprechung der Morphologie, Histologie und des Gestagengehaltes des Corpus luteum werden morphol. und histol. Befunde an den Gelbkörpern bei hormonal induzierter Vielträchtigkeit dargestellt. Kontrollierte normozyklische Färsen erhielten am 16. Zyklustage 1500 oder 3000 IE PMS und teilweise 4 Tage später 1000 oder 2000 IE HCG. Während der

folgenden Brunst wurden sie gedeckt und künstlich besamt und 3, 30, 45, 60 bzw. 90 Tage nach der Ovulation geschlachtet. Nach der Präparation der gelben Körper wurden ihre Durchmesser und Gewichte festgestellt sowie jeweils Gewebsproben histol. aufgearbeitet. 3 Tage post ovulationem schwankte das Gewicht solitärer Gelbkörper an den Eierstöcken zwischen 453 und 820 mg (∅ 657 mg). Bei multipler Gelbkörperbildung an den Ovarien wurde eine starke Variabilität in den Gewichten der einzelnen Corpora lutea beobachtet, wobei keine signifikante Korrelation zwischen dem Gelbkörpergewicht und der Anzahl der Corpora lutea pro Ovar bestand. Ähnlich unterschiedliche Gewichtsverhältnisse wurden an den Gelbkörpern des rechten und linken Ovars festgestellt. Eine Gewichtsverminderung der Gelbkörper lag jedoch vor, wenn die Gelbkörperanzahl 20 überstieg. Einzelgelbkörper hatten am 30. Trächtigkeitstage ein Gewicht zwischen 4005 und 5240 mg (∅ 4752 mg). Bis zum 90. Trächtigkeitstage trat keine wesentliche Gewichtsveränderung auf. Bei multipler Gelbkörperentwicklung war dagegen ein deutlicher Gewichtsabfall der Corpora lutea mit dem Fortschreiten der Trächtigkeit nachzuweisen. Das Gewicht des gesamten Lutealgewebes pro Ovar stieg progressiv mit der Vermehrung der Gelbkörperzahl an. Das histol. Bild multipler Gelbkörper ähnelt dem von solitären. Die Größe der Luteinzellen zeigte keine Korrelation zum Gewicht des jeweiligen Gelbkörpers, zur Anzahl der Gelbkörper pro Ovar oder zum Trächtigkeitsstadium.
J. Wollrab. 1415.

3-64/11-0020 Bosch, Ricardo A. und Angulo, Eusebia. Caractéristiques cytologiques et cytochimiques de l'épithélium de "magnum" de l'oviducte chez la poule domestique. **(Zytologische und zytochemische Eigenschaften des Magnum-Epithels des Eileiters vom Haushuhn.)** Recueil Méd. vétérin. **89** (1963) Nr. 11. S. 927-932. — 3 Abb., 12 Lit. Zus. in Engl., Ital. 1415.

3-64/11-0021 Aspiz, M. E. O vlijanie cholesterina na stroenie i funkciju ščitovidnoj železy. **(Der Einfluß von Cholesterin auf Bau und Funktion der Schilddrüse.)** Doklady Akademii nauk SSSR, Moskva **155(32)** (1964) Nr. 5. S. 1230-1232. — 4 Abb., 2 Tab., 10 Lit. 1525.

3-64/11-0022 DesMarais, A. und LaHam, Q. N.; Ottawa, Ontario, Univ. of Ottawa. The relation between the staining properties of the thyroidal colloid and its iodine content. **(Die Beziehung zwischen den färberischen Eigenschaften des Schilddrüsenkolloids und seinem Jodgehalt.)** Canad. J. Biochem. Physiol. **40** (1962) Nr. 2. S. 227-236. — 14 Abb., 2 Tab., 25 Lit.
Vff. färbten Paraffinschnitte von Rattenschilddrüsen mit einem stark modifizierten Mallory-Gemisch folgender Zusammensetzung: 1 g Phosphorwolframsäure + 1 g Anilinblau + 0,5 g Orange G + 100 ml aqua dest. pH der Lösung 2,65. Färbedauer 8 Min. Nachfolgend Spülung in Leitungswasser 5 Sek., 95% Äthanol 2×30 Sek., abs. Äthanol 3 Min., Xylol, Balsam. Nach der Färbung waren Schilddrüsenfollikel mit blauem und gelbem Kolloid festzustellen. Bisweilen traten Mischfarben auf, oder es enthielten Follikel gelbes Kolloid mit einem dünnen Ring blaugefärbten Materials. Mit Hilfe von Fütterungsversuchen mit Diäten, die kein Jod oder die radioaktives Jod enthielten, und durch vergleichende autoradiographische Auswertung von Präparaten konnte schließlich sichergestellt werden, daß nur das blaugefärbte Kolloid jodierte Aminosäuren enthält. Das gelbgefärbte Kolloid könnte ein Restprotein darstellen, dessen Azidität sich nach der hydrolytischen Abspaltung von Jodthyroglobulinen verringert hatte, so daß die Färbbarkeit mit Anilinblau zugunsten einer solchen von Orange G schwindet. Sowohl gelbes als auch blaues Kolloid sind stark PJS-positiv. Sie enthalten also Kohlenhydrate, die nach Annahme der Vff. in glykoproteidischer Form vorliegen.
P. Kauffold. 1525.

3-64/11-0023 Fitko, R. Współzależności tarczycowo-gonadotropinowe u owiec. **(Die wechselseitige Abhängigkeit zwischen Schilddrüse und Keimdrüsen bei Schafen.)** Med. weteryn. **19** (1963) Nr. 9. S. 527-535. — 6 Abb., 1 Tab., 47 Lit.

Der Antagonismus von Schilddrüse und Keimdrüse, den Vf. in früheren Arbeiten festgestellt hat, wurde an Schafen bestätigt. Schafe erhielten 30 Tage lang tägl. s. c. 500 IE PMS. Eine der Versuchsgruppen erhielt außerdem tägl. 500-1500 mg eines Präparates, das die Schilddrüsentätigkeit reduzierte, und zwar 30 Tage lang (4-Methyl-2-Thiourazyl). Bei geschlachteten Tieren, bei denen die Schilddrüsentätigkeit nicht reduziert wurde, wuchs das Gewicht von Gebärmutter, Eierstöcken, Schilddrüse und Nebenschilddrüse allerdings in geringerem Grade als bei den Tieren mit reduzierter Schilddrüsentätigkeit; in den Eierstöcken konnte man eine verstärkte Ovulation und 4 Follikelzysten und 6 Gelbkörperzysten feststellen (bei Schafen, die Thiourazyl erhielten, war die Anzahl Zysten wesentlich größer). In beiden Schafgruppen war das Gewicht der Nebenniere kleiner als normalerweise. Der Versuch hat gezeigt, daß Hypothyreoidismus bei Schafen die Entwicklung und das Ausreifen der Graafschen Follikel, eine Hypertrophie der Organe und das Auftreten vor allem von Luteinzysten hervorruft. PRL/CBR. 1525.

3-64/11-0024 Rosenberg, Lawson L., Goldman, Max, LaRoche, Gilles und Dimick, M. K. Thyroid function in rats and chickens, equilibration on injected iodide with existing thyroidal iodine in Long-Evans rats and White Leghorn chickens. **(Die Schilddrüsenfunktion von Ratten und Hühnern. Das Gleichgewicht zwischen injiziertem Jod und vorhandenem Schilddrüsenjod bei Long-Evans-Ratten und Weißen Leghorn.)** Endocrinology **74** (1964) Nr. 2. S. 212-225. — 12 Abb., 4 Tab., 32 Lit.

Jodzusatz zu einer jodarmen Diät führt zu einer Erhöhung des zirkulierenden anorg. ^{127}J sowohl bei Ratten als auch bei Hühnern. Eine signifikante Zunahme des proteingebundenen ^{127}J ist nur bei Ratten, nicht aber bei Hühnern festzustellen. Der Jodgehalt der Schilddrüse erhöht sich bei allen Tieren um das 3- bis 4fache. Die Aufnahmerate von ^{127}J in die Schilddrüse war bei Ratten nach der Jodzufütterung gleich hoch, bei Hühnern jedoch 5fach höher als bei Jodmangelratten. Es tritt eine deutliche Änderung der rel. Proportionen an Jodaminosäuren im Schilddrüsen-Jodprotein auf, wobei die Verteilung bei Ratten und Hühnern, die eine Diät gleichen Jodgehalts erhielten, völlig gleich war. Kurze Zeit nach der Injektion von ^{131}J ist bei Jodmangeltieren Monojodtyrosin stärker als Dijodtyrosin markiert, bei Jodzufütterung tritt jedoch der umgekehrte Effekt ein. In jedem Falle entsprach die rel. Verteilung des Schilddrüsen-^{131}J der des ^{127}J. Diese Resultate zeigen, daß die Jodierungs- und Dejodierungsreaktionen in der Schilddrüse kontinuierlich erfolgen. Dies wiederum bedingt die funktionelle Homogenität der Hauptmenge des Jodproteins der Schilddrüse. E. Grün. 1525.

3-64/11-0025 Lepkovsky, S., Nalbandov, A. V., Dimick, M. K., McFarland, L. Z. und Pencharz, R. Growth and reproduction of depancreatized chickens. **(Wachstum und Fruchtbarkeit bei Hühnern ohne Pankreas.)** Endocrinology **74** (1964) Nr. 2. S. 207-211. — 1 Abb., 2 Tab., 8 Lit.

Nach Entfernung des Pankreas legen Hühner keine Eier mehr, wobei eine Atrophie der Ovarien und des Eileiters eintritt, Schilddrüse und Nebennieren aber normal bleiben. Die gleichen Beobachtungen sind nach Durchtrennung des Hypophysenstiels zu machen. Diese Veränderungen sind daher als Ausdruck der mangelnden Absonderung gonadotroper Hormone infolge von Unterernährung anzusehen. Die Behandlung mit gonadotropem Hormon (PMS) stimuliert zwar das Wachstum von Ovar und Eileiter, führt aber nicht zur Eiproduktion, da LH (bzw. HCG) fehlt, welches unbedingt notwendig ist. Durch Zufütterung von 20% rohem Rinderpankreas können diese Veränderungen aufgehoben und eine Eiablage erzielt werden. Bei männl. Tieren ist nach der Pankreatektomie anfangs eine Hemmung des Wachstums des Kammes zu beobachten, der jedoch 7 Mon. p. op. die gleiche Größe wie bei gesunden Tieren hat. Gleichfalls wird eine Hemmung der Spermiogenese beobachtet, die durch Verabreichung von Rinderpankreas aufgehoben werden kann. E. Grün. 1540.

3-64/11-0026 Pryor, W. J. und Bryden, M. M. Observations on the effects of implantation of female sex hormones on crop-fattened cattle. **(Beobachtungen über die unterschiedliche Auswirkung einer Implantation weiblicher Sexualhormone auf Weidemastrinder.)** Brit. veterin. J. **120** (1964) Nr. 3. S. 125-131. – 1 Abb., 4 Tab., 16 Lit.

2,5 Jahre alte Ochsen verschiedener Rassen erhielten beim Weidegang auf Hafergrünflächen Implantate von a) 52,5 mg Hexoestrol oder b) 200 mg Progesteron und 20 mg Oestradiolbenzoat. Sie blieben mit unbehandelten gleichaltrigen Kontrolltieren im Weideversuch. Bei beiden Behandlungsmethoden war im Verlaufe einer 98tägigen Versuchsperiode eine signifikante Wachstumssteigerung zu verzeichnen. Obwohl die Progesteron-Oestradiolbenzoat-Gruppe mehr als die andere zunahm, war die Differenz zwischen beiden Behandlungsverfahren jedoch nicht signifikant. Diese Auswirkungen wurden auch in Zeitabschnitten beobachtet, wo das Weidefutter bei den Kontrolltieren zu einer Gewichtszunahme teilweise nicht mehr ausreichte. In der Wachstumsreaktion auf die Hormonbehandlung bestanden zwischen den untersuchten Rassen keine gesicherten Differenzen. Auch zwischen den Schlachtgewichten waren die Unterschiede bei den genannten Behandlungsverfahren nicht signifikant. Hierbei kann allerdings der Verlust der Daten bei 6 Tieren eine Rolle spielen. Eine mäßige Erhöhung des Schwanzansatzes war bei beiden Hormongruppen feststellbar, signifikant jedoch nur bei der Hexoestrol-Gruppe. In der Schlachtqualität waren keine gesicherten Unterschiede zu beobachten. H. Busse. 1580.

3-64/11-0027 Harms, R. H. and Waldroup, P. W.; Gainesville, Florida Agric. Exp. Stat. The effect of progesterone and estradiol upon blood serum oxytetracycline levels in laying hens. **(Die Wirkung von Progesteron und Oestradiol auf den Blutserumspiegel von Oxytetracyclin bei Legehennen.)** Poultry Sci. **43** (1964) Nr. 1. S. 36-38. – 2 Tab., 8 Lit.

Legehennen, die 10 Mon. mit einem Standardfutter ernährt worden waren, wurde 17°° das Futter entzogen, und am nächsten Morgen 6°° erhielt jedes Tier 10 g eines Futters, das 200 g/t Oxytetracyclin (OTC) enthielt. Mittags wurde mittels Herzpunktur Blut gewonnen, dessen Serumgehalt an OTC (nach der Methode von Grove u. Randall [1955]) und an Ca bestimmt wurde. Ein Teil der Tiere erhielt über 3 Tage vor der Blutentnahme 3 mg/Tag Oestradiol (**I**) und ein weiterer Teil 18 Std. vor der Blutgewinnung 6,4 mg Progesteron (**II**) i. m. injiziert. Durch die **I**-Behandlung erhöhten sich sowohl der OTC- als auch der Ca-Gehalt des Blutserums signifikant, wobei angenommen wird, daß die Ausscheidung des OTC durch eine Bindung an Ca verzögert wurde. **II** bewirkte eine gesicherte Erniedrigung des OTC-Spiegels, wahrscheinlich infolge einer verstärkten Absorption. F. Döcke. 1580.

3-64/11-0028 *Milne, Lorus J.* und *Milne, Magery.* **Die Sinneswelt der Tiere und Menschen.** Fragen, Ergebnisse und Ausblicke der vergleichenden Sinnesphysiologie für Wissenschaftler und Naturfreunde. Hamburg; Berlin: Verlag Paul Parey. 1963. (315 S.) 13,5 × 21,5 cm. Dieses in erzählender Form geschriebene Buch birgt eine außerordentliche Fülle interessanter Einzelheiten zum Thema. Es ist kein Lehr- oder Handbuch, vielmehr will es unterhaltend Wissen vermitteln. Die Kapiteleinteilung: Mechanische Sinne; thermischer und elektrischer Sinn; chemische Sinne; offene Fragen; Orientierung in Zeit und Raum; Lichtsinn; Ausblick. — Am Schluß werden Literaturangaben zu einem jeden Kapitel gemacht, die die Übersetzerin um eine Anzahl aus dem deutschsprachigen Schrifttum erweiterte. Auch ein Namen- und Sachregister fehlen nicht. H. D. Hennig.

C. GENETIK

3-64/11-0029 Beilharz, R. G.; Berry, New South Wales, Artificial Stock Breeding Centre. On the possibility that sex-chromosomes have a greater effect than autosomes on inheritance. **(Über die Möglichkeit, daß Geschlechtschromosomen einen größeren Einfluß auf die Vererbung haben als Autosomen.)** J. Genetics **58** (1963) Nr. 3. S. 441-449. – 1 Tab., 21 Lit.
Vf. hat 1961 die Hypothese aufgestellt, daß Geschlechtschromosomen eine größere Wirkung auf den Organismus haben als normale Autosomen. Die allg. verbreitete Ansicht, die Geschlechtskopplung bei der quantitativen Vererbung sei nebensächlich, basiert nicht auf stichhaltigen Beweisen. In der vorliegenden Arbeit zitiert Vf. Beispiele aus der Literatur und diskutiert die für die Prüfung dieses Problems erforderlichen Bedingungen bei Säugern.
H. Freye. 1615.

3-64/11-0030 Laird, Cleve W. und Fox, Richard R. (unter Mitarb. von Kaliss, N.). A method for obtaining rabbit bone marrow for chromosome studies. **(Eine Methode zur Gewinnung von Kaninchenknochenmark für Chromosomenuntersuchungen.)** Proc. Soc. exp. Biol. Med. **115** (1964) Nr. 3. S. 751-752. – 4 Lit. 1615.

3-64/11-0031 Haldane, J. B. S. und Jayakar, S. D. The solution of some equations occurring in population genetics. **(Die Lösung einiger Gleichungen, die in der Populationsgenetik auftreten.)** J. Genetics **58** (1963) Nr. 3. S. 291-317.
Die Arbeit beschäftigt sich mit den mathematischen Problemen, die auftreten, wenn in einer Population ein genetischer Parameter q_{n+1} in der $(n + 1)$-ten Generation als Funktion des Parameters q_n in der n-ten Generation dargestellt werden kann. Dann ist n eine automorphe Funktion von q_n und kann durch Reihenentwicklung erhalten werden. D. Rasch/Dummerstorf. 1667.

3-64/11-0032 Bogyo, Thomas P. und Becker, Walter A.; Pullman, Washington State Univ. Exact confidence intervals for genetic heritability estimated from paternal half-sib correlations. **(Exakte Konfidenzintervalle für Heritabilitätsschätzungen aus väterlichen Halbgeschwisterkorrelationen.)** Biometrics **19** (1963) Nr. 3. S. 494-496. – 1 Tab., 5 Lit.
Ausgehend von einer Konfidenzaussage von Graybill geben Vff. für die Heritabilitätsschätzung h² aus väterlichen Halbgeschwistern folgendes Konfidenzintervall an:

$$P\left\{4\,(1 - K_\alpha)/(1 + F) \leq h^2 \leq 4(1 - K_{\frac{1-\alpha}{2}})/(1 + F)\right\} = 1 - \alpha.$$

Hierbei ist F der Wrightsche Inzuchtkoeffizient, α der Konfidenzkoeffizient und $K_r = \dfrac{WnF_r}{B + W(n - 1)\,F_r}$, F_r ist der Wert der F-Verteilung für $\alpha = r$, $B = MQ$ zwischen den Vätern, $W = MQ$ innerhalb der Väter und n die Familiengröße. An einem Beispiel wird ein solches Konfidenzintervall berechnet. D. Rasch/Dummerstorf. 1667.

3-64/11-0033 Hill, J. Effects of correlated gene distributions in the analysis of diallel crosses. **(Wirkungen korrelierter Genverteilungen in der Analyse von diallelen Kreuzungen.)** Heredity **19** (1964) Nr. 1. S. 27-46.
Für eine biometrische Analyse dialleler Kreuzungen müssen folgende Voraussetzungen erfüllt sein: 1. diploider Vererbungsmechanismus; 2. keine Maternaleffekte; 3. Homozygotie bei den Kreuzungseltern; 4. keine Epistasie; 5. keine multiple Allelie; 6. zufällige Verteilung der Gene auf die Eltern. Untersuchungen, wie sich Abweichungen von einer dieser Voraussetzungen auswirken, liegen nur für Punkt 4 vor. Vf. beschäftigt sich mit der Auswirkung von Abweichungen von Voraussetzung 6, d. h. mit dem Vorliegen korrelierter Genverteilungen (Assoziation bzw. Dispersion). Das Ausgangsmaterial

bestand aus 8 Inzuchtlinien von *Dros. melanogaster*. Es ergab sich, daß i. allg. korrelierte Genverteilungen wenig Einfluß auf die Schätzwerte der relativen Anteile von dominanten und rezessiven Genen, die jeder Elter besitzt, haben, obwohl bei Dispersion Schwierigkeiten auftreten können.
D. Rasch/Dummerstorf. 1667.

3-64/11-0034 Haldane, J. B. S. und Jayakar, S. D. Polymorphism due to selection depending on the composition of a population. **(Polymorphismus als Folge der Selektion in Abhängigkeit von der Zusammensetzung der Population.)** J. Genetics **58** (1963) Nr. 3. S. 318-323.
Diese Arbeit dürfte für den Züchter nur am Rande von Interesse sein, da sie sich mit genetischen Verhältnissen in natürlichen Populationen beschäftigt. Es wird gezeigt, wie die in einer Population wirkende Selektion zum Polymorphismus führen kann. Polymorphismus kann z. B. entstehen, wenn die Fitness eines Phänotyps mit anwachsender Häufigkeit abnimmt. Es werden mit mathematischen Hilfsmitteln Betrachtungen über die Stabilität des Gleichgewichts der Populationen mit Polymorphismus angestellt, und zwar werden die Fälle von Haploiden und Diploiden getrennt behandelt.
D. Rasch/Dummerstorf. 1667.

3-64/11-0035 Young S. S. Y. Multi-stage selection for genetic gain. **(Mehrstufenauswahl auf genetischen Gewinn.)** Heredity **19** (1964) Nr. 1. S. 131-145.
Die Selektion nach einem Merkmal oder mehreren Merkmalen nach einem Selektionsindex ist bekanntlich mindestens ebenso effizient wie die Methode der unabhängigen Merzungsgrenzen, oft aber auch nicht effizienter. Die Methode der unabhängigen Merzungsgrenzen selektiert in der Zeiteinheit nur nach einem Merkmal. Wird aber nach mehreren Merkmalen sequentiell selektiert, so erhält man das Mehrstufenauswahlverfahren der Stichprobentheorie. Vf. berechnet den genetischen Gewinn für 2 Methoden der Mehrstufenauswahl, und zwar für die Methode der unabhängigen Merzungsgrenzen als Mehrstufenauswahlverfahren und für Teil- und Gesamtindices in einem Zweistufenauswahlverfahren. D. Rasch/Dummerstorf. 1675.

3-64/11-0036 Grosclaude, F. und Ollivier, L.; Jouy-en-Josas, Centre Nat. de Rech. Zootechn. Note sur une estimâtion de fréquence génique dans une étude de groupe sanguins. **(Bestimmung der Genfrequenzen im Rahmen des Blutgruppenstudiums.)** Ann. Biol. Animale, Biochim. Biophys. **3** (1963) Nr. 4. S. 427-432. — 4 Lit. Zus. in Engl.
In einer Population repräsentiert der Phänotyp A die Genotypen A^A/A^A und A^A/A^a. Es soll die genetische Frequenz und Varianz des Gens A^a bestimmt werden, ohne die Hypothese der zufälligen Paarung zu berücksichtigen. Für die Lösung sind erforderlich die Zahl der homozygot rezessiven Mütter (n) und die Zahl der Mütter, die homozygot rezessive Nachkommen brachten (r). Bei Anwendung der Maximum-Likelihood-Methode ergibt sich:

$$\hat{q}a = \frac{n + 2r}{N} \text{Var } (\hat{q}a) = \frac{1}{N^3}(n(Nn) + 4r(Nrn)$$

N = Zahl der homozygot rezessiven Mütter, die mit einem heterozygoten Vater Nachkommen mit A^A brachten. Die Hypothese der zufälligen Verpaarung wurde dann untersucht, indem die Zahl der beobachteten Tiere der 3 Gruppen mit der der errechneten verglichen wurde. Daraus ergab sich eine gute Übereinstimmung. B. Busch/Dummerstorf. 1690.

3-64/11-0037 Grosclaude, F.; Jouy-en-Josas, Centre Nat. de Rech. Zootechn. Allèles du locus s de groupes sanguins des bovins. **(Allelen des S-Rinderblutgruppensystems. Neue Ergebnisse.)** Ann. Biol. Animale, Biochim. Biophys. **3** (1963) Nr. 4. S. 433-435. — 1 Tab., 3 Lit. Zus. in Engl.

Mit einem neuen Testserum, als anti-*S* bezeichnet, war es möglich, die bisher bekannte Phänogruppe S_1H' in die beiden Phänogruppen $S_1S''H'$ und S_1H' zu differenzieren. Weiterhin war die Allele $S''H'$ nachzuweisen. Vf. vertritt die Meinung, daß außer den 10 von ihm nachgewiesenen Allelen im *S*-System noch weitere existieren. B. Busch/Dummerstorf. 1690.

3-64/11-0038 Matoušek, J., Čuta, J. und Schröffel, J. Další rozšíření krevně skupinových systémů B a S červenostrakatého skotu. **(Weitere Verbreitung der Blutgruppensysteme B und S beim Rotfleckvieh.)** Živočišná Výroba **8(36)** (1963) Nr. 9. S. 531-534. — 2 Tab., 9 Lit. Zus. in Russ., Franz., Dtsch.

Im Rahmen des *B*- und *S*-Systems wurden die Blutfaktoren einerseits mit Antiseren gegen die klassischen, international registrierten Blutfaktoren, andererseits mit neuen Antiseren, welche entweder das Spektrum der klassischen Faktoren oder neue, bei anderen Rinderrassen bisher nicht nachgewiesene Blutfaktoren aufdecken, bestimmt. Mit Hilfe von insgesamt 26 in der Arbeit aufgezählten Antiseren, die zur Aufdeckung der in das *B*-System gehörigen Blutfaktoren Verwendung fanden, wurden bei den Erythrocyten des Rotfleckviehs bis jetzt 133 Phänogruppen entdeckt. Diese, im Vergleich mit den ausländischen Rinderrassen hohe Anzahl ist bei weitem nicht endgültig, da der Genotyp der Blutgruppen dieses Systems nur bei 652 von insgesamt 3182 Kühen und Bullen bestimmt wurde. Mit 6 spezifischen Antiseren wurden im *S*-System bei der Genotypbestimmung von 1147 Tieren 24 Phänogruppen festgestellt. Die ermittelten Phänogruppen sind in der vorliegenden Arbeit in Tab. zusammengefaßt. ČSSR/ÚVTI. 1690.

3-64/11-0039 Buschmann, H. und Kräußlich, H.; München, Tierzuchtforsch. e. V. **Untersuchungen über die Doppelbefruchtung von Sauen mit anschließender Überprüfung der Abstammung an Hand des Blutgruppentestes. 1. Mitt.** Züchtungskunde **36** (1964) Nr. 3. S. 97-106. — 6 Tab., 13 Lit. Zus. in Russ., Engl., Franz.

Es werden Versuche beschrieben, in denen Sauen in einer Brunstperiode mehrfach natürlich und/oder künstlich besamt wurden. Von 198 untersuchten Ferkeln konnten 150 = 75,6% auf Grund der Bestimmung von 17 Blutgruppenfaktoren eindeutig einem der in Frage kommenden Väter zugeordnet werden. Die durchgeführten Untersuchungen eröffnen neue Aspekte zur Klärung des Befruchtungsvorganges bei Sauen (Zeitpunkt der Besamung, Auswahlvermögen des Spermas) sowie zur Erbwertermittlung bei Ebern (Ausschaltung des maternellen Einflusses). B. Busch/Dummerstorf. 1690.

3-64/11-0040 Briles, Elwood. Current status of blood groups in domestic birds. **(Der gegenwärtige Stand der Blutgruppenforschung beim Hausgeflügel.)** Z. Tierzücht. Züchtungsbiol. **79** (1964) Nr. 4. S. 371-391. — 5 Tab. Sammelreferat. 1690.

3-64/11-0041 Stormont, Clyde und Suzuki, Yoshiko; Davis, Univ. of California, School of Veterin. Med. Genetic control of albumin phenotypes in horses. **(Genetische Kontrolle von Albumin-Phänotypen beim Pferd.)** Proc. Soc. exp. Biol. Med. **114** (1963) Nr. 3. S. 673-675. — 1 Abb., 2 Tab., 3 Lit.

Im Pferdeserum waren mit der Stärkegelelektrophorese die Albumin-Phänotypen *A*, *B* und *AB* nachzuweisen. Aus den durchgeführten Erblichkeitsstudien sowie der Bestimmung der Genfrequenzen in 2 Pferderassen folgern Vff., daß die 3 Typen von einem Paar kodominanter, autosomaler Gene kontrolliert werden. B. Busch/Dummerstorf. 1690.

3-64/11-0042 Myers, Walther L. und Segre, Diego. The immunologic behavior of baby pigs. III. Transplacental transfer of antibody globulin in swine. **(Das immunologische Verhalten von Saugferkeln. 3. Mitt. Transplacentarer**

Übergang von Antikörper-Globulin beim Schwein.) J. Immunol. [Baltimore] **91** (1963) Nr. 5. S. 697-700. – 2 Abb., 1 Tab., 16 Lit. 2. Mitt. vgl. LZ. Abt. III 8 (1963) Nr. 12. S. 2460.

Tragende Sauen wurden teils 23 Tage, teils 10 oder 9 Tage vor der Hysterektomie aktiv mit einem Gemisch von Tetanus- und Diphtherietoxoiden immunisiert. Bei einer Sau wurde eine passive Immunisierung mit antitoxischen Tetanus- und Diphtherieseren 2 Tage vor der Hysterektomie vorgenommen. Die von den Sauen gewonnenen Ferkel, denen kein Kolostrum gegeben wurde, wiesen unmittelbar nach der Geburt und im Alter von 3 Wochen auf direktem und indirektem Wege nachweisbare spezifische Antikörper auf. Die Antikörper wurden in der 10fach konzentrierten Globulin-Fraktion der Ferkelseren, nicht jedoch in den gesammelten Vollseren nachgewiesen. Die Versuchsergebnisse werden als überzeugender Beweis für einen transplacentaren Übergang von Antikörpern beim Schwein angesehen. G. Scheibner. 1690.

3-64/11-0043 Purdom, C. E. Damage to livestock from radioactive fallout. **(Schäden im Viehbestand durch radioaktiven Niederschlag.)** Nature [London] **200** (1963) Nr. 4910. S. 946. 1695.

3-64/11-0044 Kritskij, G. A., Safronova, R. N., Čil-Akopjan, L. A. und Kovtun, Ju. T. Avtoliz nukleinovych kislot kostnogo mozga v norme i posle rentgenovskogo oblučenija. **(Die Autolyse der Nucleinsäuren unter Normalbedingungen und nach Röntgenbestrahlung.)** Biochimija, Moskva **28** (1963) Nr. 4. S. 595-601. – 3 Abb., 2 Tab., 27 Lit. Zus. in Engl.

Vff. untersuchten die autolytischen Veränderungen der DNS und RNS und ihrer Homologen im Knochenmark von Kaninchenbeinen zu verschiedener Zeit nach lokaler Röntgenbestrahlung. Sofort nach Bestrahlung mit 200 r und mehr trat eine oberflächliche, aber weitergehende Autolyse der DNS ein. Bei Bestrahlung mit 2000 r stieg die Geschwindigkeit der Autolyse auf das Dreifache des Normalwertes an. Die Beschleunigung der Autolyse der RNS ist erst 2 Stunden nach der Bestrahlung mit 2000 r zu erkennen. 24 Std. bis 1 Tag nach der Bestrahlung vermindert sich die Geschwindigkeit der Autolyse der DNS und RNS, mit einem Maximum vom 2. bis zum 4. Tag, und geht danach wieder auf den Normalwert zurück. 10 Tage nach der Bestrahlung mit 2000 r bleibt die Autolyse bedeutend unter der Norm. Die Beschleunigung der Autolyse der DNS ist auf Strahlenschädigung zurückzuführen, die sich in einer Verminderung des Gehaltes an Nucleinsäuren bzw. Veränderung des Gehaltes an freien Nucleotiden äußert. Es kann bis zu Störungen charakteristischer und bes. biochemischer Prozesse kommen, die eine Zerstörung der Zelle bedingen. Die krasse Verminderung des autolytischen Zerfalles der DNS und RNS in den Tagen nach der Bestrahlung kann durch qualitative Veränderungen der DNS und RNS in der bestrahlten Substanz erklärt werden. J. Niepel. 1695.

3-64/11-0045 Hyre, H. M., Patrick, H. und Nestor, Karl; Morgantown, West Virginia Univ. The effect of irradiated cock sperm on fertility and hatchability. **(Die Wirkung bestrahlter Hahnenspermien auf Fruchtbarkeit und Schlupfergebnis.)** Poultry Sci. **43** (1964) Nr. 1. S. 121-124. – 1 Abb., 2 Tab., 7 Lit.

Sammelsperma von jeweils ca. 10 Weiße-Leghorn- (**I**), Rhode-Island- (**II**) und New-Hampshire-Hähnen (**III**) wurde mittels ^{137}Cäsium mit 333-9333 r bestrahlt. Das Leghornsperma wurde danach 1:1 mit einer Ringer-Phosphatlösung nach Lorenz (1958) verdünnt. Die Besamung mit je 0,1 ml erfolgte 1 Std. nach der Spermagewinnung, und die Befruchtungsrate wurde am 7. Tag bestimmt. Die LD_{50} hinsichtlich der Fuchtbarkeit betrug für **I** 2033, für **II** 1733 und für **III** 1821 r, die LD_{50} hinsichtlich der Schlupffähigkeit für **I** 2000, für **II** und **III** 2000-2333 r. Zwischen den Rassen bestanden keine signifikanten Unterschiede. F. Döcke. 1695.

3-64/11-0046 Moreng, R. E. und Hollister, K. W. Morphology and hatching power of the developing chick embryo following X-irradiation. **(Morphologie und Brutkraft des sich entwickelnden Hühnerembryo nach einer Röntgenbestrahlung.)** Proc. Soc. exp. Biol. Med. **114** (1963) Nr. 1. S. 99 bis 103. — 2 Abb., 5 Tab., 7 Lit.
Eier von einzelnen ausgesuchten Leghornhennen wurden tägl. gesammelt, nach einheitlicher Größe sortiert und gesäubert. Sie wurden in einem Kühlraum bei 45 °F 10 Tage gelagert. Jeweils 48 Eier wurden zur Behandlung ausgewählt und gekennzeichnet sowie zu je 16 Stück bestrahlt, Strahlendosis 85,3 r min. Die Bestrahlungsdosis lag zwischen 400-110 r. Die Bestrahlung erfolgte zwischen dem 0.-13. Tag der Embryonalentwicklung. Zur Feststellung des Weiterlebens der Embryonen wurden die Eier am 3., 10. und am 19. Tag vor dem Schlüpfen durchleuchtet. Vff. konnten ein Ansteigen der Anomalien morphologischer Art, ähnlich den gewöhnlich beim Hausgeflügel gefundenen, feststellen. Bei den Höchstdosen traten Verkümmerungen, Krallen- und Extremitätendeformierungen sowie Unterkieferveränderungen auf. Der Schlupfprozentsatz behandelter Embryonen nahm mit der Dosis stark ab. Ferner konnte ein Zusammenhang zwischen dem Schlupfgewicht und der verabreichten Dosis festgestellt werden, indem die mit höheren Dosen bestrahlten Tiere ein höheres Gewicht aufwiesen, was mit dem Überleben von nur kräftigen Embryonen erklärt wird. G. Mehlhorn. 1695.

3-64/11-0047 *Georgieva, R., Cikov, D.* und *Todorova, J. G.* **Po njakoi vŭprosi na genetikata.** (Über einige Fragen der Genetik. Themendokumentation.) Sofija. 1964. (89 S.) 8°. (1964 A 548).

D. FORTPFLANZUNG

3-64/11-0048 Haring, F. und Smidt, D. **Die Bedeutung der Fortpflanzung für die Züchtung landwirtschaftlicher Nutztiere und für die wirtschaftliche Erzeugung tierischer Produkte.** Zuchthyg., Fortpflanzungsstör. Besam. Haustiere **7** (1963) Nr. 6. S. 326-341.
Die Bedeutung der Fortpflanzung für die tierische Produktion wird mit dem Begriff Fruchtbarkeit umrissen, wobei sowohl qualitative als auch quantitative Bewertungsmerkmale zugrunde gelegt werden. Die Fortpflanzungsfähigkeit beeinflußt die Wirtschaftlichkeit sehr. 25-40% der gemerzten Kühe werden wegen Sterilität geschlachtet. Neuere Untersuchungen haben gezeigt, daß auch bei Sauen der Anteil wegen Sterilität gemerzter Tiere mit 21,4% sehr hoch liegt. Beim Pferd wird die Wirtschaftlichkeit weit weniger durch die Fruchtbarkeit bestimmt. Die quantitative Auslegung des Begriffes Fruchtbarkeit umfaßt die unterschiedliche Kapazität der Nachkommenproduktion der Art, Rasse, des Individuums. Beim Rind ist die Milch- und Fleischproduktion von der Fortpflanzung abhängig. Beim Schwein interessiert zunächst nur das Produkt der Fortpflanzung. Immerhin spielt die Milchleistung der Sau aber eine entscheidende Rolle bei der Entwicklung der Würfe. Es muß bei den einzelnen Tierarten danach getrachtet werden, die Fortpflanzungsleistungen so zu verbessern, daß die Nutzungsleistungen den Anforderungen gerecht werden. K. Rothe. 1745.

3-64/11-0049 Newman, J. A.; Lacombe, Alberta, Canada Dep. of Agric. Ovulation rates in the Lacombe breed of pigs. **(Ovulationsrate beim Lacombe-Schwein.)** Canad. J. Animal Sci. **43** (1963) Nr. 2. S. 285-289. — 3 Tab., 10 Lit.
Es wurde bei insgesamt 81 Sauen des Lacombe-Schweines 50 oder 100 Tage nach dem Decken die Zahl der Gelbkörper bestimmt. Sie betrug bei Jungsauen Ø 14,5 ± 3,2 und bei Altsauen 21,4 ± 4,4 corp. lut. Die Korrelationen zwischen diesen Werten und der Wurfgröße waren jedoch nicht signifikant. J. Bergfeld/Dummerstorf. 1763.

3-64/11-0050 Espey, Lawrence L. und Lipner, Harry. Measurements of intrafollicular pressures in the rabbit ovary. **(Messungen des intrafollikulären Druckes im Kaninchenovar.)** Amer. J. Physiol. **205** (1963) Nr. 6. S. 1067-1072. — 9 Abb., 8 Lit. 1763.

3-64/11-0051 Wolford, J. H., Ringer, R. K. und Coleman, T. H.; East Lansing, Michigan State Univ. Ovulation and egg formation in the Beltsville Small White turkey. **(Ovulation und Eibildung bei der Kleinen Weißen Beltsville-Pute.)** Poultry Sci. **43** (1964) Nr. 1. S. 187-189. — 1 Tab., 3 Lit.
Bei 30 Kleinen Weißen Beltsville-Puten in Einzelhaltung wurden die Zeitpunkte der Eiablage bestimmt. Anschließend wurden je 3 Tiere 15 oder 30 Min. und 1; 2; 3; 5; 8; 12; 24 oder 26 Std. nach dem Legen des 1. Eies einer Folge getötet. Es zeigte sich, daß die Ovulation 15-30 Min. nach der Eiablage erfolgte. Die Bildung der Eischale begann 11-12 Std. post ovul., und das Pigment lagerte sich während der letzten 2-3 Std., die sich das Ei im Uterus aufhielt, in die Schale ein. Aus den erhaltenen Ergebnissen wird geschlossen, daß das Ei 15-30 Min. im Infundibulum, 2½-3 Std. im Magnum, 1-1½ Std. im Isthmus und 22-24 Std. im Uterus verweilt.
F. Döcke. 1763.

3-64/11-0052 Cameron, N. W. und Fosgate, O. T.; Athens, Univ. of Georgia. Effects of oxytocin upon the reproductive tract of the lactating bovine. **(Die Wirkungen von Oxytocin auf den Fortpflanzungstrakt des laktierenden Rindes.)** J. Dairy Sci. **47** (1964) Nr. 1. S. 79-81. — 1 Tab., 2 Lit.
24 laktierende Holstein- und Jerseykühe erhielten je zur Hälfte 200 bzw. 150 USP-Einheiten/Tag Oxytocin über die ersten 42 Tage nach der Geburt s. c. injiziert (1. Versuch). In einem 2. Versuch wurden 13 Holstein-Kühe, die 42-73 Tage vorher gekalbt hatten, am Tag des Oestrus beginnend über 5 Tage mit 400 USP-Einheiten/Tag Oxytocin behandelt und im nächsten Oestrus belegt. Die Untersuchungen des Genitaltrakts erfolgten nur rectal. Im 1. Versuch betrugen die Intervalle zwischen Geburt und Uterusinvolution für die behandelten und die Kontrolltiere 41,0 und 42,7 Tage, zwischen Geburt und 1. Ovulation 27,5 und 24,7 Tage (nur bei den Holstein-Kühen statistisch gesichert) und zwischen Geburt und 1. Oestrus 41,3 und 40,9 Tage. Weder die Länge des Dioestrus noch die Konzeptionsraten wurden durch die Oxytocinbehandlung im 2. Versuch beeinflußt. F. Döcke. 1764.

3-64/11-0053 Ogasawara, F. X., Krey, H. P. van und Lorenz, F. W.; Davis, Univ. of California. Hydrogen ion concentration of the oviduct of the laying domestic fowl. **(Die Wasserstoffionen-Konzentration im Eileiter der Legehenne.)** Poultry Sci. **43** (1964) Nr. 1. S. 3-6. — 2 Abb., 8 Lit.
Weiße Leghornhennen wurden innerhalb von 30 Std. nach der letzten Ovulation mit Na-Pentobarbital narkotisiert und laparotomiert. Eine lange dünne Elektrode wurde durch Incisionen an verschiedene Stellen der Eileiterinnenwand plaziert und der pH-Wert an einem Beckmann-pH-Messer abgelesen. Unmittelbar nach der Messung wurden die Tiere getötet und die pH-Messung am excidierten Eileiter wiederholt. Nahezu alle gefundenen Werte lagen im alkalischen Bereich (pH 7-8). Die höchsten Durchschnittswerte wurden im Infundibulum, die niedrigsten im hinteren Magnum und im vorderen Isthmus gefunden. F. Döcke. 1764.

3-64/11-0054 Prasad, Anirudha, Davis, Lloyd E. und Dale, Homer E.; Columbia, Univ. of Missouri, School of Veterin. Med. Adrenergic response of the avian uterus. **(Adrenergische Reaktion des Geflügeluterus.)** Poultry Sci. **43** (1964) Nr. 1. S. 192-196. — 3 Abb., 1 Tab., 8 Lit.
Adulte legende und nicht legende Weiße Leghornhennen erhielten z. T. 0,5 mg/Tag Oestradiol i. m. über 3 Tage. Nach der Tötung wurden Uterus-

streifen in einer mit O_2 durchströmten Ringer-Locke-Lösung bei 42 °C gehalten. Der Badflüssigkeit wurden verschiedene adrenergische Substanzen (Levarterenolbitartrat, L-Epinephrinbitartrat, Isoproterenolhydrochlorid oder wässrige Oestronsuspension) zugesetzt. Außerdem wurden die adrenolytischen Substanzen Tolazolin und Dichloroisoproterenol zugegeben. Die Uterusstreifen legender und mit Oestradiol behandelter nicht legender Hennen reagierten auf alle 3 Adrenergica nur mit Erschlaffung, während die von unbehandelten nicht legenden Tieren Kontraktionen oder Erschlaffung je nach Adrenergicum und Zugabe einer adrenolytischen Substanz aufwiesen. Es wird deshalb angenommen, daß Oestrogen die kontraktionsauslösende Wirkung von Epinephrin beim Huhn hemmt. Einzelergebnisse müssen der Originalarbeit entnommen werden. F. Döcke. 1764.

3-64/11-0055 Lamond, D. R. Quantitative studies of the interaction between progesterone and pregnant mare serum on ovarian function in the ewe. **(Quantitative Untersuchungen über die Wechselwirkung von Progesteron und PMS in der Beeinflussung der Ovarfunktion beim Schaf.)** J. Reproduct. Fertility 7 (1964) Nr. 2. S. 171-183. — 2 Abb., 6 Tab., 31 Lit. 1765.

3-64/11-0056 Jacob, W. K. **Beitrag zur Frage der Hodenerkrankungen bei Besamungsbullen.** Zuchthyg., Fortpflanzungsstör. Besam. Haustiere 7 (1963) Nr. 6. S. 371-381.
Mit der Schaffung von großen Besamungsstationen verdienen die Erkrankungen der Geschlechtsorgane der Bullen bes. Aufmerksamkeit. 1961 traten auf den Stationen des Bezirkes Erfurt gehäuft Genitalerkrankungen auf. Von insgesamt 97 Bullen wurden bei 29 Bullen Pathospermie (P) infolge Orchitis (4), P infolge Epididymitis (2), P infolge Hodendegeneration (4), P in Form von Azoo-, Oligo- und Asthenospermie (10) und sonstige pathol. Abweichungen gefunden. Die beschriebenen Veränderungen werden als Infektionskrankheit angesehen, ohne daß virologisch, bakteriologisch oder serologisch ein infektiöses Agens festgestellt werden konnte. Wichtig erscheint, daß den beobachteten Erkrankungen eine Minderung der Befruchtungsfähigkeit des mikroskopisch noch unauffälligen Spermas vorausging. Insgesamt wurden 13 Bullen zuchtuntauglich, das sind 45% der erkrankten oder 13,5% aller Bullen. Die Prognose der P bei Orchitis oder bei Epididymitis ist schlecht. Chr. Wolff. 1773.

3-64/11-0057 Schäfer, W. und Baum, W. **Untersuchungen über den Einfluß der Dauer der Sexualpause auf die Spermabeschaffenheit bei Besamungshengsten.** Zuchthyg. Fortpflanzungsstör. Besam. Haustiere 7 (1963) Nr. 6. S. 382-386.
Zur Ermittlung der günstigsten Sprungintervalle bei Besamungshengsten im Hinblick auf die Gewinnung einwandfreier Ejakulate wurden in einem 49 Tage währenden Versuch 12 Hengsten abwechselnd verschieden lange Deckpausen gewährt. Bei der Beurteilung der 271 gewonnenen Ejakulate fanden die im Routinebetrieb üblichen mikro- und makroskopischen Untersuchungsmethoden Anwendung. Vff. empfehlen auf Grund der Untersuchungsergebnisse für die in der KB eingesetzten Hengste unter Praxisverhältnissen eine Mindestsexualpause von 1-2 Tagen. W. Schäfer. 1775.

3-64/11-0058 Kihlström, J. E. Cyclic phenomena in the sexual functions of the bull. **(Ein zyklisches Phänomen in den Sexualfunktionen des Bullen.)** Acta physiol. scand. 59 (1963) Nr. 4. S. 370-377. — 3 Abb., 3 Tab., 7 Lit.
Eine statistische Auswertung der Spermamerkmale und des Fruchtbarkeitsindex von 10 Bullen, die für die KB Verwendung fanden, ergab zyklisch wiederkehrende Veränderungen. 9 von 10 Bullen zeigten im Fruchtbarkeitsindex einen Zyklus von auftretenden Minima, dessen Gleichmäßigkeit mit zunehmendem Alter abnahm. Im Hinblick auf das Volumen des 1. Ejakulates

(es wurde in der Regel 2-, manchmal 3mal innerhalb von 20 Min. im Abstand von 7 Tagen abgesamt) zeigten 7 Bullen signifikante periodische Veränderungen. Auch die Anzahl der Spermien pro Ejakulat variierte periodisch. Die mittlere Dauer des Zyklus lag bei 2,9 Wochen. G. Gürtler. 1775.

3-64/11-0059 Hopwood, M. L., Faulkner, L. C. und Gassner, F. X. Effect of exhaustive ejaculation on composition of bovine semen. **(Wirkung der erschöpfenden Ejakulation auf die Zusammensetzung des Rinderspermas.)** J. Dairy Sci. **46** (1963) Nr. 12. S. 1409-1415.

Bei normalen infertilen oder beidseits vasoligierten Bullen verschiedener Rassen wurden Ejakulationen bis zur Erschöpfung mit einer künstlichen Vagina oder durch Elektrostimulation oder durch beide erzwungen. Die Ergebnisse werden in ihren Einzelheiten für die einzelnen untersuchten Bullen gesondert dargestellt. Bei einem Bullen stieg der pH-Wert bis zum 6. Ejakulat an, um dann konstant zu bleiben. Der N_2-Gehalt, die Spermienzahl und einige Aminosäuren erreichten ihr Maximum im 4. Ejakulat, ebenso der Fructosegehalt. Das Eiweiß war in den ersten 4 Ejakulaten normal, später nahm bes. das α-Globulin ab. Bei einem Guernsey-Bullen wurde eine Korrelation zwischen Fructose- und Spermienkonzentration beobachtet. Ein infertiler Hereford-Bulle zeigte mit zunehmender Ejakulatzahl eine Zunahme primärer und eine Abnahme sekundärer Abnormitäten. Bei diesem Bullen erhöhte sich der Prozentsatz der lebenden Spermien vom 5. bis zum 10. Ejakulat gegenüber den ersten 4 Ejakulaten. Chr. Wolff. 1775.

3-64/11-0060 Hendrikse, J.; Utrecht, Rijksuniv., Fac. der Diergeneeskunde, Klin. voor Verloskunde en Gynaecol. Enkele oorzaken van afwijkende ejaculaten. **(Über einige Veränderungen im Ejakulat.)** Tijdschr. Diergeneeskunde **88** (1963) Nr. 23. S. 1721-1727. — 25 Lit. Zus. in Engl., Franz., Dtsch.

Von ihrer normalen Beschaffenheit abweichende Ejakulate können entweder durch eine fehlende oder gestörte Spermiogenese, durch Störungen im ableitenden System oder durch anomale Beimengungen bedingt sein. In der vorliegenden Arbeit bespricht Vf. die verschiedenen Veränderungen am Hoden sowie deren Ursachen. Es werden erwähnt die Hypoplasie, die Orchitis und sehr kurz die Hodenatrophie, die Fibrose und die Calcifikation. Hypoplasie bedingt eine Verminderung der Spermiogenese und damit Veränderungen am Chromosomensatz, insbesondere auch am Geschlechtschromosom. Hypoplasie wird nach Angaben des Vf. bei 0,3-0,6% aller Bullen beobachtet. Die Orchitis kann traumatische und infektiöse Ursachen haben, wobei in letzterem Fall sowohl Bakterien als auch verschiedene Virusarten in Frage kommen. E. Wiesner. 1775.

3-64/11-0061 Kihlström, J. E. und Melin, P. The influence of oxytocin upon some seminal characteristics in the rabbit. **(Der Einfluß von Oxytocin auf einige Spermacharakteristika des Kaninchens.)** Acta physiol. scand. **59** (1963) Nr. 4. S. 363-369.

9 unter 2 Jahre alte Kaninchenböcke (Swedish Country Breed) erhielten i. v. Oxytocininjektionen (Utedrin). Die Ejakulate wurden tägl. auf Menge, Spermienzahl und Dichte untersucht. Jedes Tier diente zugleich auch als Kontrolle. Der männl. Sexualzyklus wurde nach den Schwankungen des Ejakulatvolumens beurteilt. Die Oxytocininjektion erfolgte bei 4 Tieren am Tag nach dem größten und bei 5 Tieren am Tag nach dem kleinsten Ejakulat. Das Volumen des Ejakulates nahm nach Oxytocininjektion zu, während die Spermienzahl konstant blieb. Entsprechend nahm die Spermiendichte ab. Diese Ergebnisse beziehen sich auf das Ejakulat unmittelbar nach der Injektion. Das mittlere Volumen der innerhalb der nächsten 30 Min. gewonnenen Ejakulate war nicht vermehrt, während die Spermiendichte und -zahl nicht

signifikant größer als bei den Kontrollen waren. Also bedingt das Oxytocin eine schnellere Spermienabgabe. Die Oxytocinwirkung ist vom durch Androgene gesteuerten Sexualzyklus abhängig. Chr. Wolff. 1775.

3-64/11-0062 Desclin, J. und Ortavant, R.; Bruxelles, Univ. Libre; Jouy-en-Josas, Seine-et-Oise, Centre Nat. de Rech. Zootechn. Influence des hormones gonadotropes sur la durée des processus spermatogénétiques chez le rat. **(Einfluß der gonadotropen Hormone auf die Dauer der spermiogenetischen Prozesse bei der Ratte.)** Ann. Biol. Animale, Biochim. Biophys. **3** (1963) Nr. 4. S. 329-342. — 8 Abb., 4 Tab., 25 Lit. Zus. in Engl.

An den Keimzellen] intakter, hypophysektomierter sowie hypophysektomierter und über 14 oder 24 Tage mit Gonadotropinen behandelter männl. Ratten wurden autoradiographische Untersuchungen mittels tritiiertem Thymidin durchgeführt. Hypophysektomie bewirkte eine derart starke Degeneration der Keimzellen, daß nach 16 und 26 Tagen im Vergleich zu den Kontrollen nur noch 33 bzw. 13% primäre Spermatocyten im Diplotenstadium und 36 bzw. 7% Spermatiden mit einem runden Zellkern produziert wurden. FSH und LH, allein und in Kombination gegeben, waren in der Lage, die Degeneration aufzuhalten und eine gewisse spermiogenetische Aktivität herbeizuführen. Es gelang aber nicht, mittels einer Gonadotropinbehandlung die Entwicklungsgeschwindigkeit und -synchronisation der Keimzelle zu beeinflussen, die nach Hypophysektomie nicht degenerierten.
F. Döcke. 1775.

3-64/11-0063 Dickmann, Z. The passage of spermatozoa through and into the Zona pellucida of the rabbit egg. **(Die Wanderung von Spermien in und durch die Zona pellucida des Kanincheneies.)** J. exp. Biol. **41** (1964) Nr. 1. S. 177-182. — 14 Abb., 1 Tab., 9 Lit. 1785.

3-64/11-0064 Slack, N. H., Pfau, K. O., Mixner, J. P., Menge, A. C., Hurst, V. und Rankin, A. D.; New Brunswick, New Jersey Agric. Exp. Stat.; Clemson, South Carolina Agric. Exp. Stat.; New Brunswick, N. J., Squibb Inst. for Med. Res. Progestogen treatment in relation to time of insemination and its effect on the breeding efficiency of dairy cows. **(Progesteronbehandlung in Beziehung zum Besamungszeitpunkt und ihre Wirkung auf die Fortpflanzungsfähigkeit von Milchkühen.)** J. Dairy Sci. **47** (1964) Nr. 1. S. 82-86. — 2 Tab., 17 Lit.

Holstein- und Guernsey-Kühe erhielten in insgesamt 876 Zyklen am Tag der Besamung (**I**) oder am 2. (**II**), 10. oder 14. Tag danach 500 mg Progesteroncaproat (PC) allein oder zusammen mit 0,5 mg Oestradiolvalerat (OV) i. m. injiziert. Bei **I** erniedrigte PC die Konzeptionsrate um 20,7% bei den Holstein- und um 13,5% bei den Jerseykühen. Bei **II** wurde sie bei den Holsteinkühen nicht, bei den Jerseykühen um 15% gesenkt. Im Gegensatz zur schädlichen Wirkung von PC bei früher Behandlung bewirkte dieses oder die Verabreichung von PC + OV am 10. oder 14. Tag post insemin. keine wesentliche Fruchtbarkeitssenkung. Während bei keiner Behandlungsgruppe günstige Wirkungen der Hormonverabreichung beobachtet werden konnten, ergaben sich andererseits keine Anhaltspunkte für eine längerdauernde Beeinträchtigung der Fortpflanzungsfunktionen. F. Döcke. 1792.

3-64/11-0065 Kudláč, E. und Hrivnák, J. Příspěvek k otázce abnormální mnohoplodnosti u skotu. **(Beitrag zur Frage der abnormalen multiplen Fertilität beim Rind.)** Veterinárství **13** (1963) Nr. 10. S. 447-451. — 4 Abb.
ČSSR/ÚVTI. 1792.

3-64/11-0066 Barr, M. A. S. Field investigations about infertility and sterility in cattle and buffaloes in the United Arab. Republic. **(Untersuchungen über Unfruchtbarkeit und Sterilität in Rinder- und Büffel-**

beständen der Vereinigten Arabischen Republik.) Zuchthyg., Fortpflanzungsstör. Besam. Haustiere **7** (1963) Nr. 6. S. 342-348.

Genitaluntersuchungen wurden bei 1487 Kühen (K) und 2038 Büffelkühen (B) durchgeführt. Von den auf staatlichen Farmen gehaltenen B waren 66,6 und von den K 58,8% gravid. Von den in den Dörfern gehaltenen B waren 20% und von den K 29,3% gravid. Diese Tiere wurden im Ackerbau verwendet und unzureichend ernährt. Von den Tieren der staatlichen Farmen zeigten 15,4% B und 14,7% K eine Unterfunktion der Ovarien, 13,7% B und 18,8% K Corpora lutea, keine der B und 4,1% K stille oder schwache Brunst und 4,3% B und 1,8% K pathol. Veränderungen der Genitalien. In der Diskussion werden die Schwierigkeiten der Diagnose der genannten Veränderungen bes. berücksichtigt. Die Hauptursache der hohen Unfruchtbarkeit, die mit großem ökonomischen Schaden verbunden ist, ist in mangelhafter Fütterung zu suchen. Chr. Wolff. 1797.

3-64/11-0067 Rowson, L. E. A., Bennett, J. P. und Harper, M.J. K. The problem of non-surgical egg transfer to the cow uterus. **(Das Problem der nichtoperativen Eiübertragung in den Rinderuterus.)** Veterin. Rec. **76** (1964) Nr. 2. S. 21-23.

Vff. übertrugen in ihren Untersuchungen künstliche radioaktive Eier durch die Cervix in den Uterus. Sie stellten in allen Fällen fest, daß die Eier 1¼-1½ Stunden nach der Übertragung jedoch wieder ausgestoßen wurden. Man vermutete ursprünglich, daß dafür die durch die Reizung des Zervikalkanals angeregte Oxytocinausschüttung aus der Hypophyse verantwortlich zu machen sei. Es wurde versucht, den Uterus durch Injektion von Adrenalinchlorid (2-2,5 ml einer 0,1%igen Lösung) vor bzw. kurz nach der Übertragung ruhigzustellen. Zur Hemmung einer verstärkten Uterusschleimbildung wurden 30 mg Atropin verabfolgt. Weder Adrenalin oder Atropin allein noch die Kombination beider Medikamente konnten die Eiausstoßung verhindern. — Um nervöse Einflüsse auszuschalten, wurde eine 2%ige Procainhydrochloridlösung in Kombination mit Adrenalin extradural injiziert, jedoch auch ohne Erfolg. Zur Unterdrückung örtlicher uteriner Kontraktionen wurde Procainhydrochlorid (5 ml einer 2%igen Lösung in jedes Horn) in Kombination mit 0,5 g Papaverinhydrochlorid angewendet. Eine Ausstoßung der künstlichen Eier konnte damit jedoch nicht verhindert werden. H.-J. Kuller. 1814.

3-64/11-0068 MesnilduBuisson, F. du und Rombauts, P.; Jouy-en-Josas, Seine-et-Oise, Centre Nat. de Rech. Zootechn. Réduction expérimentale du nombre des foetus au cours de la gestation de la truie et maintien des corps jaunes. **(Experimentelle Reduzierung der Fetenzahl der Sau während der Gravidität und Erhaltung der Corpora lutea.)** Ann. Biol. Animale, Biochim. Biophys. **3** (1963) Nr. 4. S. 445-449. — 1 Abb., 4 Lit. Zus. in Engl.

11 Jungsauen wurden am 12. Trächtigkeitstag subtotal hysterektomiert, indem der gesamte Uterus mit Ausnahme eines Embryo und des zugehörigen Uterusabschnittes entfernt wurde. Bei 7 Tieren blieb die Trächtigkeit erhalten. Bei weiteren 41 Jungsauen wurde am 40. oder 80. Trächtigkeitstag eine verschiedene Zahl von Feten mit oder ohne zugehörigen Uterusabschnitt entfernt. Wurden Feten und Uterusgewebe entfernt, blieb bei 12 von 18 Tieren die Trächtigkeit erhalten, im anderen Fall bei nur 6 von 23 Sauen. Ein negativer Einfluß eines entleerten Uterushorns auf die Trächtigkeitserhaltung nach dem 40. Tag konnte aber nicht nachgewiesen werden, da am korrespondierenden Ovar keine luteolytische Wirkung festzustellen war. F. Döcke. 1830.

3-64/11-0069 Wintzer, H. J. **Zum Trächtigkeitsnachweis beim Schwein und Schaf mit Hilfe der Röntgenuntersuchung.** Dtsch. Tierärztl. Wschr. **71** (1964) Nr. 6. S. 153-156. — 3 Abb., 13 Lit. Zus. in Engl. 1830.

3-64/11-0070 Brabant, W., Schulz, J. und Urbaneck, D. **Beitrag zur Biopsie des Rindereuters.** Mh. Veterinärmed. **19** (1964) Nr. 10. S. 378 bis 384. – 8 Abb. 1862.

3-64/11-0071 Schmidt, G. H., Chatterton jun., R. T. und Hansel, William. Mammary gland growth and the initiation of lactation in dairy goats. **(Milchdrüsenwachstum und Einleitung der Laktation bei Milchziegen.)** J. Dairy Sci. **47** (1964) Nr. 1. S. 74-78. – 3 Tab., 11 Lit.

In einem 1. Versuch wurde die 120-Tage-Milchleistung von Ziegen, die mit Oestradiol und Progesteron eingeleitet war, durch weitere Injektionen von Oestradiol, Oxytocin und Rinder-STH nicht gesteigert. In einem 2. Versuch wurde die Milchsekretion von Ziegen, welche durch die Fütterung von DES und MAP über 150 Tage hinweg erhalten worden war, durch eine tägl. bis 1 mg ansteigende Oestradiol-Injektion über eine 7-Tage-Periode beeinflußt. Die orale Verabreichung von DES oder MAP allein oder die Kombination beider ergab zwar ein Milchdrüsenwachstum und auch Milchleistung, aber letztere war bedeutend kleiner als die nach Trächtigkeit. Die Kombination war wirksamer als die Gabe der Einzelpräparate. Die Fütterung von MAP an Ziegen in den letzten 60 Tagen der Trächtigkeit ergab einen höheren Milchspiegel für die ersten 4 Laktationswochen, aber die Differenz war statistisch nicht gesichert. Danach war die Milchleistung in der Versuchsgruppe und in der Gruppe mit normaler Trächtigkeit annähernd gleich. Die Korrelation zwischen der vorherigen Milchleistung und der in einer operativ entfernten Milchdrüsenhälfte histol. bestimmten Gesamtalveolaroberfläche betrug 0,935. R. Neseni. 1862.

3-64/11-0072 Moghissi, K. S., Dabich, D., Levine, J. und Neuhaus, O. W. Mechanism of sperm migration. **(Der Mechanismus der Spermienwanderung.)** Fertility and Sterility **15** (1964) Nr. 1. S. 15-23. – 5 Abb., 16 Lit. 1887.

3-64/11-0073 Dott, H. M. und White, I. G. Effect of potassium on ram spermatozoa studied by a flow dialysis technique. **(Der Einfluß von Kalium auf Schafbockspermien nach Untersuchungen mit Hilfe der Strömungsdialyse.)** J. Reproduct. Fertility **7** (1964) Nr. 2. S. 127-138. – 4 Abb., 1 Tab., 11 Lit. 1887.

3-64/11-0074 Arbeiter, K. **Untersuchungen über den Einfluß verschiedener Heuqualitäten auf die biologische Samenbeschaffenheit von Ziegenböcken.** Zuchthyg., Fortpflanzungsstör. Besam. Haustiere **7** (1963) Nr. 6. S. 349 bis 362. – 9 Tab.

Nach Besprechung einiger Literaturangaben über den Einfluß der Fütterung auf die Spermaqualität verschiedener Vatertierarten werden Untersuchungsergebnisse gebracht, die an 330 Ejakulaten von 10 Jungböcken gewonnen worden sind. Die Aufgabe der Arbeit bestand darin, zu prüfen, ob kräuterreiches, trocken eingebrachtes Bergheu an Stelle von botanisch einseitigem, verregnetem Heu die Samenbeschaffenheit und Libido verändert. Den günstigsten Einfluß übte der Futterwechsel auf die „äußerste Lebensdauer“ der Spermien aus. Hier war eine signifikante Zunahme sowohl in unverdünnten als auch verdünnten Ejakulaten nach der Bergheufütterung zu verzeichnen. Die Bewegungsintensität wurde von gut bis sehr gut auf sehr gut aufgewertet. Auch das Lgw. der Böcke sowie die Hodenmaße sind durch die Bergheufütterung deutlich beeinflußt worden. Die Spermamerkmale Ejakulatgröße und -dichte, pH-Werte und der Anteil morphol. veränderter Samenzellen sowie die Farbe des Ejakulats blieben unverändert. K. Löhle. 1887.

3-64/11-0075 Said, Mounib M. und Chang, M. C. Effect of in utero incubation on the metabolism of rabbit spermatozoa. **(Die Wirkung der Uterus-**

Inkubation auf den Stoffwechsel von Kaninchenspermien.) Nature [London] **201** (1964) Nr. **4922**. S. **943-944**.
In der Literatur wird berichtet, daß das Eindringen in den Uterus mit einer verstärkten Energieproduktion der Spermien verbunden ist. Dieser Mechanismus war Gegenstand der Untersuchungen. Dazu wurde frisches Kaninchenejakulat entweder sofort oder nach 6stündiger Inkubation in einem Uterushorn brünstiger Kaninchen im Warburg-Apparat — unter Zusatz von C_1- oder C_1- und C_6-markierter Glukose — untersucht. Die inkubierten Spermien verbrauchten mehr Sauerstoff als die frischen Spermien, und ihre CO_2- und Laktatproduktion war höher als bei sofortiger Untersuchung. Der Glukoseverbrauch ist viel höher als der Laktatbildung aus dem Embden-Meyerhof-Zyklus und dem freigesetzten CO_2 entspräche. Das deutet darauf hin, daß noch andere Reaktionen stattfinden. Daher wurde ein verstärkter Glukosemonophosphat-Shunt vermutet. Es wird angenommen, daß die beschriebenen Stoffwechselveränderungen für die Aufnahme der Spermien in den Uterus typisch und für die Befruchtung notwendig sind. Chr. Wolff. 1887.

3-64/11-0076 Balogh jun., Károly und Cohen, Richard B.; Boston, Mass., Harvard Med. School; Massachusetts Gen. Hospital. A cytochemical technic for studying oxidative enzyme systems of mammalian spermatozoa in semen smears. **(Eine cytochemische Technik für die Untersuchung oxydativer Enzymsysteme von Säugetierspermatozoen in Spermaausstrichen.)** Fertility and Sterility **15** (1964) Nr. 1. S. 35-39. — 6 Abb., 14 Lit.
Von adulten männl. Mäusen, Ratten, Meerschweinchen, Katzen und Hunden wurde 1 Tropfen Nebenhoden- und von Männren 1 Tropfen ejakuliertes Sperma mit Phosphatpuffer verdünnt und ausgestrichen. Nach in einer früheren Arbeit (Lab. Invest. **10** (1961) S. 839) beschriebenen Methoden wurden auf den Ausstrichen folgende Enzyme bestimmt: DPNH- und TPNH-Diaphorase, Brenztraubensäure-, Milchsäure-, Malinsäure-, Isocitronensäure- und Glukose-6-phosphat-Dehydrogenase. Als Indikator diente Nitro-BT. In den menschlichen und in den Spermien der untersuchten Tierarten waren die Enzymaktivitäten ausschließlich in der Mitochondrienscheide des Mittelstückes lokalisiert, während der Kopf, der Achsenfaden und der Schwanz nicht reagierten.
F. Döcke. 1887.

3-64/11-0077 Wettke, K. und Rohloff, D. **Versuche zur Konservierung von Ebersperma durch CO_2-Inaktivierung.** Berliner Münchener tierärztl. Wschr. **77** (1964) Nr. 1. S. 8-11.
Vff. prüfen 4 verschiedene Verdünner an 42 Ejakulaten von 4 Ebern. Bei den Verdünnern handelt es sich um modifizierte IVT- und einen Magermilchverdünner. Die CO_2-Durchsprudelung erfolgt in der von Eibl (1959) angegebenen Weise. Der pH-Wert der IVT-Verdünner beträgt nach Begasung 6,55 und bei Magermilch 6,06. Die Verdünnung erfolgt im Verhältnis 1:1. Die Aufbewahrungstemperatur beträgt +15 °C. Die nach jeweils 24 Std. erfolgende Nachuntersuchung umfaßt neben der Beweglichkeitsschätzung die Eosinfärbung. Die Ergebnisse zeigen, daß sich der Magermilchverdünner wesentlich besser zur Spermakonservierung eignet als die Modifikationen des IVT-Verdünners, wobei sich bes. deutliche Unterschiede in der Konservierungsfähigkeit der Ejakulate erkennen lassen. Bis zu 144 Std. hielt sich die durchschnittl. Beweglichkeit auf 78,3%. Bei einer bis zu 240 Std. laufenden Untersuchung waren noch 70% Spermien mobil. — Der pH-Wert verändert sich beim IVT-Verdünner von 6,55 nach Samenzusatz auf 6,83 und nach 144 Std. auf 6,63, beim Magermilchverdünner von 6,06 über 6,58 auf 6,39.
W. Busch. 1892.

3-64/11-0078 *Cossmann, Wilfried.* **Vergleichende Untersuchungen über die „Sturz- und Langsamkühlung" beim Einfrieren und Tiefkühlen von Bullenejakulaten. II. Beitrag: Die Anwendung von Milchverdünnern.** Diss. Veterinärmed. Fak. Hannover. 1963. (34 S.) 8°. (Diss. 9661)

3-64/11-0079 *Rohloff, Dietrich.* **Versuche zur Konservierung von Ebersperma mit Hilfe der CO_2-Inaktivierung unter Verwendung verschiedener Verdünner.** Diss. Univ. Berlin-Dahlem, Veterinärmed. Fak. 1964. (81 S.) 8°. (Diss. 9695).

E. ZÜCHTUNG

3-64/11-0080 Gottschewski, G. H. M. **Über experimentelle Methoden, neue Zuchtziele zu verwirklichen.** Tierzüchter **15** (1963) Nr. 21. S. 771-773.
1. Veränderung des Erbfaktorenbestandes und gezielte Selektion: In den hochgezüchteten Rassen wurde das Genreservoir eingeengt, so daß bei einer Änderung des Zuchtzieles keine Genreserven zur Erreichung des neuen Zuchtzieles vorhanden sind. Mit der Selektion auf Reinerbigkeit ist auch vielfach eine verminderte Lebenseignung der Individuen verbunden. Die in der Pflanzenzüchtung angewandten Methoden zur Erhöhung der Mutationsrate durch äußere Reize haben zu großen Fortschritten geführt und sollten auch von Tierzüchtern aufgegriffen werden, um das Erbfaktorenreservoir zu erweitern. 2. Gelenkte Veränderungen innerhalb der gegebenen erblichen Reaktionsnorm: Beim Säugetier besteht die Möglichkeit, durch Zufuhr von Stoffen (Fremdeiweiße, Viren, Bakterien, Pharmaka) über die Mutter kontrolliert in die Frühentwicklung des Embryos einzugreifen. Entspr. Versuche an Kaninchen werden beschrieben. Daraus leitet sich ab, daß verschiedene Organe vor ihrer Ausdifferenzierung zu unterschiedlichen Entwicklungszeiten kritische Phasen haben, in denen sie bes. empfindlich auf Reize reagieren. 3. Selektive Spermientrennung: Das Verfahren der Trennung weibchen- und männchenbestimmender Spermien zur Beeinflussung des Geschlechtsverhältnisses bedarf noch weiterer grundlegender Experimente. H. Kleiber. 1920.

3-64/11-0081 Prudov, A. I. Inbriding i voprosy nasledstvennosti. **(Die Inzucht und Fragen der Vererbung.)** Uč. zap. Mordovsk. un-t **1962** Nr. 22. S. 34-49. — Aus: Referativnyj žurnal Moskva. Životnovodstvo, veterinarija **1963** Nr. 18. 58. 15. S. 3. 1930.

3-64/11-0082 Lauvergne, J. J. und Cuq, P. Ectromélie et otocéphalie héréditaires en race Française Frisonne pie Noire. **(Ektromelie und erbliche Otocephalie in der schwarzbunten Friesenrasse.)** Ann. Zootechnie **12** (1963) Nr. 3. S. 181-192. — 3 Abb., 2 Tab., 19 Lit. Zus. in Engl.

Der Fehler wurde im Bereich einer nordfranzösischen Besamungsstation festgestellt. Bei allen befallenen Individuen fehlen die Extremitäten mehr oder weniger vollständig bei gleichzeitigen unterschiedlichen Mißbildungen des Kopfes (Otocephalie). Letztere führt zu der Bezeichnung Robben- oder Hasenkopf, Schweineschnauze, Trompetenkopf etc. Die mißgebildeten Jungtiere werden nach einer verkürzten Trächtigkeit tot geboren (265,7 Tage $\pm$ 4,6). Vermutlich beruht die Mißbildung auf einem autosomalen rezessiven Faktor. Die Väter der Kälber gehen auf einen holländischen Bullen zurück, der dort „amputierte Kälber" gezeugt hat. Man nimmt an, daß in den besagten Erscheinungen die rezessive Ektromelie mit der in der Friesenrasse latenten Otocephalie wieder aufgetaucht ist, die sonst als Acroteriasis congenita nach de Wriedt und Mohr bezeichnet wird. H. Busse. 1950.

3-64/11-0083 Bone, J. F. Dwarfism in cattle. **(Zwergwuchs beim Rind.)** Mod. veterin. Pract. **44** (1963) Nr. 12. S. 37-40. — 3 Abb., 4 Lit.

Das Merkmal kommt meist bei Fleischrinderrassen (Hereford und Angus) vor. Gelegentlich wird auch bei Milchrassen hiervon berichtet. Als Erbgang wird in der Praxis bisher das Vorliegen eines einfachen autosomalen rezessiven Genes angenommen. Da bei den Zwergrindern aber auch Typenvariationen zu beobachten sind, wird gelegentlich auch die Wirkung eines Genkomplexes unterstellt. Man unterscheidet drei Grundtypen: Brachycephale, Dolichocephale und gestauchte Typen. Bei den Brachycephalen kommt als zusätzliches Merkmal die Schweratmigkeit hinzu, die den Tieren die Bezeichnung „Schnauferzwerge" eingetragen hat. Das Kernproblem bei der Bereinigung der betr. Rinderpopulation von zwergwüchsigen Tieren ist die Schaffung eines verläßlichen Nachweisverfahrens der Heterozygoten. Es stehen anatomische, biochemische (endokrinologische) und zytologische Testverfahren zur Diskussion. H. Busse. 1950.

3-64/11-0084 Henricson, Bengt. **Atresia ani beim Schwein.** Acta veterin. scand. **4** (1963) Nr. **3.** S. 263-270. — 3 Tab., 9 Lit.
Vf. untersuchte an Testpaarungen das Erbprinzip und die Rolle des Milieufaktors. Es wurden gesunde und mit Analatresie geborene und operierte Tiere verwendet. Festgestellt werden konnte, daß Atresia ani bei männl. Tieren 0,5-1,0 cm von der Haut entfernt und bei weibl. im nahen Kontakt mit der Haut lag. Die Eber zeigten normale, die Sauen herabgesetzte Fertilität, was durch die notwendige Zahl der Deckakte zur Trächtigkeit und geringe Ferkelzahl zum Ausdruck kommt. Die Vererbung dürfte in ihrem Hauptprinzip durch ein Zusammenwirken zwischen homozygoten Locis bestimmt werden, aber die Manifestation könnte ausnahmsweise auch bei einem heterozygoten Genotyp geschehen, und zwar dann, wenn Gameten von einem defekten Phänotyp introduziert werden. Konstante normale Milieufaktoren dürften die Manifestation in keinem größeren Umfange beeinflussen.
K. Seidel. 1950.

3-64/11-0085 Fewson, D. **Anwendung des Hollerith-Verfahrens in der Tierzucht.** Tierzüchter **15** (1963) Nr. 24. S. 879-880.
Vf. bespricht die Einsatzmöglichkeiten des Hollerithverfahrens zur umfassenden Auswertung der Ergebnisse von Leistungsprüfungen. Neben der Charakterisierung des phänotypischen Aufbaues einer Population durch Mittelwert und Streuung verdient bes. der genetische Aufbau der Population größere Beachtung. Die Kenntnis der Heritabilität und der genetischen Variabilität ist für die Zuchtplanung wertvoll. Genetische Korrelationen erlauben Aussagen über die Förderung oder Hemmung des Zuchtfortschrittes bei gleichzeitiger Selektion auf mehrere Merkmale. Auch die Zuchtwertschätzung als Grundlage für eine wirksame Selektion kann durch Anwendung des Hollerithverfahrens auf eine breitere Basis gestellt werden. A. Schaaf. 2096.

3-64/11-0086 *Beulig, Werner.* **Der Einfluß von Trächtigkeit und Milchleistung auf die Brustform des Rindes.** Diss. Veterinärmed. Fak. Leipzig. 1963. (57 S.) 4°. (Diss. 9605)
3-64/11-0087 *Reich, Helmut.* **Untersuchungen an Zuchtstuten der Landeszucht und Turnierpferden eines internationalen Turniers über Beziehungen zwischen Brustform und Leistungen.** Diss. Veterinärmed. Fak. Leipzig. 1963. (59 S.) 4°. (Diss. 9611)

F. WACHSTUM UND ENTWICKLUNG

3-64/11-0088 Bornstein, S. und Adler, J. H. The oestrogenic effect of alfalfa meal on the growing chicken. **(Die Oestrogenwirkung von Luzernemehl auf wachsende Küken.)** Refuah Veterinarith [Jerusalem] **20** (1963) Nr. 3. S. 184-175. — 1 Abb., 4 Tab., 26 Lit.
Luzernemehl wurde dem Futter der Leghorn-Küken in der Größenordnung von 0-4,5% hinzugesetzt und mit 0,72 μg Oestradiol/kg Futter versetzt. Weiterhin wurde eine Oestrogenfraktion aus Luzerne an Weizenkleie gebunden dem Futter in einer 2. Versuchsreihe zugesetzt. In keiner der beiden Versuchsreihen wurde eine Wirkung auf die Wachstumsrate und den Futterverbrauch bei männl. Küken im Alter von 7-35 Tagen gefunden. Die negative Korrelation zwischen der Oestrogenkonzentration im Futter und der Kammgröße bei Hähnchen war nicht signifikant. Bei den weibl. Tieren war das Gewicht der Eileiter signifikant angestiegen und eine Hyperämie der Ovarien klar zu erkennen. Bei den weiteren Versuchen mit erhöhten Luzerne- und Oestro-

gengaben sowie älteren Tieren fielen die Ergebnisse zugunsten der Oestrogenwirkung auf die Tiere aus. M. Richter. 2120.

3-64/11-0089 Roberts, C. W.; Vancouver, Canada, Univ. of Brit. Columbia. Estimation of early growth rate in the chicken. **(Die Beurteilung der frühen Wachstumsrate bei Hühnerküken..)** Poultry Sci. **43** (1964) Nr. 1. S. 238 bis 252. — 3 Abb., 9 Tab., 2 Lit.

Je 120 Küken vier verschiedener Rassen wurden bis zur 2. Woche in zwei Batterien gehalten, dann für 4 Tage einer hohen Temperatur, verbunden mit hoher Luftfeuchtigkeit, ausgesetzt. Mit der 6. Woche wurden alle Küken auf 8 Ställe (Bodenhaltung mit Schirmglucken) verteilt. Kükenaufzuchtfutter und Wasser standen zur freien Verfügung. Wägungen erfolgten wöchentl. bis zur 10. Woche. Bei allen 4 Rassen übertrafen die Hähne die Hennen an Lgw. etwa von der 4. Woche an. Von der 7.-8. Woche verlangsamte sich die Wachstumsgeschwindigkeit allg. wegen der beginnenden Geschlechtsreife (Pubertät). Es gelang, den Wachstumsverlauf bis zur 7.-8. Woche annähernd durch eine Gerade darzustellen, wenn die wöchentl. Wachstumsrate b nach der Exponentialfunktion $y = at^b$ berechnet wird, wobei y das Lgw. z. Z. t_1, t_2 usw. ist, a das Schlupfgewicht. Die wöchentl. Wachstumsrate wie der Variationskoeffizient wurden errechnet. Änderungen in den Haltungsbedingungen wirkten sich auf die Wachstumsrate aus, während der Variationskoeffizient bis zur 7. Woche praktisch konstant blieb und erst in den darauffolgenden Wochen sprunghaft anstieg und den Übergang zur verlangsamten Wachstumsphase anzeigte. Die wöchentl. Wachstumsraten (I) und die der 7. Woche (II) sowie die einzelnen Lgw. vom Schlupf bis zur 7. Woche wurden varianzanalytisch untersucht. Signifikante Unterschiede fanden sich bei II für die einzelnen Rassen und Geschlechter — das gleiche ergab sich aus der Analyse der Lgw. —, ebenso bestand ein Einfluß der Geschlechtszugehörigkeit vom Schlupf an bis zur 7. Woche auf die Wachstumsrate, die an den Lgw. nicht bemerkbar wurde. In 6 von 7 Wochen konnten auch Unterschiede (von 16 g) in den Lgw. der Küken in Batterie 1 und 2 nachgewiesen werden, die sich in der 7. Woche ausglichen. C. Engelmann. 2130.

G. ÖKOLOGIE EINSCHLIESSLICH HALTUNG UND PFLEGE

3-64/11-0090 Mickwitz, G. von. **Die Beurteilung von Haltungsfehlern in der Schweinepraxis — ein Teil der klinischen Diagnostik.** Dtsch. tierärztl. Wschr. **70** (1963) Nr. 23. S. 647-652. — 5 Abb., 18 Lit.

Vf. empfiehlt für die Abstellung von Haltungsfehlern bei Schweinen einen „Untersuchungsgang", bei welchem nacheinander die Bauweise des Stalles, die Inneneinrichtung und die Tierausläufe einer genauen Analyse unterzogen werden. Bei der Betrachtung der Bauweise muß bes. auf die Möglichkeiten der Wärmedämmung, der Temperaturregulierung, der Belüftung und des Baumaterials (z. B. Bitumen-Fußböden, Holzanstriche) geachtet werden. Die Inneneinrichtung eines Stalles ist je nach Verwendungszweck (Zucht oder Mast) unterschiedlich. Vf. stellt die Notwendigkeit getrennter Freßplätze bei tragenden Sauen, die rechtzeitige Einstellung der Muttertiere in die Abferkelboxen (ca. 2-3 Wochen ante partum), die Bereitstellung von Ferkelnestern mit geeigneten Wärmeeinrichtungen in den Vordergrund. Ausläufe sind für Zucht- und Jungtiere unbedingt erforderlich, wobei aus Gründen der Parasitenbekämpfung für Ferkel ein vollständig befestigter (mit abgetrennter Erdecke) und für Muttersauen ein teilweise befestigter Platz gewählt werden sollte. E. Werner. 2155.

3-64/11-0091 Szép, I. Összehasonlitó mikroklima-vizsgálatok szarvasmarhaistállókban. **(Vergleichende mikroklimatische Untersuchungen in Rinderställen.)** Magyar Állatorvosok Lapja [Ung. veterinärmed. Bl.] 18 (1963) Nr. 8. S. 316-320. — Aus: Ung. Agrar-Rdsch. **1964** Nr. 2. 2165.

3-64/11-0092 Manton, V. J. A. Recent innovations in calf-rearing. I. Housing. **(Neue Erkenntnisse über Kälberaufzucht. 1. Mitt. Stallhaltung.)** Veterin. Rec. **75** (1963) Nr. 51. S. 1395-1398. — 28 Lit.
Neugeborene Kälber können zu folgenden Zwecken gehalten werden: 1. zur unmittelbaren Kälbermast zum Zwecke der Kalbfleischproduktion; 2. mit etwas geringerer Aufzuchtintensität zum Zwecke des Verkaufes als Zuchttier; 3. zur Aufzucht von Jungrindern als Handelsrinder für Herden mit Nachwuchsbedarf; 4. zum Absatze als unreifes Schlachttier in den ersten Lebenstagen. Für alle Zwecke müssen an die Haltungsbedingungen folgende Anforderungen erfüllt sein: Vernünftige Temperaturbedingungen, ausreichend Liegefläche und Einstreu. In den ersten Lebenswochen empfiehlt es sich, die Tiere in Einzelboxen zu halten, ob 8 oder 12 Wochen lang, darüber herrschen unterschiedliche Meinungen. Zugluft muß auf jeden Fall vermieden werden. Der Ersatz des Strohes durch Torfmull ist eine Frage der Preisrelationen. Hobelspäne und Holzwolle saugen die Feuchtigkeit schlecht auf und ergeben einen schwer verrottbaren Stalldung. Beheizbare Gummi- oder Plastikmatratzen mit Schaumgummieinlage haben den Nachteil, daß es auf ihnen zu stehenden Jauchepfützen kommt und die Tiere leicht darauf ausrutschen. Bei der Anlage von Spaltenfußböden sind Breite und Profil der Bohlen sowie die Abstände zwischen ihnen und bei Maschendrahtgeflechten Form und Dimensionen der Maschen sorgfältig mit dem Alter der Tiere und ihren orthopädischen Belangen in Übereinstimmung zu bringen. Zur intensiven Kälberaufzucht mit Milchersatzstoffen wird die Haltung in Boxen (6 × 4 sq. ft.) als optimal angesehen. Unter den meisten Witterungsbedingungen entspricht eine Temperatur von 57 °F den Ansprüchen, bei starkem Besatz sollte ein Ventilator zur Frischluftversorgung, die am besten auf einem Wärmeelement vorgewärmt wird, und für größere Temperaturschwankungen in der kalten Jahreszeit die Möglichkeit einer leichten Beheizung der Boxen vorhanden sein. Für Wände und Fußböden sind Hohlsteine zweckmäßig, weiterhin werden ein doppeltes Dach mit doppeltverglastem Oberlicht empfohlen. Eine Aufteilung des gesamten Stallraumes in mehrere voneinander isolierbare Abteilungen mit jeweils 10-12 Boxen gewährleistet die einwandfreie Quarantäne zugekaufter Kälber und verhindert die Ausbreitung der gefürchteten Salmonellosen und Pasteurellosen der Kälber. H. Busse. 2165.

3-64/11-0093 Malinowski, J. Kształtowanie się czynników klimatycznych w wolnowybiegowej wychowalni buhajków typu Instytutu Zootechniki. **(Die klimatischen Bedingungen der Laufställe für Jungtieraufzucht des Instituts für Zootechnik.)** Roczniki Nauk rolniczych, Ser. B **82** (1963) Nr. 4. S. 809 bis 842. — 9 Abb., 13 Tab., 37 Lit.
Die Untersuchungen wurden in Aufzuchtställen aus Holz und Stein durchgeführt. Beide Ställe zeigten geringe Unterschiede in den wichtigsten Kennziffern. Der Stall aus Stein übertraf den aus Holz bez. der Wärmeisolierung um 18%, bei Windschutz um 39,7%. Die durchschnittl. jährl. Kennziffern der abs. Feuchtigkeit waren in beiden Fällen fast gleich und betrugen 1,06 und 1,07. In beiden Ställen waren die Verdunstungsbedingungen günstig, und die Tiere hatten keinerlei Schwierigkeit bei der Abgabe der übermäßigen org. Feuchtigkeit. Davon zeugten die gleichen Kennziffern der Verdunstung und der physiol. Feuchtigkeit. Die Werte der genannten Kennziffern im Innern der Ställe überstiegen die äußeren Werte um 1-9%. Der gemauerte Aufzuchtstall übertraf den Holzstall in bezug auf die Innenbeleuchtung. Die Reinheit der Luft war in beiden Ställen zufriedenstellend. Im Aufzuchtstall aus Stein wirkten sich sämtliche bio-mikroklimatischen Kennziffern positiv im Verhältnis zum Holzstall aus, und zwar wegen der Isolierung des Daches, der größeren Anzahl der Lüftungsklappen, des besseren Schließens der Türen und einer gut funktionierenden Kanalisation. Beide Ställe eignen sich für die natürl. Aufzucht von Jungtieren in den Niederungsgebieten Mittelpolens. PRL/CBR. 2165.

3-64/11-0094 Hutschenreuther, G. und Günzel, W. **Zur Frage des Klimas in Schweinezuchtställen.** Tierzucht **17** (1963) Nr. 4. S. 169-174. – 3 Lit.
Das Hauptproblem in Mastställen ist die Abführung überflüssiger Wärme einschließlich Wasserdampf und CO_2, während im Abferkelstall bei erforderlicher Lüftung die erforderliche Wärme nicht gehalten werden kann. Ein in der LPG „Ulrich van Hutten", Weimar, durchgeführter Versuch zeigte: Das Anbringen von Fensterläden kann wegen des hohen Arbeits- (Öffnen, Schließen) und Materialaufwandes und des geringen Nutzeffektes nicht empfohlen werden. Durch wärmetechnisch günstige Bauausführung und Beheizung bei niederen Außentemperaturen sollte für ein optimales Stallklima gesorgt werden. In der LPG Dessau-Mosigkau ist durch Einbau einer halbautomatischen Warmluftanlage in einem 30er Abferkelstall eine Stalltemperatur von +13 °C ohne weiteres erreicht worden. Der Brennstoffbedarf war bei einem 66,6% Wirkungsgrad 86,5 kg/24 Std. In der LPG Kirchheilingen kostete die Anlage einschließlich Einbau DM 5700, die tägl. Betriebskosten DM 4,32. Im Stall waren ∅ + 15 °C bei 68-74% rel. Luftfeuchtigkeit. Die Ferkelsterblichkeit sank von 1960 = 21%, 1961 = 18,6% auf 4,8% = 1962 (8.3. bis Nov. 1962). Dieser Heizungseinbau ist nur in Einzelfällen vertretbar, bei größeren Anlagen sollte eine zentrale Beheizung vorgesehen werden. K. Seidel. 2165.

3-64/11-0095 Hutschenreuther, G. und Günzel, W. **Zur Frage des Klimas in Schweineställen mit Großgruppenhaltung.** Tierzucht **17** (1963) Nr. 2. S. 82-86. – 2 Lit.
Nach TGL soll bei −12 bis −15 °C Außentemperatur in Schweinemastställen die Raumtemperatur +10 °C nicht unterschreiten. Eine rel. Luftfeuchtigkeit von 80% ist erwünscht. Die Klimaregelung ist durch das Abführen der Wärme im Sommer schwieriger als im Winter. Zur Lösung der klimatischen Probleme wurden in der LPG Frauenprießnitz im Jahre 1961 im Schweinemaststall für 1500 Tiere klimatologische Messungen in den Perioden 6. 2. bis 13.3., 10. 4.-15. 5. und 29. 5.-3. 6. durchgeführt. In der ersten Meßperiode blieb die Stalltemperatur 7,5 grd über der Außentemperatur, die Differenz der Luftfeuchtigkeit betrug nur 2%, (die Stalluftfeuchtigkeit schwankte um 80% mit Höchstwerten von 90%). In der 2. Meßperiode gab es praktisch keine Differenz zwischen Außen- und Stallufttemperatur. Die aufgetretene hohe Luftfeuchtigkeit ließ auf eine mangelnde Auftriebslüftung schließen. In der 3. kurzen Meßperiode lagen die Raumlufttemperaturen um 4 grd unter den Außentemperaturen. Die Frischluftzuführung war mangelhaft und konnte durch den Einsatz von 2 Saugventilatoren nicht gelöst werden. Bei einem Minimalbedarf von 70 m^3/h/GV Schwein wären 3 erforderlich. Da die Maximalbelegung eines Stalles im Sommer anzunehmen ist, würden 200 m^3 pro h/GV Schwein notwendig sein, was für diesen Stall 12 Saugventilatoren entspricht. Vff. schlußfolgern, daß für die Großgruppenhaltung eine funktionstüchtige Kraftlüftung, gesteuert durch Thermostaten, Voraussetzung für gute Masterfolge ist. K. Seidel. 2165.

3-64/11-0096 Hoffmann, Hartmut. **Vergleichende stallklimatische Untersuchungen in Typenmastställen bei unterschiedlicher Belegungsdichte. Ein Beitrag zur Großgruppenhaltung der Schweine.** Diss. Berlin **1963** 179 S. – 9 Tab., 156 Lit.
Im VEB für Mast von Schlachtvieh Potsdam-Bornim wurden in drei 200er Typenställen bei unterschiedlicher Belegungsdichte im Verlauf eines Jahres vergleichende stallklimatische Messungen durchgeführt. Bes. Beachtung fand bei den Untersuchungen ein für buchtenlose Mastschweinehaltung modifizierter Typenstall mit Automaten-Trockenfütterung, der im Jahresdurchschnitt mit 530 Tieren belegt war. Gemessen wurden: Der O_2- und CO_2-Gehalt der Stalluft mit dem Gasanalysator nach Kudrjawzew, ihr NH_3-

und H_2S-Gehalt mit dem Universalgasanalysator UG I, die Temperatur und rel. Luftfeuchtigkeit mit dem Aspirationspsychrometer nach Assmann; die Abkühlungsgröße und über sie die Luftbewegung in den Ställen mit dem Katathermometer nach Hill, sowie der Keimgehalt der Stalluft mit einem Gerät System Krotow zur bakteriologischen Analyse der Luft. – In Auswertung der Ergebnisse wird u. a. folgendes ausgesagt: Auf O_2- und H_2S-Messungen kann bei stallklimatischen Erhebungen in Schweineställen auch bei der Großgruppenhaltung verzichtet werden. Bes. Augenmerk soll dem NH_3-Gehalt der Luft, ihrem Keimgehalt und der Luftfeuchtigkeit gewidmet werden. Die Meßergebnisse werden untereinander und mit den veterinärhygienischen Normen in Vergleich gesetzt. Im buchtenlosen Maststall wurden u. a. in 54% aller Messungen hygienisch unbefriedigende CO_2- und an ca. 57% aller Meßtage bedenkliche NH_3-Konzentrationen im Stalldurchschnitt ermittelt. Für den Keimgehalt werden 250 Keime/l Luft als veterinärhygienische Norm für Schweinemastställe vorgeschlagen. Im buchtenlosen Stall mit Trockenfutterautomaten innerhalb des Stallraumes wurden max. 2530 Keime/l Luft im Stalldurchschnitt ermittelt. – Ohne bauliche Veränderungen und bei Beibehaltung der herkömmlichen Stallführung sollen die beschriebenen Typenställe nach Möglichkeit mit nicht mehr als 260 und höchstens mit 300 Tieren belegt werden. Bei ihrer Belegung mit mehr als 500 Tieren in buchtenloser Haltung ist für eine tägl. 2malige Kotbeseitigung, die Vergrößerung des Gefälles des Stallfußbodens auf 6-8% und den Einbau einer leistungsfähigen Zwangsbelüftungsanlage zu sorgen. Mit dem Einbau von Deckenentlüftungsschächten (Auftriebentlüftung) kann die Frage der Klimagestaltung nicht zufriedenstellend gelöst werden. Die Trockenfütterung aus Automaten wird als für die Tiergesundheit ungünstiges Fütterungsverfahren eingeschätzt, bes. wenn sie im Stallraum selbst aufgestellt werden, wodurch sich der Keimgehalt der Luft abnorm erhöht. H. Hoffmann. 2165.

3-64/11-0097 Guericke, H. **Erfahrungen in der Anwendung von Lichtprogrammen.** Dtsch. Geflügelwirtsch. **15** (1963) Nr. 47. S. 652-654. – 2 Tab.

Die Wirkung des Lichtes auf Wachstum, Geschlechtsreife, Legeleistung, Eigröße und Gesundheit der Tiere ist je nach Alter der Tiere und Dauer der Beleuchtung verschieden. Küken, Junghennen und Legehennen werden unterschiedlich beleuchtet. Beleuchtungsprogramme bieten folgende Vorteile: Zu jeder Jahreszeit können Küken aufgezogen werden, die Geschlechtsreife setzt gleichmäßig ein, die Legeleistung steigt schneller an, die Tierverluste sind geringer. Vf. nennt 7 Beleuchtungsprogramme für Dunkelställe und 2 für Fensterställe. Dabei beträgt die Lichtintensität 30-40 Lumen/m². Die Küken werden 6, 8, 12, 22, 24 Std. und beliebig lange beleuchtet. Erhielten die Küken 6 und 8 Std. Licht, bleibt es auch bei den Junghennen so, und nimmt von der 21. Lebenswoche an durchschnittl. je Woche 15-18 Min. zu. Wurden die Küken länger beleuchtet, so wird die Zeit wöchentl. um 30-45 Min. verkürzt. Die Junghenne hat dann einen 7- bis 8-Std.-Tag. Die Legehennen werden stets 17-18 Std. beleuchtet. Der Übergang vom 7- zum 18-Std.-Tag geschieht allmählich oder ruckartig. Vf. gibt keinem der Lichtprogramme den Vorzug. H. Sommerfeld. 2170.

3-64/11-0098 Lowe, Richard W. und Heywang, Burt W.; Glendale, Ariz., Southwest Poultry Exp. Stat. Effect of various light treatments during growing period on egg production of October hatched White Leghorn pullets. **(Der Einfluß verschiedener Beleuchtungsverfahren während der Wachstumsphase auf die Legeleistung im Oktober geschlüpfter Weißer-Leghorn-Junghennen.)** Poultry Sci. **43** (1964) Nr. 1. S. 11-15. – 1 Abb., 2 Tab., 3 Lit.

3 Jahre wurden in der 4. Oktoberwoche geschlüpfte Küken bei folg. 4 verschiedenen Haltungsbedingungen während der Jugendentwicklung (1.-20.

Woche) aufgezogen: 1. Von der 0.-14. Woche 16 Std. beleuchtet, von der 14.-20. Woche 8 Std., von der 20.-68. 14 Std. (I); 2. in entspr. Weise 8-16-14 Std. (II); 3. 8-16-16 Std. (III); 4. bei normalem Tageslicht bis zur 20. Woche, dann ebenfalls 14 Std. beleuchtet (IV). Jede Gruppe (zu 110 bzw. 105 Tieren) war in Einzelställen untergebracht. Verlängerung der Beleuchtungsdauer (II) beschleunigte die Reife, verkürzte die Zeitspanne bis zum Legebeginn (130 Tage) und senkte das Gewicht des ersten Eies (37 g). Die Hennen waren bis zur 14. Woche leichter, in der 20. schwerer als ihre Geschwister. Verkürzung der Beleuchtungsdauer (I) verzögerte den Legebeginn auf 159 Tage und erhöhte das Eigewicht auf 45 g. Im 20-Wochen-Alter war diese Gruppe am leichtesten. Gr. III entsprach II, doch blieb hier das Eigewicht in allen 3 Jahren niedriger. Auf die Legeleistung wirkten sich die verschiedenen Haltungsbedingungen nicht aus, ebenso wenig auf die Sterblichkeitsrate. Die Normalgruppe (IV) begann nach 137 Tagen zu legen, das 1. Ei wog 39,4 g.
C. Engelmann. 2170.

3-64/11-0099 Ivanenko, V. A. Vlijanie različnoj intensivnosti osveščenija na rost mjasnych cypljat. **(Der Einfluß verschieden intensiver Belichtung auf das Wachstum von Fleischküken.)** Sb. rabot molodych učenych. Vses. n.-i. in-t pticevodstva **1963** Nr. 5. S. 89-94. — Aus: Referativnyj žurnal Moskva. Životnovodstvo, veterinarija **1963** Nr. 23. 58. 202. S. 22.
Der Versuch wurde mit 1800 Kreuzungsküken durchgeführt, die unter gleichen Bedingungen gehalten wurden. Die Lichtperiode dauerte tägl. 14 Std. Die Küken der Versuchsgruppen wurden vom 1.-60. Lebenstage mit Glühbirnen belichtet: Gr. I erhielt 120, Gr. II 90, Gr. III 60 und Gr. IV 20 lx. Mit 60 Tagen wurden die Küken in Untergruppen aufgeteilt; in den Untergruppen A blieb die Belichtung bis zur Dauer von 90 Tagen die gleiche, in den Untergruppen B wurden die Glühbirnen bis zu 90 Tagen rot angestrichen. Bei einer schwachen Belichtung von 20 lx waren die Gewichtszunahmen der Küken höher als bei einer Belichtung von 60, 90 und 120 lx. Der Unterschied im Gewicht der Küken war im Alter von 30 Tagen am deutlichsten. Eine Belichtung mit rotem Licht steigerte die Gewichtszunahmen der Küken nur dann, wenn die Lichtstärke bis zum Übergang auf rotes Licht 20 lx nicht überschritt. In den Untergruppen B der Gr. II und IV waren die Gewichtszunahmen bei den Hühnchen um 10 und 7% und bei den Hähnchen um 8 und 1% höher als in den entspr. Untergruppen A. 2170.

3-64/11-0100 Pigarev, N. V. Voprosy regulirovanija jajcekladki kletočnych nesušek. **(Probleme der Steuerung der Legetätigkeit von Hennen bei Käfighaltung.)** Tr. Vses. s.-ch. in-ta zaočn. obrazovanija **1962** Nr. 8. S. 35 bis 39. — Aus: Referativnyj žurnal Moskva. Životnovodstvo, veterinarija **1963** Nr. 14. 58.142. S. 21.
Die Bedingungen der Käfighaltung beeinflussen durch Stimulation Wachstum und Entwicklung des Junggeflügels. Junghennen in Käfigen beginnen zeitiger zu legen, und ihre Legetätigkeit ist in den ersten Monaten intensiver als bei der Auslaufhaltung. Jedoch führt die anhaltende Käfighaltung zu spez. Veränderungen im Organismus der Hennen, in deren Ergebnis ihre Legetätigkeit sich laufend verringert und die Merzung unproduktiver Hennen steigt. Selbst in den besten Geflügelfabriken erhält man bei Intensivhaltung größerer Hennengruppen 75% der Gesamteiermenge von Hennen im Alter bis zu 1 Jahr, wobei die Gesamteiermenge nicht hoch genug ist. In Versuchen, die in Dunkelkammern sowie unter Praxisbedingungen durchgeführt wurden, ist geprüft worden, ob es möglich ist, das Eierlegen von Junghennen durch Verminderung der Beleuchtungsdauer zu beschränken, um danach die Legetätigkeit durch einen stufenweise wachsenden Lichttag zu stimulieren. Die Beleuchtungsdauer betrug in zwei Kammern während des gesamten Versuchs tägl. 14 Std., in zwei anderen Kammern 6 Std. zu

Beginn des Versuchs, um dann jede Woche gleichmäßig um 15 Min./Tag zuzunehmen, bis sie zum Versuchsende 17 Std. erreichte. In den beiden ersten Kammern begann die Legetätigkeit 1 Mon. früher, jedoch war im weiteren Verlauf die Intensität der Legetätigkeit bei den Hennen mit der anfänglichen Beschränkung des Lichttages höher. Insgesamt erhielt man von diesen Hennen 7849 Eier gegenüber 6388 von den Hennen, die bei gleichmäßiger Beleuchtungsdauer gehalten worden waren. In einem Versuch, der mit 9000 Junghennen der Geflügelfabrik Tomilino erfolgte, wurde die Beleuchtungsdauer der Versuchs-Hennen anfänglich mit Zunehmen des natürlichen Tageslichts (von 7 Std. 51 Min. auf 17 Std. 34 Min.) erhöht, danach durch elektrische Beleuchtung (bis zu 23 Std. tägl.). Für die Kontrollgruppe wurde das in den Geflügelfabriken gebräuchliche Beleuchtungssystem verwendet. In der Kontrollgruppe wurde eine Intensität der Legetätigkeit von 50% 9 Tage früher erreicht als in der Versuchsgruppe. Die Gesamteiermenge und die mittlere Nutzungsdauer der Hennen (gemessen an der geringeren Merzungsquote) waren bei den Versuchs-Hennen höher. Die Sortierung der Eier war ebenfalls bei ihnen höher, der durch den Verkauf der Eier erzielte Gewinn war um 26% größer. Diese positiven Ergebnisse gestatteten es, die neue Methode einer sich verändernden Beleuchtungszeit in großem Umfang in der Geflügelfabrik Tomilino einzuführen. 2170.

3-64/11-0101 Gil'man, Z. D. Ul'trafioletovoe oblučenie povyšaet privesy porosjat. **(UV-Licht erhöht die Gewichtszunahme der Ferkel.)** Svinovodstvo, Moskva **17** (1963) Nr. 10. S. 19. — 1 Tab.
In der Versuchsstation für Tierzucht Jaroslawl wurde eine Quarzlampe 1,5-2 m vom Boden entfernt angebracht und die Ferkel 10 Tage hintereinander je 10 Min. bestrahlt. Dann wurde jeweils eine 10tägige Bestrahlungspause eingeschoben. Aus dem Vergleich zwischen Versuchs- und Kontrollgruppe ist ersichtlich, daß das UV-Licht das Wachstum und die Gewichtszunahme der Ferkel stimuliert. Während bei der Aufzucht von Herbstferkeln bei der Versuchsgruppe keine Verluste auftraten, gingen in der Kontrollgruppe 7% ein. Die durchschnittl. Gewichtszunahme lag bei der Versuchsgruppe 11% höher als bei der Kontrollgruppe. Bei den Frühjahrsferkeln waren die Unterschiede zwischen Versuchs- und Kontrollgruppe weniger ausgeprägt. I. Montag. 2170.

3-64/11-0102 Karapetjan, S. K. und Kočarjan, R. G.; Physiol. Orbeli-Inst. der Akad. der Wiss. der Armen. SSR. Stimuljacija produktivnosti sel'skochozjajstvennych ptic ul'trafioletovym oblučeniem. **(Die Leistungssteigerung des Wirtschaftsgeflügels durch UV-Bestrahlung.)** Izvestija Akademii nauk Armjanskoj SSR. Biologičeskie nauki, Erevan **16** (1963) Nr. 8. S. 29-36. — 1 Abb., 5 Tab., 8 Lit. Orig.: russ., Ausz.: armen.
Unter den Bedingungen Armeniens sollten Zweckmäßigkeit, Beleuchtungsdauer und Intervalle der UV-Bestrahlung von Jung- und Legehennen in Käfighaltung festgestellt werden. Am günstigsten erwies sich eine tägl. Beleuchtung von 2 Std. bei 10tägiger Dauer und anschließender 10tägiger Pause. Es werden dabei bes. die Entwicklung der Fortpflanzungsorgane u. a. Organe gefördert sowie das Lgw. erhöht. Das Verfahren wird infolge seines physiol. und ökonomischen Wertes für Käfighaltung empfohlen. W. Bonitz. 2170.

3-64/11-0103 Havliček, V. K otázce funkce větrání stájových prostor. (Novostavby K/164.) **(Zur Frage der Lüftungsfunktion in Stallräumen [Neubauten K/164].)** Meteorol. Zprávy **16** (1963) Nr. 3/4. S. 53-55. — 2 Abb., 1 Tab., 9 Lit. Zus. in Russ., Dtsch.
Auf Grund zahlreicher Mikroklimauntersuchungen in neuen Stallbauten wird festgestellt, daß die vom Projektanten vorausgesetzte Stallfeuchtigkeit unter extremen Bedingungen der Wintermonate in Wirklichkeit um 15%

höher und die vorausgesetzte Temperatur um 6-8 °C niedriger ist. Dies ist die Folge einer schlechten Lüftung, die bei der allg. verwendeten Schwerkraftentlüftung die entspr. Voraussetzungen nicht aufweist, bes. jedoch die angemessene lichte Höhe der Lüftungsanlage nicht besitzt. Dieser Mangel findet seinen Ausdruck in starker Kondensierung des in der Stalluft enthaltenen Wasserdampfes. Vf. meint, daß man durch Installierung mechanischer Austauscher Abhilfe schaffen könne und verweist auf einige Systeme der ausländischen Austauscher. ČSSR/ÚVTI. 2175.

3-64/11-0104 Borowski, W. Pomiary wilgotności powietrza w pomieszczeniach dla zwierząt gospodarskich. **(Das Messen der Feuchtigkeit in den Ställen für Wirtschaftstiere.)** Nowe Rolnictwo **12** (1963) Nr. 23. S. 31-32. — 1 Abb.
Um zu ermitteln, welcher Teil der im Raum gemessenen Feuchtigkeit aus der Außenluft stammt und welcher Teil im Raum entsteht, muß von der im Stallinnern gemessenen Feuchtigkeit die Außenluftfeuchtigkeit subtrahiert werden. Um dies durchführen zu können, muß man die unter den Bedingungen der Außentemperatur gemessene Feuchtigkeit in eine Größe umwandeln, die der Innentemperatur entspricht. Unter den durchschnittl. Bedingungen der kühlen Jahreszeit, bei Einhaltung der gleichen Besatzgröße und einer konstanten Größe der Entlüftungsöffnungen wird die Prozentzahl des Wasserdampfes im Raum mit der Feuchtigkeit addiert, die mit der Luft in den Stall gelangt, diese Größe ist dann konstant. Diese Größe wurde als „charakteristische Raumfeuchtigkeit“ bezeichnet. Unter den Bedingungen des polnischen Klimas kann angenommen werden, daß die nach dem beigefügten Diagramm berechnete charakteristische Feuchtigkeit des Raumes entspricht: in den Grenzen von 5-15% — einem sehr reichhaltigen Luftwechsel, von 16-25% — einem guten Luftwechsel, von 26-35% — einem gemäßigten Luftwechsel, und über 36% — einem unzureichenden Luftwechsel. PRL/CBR. 2175.

3-64/11-0105 Gerzymisch, H. **Anbinde- und Offenstallungen, Betrachtungen und Untersuchungen der Stalluft.** Hyg. auf d. Lande **1964** Nr. 7. S. 81-112. — 13 Abb., 1 Tab. Zus. in Russ.
Vergleichende gasanalytische Untersuchungen befaßten sich mit dem CO_2- und dem NH_3-Gehalt der Stalluft. Im Offenstall war im Winter der CO_2-Gehalt nur min. erhöht, und Temperatur und Luftfeuchtigkeit der Stalluft waren niedrig. Im Sommer stieg infolge der unter dem Jahresdurchschnitt liegenden Windgeschwindigkeit mit zunehmenden Temperaturen die CO_2-Konzentration der Luft. Im Anbindestall lagen im Winter infolge der geschlossenen Fenster und Türen höhere CO_2-Konzentrationen vor, während sie im Sommer bei besserer Entlüftung entspr. abnahmen. Ein ähnlicher Rhythmus konnte im Massivstall bei nächtlicher Schließung der Türen und Fenster im Vergleich zu den Tageswerten bei entspr. Belüftung gefunden werden. Im Gegensatz zu anderen Autoren hat Vf. keine eindeutigen Zusammenhänge zwischen CO_2-Gehalt, Temperatur und Luftfeuchtigkeit beobachtet. Der NH_3-Gehalt der Luft hatte im Offenstall bei niedrigen Wintertemperaturen sein Minimum, im Sommer bei höheren Temperaturen beträchtliche Maxima zu verzeichnen. Im Anbindestall wurde bei allerdings anderen Voraussetzungen im Winter bei höheren Innentemperaturen und unregelmäßiger Belüftung ein Maximum erreicht, das sich im Sommer bei hohen Außentemperaturen im Aug. wiederholte. Im Kaltstall wurden im Gegensatz zum Anbindestall wesentlich geringere NH_3-Konzentrationen gemessen, obwohl in beiden Ställen Lüftung und Einstreu nicht optimal waren. Durch die fehlende Wärmedämmung im Kaltstall waren im Durchschnitt niedrigere Temperaturen als im wärmegedämmten Anbindestall zu verzeichnen, wodurch die Zersetzungsgeschwindigkeit des Harnstoffes sowie die NH_3-Verdunstung wesentlich herabgesetzt wurden. H. Busse. 2175.

3-64/11-0106 Knap, J. Uspořádání a větrání velkovýkrmen a předvýkrmen prasat. **(Anordnung und Lüftung der Schweinegroßmast- und Läuferställe.)** Náš Chov **1963** Nr. 11. Beil. S. 81-84. — 3 Abb., 1 Tab.
Die Voraussetzung für zweckmäßige Lüftung bildet eine positive Wärmebilanz und richtige Lösung der Stallkonstruktion und der Lüftungsanlage. In wärmegedämmten Mastställen, wo auf 100 kg Lgw. 4 m³ entfallen, herrscht bei einem Luftwechsel von 4,5 mal/h bis zu —12 °C Außentemperatur positive Wärmebilanz. Bei unvollständigem Besatz des Stalles bildet sich eine ständige Vernebelung, da die Wärmebilanz passiv ist. Auf Forschungsgrundlage wurde der min. Luftwechsel im Winter auf 5 mal/h, im Sommer 8- bis 15 mal/h festgelegt, wenn der Stallraum 3,5 m³/100 kg Lgw. nicht übersteigt; bei automatischer Lüftung sind es 3 m³/100 kg Lgw. Die Lüftung des Schweinestalles vom Typ 1200-4 wurde auf zwei Bauten überprüft. Der Luftwechsel im Winter wird durch 4 Vakuumkaminventilatoren mit einer Gesamtleistung von 14,4 m³/h besorgt, wobei der Luftwechsel 5,5 mal/h beträgt. Weitere 6 Axiallüfter, die im Lichtschacht untergebracht sind, wechseln die Luft bis 8 mal/h. Die Ventilatoren werden thermostatisch gesteuert. Im Sommer gibt es eine zusätzliche Schwerkraftlüftung. Beim Typ 1200-5, der auf trockene Mast eingerichtet ist, wird die Stalluft bis um 10 °C erwärmt und gleichzeitig die Luftfeuchtigkeit um 10% herabgesetzt. Beim Bau von Läuferställen für 1600 Schweine rechnet man mit evtl. Vorwärmung der eingeblasenen Luft. Der Dampf soll hier auch zum Wassererwärmen ausgenutzt werden.
ČSSR/ÚVTI. 2175.

3-64/11-0107 Janáč, K. Tepelná rovnováha čtvrorradových kravínov. **(Wärmegleichgewicht in vierreihigen Kuhställen.)** Výstavba socialist. Vesnice **1963** Nr. 9. S. 195-198. — 7 Abb., 1 Tab.
Die versuchsweise Messung des Mikroklimas in 2 vierreihigen Ställen mit einfachem Manteldach ergab bei einer Außentemperatur von —2,6 °C beim ersten und zweiten Kuhstall nachstehende Ergebnisse: Innenraum des Kuhstalls m³/GV: 21,23-29,45, Fensterfläche zur Fußbodenfläche %: 9,29-8,56, Temperatur der Luft im Kuhstall °C: 12,30-10,77, rel. Feuchtigkeit im Kuhstall %: 89-86, Wärmepermeabilität der Dachkonstruktion kcal/m² h °C: 0,64-2,06, Lüftung unzureichend. Im ersten Kuhstall gab es keine Wasserkondensation, im zweiten dagegen war die Unterseite feucht. Die Stalltemperatur erreichte im Sommer bis 26,42 °C bei einer Außentemperatur von 26,90 °C. Als Betriebsmängel werden genannt: unzureichende Lüftung, mangelhafte Kanalisierung, im zweiten Kuhstall waren 10 Kuhplätze nicht besetzt usw. Einen wichtigen Nachteil bilden die übermäßig große Fensterfläche und hohe Wärmepermeabilität des Dachmantels, der durch keine dampfisolierte Schicht geschützt wird. Zum Schluß wird empfohlen, im Dachmantel eine Lüftungsschicht zu bilden. ČSSR/ÚVTI. 2180.

3-64/11-0108 Leiche, Erwin. **Einfluß hoher Umwelttemperaturen auf den Kalium- und Natriumaustausch zwischen Erythrozyten und Serum beim Schwein.** Diss. Berlin **1963** 82 S.
Es wurden flammenphotometrische K- und Na-Bestimmungen in Blutserum und Erythrocyten beim Schwein unter normalen Bedingungen (10-15 °C und 70-80% rel. Luftfeuchtigkeit) vorgenommen. Gleichzeitig wurden die Rectaltemperaturen gemessen. Die anschließenden Tagesversuche sollten klären, ob hohe Umwelttemperaturen einen Einfluß auf die asymmetrische K- und Na-Verteilung im Blut des Schweines ausüben. Zu diesem Zweck wurden die Versuchstiere (DE) in einer Klimakammer 8 Std. einer Temperatur von 35 °C und 90% rel. Luftfeuchtigkeit ausgesetzt. Nach 1, 2, 4 und 8 Std. wurde den Tieren Blut aus der Vena cava cranialis abgenommen und flammenphotometrisch untersucht. Bei jeder Blutentnahme wurden ebenfalls die Rectaltemperaturen gemessen. Die Versuche zeigen, daß nach 8 Std.

die Erythrocyten des Schweines ein Na-Defizit und einen K-Anstieg aufwiesen. Das Blutserum zeigte dagegen einen physiol. Na-Gehalt und ein K-Defizit. Zwischen den Veränderungen des asymmetrischen K- und Na-Verlustes zwischen Erythrocyten und Blutserum und Körperinnentemperatur zeigte sich eine enge Beziehung. Die Erhöhung der Rectaltemperatur ging mit einem Austritt von Na aus den roten Blutkörperchen, einem Eintritt von K in die Erythrocyten und einem K-Defizit im Serum einher. Etwas anders verhielt sich das Na im Blutserum. Obwohl es in den ersten 2 Std. mit der Körperinnentemperatur anstieg, fiel es nach 8 Std. bei einer Rectaltemperatur von 41,3 °C in seinen physiol. Bereich. Das K in Blutserum und Erythrocyten zeigte also eine stärkere Abhängigkeit von der Körperinnentemperatur und der Umgebungstemperatur als das Na. Um weiter verfolgen zu können, wie sich der K- und Na-Spiegel unter dem Einfluß hoher Umwelttemperaturen über einen längeren Zeitraum verhalten würden, wurden die Versuchstiere 128 Std. 35 °C und 70% rel. Luftfeuchtigkeit ausgesetzt. Hierbei wurde jeweils nach 8, 32, 56, 80, 104 und 108 Std. den Versuchstieren Blut entnommen. Der Na-Gehalt von Serum und Erythrocyten fiel bis zu 104 Std. unter die Norm, erreichte aber nach 128 Std. wieder seinen Normalgehalt. K drang dagegen in die Erythrocyten ein und gelangte nach 128 Std. nicht in seinen physiol. Bereich. Im Serum war bis zu 80 Std. ein K-Defizit vorhanden. Nach 80 Std. stieg es min. an, erreichte aber mit 128 Std. nicht seinen physiol. Bereich. Die Rectaltemperatur zeigte hierbei bis zu 104 Std. einen Anstieg um ca. 1 °C. Mit 40 °C stellte sie sich nach 128 Std. fast auf ihren physiol. Wert ein. Auch bei diesen Versuchen zeigte sich, daß bes. die K-Werte in enger Beziehung zur Körperinnentemperatur stehen. E. Leiche. 2180.

3-64/11-0109 Mount, L. E. Environmental temperature preferred by the young pig. **(Bevorzugte Umgebungstemperaturen von Ferkeln.)** Nature [London] **199** (1963) Nr. 4899. S. 1212-1213. — 1 Tab.
Am Inst. für Tierphysiologie Babraham, Cambridge, wurden mit 38 Large-White-Ferkeln im Lebensalter von 1-41 Tagen Untersuchungen durchgeführt, um die von jungen Ferkeln bevorzugte Umgebungstemperatur zu ermitteln. Die Tiere hatten die Möglichkeit, sich wahlweise in 4 verschiedenen Temperaturbereichen aufzuhalten, und zwar zwischen 23-28; 29-31; 32-34 und 35 bis 37 °C. Als Ergebnis konnte festgestellt werden, daß die 1 Tag alten Ferkel in den meisten Fällen höhere Temperaturbereiche aufsuchten (Durchschnittstemperatur 32,3 °C), während bei den älteren Tieren keine signifikanten Unterschiede auftraten, denn die durchschnittl. Aufenthaltstemperatur der 1-7 Tage alten Tiere belief sich auf 29,3 und die der 8 bis 41 Tage alten auf 29,8 °C. Bei Prüfung von Gruppen zu je 5 Tieren ergab sich, daß 59% aller Gruppen in einem Temperaturbereich zusammenblieben. Die Rectaltemperaturen der Ferkel veränderten sich während der jeweiligen einstündigen Beobachtungen nicht wesentlich. R. Kürbs. 2180.

3-64/11-0110 Blakely, R. M. und MacGregor, H. I.; Swift Current, Saskatchewan, Canada Dep. of Agric. The effect of length of day and temperature on the deposition of subcutaneous fat by market turkeys. **(Der Einfluß von Tageslänge und Temperatur auf die Ablagerung von subcutanem Fett bei Mastputen.)** Canad. J. Animal Sci. **43** (1963) Nr. 2. S. 332-336. — 1 Abb., 3 Tab., 9 Lit.
In einem 2×2×2 Faktorenversuch an insgesamt 400 Mastputen von 21 Wochen wurden Untersuchungen bei niedriger und hoher Stalltemperatur, gestaffelter Tageslänge (9 und 14 Std.) und 2 Endmastrationen mit geringer und hoher Futterfettqualität durchgeführt. Die Haltung bei niedriger im Vergleich zu hoher Stalltemperatur erhöhte den Futterverzehr, die Lebendgewichtszunahme, den Futteraufwand und verbesserte die Schlachtkörper-

qualität. Die Unterschiede in der Stalltemperatur übten einen größeren Einfluß auf die geprüften Kriterien bei Verfütterung der Futtermischung mit hoher Futterfettqualität gegenüber der mit niedriger aus. Die unterschiedliche Tageslänge hatte praktisch keinen Einfluß auf die untersuchten Merkmale. H. Jeroch. 2180.

3-64/11-0111 Dziubek, T. Wilgotność powietrza w oborze a organizm zwierzęcy. **(Die Luftfeuchtigkeit im Kuhstall und der tierische Organismus.)** Nowe Rolnictwo **12** (1963) Nr. 22. S. 28-30. — 1 Tab. PRL/CBR. 2185.

3-64/11-0112 Roth, Fred W. und Hull, Dale O. Trends in livestock buildings. **(Entwicklung von Stallbauten.)** Iowa Farm Sci. **18** (1963) Nr. 6. S. 587-590. — 5 Abb., 3 Tab.
Durch die schnelle technol. Entwicklung in der Tierhaltung beginnen die Gebäude bereits nach 5 Jahren zu veralten. Bei der Planung der Gebäude ist diese Entwicklung zu berücksichtigen. Vff. unterscheiden im Prinzip 2 verschiedene Gebäudekategorien: Spezial- und Mehrzweckgebäude. Spezialgebäude sind nicht für andere Zwecke abwandelbar. Mehrzweckgebäude sind freigespannte Hallen, die für verschiedene Tierarten, als Maschinenschuppen oder Bergeraum verwendet werden können. Auf die Vor- und Nachteile verschiedener Konstruktionen wird hingewiesen. Die Entwicklung führt zu einer stärkeren Standardisierung und Vorfertigung von Gebäudeteilen. Die Investitionen für die Gebäude werden in Zukunft höher liegen, sie müssen sich auch schneller amortisieren. Mögliche Arbeitseinsparungen und höhere Leistungen der Tiere werden diese Gebäude ökonomisch machen. W. Heinig. 2260.

3-64/11-0113 Kavina, J. Tepelné isolace v zemědělských stavbách. **(Wärmeisolationen in landwirtschaftlichen Bauten.)** Výstavba socialist. Vesnice **1963** Nr. 10. S. 257-258. — 3 Abb.
Zur Bildung eines geeigneten Stallklimas genügt bei richtiger Belüftung in der Regel die von den aufgestallten Tieren erzeugte Wärme. Die Voraussetzung dazu ist eine gute Bewirtschaftung der Stallwärme. Diese wird durch Wärmeisolierung der Stallkonstruktion erreicht. Die Stallwärme entweicht am stärksten durch die Dach-, Fußboden- und Fensterkonstruktion. Diese Konstruktionsteile sind gewöhnlich im Vergleich mit den Wärmeisolierungsnormen unterdimensioniert. Die Wärme entweicht außerdem ziemlich stark auch durch das Stalltor und an der Auswerföffnung der umlaufenden Entmistungsschaufel. Dies kann durch die Errichtung von verschließbaren Windschutzvorrichtungen verhindert werden. Einen großen Einfluß auf die Bildung des Stallklimas üben die Auswahl der Baustelle und die Abführung des Regenwassers vom Gebäude aus. Der Fußboden soll auf einer 15 cm hohen Aufschüttung ruhen, und die Umfassungsmauern sollen 45 cm dick sein. ČSSR/ÚVTI. 2260.

3-64/11-0114 Owtram, I. H.; Wellington, Dep. of Agric. Principles of pig housing. **(Prinzipien der Schweineunterkünfte.)** New Zealand J. Agric. **107** (1963) Nr. 5. S. 412-413. 416-417. — 5 Abb.
Schweine bedürfen zur richtigen Unterbringung eines warmen, trockenen Liegeplatzes, eines Freßplatzes und eines von Liege- und Freßplatz getrennten Kotplatzes. Als Liegefläche je Sau und Wurf werden 5-6 m², je Mastschwein 0,45 m² angegeben. Während für Saugferkel 23 °C Raumtemperatur gefordert werden, sind es für ältere Schweine 15-18 °C. Die rel. Luftfeuchtigkeit soll um 70% liegen. Für jüngere Tiere werden künstliche Wärmequellen empfohlen. Bei außenliegenden Kotplätzen ist ein Luftwechsel je Stunde zwischen 300 und 500 cu. ft., bei Kotplätzen im Stall zwischen 720 und 1400 cu.ft. vorgesehen. Die Luftgeschwindigkeit soll bei 10-15 °C Temperatur 15 m/Min. nicht übersteigen. Durch geeignete Isolation und richtige Ventilation können diese Werte erreicht werden. Dächer, Wände und Fußböden

sind so auszuführen, daß im Tages- und Jahreszeitenwechsel ein weitgehend gleichbleibendes Stallklima vorhanden ist. Die Wände sind meist aus Beton und müssen wasserdicht sein. Die Isolierung der Wände an den Innenseiten durch Holz ist zwar gut, jedoch materialaufwendig. Das einzig befriedigende Material für Fußböden in Schweineställen ist ebenfalls Beton. Das Fußbodengefälle sollte 2-4 cm pro lfd. m betragen. Je Bucht werden 12-16 Schweine empfohlen mit einem Trograum von ca. 20 cm je Tier. Bei Selbstfütterung steht die Frage des Trograumes nicht. Die Kotflächen sind nicht so anzulegen, daß die Schweine z. B. vom Liegeplatz über diese zum Futtertrog gehen müssen. Die Lage des Kotganges richtet sich nach dem Hauptdränagesystem. Die Kotflächen sind oft mit Kotrosten abgedeckt, unter denen mittels periodischer Wasserspülung der durch die Roste gefallene Kot abtransportiert wird. Auf evtl. Zugluftgefahr bei Rostfußböden ist zu achten. Die Stallbelüftung erfolgt an den Seitenwänden unterhalb der Dachrinne, während nach oben Entlüftungsschächte gezogen sind. Die Belüftungsöffnungen sollen pro Tier mit ca. 39 cm^2, die Entlüftungsöffnungen je Tier mit ca. 65 cm^2 bemessen sein. Durch Scharnierklappen an den Entlüftungsschächten kann die Entlüftungsintensität gesteuert werden. O. Siegl. 2260.

3-64/11-0115 Anonym. **Der „Alu-Stall" ist im Kommen!** Dtsch. Geflügelwirtsch. **16** (1964) Nr. 16. S. 239. — 7 Abb.
Bildbericht über einen Hühnerstall aus Well-Aluminium. 2260.

3-64/11-0116 Huška, J. Montované stavby pro velkochovy kachen. **(Montierte Bauten für Entengroßhaltungen.)** Drůbežnictví [Praha] **13** (1963) Nr. 10. S. 157. — 1 Abb.
Die montierte Bogenkonstruktion für Entengroßhaltung kann transportabel oder stationär sein. Die Konstruktion besteht aus 2 m langen und 5,5 m breiten Bauteilen, die beliebig lang aneinandergefügt werden können. Die Durchfahrt ermöglichen zweiflügelige Tore. Die dem Wind zugewandte Seite wird mit Schilfplatten geschützt, das Dach wird mit Ruberoid gedeckt. Auf dem Boden wird nach Entfernung der Grasnarbe eine Schicht von 30 cm Schlacke und 10 cm Sand aufgeführt, und auf dieser Schicht wird dann die Tiefstreu angelegt. Im Vergleich mit der traditionellen Bauweise sind die Investitionskosten um ca. $^1/_3$ höher, aber die Bogenkonstruktion wurde 10mal im Jahre genutzt, während man den traditionellen Bau nur 3mal im Jahre nutzen konnte. Jeder neue Jungentenbesatz wird durch Maschendraht zu je 150 Stück abgeteilt; nach ca. 10 Tagen wird dieser entfernt, und die Bogenkonstruktion kann evtl. versetzt werden. In einer 10 m langen Aufzuchthalle werden 1500 Jungenten untergebracht. Die Einsätze werden alle 20-25 Tage erneuert. Auf Grund der gemachten Erfahrungen ist ein Metallvordach für sämtliche Geflügelarten entworfen worden. ČSSR/ÚVTI. 2260.

3-64/11-0117 Fricke, Wolfgang. **Anbindeställe ohne Einstreu auch für Milchvieh.** Mitt. dtsch. Landwirtsch.-Ges. **79** (1964) Nr. 10. S. 306-310.
Als Vorteile des Verzichts auf Einstreu werden die Einsparung an Arbeit in der Getreideernte und beim tägl. Säubern der Stände sowie die an Lagerraum genannt. Die Art der Stallmistgewinnung und -aufbereitung kann als fest oder flüssig gewählt werden und ist von Fall zu Fall zu entscheiden. Richtige Stände werden als Voraussetzung für einstreufreie Haltung des Milchviehs im Anbindestall angesehen. Die Standplatte soll wärmedämmend und trittsicher ausgebildet sein, Gummimatten haben sich bewährt. Die Standlänge muß der Rumpflänge der betr. Tiere angepaßt werden. Dies soll durch eine geeignete, in der Längsrichtung des Tieres horizontal verstellbare Anbindevorrichtung bei einheitlicher Baulänge erreicht werden. Diese Forderung wird nur von Gleitschwengel und -kette und bei langen Tieren von der Grabner-Kette erfüllt. Beim Festmistverfahren soll durch Kurzstand mit

Kotstufe von 20-25 cm eine trockene und saubere Standplatte erreicht werden. Für das Flüssigmistverfahren – Kurzstand mit Kotrost – werden für den Kotrost T-Stab und Vierkantrost mit 1,5 cm Auftrittsbreite empfohlen. W. Peter/Knau. 2265.

3-64/11-0118 Caivas, K. Využit dosavadní účelové výstavby a začlenit ji do velkovýrobní technologie. **(Die vorhandenen Zweckbauten nutzen und sie in die industriemäßige Produktion eingliedern.)** Výstavba socialist. Vesnice **1963** Nr. 11. S. 269-273. – 5 Abb.
Die landwirtsch. Neubauprojekte bzw. die Rekonstruktionen müssen grundsätzlich von einer komplexen Lösung sämtlicher Fragen des landwirtsch. Betriebes ausgehen. Bis jetzt wurden überwiegend nur einzelne Objekte in Betracht gezogen. Die zum Umbau bestimmten Gebäude sollen demselben Zweck dienen, für den sie früher bestimmt waren, denn Rekonstruktionen, die den Zweck des Gebäudes ändern, sind gewöhnlich zu kostspielig. Bei Zusatzbauten hat sich das Pavillonsystem bewährt. Als Beispiel wird das Projekt eines Produktionszentrums für 360 Milchkühe angeführt: davon werden 240 Milchkühe auf vier, mit einem Durchfahrtfütterungsraum verbundenen Liegeplätzen untergebracht; dieser Raum wurde aus einem durchfahrbaren Kuhstall geschaffen. Zwei Melkstände besitzen je acht Boxen. 80 Kühe sind in einem neuen Abkalbestall von großer Kapazität und 40 Milchkühe in herkömmlichen Kuhställen untergebracht. Es werden die Vorteile dieses Projektes hervorgehoben. ČSSR/ÚVTI. 2265.

3-64/11-0119 Tetlaw, Clive. Indoor lagoons for poultry. **(Haus-Lagunen für Geflügel.)** Agriculture [London] **71** (1964) Nr. 1. S. 10-12. – 1 Abb.
Eine Haus-Lagune ist ein Wasserbehälter, der sich unter dem überlatteten oder drahtbespannten Laufboden des Geflügelstalles befindet. Mit der Lagune beabsichtigt man, das Ausbringen des Kotes 1 Jahr bzw. noch länger zu unterlassen. Der Grad der Zersetzung der Ausscheidungen durch Bakterien zeigte nach 2jähriger Benutzung nur 14% feste Bestandteile in 16 Zoll Wasser. Man schätzt, daß sich in jedem Jahr nur 1 Zoll feste Bestandteile ansammeln. Bei guter Ventilation sind das entstehende CH_4 und CO_2 für die Tiere harmlos. Das Fundament des Stalles muß eine wasserdichte Grube sein. 6-8 mm Polyäthylenauskleidung oder wasserdichter Mörtel genügen. Die Grube muß ca. 2 ft. tief Wasser fassen. Der Wasserstand ist mittels eines Schwimmerventils konstant zu halten. Der Boden des Beckens soll geneigt sein, um eine leichte Reinigung zu ermöglichen. Mit dem Lagunensystem ist auch das Fliegenproblem gelöst. W. Greiner-Petter. 2265.

3-64/11-0120 Wilson, R. M. T. Electric warm floor brooders. **(Elektrische Fußbodenheizung für die Kükenaufzucht.)** Scott. Agric. **42** (1963) Nr. 4. S. 190-194. – 1 Abb., 1 Tab.
Für die Kükenaufzucht geeignete, in den Stallfußboden installierte elektrische Heizplatten werden im einzelnen beschrieben. Sie bestehen aus einem Zementblock von ca. 3,30 m × 1,80 m Größe und 0,30 m Stärke, in welchem ein rohrförmiges Heizelement von 2,5 kW Leistung in U-förmigen Windungen verlegt wurde. Gegenüber dem Stallfußboden ist die Heizplatte wärmeisoliert sowie vor dem Eindringen von Feuchtigkeit geschützt. Verschiedene Temperaturstufen, die thermostatisch kontrolliert werden, sind einstellbar. Eine Heizplatte ist für 1250 Küken ausreichend. Die Handhabung, die Betriebs- und Anlagekosten sowie Aufzuchtergebnisse bei Verwendung der beschriebenen Heizplatte werden erörtert. J. Strecke. 2265.

3-64/11-0121 Malinowski, J. Nowe rozwiązanie umożliwiające bezściółkowy chów bydła mlecznego. **(Eine neue Lösung für die Milchviehhaltung ohne Streu.)** Nowe Rolnictwo **12** (1963) Nr. 23. S. 29-30. – 4 Abb., 8 Lit. PRL/CBR. 2270.

3-64/11-0122 Jarník, J. und Wiedermann, G. Srovnání základních parametrů stavebního a provozniho řešení čtyřčadového průjezdného a neprůjezdného kravína. **(Vergleich der Grundparameter der Konstruktion und Betriebslösung eines vierreihigen befahrbaren und nicht befahrbaren Kuhstalls.)** Výstavba socialist. Vesnice **1963** Nr. 9. S. 198-201. — 5 Abb., 1 Tab.
Der befahrbare Stall in einem Fütterungsbereich weist gegenüber einem mit Trogförderern ausgestatteten Stall eine um 190 cm größere Breite auf. Dadurch vergrößert sich der Stützenabstand auf 22,50 m. Auch die Kubatur des Baues, die bebaute Fläche und die Investitionskosten des eigentlichen Baues nehmen zu. Die Fütterungszeit je Tier und Tag erfordert beim befahrbaren Kuhstall 1,3 Min., beim nicht befahrbaren 1,9 Min. Der befahrbare Kuhstall weist einen um ca. 2800-3000 kcal/Std. höheren Wärmeverlust auf, vor allem deshalb, weil die Dachfläche um 20% größer ist. Der befahrbare Kuhstall wird für Gebiete mit Wintertemperaturen unter -15 °C nicht empfohlen. Für die übrigen Zonen ist er vorteilhafter, weil die Arbeitszeit kürzer sowie die Investitionskosten und Betriebskosten rel. niedriger sind.
ČSSR/ÚVTI. 2275.

3-64/11-0123 Ross, S. A. Cubicle housing of suckling cows. **(Ein Boxenliegestall in Schottland.)** Scott. Agric. **43** (1963/64) Nr. 3. S. 119-121.
Vf. berichtet vom Umbau eines Hofes zu einer Laufhofanlage mit Boxenliegeställen. Die Kälber sind unmittelbar neben dem Boxenliegestall untergebracht. Sie gelangen vom Boxenliegestall durch eine Tür in ihre Laufbucht. Für die Kühe ist Selbstfütterung vorgesehen. Als Einstreu für die Boxen hat sich Sand bewährt. Die Boxen werden aller 3-4 Wochen, die Dunggänge aller 3 Tage entmistet. W. Heinig. 2275.

3-64/11-0124 Michal, J. und Souček, K. Zkušenosti z provozu volné stáje pro 384 dojnice na farme Dobřen v ZJD Družba. **(Erfahrungen mit einem Offenstall für 384 Milchkühe auf der Farm Dobřen der landwirtschaftlichen Produktionsgenossenschaft Družba.)** Výstavba socialist. Vesnice **1963** Nr. 10. S. 230-232. — 5 Abb.
Der beschriebene Offenstall besteht aus 2 Pavillons für je 192 Kühe mit Zentralmelkanlage. Die Kühe werden 2mal tägl. gefüttert und gemolken. Der Futtertrog ist mit verschließbaren Freßgittern versehen. Das Futter wird mit den Selbstentladewagen PZO-35 direkt in die Tröge befördert. Die Kühe sind in Gruppen zu je 48 Stück frei aufgestallt. Jeder Liegeplatz ist mit einem 3 m langen Tränktrog mit Schwimmerventil versehen. Die Kühe müssen enthornt sein. Zur Verhinderung des gegenseitigen Saugens am Euter bewährten sich Plättchen aus Plexiglas oder Novodur, welche in die Nasenscheidewand eingezogen werden. Bei ausreichenden Futterrationen tritt diese Unsitte nicht auf. Rindernde Kühe sind in einem Anbindestall getrennt aufzustallen. Der Streustrohverbrauch im Offenstall mit Tiefstreu beträgt 5-6 kg. tägl. Der Mist wird mechanisch 4mal jährl. entfernt. Der Futterplatz wird tägl. mit einer mech. Schleppschaufel gereinigt. Die niedrigste Temperatur im Offenstall betrug +6 °C bei einer Außentemperatur von −24 °C. Das Stallpersonal arbeitet in 2 Schichten zu je 7 Std. (je Schicht 5 AK). Die Farm erfordert noch eine Ergänzung durch Anbau eines Anbinde-Abkalbestalles. Nach dieser baulichen Ergänzung wird der Komplex 670 Milchkühe fassen, wodurch die Zentralmelkanlage mit Fischgrätenständen voll ausgenutzt wird. ČSSR/ÚVTI. 2320.

3-64/11-0125 Krzywonos, J. Stan pomieszczeń inwentarskich jako czynnik rozwoju hodowli. **(Der Zustand der Ställe als Faktor zur Entwicklung der Tierzucht.)** Przegląd Hodowlany **31** (1963) Nr. 7/8. S. 1-3. — 1 Tab.
Die Untersuchungen in der Gemeinde Czerwinisk, Wojwodschaft Warschau, zeigen, daß der Mangel an Raum eine starke Veränderung in den Proportionen zwischen Rinder- und Schweinehaltung zum Nachteil der Schweinehal-

tung sowie zwischen Raummangel und allg. Zustand der Tiere hervorruft. Zustand und Fläche der Räume haben einen min. Einfluß auf die Milchleistung. Wichtiger ist hier die Futterversorgung. Wäre eine entspr. techn. Ausrüstung vorhanden, könnten die Raumreserven in größerem Maße genutzt werden. PRL/CBR. 2410.

3-64/11-0126 Devos, A. Hygiene in de pluimveehouderij. **(Hygiene in der Geflügelhaltung.)** Vlaams diergeneeskund. Tijdschr. **33** (1964) Nr. 2 S. 47-58. – 15 Lit. Zus. in Engl., Franz., Dtsch.
Gesunde, lebenskräftige Küken können nur erbrütet werden, wenn die Zuchthennen gesund sind und Infektionen in den Brutapparaten vermieden werden. Der Bekämpfung der Salmonellosen, der chron. Atmungskrankheit, der Aspergillose und der Leukose kommt eine bes. Bedeutung zu. Versandkartons sollten nur einmal mit Küken belegt werden. Dem Geflügel muß ausreichend Futter von einwandfreier Qualität und reichlich Trinkwasser gegeben werden, namentlich bei Batteriehaltung. Sauberkeit muß oberstes Gebot sein. Besucher sollten nur ausnahmsweise in Großbetrieben geduldet werden, denn durch sie erfolgt die Einschleppung der Seuchen. Da in den Geflügelschlachtstätten eine große Konzentration von Geflügel und damit möglicherweise von Krankheitserregern erfolgt, sollte eine Geflügel-Fleischbeschau obligatorisch durchgeführt werden. W. Kuhlmann. 2410.

3-64/11-0127 Dojkov, K. Struktura na rabotnoto vreme v svineugoitelnite fermi i vŭzmožnosti za povišavane proizvoditelnostta na truda. **(Arbeitszeitaufriß von Schweinemastfarmen und die Möglichkeiten zur Steigerung der Arbeitsproduktivität.)** Naučni trudove. Visš selskostopanski institut „Vasil Kolarov". Agronomičeski fakultet, Plovdiv **12** (1963) S. 269-278. – 7 Tab., 6 Lit.
Die kraft- und zeitraubendsten Arbeitsprozesse sind die Futterbereitung, die Fütterung und das Entmisten der Ställe. Die Schaffung von Schweinegroßfarmen gestattet es, die kraft- und zeitraubenden Prozesse zu mechanisieren und eine neue Technologie einzuführen. Die Fütterung mit Trockenfutter führt zu einer enormen Einsparung an menschlicher Arbeit.
NRB/ZSNTI. 2425.

3-64/11-0128 Aref'ev, V. I. Dvuchsmennaja rabota na matočnoj ferme. **(Zweischichtenarbeit in der Farm für Muttersauen.)** Svinovodstvo, Moskva **17** (1963) Nr. 10. S. 8-10. – 2 Abb., 1 Tab.
Vf. empfiehlt den Farmen für Muttersauen den Übergang von einer Schicht zu zwei Schichten. Dabei wird statt tägl. 3mal nur noch 2mal gefüttert, so daß die Versorgung einer Muttersau tägl. nur noch 20 Min. in Anspruch nimmt. Durch Einsparung der Zeit für die dritte Mahlzeit kann jeder Schweinepfleger zusätzlich 6 und durch Intensivierung der Arbeit noch weitere 4 Muttersauen übernehmen, so daß jeder Schweinepfleger statt wie bisher 20 jetzt insgesamt 30 Muttersauen versorgen kann. Für die Schweinepfleger hat das Zweischichtensystem den Vorteil, daß sie ihre Freizeit ohne Arbeitsunterbrechungen zusammenhängend verbringen können. I. Montag. 2425.

3-64/11-0129 Chamberlain, Denis. Stop-watch feeding. **(Stoppuhr-Fütterung.)** Pig Farming **12** (1964) Nr. 1. S. 42-43. – 7 Abb.
Auf der Farm von Mr. Stuart Chapman in Blois Hall bei Ripon/Yorkshire wurde eine Fütterungsmethode entwickelt, die als „Stoppuhr-Fütterung" bezeichnet wird. Eine Mischung von jeweils 840 kg Gerste, 112 kg Kleie, 14 kg Grünmehl und 140 kg Eiweißkonzentrat wird mit 2510 kg Wasser in einer Tankanlage vermischt und von hier aus über eine Rohrleitung in die Futtertröge gepumpt. Pro Sekunde fließen ca. 0,9 kg Futter aus. Mittels Stoppuhr wird die pro Bucht erforderliche Futtermenge zugemessen. Über jeder Trogabteilung ist ein Abstellhahn. Die Tiere erhalten vom Absetzen

an soviel Futter, wie sie in 15-20 Min. ausfressen, max. pro Tier und Tag 2,265 kg. Das Bacongewicht wird dabei von den Landrasseschweinen in 176 Tagen erreicht. 95% der Tiere wurden in die Schlachtwertklasse AA eingestuft. R. Kürbs. 2425.

3-64/11-0130 Rauszer, Z., Sieradzan, E. und Ruszkowski, J. Karty technologiczne mechanizacji prac w oborze. **(Technologische Karten für die Mechanisierung der Arbeiten im Kuhstall.)** Mechanizacja Rolnictwa **12** (1964) Nr. 1. S. 9-18. – 17 Abb., 1 Tab.

Es wurde eine Serie technol. Karten ausgearbeitet, die in verschiedenen Varianten die Technologie der Arbeiten in einigen Zweigen der Tierzucht umfassen. In der Arbeit des Instituts für Mechanisierung und Elektrifizierung der Landwirtschaft wurde die Technologie aufgeführt: 1. für einen 2reihigen Stall für 100 Kühe; 2. für einen 4reihigen Stall für 124 Kühe; 3. für einen Stall mit freiem Auslauf für 120 Kühe. Nach den Ausarbeitungen aus der ČSSR wurden die technol. Karten für Rinder, Schweine und Geflügel aufgeführt. Die Karten stellen eine Kombination aus 2 Kartentypen dar, bes. von Karten des Typs einer technol. Instruktion und der Karten, die die Kosten und die ökonomischen Effekte bezeichnen. PRL/CBR. 2425.

3-64/11-0131 Dobie, John B. und Curley, Robert G.: Davis, Univ. of California. Materials handling for livestock feeding. **(Das Verladen und der Transport von Futtermitteln.)** Calif. agric. Exp. Stat., Circ. **1963** Nr. 517. S. 1-39. – 53 Abb.

Vff. informieren über neueste Beförderungsarten der für die Großtier- und Geflügelfütterung benutzten Futtermittel. Neben grundsätzlichen Verfahren des außer- und innerbetrieblichen Futtertransportes werden im einzelnen neben der Technik der Silagefütterung, Förderbänder, Becherelevatoren, Ketten-, Schnecken-, Vibrations-, Schwerkraft- und pneumatische Förderanlagen, Zyklon-Separatoren sowie ein Verfahren zur Verfütterung von Melasse behandelt. Den Ausführungen sind ausführliche techn. Daten und Berechnungsbeispiele beigefügt. J. Strecke. 2425.

3-64/11-0132 Penefold, H. G. Push-bucket feeding. **(Fütterung mittels Eimern, die an einer Laufschiene befördert werden.)** Agriculture [London] **70** (1963) Nr. 12. S. 594-595. – 2 Abb., 1 Tab.

Es wird eine Fütterungsmethode erläutert, die von Mr. I. R. Williams in Ottringham bei Hull in einem näher beschriebenen Schweinemaststall dänischer Bauart für 400 Tiere erfolgreich benutzt wird. Der Transport des Futters geschieht mittels Eimern, die vom Futterhaus an einer Laufschiene bis zu den 43 Buchten befördert werden. Auf diese Art ist eine individuelle Fütterung möglich, da jede Bucht die für sie zugewogene Ration erhält. Bei dieser Fütterungstechnik sind je Tier nur 3,04 Min. tägl. erforderlich (davon 1,59 für Fütterung, 0,78 für Stallreinigung und 0,67 für andere Arbeiten), während sonst bei herkömmlicher Betriebsweise 14,6 Min. nötig sind.
R. Kürbs. 2425.

3-64/11-0133 Ducho, L., Lobotka, J. und Kubina, L. Mechanizovaný výkrm prasat tekutými krmivy. **(Mechanisierte Schweinemastanlage für fließfähige Futtermittel.)** Mechanizace Zemědělství **13** (1963) Nr. 9. S. 66 bis 71. – 6 Abb., 3 Tab.

Bei den Schweinemastanlagen für fließfähige Futtermittel muß eine funktionsgerechte Folge und Anknüpfung von einzelnen Gliedern der Fütterungskette sichergestellt werden, um einen kontinuierlichen Arbeitsablauf zu gewährleisten. Auch dürfen Geräte für die Aufbereitungsanlage nicht stichweise gewählt werden. Eine einfachere Variante stellt die Futteraufbereitungsanlage für Kraftfuttermischungen und Flüssigkeiten dar. Im 2. Fall werden auch Hackfrüchte bzw. sonstige Abfälle und Flüssigkeiten verarbeitet. Wichtige Einzelgeräte in dieser Anlage sind bes.: Hackfruchtwäsche, Dämpfaggregat, Zerkleinerer (vorzugsweise mit Schneckenmechanismus) und Mischvorrichtung horizontalen oder vertikalen Typs. Eine stärkere Beachtung gilt der Dosierung, die bis jetzt hauptsächlich von Hand erfolgt. Von einzelnen Typen ist die Raumdosiereinrichtung dem Gewichtsdosierer überlegen. Das Futtermittel wird durch die Pumpe oder bei dem Einsatz von Druckbehältern unmittelbar in Futtertröge oder in die Vorratsbehälter der Selbstgeber bzw. in Selbstverteilerkarren gebracht. Bei dem Transport mittels Karren erfolgt die Entleerung zwangsläufig durch Schwerkraft. Für die Mistausbringung setzt sich außer der Schleppschaufel und der umlaufenden Kratzerkette auch die Schwemmentmistung durch, die allerdings wasser- und arbeitsaufwendig ist. Ihre Zweckmäßigkeit verbessert sich in der Kombination mit der umlaufenden Kratzerkette. ČSSR/ÚVTI. 2425.

3-64/11-0134 Linartas, I. V. Mechanizacija podstiločnych rabot. **(Mechanisierung der Streuerneuerung.)** Svinovodstvo, Moskva **17** (1963) Nr. 10. S. 42-43. — 3 Abb.

Zur Mechanisierung der Beförderung und Verteilung der Streu empfiehlt Vf. den Einsatz des Gebläses TPS-5. Die Länge der Rohrleitung beträgt 30 m, der Dmr. 310 mm und die Leistung 2,2-5,5 t/h. Der Antrieb erfolgt über einen 10 kW E-Motor. I. Montag. 2425.

3-64/11-0135 Janáč, J. Vetranie ustajňovacích priestrorov. **(Lüftung der Stallräume.)** Výstavba socialist. Vesnice **1963** Nr. 10. S. 247-249. — 5 Abb., 1 Tab.

Die Stalluft enthält schädliche Stoffe, die die Gesundheit der Tiere untergraben und ihre Nutzleistung verringern. Diese schädlichen Beimengungen werden durch Lüftung entfernt. Lüftungstechnische Formeln erleichtern die Berechnung der Lüftungsöffnungen. Während der warmen Jahreszeit reicht die Schwerkraftlüftung nicht aus, um den notwendigen Luftwechsel zu sichern. Dieser Nachteil wird durch die mechanische Lüftung beseitigt. Diese ist weder vom Temperaturgefälle noch vom Winddruck abhängig. Um die Dimensionen der Ventilatoren und Luftleitungen berechnen zu können, werden diesbezügliche Formeln und techn. Daten für die Ventilatoren angeführt. ČSSR/ÚVTI. 2425.

3-64/11-0136 Parchomenko, E. S.; Ukrain. Forsch.-Inst. für Geflügelzucht. Jajcemoečnaja mašina. **(Eine Maschine zum Eierwaschen.)** Pticevodstvo, Moskva **1963** Nr. 11. S. 25-26. — 2 Abb.

In Intensivhaltungen werden 5-30% der Eier in die Tiefstreu gelegt und sind verschmutzt. Das Waschen von 100 Eiern dauert bei Handarbeit 7 Min. Die Mechanisierung dieser Arbeit ist daher erforderlich. Bei der entwickelten Waschmaschine wird ein Drahtkorb mit 200 Eiern in einen Behälter mit Wasser gestellt. Infolge Pendelbewegung des Behälters wird der Schmutz auf den Eischalen vom Wasser abgespült. Mit dieser Maschine werden 100 Eier in 1 Min. und 15 Sek. gesäubert. H. Pingel. 2425.

H. NUTZUNG UND QUALITÄT TIERISCHER ERZEUGNISSE

3-64/11-0137 Karavaev, V. M. und Penionžko, A. M. Radioaktivnaja zagrjaznennost' moloka i mjasa. **(Radioaktive Verunreinigung der Milch und des Fleisches.)** Veterinarija, Moskva **41** (1964) Nr. 3. S. 89-92. — 2 Tab.

In einer Literaturübersicht wird veranschaulicht, wie hoch das Vorkommen von radioaktiven Substanzen in verschiedenen Kontinenten in der Milch und im Fleisch ist. Bei den festgestellten radioaktiven Stoffen handelt es

sich bes. um ^{131}J, ^{90}Sr und ^{137}Cs. Die Vorkommen sind zeitlich und territorial unterschiedlich und in der Übersicht mengenmäßig angegeben.
G. Rothe. 2505.

3-64/11-0138 Paakkola, O. Strontium-90 in finnish milk during 1960-63. **(^{90}Sr in Fertigmilch während der Jahre 1960-63.)** Nature [London] 202 (1964) Nr. 4930. S. 349-350. – 2 Abb., 8 Lit. 2512.

3-64/11-0139 Tramer, J. Antibiotics in milk. **(Antibiotica in der Milch.)** J. Soc. Dairy Technol. 17 (1964) Nr. 2. S. 95-100. – 3 Abb., 10 Lit. 2512.

3-64/11-0140 Orth, A. und Kaufmann, W. **Das Eiweiß in der Milch in Abhängigkeit vom Eiweiß im Futter.** Milchwissenschaft **19** (1964) Nr. 4. S. 164-167. – 3 Abb., 3 Tab., 9 Lit.
Bei extremer Erhöhung des Eiweißangebotes bis an die Grenze der Verträglichkeit (das Doppelte der Bedarfsnorm) wurde der Milcheiweißgehalt um ca. 0,2% erhöht. Bei analytischer Trennung des Gesamt-N-Gehaltes der Milch in Eiweiß-N und Rest-N zeigt sich jedoch, daß eine Steigerung des Milcheiweißgehaltes durch erhöhte Eiweißgaben bei Rationen mit hohem Rauhfutteranteil nicht eintritt und hier nur der Anteil an Rest-N zunimmt. Neben dem Eiweißangebot beeinflußt die Nährstoffzusammensetzung der Ration hinsichtlich des Verhältnisses von Zellulose zu Stärke die Verwertung des Futtereiweißes auf zwei Wegen: 1. Die für die Synthese von Milcheiweiß notwendigen Aminosäuren entstehen bei stärkereicher und rel. zellulosearmer Ration in höherem Anteil als bei rel. zellulosereicher Ration, wobei gleichzeitig weniger NH_3 gebildet wird. Die Ursache ist in den pH-Verschiebungen im Pansen mit wechselnder Futterzusammensetzung und den dadurch bewirkten Einflüssen auf die bakteriellen Fermente zu suchen. 2. Bei stärkereicher und rel. zellulosearmer Ration treten im Pansen 50-100% mehr Bakterien auf (6-7 kg) als bei zellulosereicher Ration (3,5-5 kg). Daraus ergibt sich eine beachtliche Verwertung des entspr. NH_3 durch die Bakterien zu zelleigenem Eiweiß. Aus dem Bakterienprotein entsteht bei der im Darm stattfindenden Verdauung der Bakterien für den Wiederkäuer eine zusätzliche Quelle für Aminosäuren zur Milcheiweißsynthese. Diese beiden Wege geben nicht nur eine Erklärung für die unterschiedlichen Befunde bei der Beeinflussung des Milcheiweißgehaltes durch die Fütterung, sondern zeigen auch die Möglichkeiten, über die Zusammensetzung der Ration das Futtereiweiß in erhöhtem Maße zur Milcheiweiß-Synthese auszunutzen. Hinsichtlich der Abhängigkeit der Milcheiweiß-Synthese von der energetischen Versorgung der Tiere wird auf die Propionsäure hingewiesen. Eine Zulage von 400 g Propionat direkt in den Pansen bewirkte bei konstantem Fettgehalt eine Erhöhung des Milcheiweißes um 0,1-0,2%, wobei im Rest-N-Gehalt keine Veränderung eintritt. Für die Nährstoffzusammensetzung des Grases beim Weidegang gelten die gleichen Zusammenhänge. Hoher Rohproteingehalt im Gras ergibt rel. hohen Eiweißgehalt in der Milch. Ein Versuchsergebnis zeigt bei einer Veränderung des Rohproteingehaltes im Gras von 3,4% auf 2,8% in der Frischmasse während der ersten 4 Weidewochen einen Rückgang des Gesamteiweißgehaltes in der Milch von 3,48 auf 3,34%. R. Neseni. 2512.

3-64/11-0141 Nakai, S., Wilson, H. K. und Herreid, E. O. Spectrophotometric determination of protein in milk. **(Spektrophotometrische Bestimmung von Protein in Milch.)** J. Dairy Sci. **47** (1964) Nr. 4. S. 356-358. 2512.

3-64/11-0142 Walstra, P. und Mulder, H.; Wageningen, Agric. Univ. Gravimetric methods for the determination of the fat content of milk and milk products. III. The Schmid-Bondzyński-Ratzlaff method. **(Gravimetrische Methoden zur Bestimmung des Fettgehaltes von Milch und Milchprodukten. 3. Mitt. Die Methode nach Schmid-Bondzyński-Ratzlaff.)** Nederl.

Melk- en Zuiveltijdschr. **17** (1963) Nr. 4. S. 334-346. — 3 Tab., 25 Lit. 1. u. 2. Mitt. vgl. LZ. Abt. III 8 (1963) Nr. 9. S. 1847.

Es wird ein kurzer Abriß über umfassende Analysen an Milch und Milchprodukten mit der Schmid-Bondzyński-Ratzlaff (SBR)-Methode einschließlich ihrer techn. Durchführung gegeben und außerdem über eine Modifizierung der Methode, bei der kein Äther verwendet wird (ZAP-Methode). Nach beiden Methoden läßt sich reines Fett sowie Cholesterin fast vollständig wiedergewinnen, aber die ZAP-Methode erfordert ziemlich lange Extraktionszeiten. Freie Fettsäuren werden bis zu ca. 90% wiedererlangt. Wenn Mono- und Diglyceride zugegen sind, tritt ein zusätzlicher Fettverlust ein. Von den Phospholipoiden geht ca. $^1/_3$ als Folge der Hydrolyse dieser Lipoide verloren. Nach der SBR-Methode erhielten Vff. 0,04% nichtfetthaltige Substanzen aus der Milch und 0,055% aus Sauermilchprodukten, hauptsächlich Abbauprodukte von Lactose und org. Säuren. Bei Käse waren es bis zu 0,06%, und zwar vornehmlich Milchsäure. Die ZAP-Methode lieferte dagegen nur 0,008% nichtfetthaltige Substanzen aus Milch im Untersuchungswert mehr. Diese Substanzen waren überwiegend Bestandteile von Lävulinsäure. Diese Methode ist also exakter und hat den weiteren Vorteil, daß sie für die Separationsphasen weniger Zeit beansprucht und die Fettlösung leichter abzugießen geht. Beide Methoden sind für die Ermittlung des Fettgehaltes gesüßter Milchprodukte ungeeignet. W. Gimmler. 2512.

3-64/11-0143 Walstra, P. und Mulder, H.; Wageningen, Agric. Univ. Gravimetric methods for the determination of the fat content of milk and milk products. IV. The Weibull method. **(Gravimetrische Methoden zur Bestimmung des Fettgehaltes von Milch und Milchprodukten. 4. Mitt. Die Methode nach Weibull.)** Nederl. Melk-en Zuiveltijdschr. **17** (1963) Nr. 4. S. 347 bis 351. — 17 Lit. 3. Mitt. vgl. vorst. Ref.

Der Vollständigkeit halber stellten Vff. auch Untersuchungen über die Weibull-Methode an Milch und Milchprodukten an. Hierbei wurden die allg., in früheren Untersuchungen (1. + 2. Mitt.) gefundenen Ergebnisse in Betracht gezogen, außerdem die Ergebnisse mit der SBR- und ZAP-Methode (3. Mitt.) und darüber hinaus einige von Eisses gemachte Beobachtungen. Sie fanden, daß die Hauptschwierigkeiten der Weibull-Methode in folgenden Punkten entstehen: 1. Der Filter ist nicht genügend trocken oder wird durch Kondenswasser während der Extraktion wieder feucht. 2. Bei einigen Versuchsanstellungen ist die Wassermenge der Mischung während des Kochens mit HCl zu gering. In diesem Fall erweist es sich als unmöglich, nachher all das Fett vom Filter zu extrahieren. Nach der Weibull-Methode werden nur geringe Mengen nichtfetthaltiger Substanzen von der Wägung mit erfaßt. Andererseits gibt es auch bei Milch Fettverluste von ca. 0,01-0,03%. Auch der Verlust freier Fettsäuren ist etwas höher als bei anderen Methoden mit Säureaufschluß. Die Methode ist aber sehr arbeitsaufwendig und zeitraubend. Außerdem ist ihre Reproduzierbarkeit gering. Deshalb werden andere Methoden bevorzugt. Nur bei einigen Spezialprodukten, z. B. bei Haferbrei, Mayonnaise und einigen Eiskremsorten, ist die Weibull-Methode von Vorteil, weil andere Methoden ungeeignet sind. W. Gimmler. 2512.

3-64/11-0144 Sobeck-Skal, Evelyne, Brandl, Ernst und Binder, Wilhelm. Wien, Hochschule für Bodenkult., Inst. für Milchwirtsch. und Mikrobiol. **Reduktaseprobe und Rohmilchqualität.** Österr. Milchwirtsch. **19** (1964) Nr. 4. S. 19-29.

Die Reduktion der zur Reduktaseprobe verwendeten Farbstoffe ist ein biochemischer Vorgang, der mit dem Stoffwechsel der Bakterienzelle im Zusammenhang steht. Die Entfärbungszeit ist von der Intensität des Zuckerabbaues, der Struktur der Bakterienzelle und der Beschaffenheit der Zell-

membran abhängig. Die Milchsäurestreptokokken besitzen das stärkste spez. Reduktionsvermögen. Eine Kühllagerung der Milch verlängert die Entfärbungszeit bei der Methylenblauprobe wesentlich, ebenso ist aus der Literatur bekannt, daß ein erhöhter Leukocytengehalt die Entfärbungszeit bei dieser Probe verlängert. Die Resazurinprobe sollte nur als „Ein-Stunden-Probe" oder als „Rosa-Endpunkt-Probe" ausgeführt werden. Dem Endpunkt der Methylenblauprobe, der entfärbten Stufe des Indikators, entspricht bei der Resazurinprobe die Farbstufe rosa, d. h. wenn das gesamte Resazurin in Resorufin überführt worden ist. Bei der „Ein-Stunden-Probe" mit Resazurin zeigen Milchproben mit einem Keimgehalt über 4 Mill./ml nie einen blauen Farbton und mit einem Keimgehalt unter 500000/ml nie eine Verfärbung unter rot. Eine Kühlhaltung der Milch bis zu 24 Std. bei 6 °C beeinflußt den Ausfall der Resazurinprobe nicht. Der Keimgehalt der Milch verändert sich während des Transportes nicht wesentlich. Den entscheidenden Einfluß auf die hygienische Beschaffenheit der Milch üben der Infektionsgrad bei der Milchgewinnung und die Behandlung der Milch im Erzeugerbetrieb aus. Ehe die Milchproben mit dem Resazurintest geprüft werden, können sie einer einheitlichen Vorbebrütung in der Molkerei ausgesetzt werden. Als Temperatur für die Vorbebrütung wird diejenige Temperatur empfohlen, die der Außentemperatur während des Milchtransportes entspricht.
H. Hauke. 2512.

3-64/11-0145 Wildbrett, G., Ganz, A. und Kiermeier, F. **Rückstandsanalyse insecticider Chlorkohlenwasserstoffe in Milch durch biologische Verfahren. 2. Mitt. Extraktion der Wirkstoffe und anschließende Bestimmung mit Stubenfliegen.** Z. Lebensmittel-Unters. u. -Forsch. **124** (1964) Nr. 2. S. 69-81. — 1. Mitt. vgl. 3-64/07-0174.
Der Fettgehalt beeinträchtigt die Empfindlichkeit des Biotestes zur Bestimmung von Insecticidrückständen in Milch dann sehr stark, wenn die Stubenfliegen direkt auf die Milchproben angesetzt werden. Die Rückstände der insecticiden Chlorkohlenwasserstoffe wurden deshalb aus dem Milchfett mit folgender Methode herausgelöst: Das Butterfett wird in Petroläther gelöst und mit petroläthergesättigtem Acetonitril ausgeschüttelt. Die Acetonitrilschicht, die die insecticiden Wirkstoffe enthält, wird mit Wasser vermischt. Die Insecticide werden mit Petroläther reextrahiert. Dieser wird verdampft und der Rückstand, der noch Fettspuren enthält, an einer Florisilsäule gereinigt. Das mit einem Äther/Petroläthergemisch gewonnene Eluat enthält die Chlorkohlenwasserstoffe in weitgehend reiner Form. Der Insecticidgehalt wird dann durch den biol. Test mit Stubenfliegen quantitativ bestimmt. Mit Hilfe des geschilderten Extraktionsverfahrens konnte die Empfindlichkeit des Nachweises gesteigert werden. Die höhere Empfindlichkeit betrug im Vergleich zum Direkttest pro Ansatz für γHCH, Dieldrin und Toxaphen 0,05 mg, für Heptachlorepoxyd 0,02 mg und für DDT 0,06 mg. Das Extraktionsverfahren eignet sich für die Reihenuntersuchungen, wenn es auch mit einem hohen Arbeitsaufwand verbunden ist. H. Hauke. 2512.

3-64/11-0146 Ratuš, N. und Vydrin, A. Novaja doil'naja ustanovka „veer". **(Die neue Melkanlage „Veer".)** Moločnoe i mjasnoe skotovodstvo, Moskva 8 (1963) Nr. 3. S. 28-30. — 2 Abb.
Der neue halbautomatische fächerförmige Melkstand besteht aus einer drehbaren Plattform, auf der sich der Arbeitsplatz der Melkerin mit dem Schaltpult für die Bedienung der Anlage befindet, und 12 fächerförmig angeordneten Einzelständen, an die die Melkerin heranfährt. Der Melkvorgang beginnt damit, daß die Melkerin an den 12 Einzelständen entlangfährt und die Türen öffnet. Darauf werden die Kühe über die stillstehende Plattform in die Stände getrieben. Anschließend fährt die Melkerin die Stände entlang, schließt die Türen, wäscht die Euter, legt die Melkbecher an und schaltet

die Kraftfutterabgabe ein. Die Beendigung des Melkvorganges bei den einzelnen Kühen wird der Melkerin durch Lichtsignale angezeigt. In 1 Std. können in diesem Melkstand 80-100 Kühe gemolken werden.
W. Balkin. 2516.

3-64/11-0147 Pietz, Donald E., Anderson, Robert R. und Werring, Dan F. Effect of time and storage temperature of milk on the brucella milk ring test. **(Die Beeinflussung der Abortus Bang Ringprobe durch Zeitdauer und Lagertemperatur gestapelter Milch.)** J. Amer. veterin. med. Assoc. **143** (1963) Nr. 11. S. 1202-1207. — 2 Abb., 5 Tab., 9 Lit.
Es wurde die Eignung einer 15-30 Tage gelagerten Milch für den Brucella-Milch-Ringtest im Vergleich mit entspr. frischer Milch geprüft. Die Lagerung erfolgte unter den in Rahmstationen bzw. Buttereien in Minnesota üblichen Verhältnissen (Lagerung gewöhnlich bei Zimmertemperatur — Zusatz von $HgCl_2$ als Konservierungsmittel zu Beginn der Stapelung). Der Gehalt an Schwermetallsalzen, der sich mit der Dauer der Stapelung durch die hinzukommende Milch laufend verringert, und die Lagerung bei Zimmertemperatur beeinträchtigen bes. das Aufrahmungsvermögen und damit die Empfindlichkeit der ABR. So konnten bei Milch, die bei Zimmertemperatur gelagert wurde, mit der ABR nur 3-18% des Agglutininspiegels entspr. frischer Kontrollproben nachgewiesen werden. Durch Verdopplung der für die Reaktion benutzten Milchmenge und Zusatz von 0,3 ml eines frischen, negativen Rahms konnte die Empfindlichkeit auf 60% erhöht werden. Auch bei Lagerung der Milch (mit $HgCl_2$-Zusatz) unter Kühlung (+1 °÷+2 °C) betrug der Agglutininspiegel am 1. Tag der Lagerung nur 25%. Danach stieg er wieder langsam an und erreichte vom 9.-16. Tag 75% des mit Hilfe der ABR nachweisbaren Agglutiningehaltes der frischen Kontrollproben. H. Schwarz. 2516.

3-64/11-0148 Scott, G. W. T. und Needham, K. Back flushing of milking machine teat cups. **(Eine Rückflußspülung der Melkbecher.)** J. Agric. Western Australia [4] 4 (1963) Nr. 12. S. 799. — 1 Abb.
Zur Mastitisbekämpfung wird ein Eintauchen der Melkbecher in Wasser vor dem Umsetzen von Kuh zu Kuh empfohlen. Um die Entfernung der Milchrückstände gründlicher zu gestalten, erfand Scott die Anbringung einer Vorrichtung an den Zentralen, die eine schnelle Durchspülung der Zitzenbecher von unten her ermöglicht. In der Versuchsstation Wokalup und im Milchwirtschaftlichen Laboratorium in Perth wurde festgestellt, daß ein auf diese Weise ermöglichtes Durchspülen von 5 Sek. Dauer die bakterielle Verunreinigung um 99,3% verringert. Diese Methode verdient deshalb in die Praxis eingeführt zu werden. H. Senger. 2516.

3-64/11-0149 Vlček, J. Pokus o využití Septonexu k desinfekci dojícího automatu DA 100. **(Versuchsweise Anwendung von Septonex zur Desinfektion des Melkautomaten DA 100.)** Sborník Vysoké Školy zemědělské Brně, Řada B **1963** Nr. 4. S. 557-562. — 2 Abb., 7 Lit. Zus. in Russ., Dtsch.
Ein Versuch mit der Dekontamination eines Melkautomaten wurde mit folgenden Präparaten unternommen: Alkon ST 2%, Tego 51 2%, Septonex 2‰ und 5‰. Am besten hat sich das Präparat Septonex 5‰ bewährt, das ganze 13 Tage steril blieb, während die anderen Lösungen bereits 2-3 Tage nach Versuchsbeginn bakteriell kontaminiert waren. Die mikrobiologische Qualität der Milch (durch Coli-Titer ausgedrückt) wurde durch die sekundäre Milchinfektion aus dem Melkautomaten und vor allem aus solchen Stellen, die durch die Desinfektionsflüssigkeit nicht genügend behandelt wurden, negativ beeinflußt. Es werden techn. Mängel der Maschine in bezug auf die Reinigung und Desinfektion hervorgehoben. ČSSR/ÚVTI. 2516.

3-64/11-0150 Syrrist, Gudmund. Economic effects of the seasonal variations in the delivery of milk to dairies in Norway. III. The effects of the seasonality on the processing of dairy products. **(Wirtschaftliche Wirkung**

der jahreszeitlichen Schwankungen der Milchanlieferung an Molkereien in Norwegen. 3. Mitt. Die Wirkung der Schwankung auf die Herstellung von Molkereiprodukten.) Meld. Norges Landbrukshøgskole **42** (1963) Nr. 16. S. 1 bis 40. – 2 Abb., 6 Tab., 23 Lit. Zus. in Norweg. 2. Mitt. vgl. Agric. Coll. Norway, sci. Rep. **4** (1962) Nr. 2.

Nach zwei vorausgegangenen Abschnitten, in denen die jahreszeitl. Schwankungen der Milchanlieferung und ihr Einfluß auf die Butterproduktion behandelt worden waren, werden im 3. Teil deren Auswirkungen auf die Bedingungen in den Molkereien selbst behandelt. Hierzu werden die einzelnen Kostenfaktoren besprochen. Bei den Produktionsfaktoren wird zwischen dauernden, nicht dauernden und Arbeit unterschieden. Zum Zweck einer ökonommetrischen Berechnung werden Matrizen aufgestellt. Zwei Modelle werden geprüft. Zwischen den einzelnen Rechengrößen werden multiple Korrelationskoeffizienten und Regressionskoeffizienten errechnet. Es ergibt sich, daß die jahreszeitl. Schwankungen keine Einwirkung auf die Geldsumme haben, die den Anlieferern für die Milch gezahlt wird. Dieses Ergebnis stimmt mit dem früherer Untersuchungen nach einer anderen Methode und unter anderen Verhältnissen überein. J. K. Hinrichsen. 2518.

3-64/11-0151 Grudev, D., Kuricyn, N. und Panova, N. Ob izmenenii sistemy priemki skota mjasokombinatami i o rasčetach za skot po vesu i kačestvu mjasa. **(Über die Änderung des Systems der Viehabnahme in den Fleischkombinaten und die Verrechnung nach Gewicht und Qualität des Fleisches.)** Mjasnaja industrija SSSR, Moskva **34** (1963) Nr. 4. S. 37-39. Aus. Dok.-Dienst Fleischwirtsch.

Die Bezahlung der Schlachttiere nach dem Lgw. stimuliert nicht die Verbesserung der Rassenzusammensetzung, weil sie unabhängig vom Schlachtergebnis erfolgt. Weiter ist die Bewertung der effektiven Leistung z. Z. dadurch sehr schwierig, weil die gültigen Standards für Fleisch, Tierkörper in Hälften und Vierteln den Standards für Schlachtvieh nicht entsprechen. Die objektive Möglichkeit zur Verbesserung der Fleischausbeute liegt in viel höherem Maße in der Landwirtschaft als bei den Schlachtbetrieben. Die Planaufgaben der Landwirtschaft müssen die Fleischerzeugung zum Ausdruck bringen. Genaue Kennzeichnung der Tiere und Einhaltung der Lieferpläne sind Voraussetzung für die Einführung dieses Verfahrens. 2522.

3-64/11-0152 Koudela, K. Prohlídka jatečních zvířat a masa. **(Schlachttier- und Fleischbeschau.)** Studijní Inform., Veterinářství **1963** Nr. 5. S. 171 bis 198. – 7 Tab., 35 Lit.

Vf. kommentiert die Richtlinien, die im 2. Teil der Sammlung der Veterinärrichtlinien aus dem Jahre 1962 enthalten sind, und analysiert die Unterschiede gegenüber der Regierungsverordnung Nr. 40 aus dem Jahre 1942, die unlängst noch gültig war. Die wichtigsten Probleme werden eingehend besprochen. ČSSR/ÚVTI. 2524.

3-64/11-0153 Goutefongea, R.; Jouy-en-Josas, Centre Nat. de Rech. Zootechn. Les viandes exsudatives. **(Wäßriges Fleisch.)** Ann. Zootechnie **12** (1963) Nr. 4. S. 297-337. – 4 Abb., 12 Tab., 85 Lit.

Vf. vergleicht normales und wäßriges Fleisch in Hinsicht auf Konsistenz, Wasserhaltungsvermögen, Farbe, pH-Wert, histol. und technol. Daten. Zahlreiche Methoden der Bestimmung des Wasserhaltungsvermögens werden verglichen ebenso wie die der Farbmessung. Das wäßrige Fleisch hat eine lockere Konsistenz, eine blassere Farbe, einen niedrigeren pH-Wert. Der Transport und der Zustand vor dem Schlachten wirken stark auf den Zustand nach dem Tode. E. Otto/Dummerstorf. 2524.

3-64/11-0154 Sayre, N. R. und Briskey, E. J. Protein solubility as influenced by physiological conditions in the muscle. **(Beeinflussung der Proteinlöslichkeit durch physiologische Bedingungen im Muskel.)** J. Food Sci

28 (1963) Nr. 6. S. 675-679. — 4 Abb., 2 Tab., 23 Lit. Aus: Dok.-Dienst Fleischwirtsch.
Die Änderungen der Löslichkeit der Muskelproteine, Sarkoplasmafraktion und Myofibrillarproteine in den der Schlachtung folgenden 24 Std. wurden unter verschiedenen physiol. Bedingungen untersucht. In Muskelgruppen mit verschiedenem pH und niedrigerer (< 35 °C) oder höherer (> 35 °C) Temperatur wurden unmittelbar nach dem Schlachten bei beginnender und vollständiger Totenstarre sowie nach 24 Std. pH, Farbton und Löslichkeit der genannten Proteine bestimmt. Durch die Bedingungen der unterschiedlichen Temperaturen und je nach dem pH-Wert, den die Muskelsubstanz bei Beginn des Rigor oder wenige Stunden nach dem Schlachten zeigte, wurde die Löslichkeit der Proteine mehr oder weniger stark vermindert. Die Muskelproteinlöslichkeit dürfte ein Hauptfaktor bei der Erhaltung der Saftigkeit des Muskelfleisches sein. 2524.

3-64/11-0155 Wierbicki, Eugen, Tiede, Milton G. und Burell, Robert C. **Die Bestimmung der Fleischquellung als Methode zur Untersuchung der Wasserbindungskapazität von Muskelproteinen mit geringem Safthaltevermögen. II. Anwendung der Quellungsmethodik.** Fleischwirtschaft **15** (1963) Nr. 5. S. 396-398. 401-404. — 9 Abb., 1 Tab. Aus: Dok.-Dienst Fleischwirtsch.
Die im Teil I der Arbeit beschriebene Quellungsmethode wurde zur Messung der Fleischquellung bei verschiedenem pH und verschiedenen Ca-Zusätzen gleichzeitig mit 2 anderen Methoden zur Bestimmung des Safthaltevermögens des gleichen Fleisches benutzt. Während gewisse Parallelen zwischen der Fleischquellung und dem Safthaltevermögen in frischem und hitzedenaturiertem Zustand bez. des Fleisch-pH bestehen, wurde als Funktion der $CaCl_2$-Zusätze zum Fleisch vor dem Versuch eine umgekehrte Beziehung zwischen der Quellung des frischen Fleisches und dem Safthaltevermögen des hitzedenaturierten Fleisches festgestellt. Die Ergebnisse lassen annehmen, daß das Wasser durch die Proteinmoleküle in Form verschiedener Wasserschichten um die Proteinmoleküle herum mit wasserhaltenden Kräften gebunden wird, die mit zunehmender Entfernung der Wasserschichten von den Proteinmolekülen abnehmen. Die Brauchbarkeit und die Grenzen der z. Z. für die Messung des Quellungs- und Safthaltevermögens benutzten Methoden werden kurz erläutert. 2524.

3-64/11-0156 Brieskorn, C.-H. und Scheide, J. **Tryptophan-Bestimmung in Fleisch, Innereien und Fleischwaren mittels N-Brom-succinimid.** Z. Lebensmittel-Unters. u. -Forsch. **123** (1963) Nr. 3. S. 195-200. — 4 Tab., 4 Lit. Aus: Dok.-Dienst Fleischwirtsch.
Mit Hilfe von N-Brom-succinimid wurde der Tryptophan-Gehalt in Fleisch, Fleischwaren und Innereien bestimmt. Der Begriff „Tryptophan-Richtzahl" wurde festgelegt. Mit dieser Richtzahl ist es möglich, den Anteil an Bindegewebe in Fleischwaren rechnerisch zu ermitteln. 2524.

3-64/11-0157 Winter, E. **Über ein neues Verfahren zur Bestimmung und Untersuchung von Fetten in Lebensmitteln.** Z. Lebensmittel-Unters. u. -Forsch. **123** (1963) Nr. 3. S. 205-210. — 1 Tab., 9 Lit. Aus: Dok.-Dienst Fleischwirtsch.
Ein Verfahren, das eine schonende Abtrennung des Gesamtfettes gestattet, wurde auf seine Anwendbarkeit auf verschiedene Lebensmittel untersucht. Bei der Methode wird das Fett durch ein Chloroform-Methanol-Gemisch ausgezogen und die fetthaltige Lösung durch Wasserzusatz abgetrennt. Eine schonende Gewinnung der Fettstoffe zur weiteren Untersuchung ist möglich. 2524.

3-64/11-0158 Carroll, F. D., Clegg, M. T. und Kroger, Dietrich.; Davis, Univ. of California. Carcass characteristics of Holstein and Hereford steers.

(Schlachtkörperkenndaten von Holstein- und Hereford-Ochsen.) J. agric. Sci. **62** (1964) Nr. 1. S. 1-6. — 1 Abb., 7 Tab., 20 Lit.

Die Holstein sind spätreifer und erreichen ein höheres Gewicht als die Hereford, die mehr im Muskeltyp stehen. Im Gegensatz zu anderen Untersuchungen wurden die jeweils 8 Tiere nicht nach dem chronologischen Alter oder nach dem Gewicht geschlachtet, sondern nach dem „physiologischen Alter". Die Schlachtkörper der Holstein waren schwerer und zeigten weniger Dicke. Die Hereford hatten mehr Vorder- und weniger Hinterviertel. Sie waren fetter und hatten einen geringeren Knochenanteil.

E. Otto/Dummerstorf. 2524.

3-64/11-0159 Roulet, M.; Liebefeld-Bern, Landwirtsch. Versuchsanst. **Der Gesamtkreatiningehalt von Rindfleisch — ein Qualitätsmerkmal?** Mitt. Gebiete Lebensmittelunters. Hyg. [Bern] **54** (1963) Nr. 6. S. 543-549. — 2 Abb., 1 Tab., 15 Lit.

Vf. bestimmt in Rindfleischproben den Kreatingehalt. Das Kreatin wird in Kreatinin überführt und nach Umsetzung mit Pikrinsäure (Jaffe-Reaktion) photometrisch ermittelt. Die Arbeitsmethodik wird angegeben. Es wurde festgestellt, daß bei höherem Bindegewebsanteil das Verhältnis Gesamtkreatinin zu Rohprotein kleiner wird. Der abs. Kreatiningehalt schwankte zwischen 0,320% (M. plantaris) und 0,517% (M. long. dorsi). Mit Hilfe der Kreatininbestimmung läßt sich die „Reinheit" des Muskelgewebes prüfen. Der Gehalt an Gesamtkreatinin ist demnach als Qualitätsmerkmal zu betrachten. Vergleichsbeurteilungen der Fleischproben nach Zartheit und Schmackhaftigkeit wurden von Fachleuten durchgeführt. Die entspr. Ergebnisse werden mitgeteilt.

H. Bergner. 2524.

3-64/11-0160 Hamm, Reiner. **Biochemische Faktoren der Fleischqualität und ihre Bedeutung bei der Verarbeitung von Rindfleisch.** Fleischwirtschaft **44 (16)** (1964) Nr. 1. S. 9-11. — 3 Abb. Aus: Dok.-Dienst Fleischwirtsch.

Vf. zeigt die Bedeutung des Wasserbindungsvermögens des Rindfleisches für die Fleischverarbeitung. Transport, Lagern, Reifen, Zerkleinern, Salzen, Pökeln, Erhitzen, Gefrieren, Auftauen und Trocknen können die Wasserbindung stark verändern. Das im Muskel vorhandene Wasser liegt zu ca. 5% als „wahres Hydrationswasser" vor und zeigt andere Eigenschaften als „freies Wasser". Vf. untersucht die Faktoren, die für den Einfluß der Beschaffenheit des Tierkörpers auf das Wasserbindungsvermögen von Bedeutung sind. Das Wasserbindungsvermögen von Rindfleisch ist unabhängig von Wasser- und Eiweißgehalt des Fleisches. Steigender Fettgehalt scheint zunehmendes Wasserbindungsvermögen zu bringen. Die Bedeutung der vor der Verarbeitung in Betracht kommenden Faktoren für die Herstellung einer guten Brühwurst und Rohwurst wird dargelegt.

2524.

3-64/11-0161 Sanderson, Mabel und Vail, Gladys E. Fluid content and tenderness of three muscles of beef cooked to three internal temperatures. **(Zusammenhänge zwischen Flüssigkeitsgehalt und Zartheit von drei Rindermuskeln nach Kochen bis zu drei Innentemperaturen.)** J. Food Sci. **28** (1963) Nr. 5. S. 590-595. — 1 Abb., 3 Tab., 13 Lit. Aus: Dok.-Dienst Fleischwirtsch.

Die M. semimembranosus, semitendinosus und long. dorsi wurden kreuzweise in 4 Proben aufgeteilt, eine zur Bestimmung des Wassergehaltes im Rohfleisch und 3 für die Ofen- und Rohrerhitzung bei 60, 70 und 80 °C. In diesen gekochten Proben wurden Gesamtwasser, gebundenes Wasser, Press-Saftmenge und Zartheit bestimmt. Zusammenhänge: Zwischen den 3 Muskelarten wurden keine Unterschiede im Gesamtwasser, gebundenen Wasser und im Saftgehalt festgestellt (nach 1 Minute-Methode). Zwischen Ofen- und Rohrheizung betrugen die Unterschiede 0,2-2,5%. Die Scherkraftwerte blieben für alle 3 Kochtemperaturen im M. long. dorsi gleich, in den beiden anderen Muskeln fielen sie mit steigender Temperatur von 6,5 bis 4,4 ab. Die Zartheitspunkte waren nahezu temperaturunabhängig (Tafelmethode). 2524.

3-64/11-0162 Lewis jun., P. K., Brown, C. J. und Heck, M. C. Effect of pre-slaughter treatments on the chemical composition of various beef tissues. **(Auswirkung der Behandlung vor dem Schlachten auf die chemische Zusammensetzung verschiedener Rindfleischgewebeteile.)** J. Food Sci. **28** (1963) Nr. 6. S. 669-674. – 2 Tab., 22 Lit. Aus: Dok.-Dienst Fleischwirtsch.
Die Leber und die M. long. dorsi, M. psoas major und M. quadriceps femoris von verschieden behandelten Jungochsen wurden analysiert. In der Leber wurde bei begrenzter Fütterung der Glykogengehalt verdreifacht, durch Stimulation verdoppelt, durch beide Behandlungen versechsfacht (von etwa 0,6 auf 2,5%). In allen 3 Muskeln fiel der Glykogengehalt durch begrenzte Fütterung um 30-60%, durch Stimulation auf den 5.-20. Teil, durch beide Behandlungen auf den 20.-100. Teil ab. Die geringste Senkung trat im M. long. dorsi ein. Die Milchsäuregehalte wurden im M. psoas major und im M. quadriceps femoris hauptsächlich durch Stimulation um ca. 30% gesenkt. Bei den übrigen Analysenwerten (Wasser, Fett, Asche) waren die Änderungen unbedeutend. 2524.

3-64/11-0163 Langpap, Arnold. **Ein Beitrag zur Frage des pH-Wertes in der Muskulatur von Schweinen bei Schlachtungen nach Transporten.** Schlacht- u. Viehhof-Ztg. **64** (1964) Nr. 1. S. 8-9. – 2 Tab. Aus: Dok.-Dienst Fleischwirtsch.
Über einen bestimmten Zeitraum wurden pH-Wertmessungen an der Muskulatur von Schweinen durchgeführt, die nach Eisenbahntransporten Knochenbrüche und Muskelzerreißungen aufwiesen oder durch Steifigkeit Anlaß zu Verdacht auf diese Transportschäden gaben und durch Kümmern u. a. Erscheinungen als marktunfähig beurteilt wurden. Aus den Meßergebnissen ist ersichtlich, daß der kritische pH-Bereich von 6,4-6,5 in vielen Fällen überschritten wird. Eine gleichzeitige Koch- und Bratprobe erwies sich bei Vorliegen von Transportschäden als zweckmäßig, um verdeckte Mängel erkennen zu lassen. Die Messungen des pH-Wertes wurden mit einem pH-Meßgerät „Radiometer" an 3 verschiedenen Muskelproben durchgeführt (Nacken-, Rücken- und Bauchmuskulatur). 2524.

3-64/11-0164 Bendall, J. R., Hallund, O. und Wismer-Pedersen, J. **Verfärbungen und Wäßrigkeit in der Muskulatur von Landrasse-Schweinen nach der Schlachtung.** Fleischwirtschaft **15** (1963) Nr. 11. S. 1015-1016. 1019-1020. – 16 Lit. Aus: Dok.-Dienst Fleischwirtsch.
Chem. und phys. Messungen wurden an unmittelbar nach dem Stechen genommenen Proben des M. long. dorsi von 10 dänischen Landrasse-Schweinen durchgeführt. Bis zum Eintritt der Totenstarre wurden in gewissen Abständen Milchsäure, Adenosin-Triphosphat, Kreatin-Phosphat, Adenosin-Nucleotid, pH und das Ausdehnungsvermögen bestimmt. Das Material konnte auf 2 Gruppen (A und B) verteilt werden. A zeigte ein langsames pH-Absinken und eine langsame Abnahme des Ausdehnungsvermögens. Bei B verliefen die Abnahmen beider Faktoren wesentlich schneller. Ein genauso deutlicher Unterschied zeigte sich in den Geschwindigkeiten der anderen Veränderungen. Am Tag nach der Schlachtung war das Fleisch von A von ausgezeichneter Qualität, während B mehr oder minder blasses und wäßriges Fleisch lieferte. 2524.

3-64/11-0165 Kotrbáček, V. Histologický rozbor masa prasat plemene bílého ušlechtilého, landrace a kříženců. **(Histologische Analysen des Fleisches des weißen Edelschweines, des Landrace-Schweines und von Kreu-**

zungen zwischen beiden Rassen.) Náš Chov **1963** Nr. 9. S. 329-330. — 2 Abb., 1 Tab.

Nach durchgeführten histol. Untersuchungen der Kotelette, der Keule und des Bugs gleichalter Schweine der genannten Rassen sowie von deren Kreuzungen (♀ Weißes Edelschwein × ♂ Landrace) weisen das günstigste Verhältnis zwischen den einzelnen Muskelkomponenten die Kotelette der Weißen Edelschweine (geringe Menge des Zwischenbindegewebes und regelmäßige Verteilung des Fettgewebes) auf. Die mittlere Stärke der Muskelfasern der Kotelette zeugt von einer guten Wachstumsintensität. Die Kotelette der Kreuzungen können positiv bewertet werden mit Hinsicht auf die feinen und ausgeglichenen Muskelfasern; als Mangel muß aber die große Menge des Zwischenbindegewebes und die ungleichmäßige Verteilung des Fettgewebes bezeichnet werden. Die Qualität der Kotelette der Landrace-Schweine wiederum wird durch die übermäßige Dicke und Unausgeglichenheit der Muskelfasern und durch eine allzu geringe Durchfettung des Fleisches ungünstig beeinflußt. Die qualitativen Unterschiede der beiden übrigen Körperpartien (Keule, Bug) können auf Grund der histol. Analysen nicht bestimmt werden und das schon deshalb, weil die untersuchten Muskelfasern nur einen Teil dieser Partien ausmachen. ČSSR/ÚVTI. 2524.

3-64/11-0166 Cassens, R. G., Briskey, E. J. und Hoekstra, W. G. Electron microscopy of post mortem changes in porcine muscle. **(Die Elektronenmikroskopie der postmortalen Veränderungen in Schweinemuskeln.)** J. Food Sci. **28** (1963) Nr. 6. S. 680—684. — 7 Abb., 13 Lit. Aus: Dok.-Dienst Fleischwirtsch.

Es wurde versucht, die postmortalen Strukturveränderungen im Schweinefleischgewebe mit Hilfe der Elektronenmikroskopie zu erforschen. Eine antemortale Behandlung der Schlachttiere zur Erhöhung der Körpertemperaturen und teilweise darauffolgende Abkühlung wurde durchgeführt, um die verschiedenen Geschwindigkeiten und Größen der postmortem eintretenden Veränderungen festzustellen. Der normale Muskel zeigt ein teilweises Auseinanderfallen der Partikel der Sarkoplasmakomponente bei geringer Veränderung der Myofibrillen. Muskeln, die bei niederem pH und höherer Endtemperatur schnell der Starre verfielen, waren weich, fahl, wäßrig, und der Elektronenmikrograph enthüllte ein rasches Auseinanderfallen der Sarkoplasmateilchen und einen unverkennbaren Zerfall des Myofilamentes. Muskeln, die bei höherem pH und niedrigen Temperaturen schnell die Starre erreichten, erschienen dunkel, derb und trocken, und es wurde eine weitaus intakte myofibrillare Struktur festgestellt. 2524.

3-64/11-0167 Kotrbáček, V. Příspěvek k histologickému hodnocení drůbežího masa. **(Beitrag zur histologischen Bewertung des Geflügelfleisches.)** Sborník Vysoké Školy zemědělské Brně, Řada A **1963** Nr. 3. S. 341-346. — 4 Abb., 2 Tab., 8 Lit. Zus. in Russ., Engl.

Es wird die mikroskopische Struktur des M. pectoralis thoracis und M. pubischiofemoralis beschrieben. Aus diesen Untersuchungen geht hervor, daß der zweite dieser beiden Muskeln gröbere Muskelfasern aufweist (32,9 μm), welche zu je 20-50 primäre Muskelbündel bilden, zwischen welchen sich das Bindegewebe befindet. Mit steigendem Lgw. der Hähnchen vergrößert sich die Dicke der Muskelfasern, steigt die Menge des Zwischenbindegewebes, welches die primären Muskelbündel durchdringt, und erhöht sich der Fettansatz. Der M. pectoralis thoracis setzt sich aus feinen ausgeglichenen Muskelfasern (Durchschnittsdicke 22 μm) zusammen, welche sich zu je 100-200 zu primären Muskelbündeln vereinigen. Zwischen diesen Bündeln befindet sich eine kleine Menge feinen Bindegewebes, welches sich in Fett nur perivaskulär umbildet. Die Steigerung des Lgw. der Hähnchen war bei diesem

Muskel ohne wesentlichen Einfluß auf die Vergrößerung der Muskelfaserdicke als auch auf die Menge und Verteilung des Zwischenbindegewebes.
ČSSR/ÚVTI. 2524.

3-64/11-0168 Saakjan, S. G. Chimičeskij i aminokislotnyj sostav mjasa cypljat-brojlerov. **(Die chemische Zusammensetzung und der Gehalt an Aminosäuren von Broilerfleisch.)** Izvestija Akademii nauk Armjanskoj SSR. Biologičeskie nauki, Erevan **16** (1963) Nr. 9. S. 33-37. — 1 Abb., 1 Tab., 10 Lit. Orig.: russ., Ausz.: armen.
Die Untersuchungen der Fleischqualität 90 Tage alter Hähnchen des Jerewaner Schlages und dessen Kreuzungen mit New Hampshire und dem Panzyrewskier Schlag ergaben einen hohen Nährwert des Broilerfleisches. Durch chromatographische Studien des Eiweißanteils wurde festgestellt, daß sämtliche essentiellen Aminosäuren vorhanden sind. Insgesamt konnten 19 Aminosäuren festgestellt und davon 17 identifiziert werden.
W. Bonitz. 2524.

3-64/11-0169 Wartender, L. und Pytasz, M. Topografia glikogenu i cukrów redukujących w mięśniach zwierząt rzeźnych. **(Die Topographie des Glykogens und des reduzierenden Zuckers in den Muskeln der Schlachttiere.)** Zeszyty naukowe wyższej Szkoły rolniczej Wrocławiu, Weteryn. **15** (1963) Nr. 50. S. 143-151. — 1 Abb., 1 Tab., 12 Lit.
Die Untersuchungen betreffen den Gehalt an Glykogen, das von verschiedenen Muskeln von Pferd, Rind, Schwein, Schaf, Ziege und Kalb stammt. Glykogen wurde nach der Methode von Pfluger und Zucker nach der Methode Hagedorn-Jensen bestimmt. Den höchsten Glykogengehalt haben Pferd, Rind, Ziege, Schaf, Schwein und Kalb. Die Unterschiede sind größer als beim reduzierenden Zucker. Von den einzelnen Muskelgruppen enthalten am meisten Glykogen M. long. dorsi; es folgen dann M. psoas minor, M. biceps femoris u. a. Bei reduzierendem Zucker ist die Reihenfolge Ziege, Schaf, Rind, Kalb, Schwein. Zwischen dem Gehalt an reduzierendem Zucker wurde bei den einzelnen Muskelarten kein wesentlicher Unterschied festgestellt.
PRL/CBŘ. 2526.

3-64/11-0170 Köttl, Hans. **Einige marktwirtschaftliche Überlegungen und Daten zur Entwicklung der Schlachtochsen- und Schlachttiererzeugung.** Förderungsdienst [Wien] **11** (1963) Nr. 10. S. 325-328. — 2 Abb., 4 Tab.
1950 wurden in Österreich von insgesamt 293941 Rindern 18,9% Ochsen und 14,1% Bullen abgesetzt; bei einem ständig wachsenden Auftrieb waren es 1962 von 541579 Rindern 9,5% Ochsen und 38,3% Bullen. In fast allen Bundesländern wurde die Bullenaufzucht intensiviert. Am Beispiel 3er Bergbauernbezirke Niederösterreichs wird der tiefgreifende Umstellungsprozeß von der Ochsenhaltung zu der von männl. und weibl. Jungvieh und verstärkter Kuhzahl gezeigt. Die Almen und Weiden können nun nicht mehr voll genutzt werden. Die Entwicklung der Schlachtviehpreise zeigt, daß Bullen durchschnittl. höher bezahlt wurden als Ochsen, allerbeste Ochsen aber besser als der Durchschnitt der Bullen. Der junge Bulle liefert meist eine höhere Schlachtausbeute, ein günstigeres Fleisch-Fett-Verhältnis, mehr gut gefragte Schlachtteile und eignet sich besser zur Verwurstung; für Wurstfleisch besteht die stärkste Nachfrage. Günstige Absatzmöglichkeiten für Schlachtochsen können dort erwartet werden, wo für beste Qualitäten entspr. Nachfrage besteht. Dort, wo die Nachfrage nicht stark differenziert ist, erzielt der Bulle bessere Preise. E. Höpler. 2528.

3-64/11-0171 Schweinsfurth, Karl. **Das fleischverarbeitende Gewerbe als Vermittler der Verbraucherwünsche.** Fleischwirtschaft **44(16)** (1964) Nr. 1. S. 14-19. — Aus: Dok.-Dienst Fleischwirtsch. 2528.

3-64/11-0172 Bzowska, Barbara; Zürich, Eidg. TH, Inst. für Tierernähr. **Zur Methodik der Untersuchung der Eiqualität.** Mitt. Gebiete Lebensmittelunters. Hyg. [Bern] **54** (1963) Nr. 6. S. 535-543. — 5 Abb., 13 Lit.

Vf. berichtet über die Bestimmung einiger Qualitätsmerkmale von Hühnereiern, wie sie im Laufe eines Jahres im o. g. Inst. zur Durchführung gelangte. Das Eigewicht wurde mittels der Celler-Eierwaage bestimmt. Die Bruchfestigkeit wurde an Hand der Schlagfestigkeit mit Hilfe eines nach Müller hergestellten Apparates geprüft. Dabei fällt eine 4 g schwere Stahlkugel auf das Ei. Die Fallhöhe wird stets um 1 mm vergrößert, bis ein erster Riß in der Schale auftritt. Zur Bestimmung des spez. Gew. wird das Ei in $CaCl_2 \cdot H_2O$-Lösungen gebracht, die eine Dichte von 1,060-1,100 (neunfach abgestuft) besitzen. Das spez. Gew. der Lösung, in der das Ei weder an der Oberfläche schwimmt noch zu Boden sinkt, ist das spez. Gew. des Eies. Die Schalendicke wird mit Hilfe eines Mikrometers bestimmt. Weiterhin erfolgen Angaben zur Ermittlung des Eiklar- und Eidotterindex. Zu allen Meßmethoden werden die eigenen Meßwerte mitgeteilt. H. Bergner. 2535.

3-64/11-0173 Palmer, D. H. und Skoglund, W. C. Maintaining interior egg quality by holding shell eggs in a case with a petroleum resin liner. **(Die Erhaltung der inneren Eiqualität durch Aufbewahrung der Schaleneier in einem neuen, mit Petroleumharzfilm abgedichteten Transportbehälter.)** Poultry Sci. **43** (1964) Nr. 1. S. 25-30. — 3 Tab., 8 Lit. 2535.

3-64/11-0174 Kidwell, Margaret Gale, Nordskog, A. W. und Forsythe, R. H. On the problem of correcting albumen quality measures for egg weight. **(Über das Problem der Korrektur der Eiweißqualitätsmaße nach Eigewicht.)** Poultry Sci. **43** (1964) Nr. 1. S. 42-49. — 3 Abb., 3 Tab., 5 Lit.

Der Zweck der Untersuchung bezog sich auf die Bedeutung der Eigewichtskorrektur, wie sie bei dem H.U.-Maß für Eiweißqualität angewendet wird. Messungen der Eiweißhöhe und des Eigewichtes wurden bei 3 Leghorn-Stämmen mit verschiedener Eigröße vorgenommen. Die Eier wurden unter Trockenschrank-Bedingungen unterschiedliche Zeit gelagert, um differenzierte Gewichtsverluste zu erhalten. Die lineare Regression der Eiweißhöhe, bezogen auf das Ausgangseigewicht (b_{HW}) betrug ⌀ 0,067 mm/g Ei, unterschied sich jedoch gemäß der Zuchtlinie. Eine Eiqualitätseinheit (GU), gestützt auf die lineare Regression von 0,067, wurde sonst aber genauso wie die H. U. berechnet. Die Korrelation zwischen GU und H.U. für frische bzw. gelagerte Eier betrug 0,985 und 0,988, was bedeutet, daß die komplizierte Eigewichtskorrektur in der Haugh-Einheit unnötig ist. Die Regression der Eiweißhöhe zum Eigewichtsverlust nach Lagerung im Trockenschrank (b_{HL}) wies sich mit $-0{,}636$ aus für Eier in den gleichen Ausgangs-Gewichtsklassen. Auf Grund von Spezialstudien, wobei die Umgebungsfaktoren hinreichend kontrolliert werden können, würde die Benutzung der H. U. oder eines ähnlichen Qualitätsmaßes ganz angebracht sein. Dagegen dürfte für das Messen der Eiweißqualität bei Eiern, die schon nach Größe sortiert sind, z. B. im Handel oder dort, wo die Eigewichte auf Grund der Unterschiede während der Aufbewahrung differieren, die Korrektur nach Eigewicht wahrscheinlich eine unnötige Verfeinerung sein. W. Greiner-Petter. 2535.

3-64/11-0175 Paterson, J. J. und Hinners, S. W.; Carbondale, Southern Illinois Univ. The use of electric circuit and sound signal in determining the albumen height of eggs. **(Der Einsatz der Elektrizität und Schallsignale zur Bestimmung der Eiweißhöhe der Eier.)** Poultry Sci. **43** (1964) Nr. 1. S. 265-266. — 2 Abb.

Vff. erkannten die Notwendigkeit der Verbesserung des bisher üblichen Gerätes zur Bestimmung der Albuminhöhe, da man bei der hergebrachten Arbeitsweise die Messungen nicht schnell und sicher genug vornehmen konnte.

Sie beschreiben die Konstruktion und Arbeitsweise einer elektrischen Summerbox, deren Arbeitsweise den Untersuchungsvorgang wesentlich leichter und genauer ablaufen läßt. B. Rempel. 2535.

3-64/11-0176 Marks, H. L. und Kinney jun., T. B.; Beltsville, Md., U. S. Dep. of Agric. Measures of egg shell quality. **(Messungen der Eischalenqualität.)** Poultry Sci. **43** (1964) Nr. 1. S. 269-273. – 1 Abb., 1 Tab.
Vff. untersuchten die genetischen und phaenotypischen Beziehungen zwischen den verschiedenen Eiqualitäten. Spez. Gew., Eigewicht, Albuminhöhe, Schalengewicht, Schalendicke und Schalenanteil – abgeleitet aus Schalengewicht/Eigewicht × 100 – zweier Versuchsgruppen wurden tabellarisch und graphisch festgehalten und geschlußfolgert, daß eine hohe positive Beziehung besteht zwischen spez. Gew., Eischalendicke und Schalenanteil, wenn als Maßstab gleiche Eigenschaften zugrunde gelegt werden. Es erscheint Vff. auf Grund der gemessenen Werte möglich, daß man bez. noch nicht ermittelter Werte ziemlich genaue Schlußfolgerungen ziehen kann. B. Rempel. 2535.

3-64/11-0177 Armas, A. E. und Tarver jun., F. R. Iron discoloration of egg shells. **(Eisenverfärbung von Eierschalen.)** Poultry Sci. **43** (1964) Nr. 1. S. 266-268. – 1 Tab., 4 Lit. 2535.

3-64/11-0178 Shultz, Fred T.; Livermore, Calif., Animal Breeding Consultants. A device for measuring yolk size. **(Ein Apparat zum Messen der Dottergröße.)** Poultry Sci. **43** (1964) Nr. 1. S. 125-126.
Ein Apparat wird beschrieben, der die Dottergröße dadurch zu messen gestattet, daß ein vom Weißei befreites Dotter durch ein Glasrohr von 12 mm Dmr. gleiten muß, an dessen Wandung eine Meßskala angebracht ist. Die Dottermembran reißt bei dieser Prozedur nicht, so daß die Dotter am Grunde eines darunter stehenden, wassergefüllten Auffanggefäßes gesammelt und weiter verwendet werden können. C. Engelmann. 2535.

3-64/11-0179 Essary, E. O.; Blacksburg, Va., Polytechn. Inst. Weight changes during storage of eggs and egg yolks and change in Rd values of yolks from pullets and mature hens. **(Gewichtsveränderungen an Eiern von Jung- und Althennen während der Lagerung sowie an Eidottern und ihrem Rd-Wert.)** Poultry Sci. **43** (1964) Nr. 1. S. 216-222. – 2 Abb., 6 Tab., 7 Lit.
Eier von Junghennen kurz nach dem Legebeginn und von älteren Hennen, die bereits 6 Mon. gelegt hatten, wurden 1, 2 oder 3 Wochen lang a) bei Zimmertemperatur, b) in einem Eikühler bei 55 °F und 70-80% Feuchtigkeit aufbewahrt. Jede Gruppe bestand aus 2 Wiederholungen; 20 Eier je Gruppe wurden untersucht. Die Eier der Junghennen büßten bei a) von Woche zu Woche an Masse in gleichbleibendem Umfang ein, d. h. 1,0; 2,3 und 3,9%, die der Althennen verloren in der 3. Woche mehr, d. h. 0,9; 2,9 und 4,6%. Bei den kühl gelagerten Eiern b) betrugen die Verluste 0,2; 0,6 und 1,1% bei den Jung-, und 0,5; 0,7 und 2,3% bei den Althennen. Die Dotter der jungen Hennen nahmen im Kühler zunächst durch Eintritt dünnen Weißeies bis zu 4,3% in der 2. Woche zu, in der 3. um den gleichen Betrag wieder ab. Die Dotter der Althennen wurden beständig schwerer: um 0,64; 1,42 und 3,37%. Bei a) vergrößerte sich die Dottermasse bei beiden Hennengruppen sofort und stieg bis auf 10,41 bzw. 11,72% in der 3. Woche an. Diese Zunahmen lassen den Umfang des Rückgangs in der Eiqualität bzw. die zunehmende Permeabilität der Vitellinmembran abschätzen. Die Rd-Werte der Dotter fielen bei b) in allen Gruppen ca. 6% unter den Anfangswert, bei a) blieben sie nach anfänglichem Anstieg (1. und 2. Wo.) bei den Althennen auf der Höhe des Anfangswertes stehen, bei den Junghennen sanken sie fast um 4% tiefer. C. Engelmann. 2535.

3-64/11-0180 Heinemann, Volker. **Das Qualitätsei und seine Vermarktung.** Dtsch. Geflügelwirtsch. **16** (1964) Nr. 22. S. 344. 346. 2535.

3-64/11-0181 *Caspers, Richard.* **Untersuchungen über die Weißfleischigkeit (sogen. Muskeldegeneration) bei Schlachtschweinen.** Diss. Veterinärmed. Fak. Hannover 1963. (28 S.) 8°. (Diss. 9674)

K. TIERPSYCHOLOGIE

3-64/11-0182 McPhee, C. P., McBride, G. und James, J. W.; Yoorongpilly, Brisbane, Australia, Animal Res. Inst. Social behaviour of domestic animals. III. Steers in small yards. **(Das Sozialverhalten der Haustiere. 3. Mitt. Ochsen in kleinen Koppeln.)** Animal Product. **6** (1964) Nr. 1. S. 9 bis 15. – 5 Tab., 15 Lit. 2. Mitt. vgl. 3-64/10-0204.

7 Gruppen zu je 6 Ochsen wurden auf Koppeln 17 × 47 ft. gehalten; jedem Tier standen vom fachweise abgeteilten Futtertrog 2 ft. zur Verfügung, Wasser ad libitum. Die Tiere verteilten sich auf 3 Klassen: 2jährige Brahman × Hereford-Kreuzungen; 2jährige reine Hereford; 3jährige Hereford. Aus jeder Klasse wurden 2 Gruppen zu 6 im Lgw. etwa gleichen Tieren gebildet und eine nach Belieben mit Heu geringer Qualität gefüttert (a), die anderen zurückhaltend mit 75% der in a) freiwillig verzehrten Futtermasse. Eine 3. Gruppe (2 Tiere aus jeder Klasse) diente zur Ermittlung der rel. sozialen Dominanz unter den drei Klassen, bekam Sorghum-Silage und wurde getrennt bewertet. Die Rangordnung und das Verhalten der Ochsen zueinander wurden alle 2 Wochen untersucht (1 × 24 Std. und 3 × 12 Std. lang) und an den Auseinandersetzungen, dem Verdrängen vom Futterplatz und der Freßzeit bewertet. 16mal wurde die Reihenfolge beim Betreten des Wiegeplatzes (alle 2 Wochen) beobachtet. Die Ergebnisse wurden nach varianzanalytischen Methoden ausgewertet. Sobald die einzelnen Gruppen die Versuchskoppel betraten, kam es zu Kämpfen bzw. kampfloser Unterwerfung. In jeder Gruppe bildete sich eine lineare Rangordnung aus. Damit hörten die Auseinandersetzungen auf, nur Tiere benachbarter Rangstellung stritten sich am Futtertrog oder auf dem Wiegeplatz, (gelegentlich griff ein rangtieferer Ochse einen um mehrere Stufen höher gestellten an). Die Reihenfolge beim Betreten des Wiegeplatzes war bei I und II nicht zufällig, hing aber nicht von der Rangstellung ab. Alle Ochsen verloren während des Versuchs an Lgw. (115-120 lb.), unabhängig von ihrem Rang. Die Angriffslust war bei Gr. I am größten (I : II : III = 24 : 14 : 6 Auseinandersetzungen in 60 Std.). Die hochrangigen Ochsen fraßen länger als die tiefer stehenden (611 : 546 Min./60 Std.), ebenso alle a-Gruppen länger als b (738 : 419 Min./60 Std.). Die Kreuzungstiere aus Gr. I störten sich gegenseitig häufiger beim Fressen und verzehrten nachts mehr als Gr. II und III (44,6% : 33,9 : 34,9%).

C. Engelmann. 2610.

3-64/11-0183 *Bartsch, Wolfgang.* **Beobachtungen bei langfristiger Fernregistrierung der Lidschläge des Rindes.** Diss. Univ Berlin-Dahlem, Veterinärmed. Fak 1964 (54 S) 8° (Diss. 9703)

SPEZIELLE GROSSTIERZUCHT

A. ALLGEMEINES

3-64/11-0184 Peter, E. **Die österreichische Viehwirtschaft an der Jahreswende 1963/64.** Landwirtschaft [Wien] **1964** Nr. 4. S. 3. 8.

Der Milchertrag je Kuh ist seit 1951 um 2,5%, der Fleischertrag je Rind um 3,6% und je Schwein um 2,4% gestiegen. Der Rinderexport erreichte 1963 die Rekordzahl 146000 Stck. Gegenüber 1956 gibt es um 39% weniger Pferdebesitzer, um 13% weniger Rinderhalter, um 18% weniger Schweinehalter. Der Pferdebestand ist in der gleichen Zeit um 51%, der Rinderbestand um

1% gesunken, der Schweinebestand um 7% gestiegen. Die Zahl der Hühnerhalter ist seit 1950 in Vorarlberg um 27%, im Burgenland um 9%, in Oberösterreich um 7% gesunken; gleichzeitig stieg der durchschnittl. Hühnerbestand je Betrieb und insgesamt auf 114% seit 1938. Der Rinderbestand ist 1963 um 126 000 Tiere oder 5% auf 2,31 Mill. Stck. zurückgegangen.
E. Höpler. 3001.

3-64/11-0185 Müller, K. **Die nächsten Aufgaben zur Entwicklung einer hochproduktiven Viehwirtschaft.** Tierzucht **18** (1964) Nr. 2. S. 58-63.
Obwohl die Zuwachsrate der tierischen Produktion 1963 gegenüber 1962 bei Schlachtvieh 11,1%, bei Milch 6,3%, bei Eiern 7,1% und bei Geflügel 34% betrug, sind 1964 weitere Anstrengungen bei der Steigerung der tierischen Produktion notwendig. In den nächsten Jahren ist gegenüber dem Durchschnitt der Produktion der Jahre 1957-61 eine Erhöhung bei Milch um 35% und bei Schlachtvieh um 29% zu erreichen. Dazu sind die Jungtieraufzucht zu verbessern, die Tierverluste radikal einzuschränken, die materielle Interessiertheit der Viehpfleger zu erhöhen und die Futtermittel kontrolliert einzusetzen. Die Konzentration der Herdbuchbestände muß erhöht und die Leistungen der Herdbuchtiere gesteigert werden. Vf. weist ferner auf die spez. Aufgaben bei den einzelnen Tierarten sowie auf die Schwerpunktaufgaben auf dem Gebiet der Futterproduktion und der Tierzuchtwissenschaft hin.
K. Pilz. 3001.

3-64/11-0186 Waßmuth, R. **Die deutsch-türkische Zusammenarbeit in der Rinder- und Schafzucht.** Tierzüchter **16** (1964) Nr. 6. S. 203-204. — 2 Abb.
3001.

3-64/11-0187 *Grolig, Alois, Kopecký, Josef* und *Šatava, Miloslav.* **(Zootechnicky slovnik.** (Zootechnisches Lexikon.) Praha: Státní zemědělské naklad. 1963. (712 S.) 8°. (1964 A 339)
3-64/11-0188 *Kravčenko, Nikolaj Antonovič.* **Razvedenie sel'skochozjajstvennych životnych.** (Landwirtschaftliche Nutztierzucht. Lehrbuch für landwirtschaftliche Fachschulen.) Moskva: Izd. sel'skochoz. lit., žurnalov i plakatov. 1963. (310 S.) 4°. (1964 B 72)

B. PFERDE

3-64/11-0189 Pruski, W. **Ein Regenerationsversuch des Tarpans in Polen.** Z. Tierzücht. Züchtungsbiol. **79** (1963) Nr. 1. S. 1-31. — 28 Abb., 38 Lit.
Vf. berichtet über den seit 1936 im Urwald von Białowieza und von 1953 an in der 1955 von der Polnischen Akad. der Wiss. übernommenen Versuchsanstalt für Tierzucht in Popielno (Spirding-See) durchgeführten Regenerationsversuch des Tarpans auf dem Wege der Rückzüchtung mit den primitiven polnischen Koniks. Polen ist wahrscheinlich das einzige Land, welches noch eine Anzahl dieser typischen tarpanartigen Kleinpferde beherbergt, welche stark an ihre wilden Vorfahren erinnern, die Vetulani als bes. Unterart des Steppentarpans definiert hat und mit *Equus gmelini* Ant. subsp. silvatica (Waldtarpan) bezeichnete. — Die Herde in Popielno setzt sich aus Tieren zusammen, die schon 5 Generationen lang wild gehalten, d. h. in Reservaten (Popielno = 1660 ha Wald) ausgesetzt wurden und dabei bis auf etwas Zufutter (Heu) während der Wintermonate und die Selektion der nicht typischen Nachzucht unabhängig vom Menschen existieren. Im Rahmen der Besprechung der Untersuchungsergebnisse über Lebensweise, Fortpflanzung, Farbwechsel usw. kommt Vf. zu dem Schluß, daß offenbar der genetische Einfluß des Przewalskipferdes sehr gering ist und daß die Koniks von Popielno vor allem den Tarpantypus darstellen. — In einem bes. Abschnitt wird die Notwendigkeit der Fortsetzung von Arbeiten an der Regeneration des Tarpans begründet. J. E. Flade/Dummerstorf. 3090.

3-64/11-0190 Vergote de Lantsheere. L'élevage du poney Shetland en Belgique. **(Die Zucht des Shetlandponys in Belgien.)** Rev. Agric. [Bruxelles] **17** (1964) Nr. 2. S. 165-188. — 18 Abb.

Die Tiere leben in kleinen Rudeln im Freiland. Im Okt. werden die dann ca. 6 Mon. alten Fohlen abgesetzt. Bescheidenheit, Anspruchslosigkeit und Härte charakterisieren diesen Pferdeschlag. Die Tiere sind lange fruchtbar und erreichen das Lebensalter von 30, ja selbst 40 Jahren. Das Kriterium für die Fohlen sind die Aufzuchtverhältnisse im ersten Winter. Trotz aller Widerstandsfähigkeit dürfen bestimmte Hygienemaßnahmen nicht außer Acht gelassen werden. Bes. die Fohlen sind nicht gegen Jungtierkrankheiten gefeit. Wurmkuren sind unerläßlich. Beine und Beinstellung sowie die korrigierende Hufpflege sind zu beachten. Bei Entwicklungsstörungen sind Vit. und Mineralstoffe substituierend zu verabreichen. Seit 1960 wird die Shetlandponyzucht vom Belgischen Stutbuch für Shetlandponys gefördert. Frankreich, Deutschland und Italien gelten als Interessenten. Andererseits wurden in den letzten 10 Jahren mehr als 10000 Tiere importiert. Das hat den belgischen Zuchten einen nicht zu verkennenden Auftrieb gegeben.
H. Busse. 3170.

3-64/11-0191 Dimitrov, D. Proučvane vŭrchu rasteža i razvitieto na plemenni končeta težkovozni krŭstoski vŭv vrŭzka sŭs sŭzdavaneto na bŭlgarski težkovozen kon. **(Untersuchung des Wachstums und der Entwicklung von Kaltblutkreuzungsfohlen im Zusammenhang mit der Schaffung eines bulgarischen Kaltblutpferdes.)** Naučni trudove. Visš veterinarnomedicinski institut „Prof. d-r G. Pavlov“, Sofija **11** (1963) S. 373-376. — 3 Tab., 7 Lit.
Die Körperentwicklung von der Geburt bis zum 3. Lebensjahr betrug bei Bastardhengst- und -stutfohlen (Halbardenner Stuten × Ardennerhengste) im Staatl. Landwirtsch.-Betrieb „Tutrakan“ (die Angaben für die Stutenfohlen stehen in Klammern): Widerristhöhe bei der Geburt 95,1 (94,4) cm, im Alter von 6 Mon. 130,9 (130,1) cm, mit 1 Jahr 141,3 (140,6) cm, mit 2 Jahren 149,8 (148,7) cm und mit 3 Jahren 154,6 (153,6) cm; Kruppenhöhe entspr. 96,3 (95,9), 133,8 (133,5), 144,5 (142,2), 151,9 (150,9) und 155,6 (155,2) cm; Körperlänge 74,5 (73,3), 128,7 (127,7), 143,7 (143,4), 153,8 (152,6) und 159,5 (158,6); Brusttiefe 33,3 (32,6), 54,0 (53,7), 60,7 (59,4), 64,3 (63,0) und 72,4 (69,4) cm; Brustbreite 21,0 (20,2), 35,4 (35,0), 39,3 (38,3), 43,1 (42,9) und 46,2 (45,4) cm; Röhrbeinstärke 14,7 (14,1), 19,6 (19,2), 20,9 (20,4), 22,2 (21,4) und 22,8 (22,2) cm. In dem Beitrag werden auch andere Angaben über die Körpermaße, die rel. Wachstumsgeschwindigkeit und Körperbauindices gemacht. Die 3jährigen Hengstfohlen wiesen die Merkmale von Kaltblütern auf (längerer Körper, etwas hohe, geteilte Kruppe u. a.). NRB/ZSNTI. 3170.

3-64/11-0192 Grabowski, J. Przeciwdziałanie niepłodności klaczy i jej zwalczanie. **(Prophylaxe und Bekämpfung der Sterilität bei Stuten.)** Przegląd Hodowlany **31** (1963) Nr. 10. S. 38. — 5 Lit. PRL/CBR. 3310.

C. RINDER

3-64/11-0193 Kwasieborski, J. **Die Entwicklung der Rinderzucht in Polen.** Int. Z. Landwirtsch. [Sofia/Berlin] **1963** Nr. 6. S. 62-66.
Die VR Polen zählte 9,6 Mill. Rinder im Jahre 1962 (Ziel 1980: 15 Mill. = 74 Stck./100 ha), davon 6 Mill. Kühe (Ziel 1980: 8 Mill. Kühe = 39,5 Stck. pro 100 ha). Die Leistung je Kuh stieg seit 1938 von 1400 kg bei 3,2% Fettgehalt auf 2160 kg bei 3,5% Fettgehalt im Jahre 1962. Die Anzahl der kontrollierten Kühe verzehnfachte sich von 1949-62. Die Verbesserung der Fleischeigenschaften der Milchviehrassen wird durch Zuchtwahl und auch durch Rassenkreuzung vorgenommen. — In 52 Besamungsstationen sind 1230 Bullen eingesetzt, von denen 65% einheimischer Herkunft sind. 1962 wurden 38% des deckfähigen Bestandes besamt (Ziel 80%). In den Wojewodschaften werden Pläne für die gelenkten Kreuzungen aufgestellt. Die genetischen Zuchtbullengruppen (mindestens zu 25% miteinander verwandt) der Besamungsstationen umfassen 3-10 Bullen. Für Zuchtherden werden

bes. Pläne aufgestellt mit der Möglichkeit der Verwandtschaftskreuzung und der Linienzucht. — Zur Standortverteilung sind 4 Rassen vorgesehen. Schwarzbuntes Niederungsvieh wird in verschiedenen Schlägen auf 70% der LN gehalten. Die einzelnen Schläge sind in der Milchleistung, nicht aber in der Fleischleistung einheitlich. 1961 brachten 76000 schwarzbunte Herdbuchkühe je 3546 kg Milch bei einem Fettgehalt von 3,57%. Zur Verbesserung der Milchfett- und Fleischleistung werden holländische Friesenbullen eingesetzt. Das polnische Rotvieh steht mit 25% des gesamten Rinderbestandes an 2. Stelle. 1961 betrug die durchschnittl. Milchleistung von 11000 Zuchttieren 3004 kg Milch bei einem Fettgehalt von 3,91%. Es wird eine mäßige Blutauffrischung mit Roten Dänen (z. T. auch Angler und Jersey) vorgenommen, die zwar bessere Euter, aber schlechtere Fleischleistungen brachte. Das Rotbunte Niederungsvieh zählt 300000 Tiere. 1961 brachten 5609 Zuchtkühe 3677 kg Milch mit einem Fettgehalt von 3,49%. Zur Verbesserung werden Bullen der Rasse Maas-Rhein-Ijssel (Holland) eingesetzt. Die Simmentaler Rasse ist nur in 4 Landkreisen zu finden. Zuchtmaterial wurde aus Rumänien, Österreich und der Schweiz eingeführt. — Zur Aufzucht von Besamungsbullen stehen geschlossene Importherden (Rote Dänen, Jersey, Charollais, Hereford und Aberdeen Angus) bereit. Das Ministerium für Landwirtschaft koordiniert und kontrolliert die züchterische Arbeit der Wojewodschaftsstationen für Rinderleistungsprüfung. Diese Stationen unterhalten 3 Sektionen: 1. Sektion: Milchleistungsprüfung (Milchfett- und Eiweißbestimmung — kolorimetrisch nach der Methode Jaśiorowski, Probemelken). 2. Sektion: Herdbuchzucht (3 Herdbücher: Eintritts-, Standard- und Elitebuch). 3. Sektion: Zuchtwertprüfung (TMV, CC-Test, Stationsmethode — Auswertung im analytisch-statistischen Zentrum mit Rechenmaschinen).
H. Tschirschwitz. 3410.

3-64/11-0194 Huber, S. **Rinderzucht und Tierseuchenbekämpfung in Südtirol.** Tierzüchter **15** (1963) Nr. 23. S. 866.

Die in der Vereinigung der Südtiroler Zuchtverbände zusammengeschlossenen Zuchtverbände des Braunviehs, Grauviehs und der Pinzgauer haben sich die Koordinierung der züchterischen Bestrebungen und die systematische Tierseuchenbekämpfung zum Ziel gesetzt. Durch eine großangelegte Sanierungsaktion konnte zunächst die Trichomonadenseuche getilgt werden. Danach wurde von den Zuchtverbänden die organisierte Bekämpfung aller Zucht- und Haltungsseuchen in Angriff genommen. Durch die Einrichtung eines Zentrums für Sterilitätsbekämpfung, KB und Tierseuchenbekämpfung und durch die Einrichtung eines Rinder-Gesundheits-Dienstes konnten die wichtigsten Krankheiten (Tbc, Deckinfektionen und Rinder-Brucellose) fast gänzlich getilgt werden. Herbert Winkler. 3410.

3-64/11-0195 Mejendorf, A. Specializacija v skotovodstve SŠA. **(Spezialisierung der Viehzucht in den USA.)** Moločnoe i mjasnoe skotovodstvo, Moskva **8** (1963) Nr. 6. S. 58-61. — 5 Abb., 2 Tab.

Durch die unterschiedlichen Vegetationszonen und die Bodenbeschaffenheit bedingt haben sich die Farmer in den USA in Abhängigkeit von den vorhandenen Futterbasen auf getrennte Viehaufzucht (Aufzucht von Jungvieh und Aufzucht von Schlacht- bzw. Mastvieh) spezialisiert. Das in den West- und Südstaaten der USA auf Weiden aufgezogene Jungvieh wird über Tausende von Kilometern in die Zentral- und Oststaaten, die sogenannte Maiszone, transportiert und von dort ansässigen Farmern für die Aufzucht von Mastvieh aufgekauft. In einer anschließenden ökonomischen Betrachtung wird an Hand von Beispielen die Rentabilität dieser Viehaufzucht gegenüber einem möglichen Futtermitteltransport nachgewiesen. Für die Rentabilität der Aufzucht sind neben dem verabreichten Futter eine gesunde Tierhaltung und moderne Stallungen entscheidend. I. Montag. 3410.

3-64/11-0196 Dietrich, H. und Eisold, S. **Die Entwicklung von Kooperationsbeziehungen in der Rinderhaltung im Bezirk Magdeburg.** Tierzucht 18 (1964) Nr. 3. S. 130-133. — 2 Tab. 3410.

3-64/11-0197 Parkinson, A. E. Beef from the dairy herd. **(Fleisch aus der Milchvieh-Herde.)** Scott. Agric. **41** (1961) Nr. 3. S. 113-118. 3446.

3-64/11-0198 Voigtländer, K.-H. und Beeg, E.; Leipzig, Karl-Marx-Univ., Inst. für Tierzucht und Milchwirtsch.; Dresden, Bezirkstierzuchtinspektion. **Körpermaße und Lebendgewichte schwarzbunter Jungbullen auf Verkaufsveranstaltungen im Bereich der ehemaligen Tierzuchtinspektion Dresden.** Arch. Tierzucht **5** (1962) Nr. 1. S. 12-30. — 14 Tab., 7 Lit. — nach Zus. Von Nov. 1953 bis Dez. 1955 wurden auf 37 Verkaufsveranstaltungen 1917 gekörte Jungbullen gemessen und die Ergebnisse mittels Hollerithverfahren statistisch verrechnet. Das Durchschnittsalter der Bullen betrug 13,6 Mon. und variierte von 11-29 Mon. mit einer Häufung in den Klassen von 12-15 Mon. Unterschiede in den Körperformen der einzelnen Altersklassen bestehen, sind jedoch nicht in allen Fällen signifikant. Die Beantwortung der Fragestellung, welche Faktoren Unterschiede in den durch Gewicht und Messungen ermittelten Körperformen der Tiere hervorrufen können, ließ eine Beschränkung der weiteren Berechnungen auf die Altersgruppen 12 bis 15 Mon. (1721 Tiere) zweckmäßig erscheinen. Es konnten hierbei folgende Feststellungen gemacht werden: a) Im Verlauf der auf mehrere Jahre verteilten Verkaufsveranstaltungen nahmen die gekörten Bullen hinsichtlich Körperlänge, Beckengröße sowie Lgw. zu, während Größe, Brustausformung und Knochenstärke rel. gleich blieben. b) Unterschiede, bedingt durch die Herkunft der Tiere aus den verschiedenen Geoklimagebieten des ehemaligen Landes Sachsen, ließen sich nur in wenigen Fällen nachweisen und waren dann zu gering, um grundsätzliche Schlüsse zuzulassen. c) Die Jahreszeit der Geburt der Bullen scheint gleichfalls nur geringen Einfluß auf die Meßwerte zu besitzen. d) Bei einer Eingruppierung des Materials nach Zugehörigkeit zu männl. Blutlinien unterschieden sich die Vertreter der im Untersuchungsraum verbreiteten Abstammungen nur wenig voneinander. e) Unterschiede in der Entwicklung der Jungtiere nach Herkunft aus der KB oder der natürlichen Paarung konnten nicht festgestellt werden. f) Die Einteilung der verkaufsreifen Jungbullen in eine Tbc-Reagentengruppe und eine solche, die frei von Tbc war, erbrachte keine Anhaltspunkte für eine durch die Erkrankung bereits ausgeprägte Entwicklungsbeeinflussung. g) Die auf der Grundlage der Vorfahrenleistungen ermittelten Leistungspunkte ließen bei ihrer Rangierung entspr. den Leistungsnoten I-III eine Abnahme in sämtlichen Einzelmaßen sowie im Lgw. in der genannten Reihenfolge erkennen. h) Die Körperformen der Bullen finden in den vergebenen Formnoten ihren Ausdruck. Dabei haben dem Zuchtziel entspr. lange, breite und tiefe Tiere mit genügender Knochenstärke sowie nicht zu großer Widerrist- und Kreuzhöhe die bessere Bewertung erfahren. — Aus den Ermittlungen kann somit der Schluß gezogen werden, daß einzelne der genannten Faktoren in geringem Maße die Entwicklung der Jungbullen beeinflussen. Stärker als diese scheinen die aufgetretenen Variationen durch individuelle Veranlagung der Tiere und bes. durch Einwirkungen von Haltung und Fütterung in den Aufzuchtbetrieben bewirkt zu sein. Diese überdecken andere Einflußsphären und gestatten Ausgleiche. Es mag somit hervorgehoben werden, daß es auch in Zuchtbezirken mit reichlich unterschiedlichen geoklimatischen Voraussetzungen möglich ist, ein weitgehend gleichmäßiges Zuchtmaterial zu erstellen. 3464.

3-64/11-0199 Baryšnikov, P. Krupnyj rogatyj skot kurganskoj porody. **(Kurganer Rinderrasse.)** Sel'skochozjajstvennoe proizvodstvo Urala, Sverdlovsk **1** (1963) Nr. 10. S. 45-47. — 3 Abb., 1 Tab. 3490.

3-64/11-0200 Gregory, Keith E., Koch, R. M. und Hazel, L. N. Principles of record of performance in beef cattle. **(Methoden der Leistungsprüfung beim Fleischrind.)** Univ. Nebraska, Coll. Agric., agric. Exp. Stat., Circ. **1962** Nr. 106. S. 1-20. — 7 Abb. 3528.

3-64/11-0201 Rabek, A. O ocenie wymienia w punktacji licencyjnej krów. **(Die Euterbewertung bei der Herdbuchbonitierung der Kühe.)** Przegląd Hodowlany **31** (1963) Nr. 10. S. 20-23. — 5 Abb., 4 Tab. 3542.

3-64/11-0202 Jenni, E. und Rüegsegger, A. **Bericht über die erste Versuchsperiode der vom Schweizerischen Fleckviehzuchtverband durchgeführten Melkbarkeitsprüfungen (Ende April bis Ende September 1963).** Mitt. schweiz. Fleckviehzuchtverb. **1964** Nr. 1. S. 3-18. — 7 Abb., 4 Tab., 6 Lit.

An Simmentaler Fleckviehrindern in der Schweiz wurden Untersuchungen zur Ermittlung der Melkbarkeit angestellt. Der Prüfzeitraum erstreckte sich vom 1.-7. Laktationsmonat. Vor dem Melken wurden die Euter fotografiert und verschiedene Eutermaße genommen. Eine Euterpunktierung bzw. Euterbeschreibung ergänzte die Untersuchungen. In Melkmaschinenbetrieben prüfte man die Kühe (104 Stck.) mit einer Gascoigne-Viertelgemelksmaschine nach dem Kurzzeitmelken. Die Untersuchungsmethodik wird angegeben. In Handmelkbetrieben wurden 238 Kühe kontrolliert. Die Melkdauer betrug mit der Hand 7,93 Min. je Tier, beim Maschinenmelken wurden 4,85 Min. Maschinengemelk und 1,98 Min. Nachgemelk festgestellt. Die Gemelksmenge schwankte um 8 kg, das Nachgemelk war gering. Die Höhe des Nachgemelks ist stark umweltbedingt. Aus den Vordervierteln (IvH) wurden 42,3% vom Gesamtgemelk ermolken. Auf die Messungsergebnisse, Euterform und vergebene Punktzahl wird näher eingegangen. Das durchschnittl. Minutengemelk zeigte 1,74 kg/Min., während das höchste Minutengemelk (beide auf 8 kg Gemelksmenge korrigiert) 2,49 kg/Min. aufwies. Am Gesamtmaterial konnten 1,5% der Kühe mit Euterkrankheiten ermittelt werden. Die korrelativen Beziehungen zwischen den Merkmalen entsprechen den bisher bekannten Ergebnissen. Eine 2malige Untersuchung der Melkbarkeit ist notwendig (abends und morgens). Zwischen Euterbeurteilung und Melkbarkeit bestehen keine ausnutzbaren Beziehungen. H. Fiedler. 3546.

3-64/11-0203 Pernitzsch, Hans. **Zuchtwertstatistik.** Leipzig, Inst. Tierzucht u. Tierernähr. Veterinärmed. Fak. Karl-Marx-Univ. Leipzig Plan-Nr.: 2154 30 Vf 3-01/8. Abschlußber. (11/5. 1964).

Die Sicherheit der Zuchtwertberechnung wird durch das im Forschungsauftrag ausgearbeitete Regressionsverfahren um ca. 60% erhöht. Die Rechenarbeit ist vollautomatisch programmiert. Nach Einführung des elektronischen Systems kann ab Herbst 1964 Material jeden Umfangs berechnet werden. Bisher sind 35000 Generationsvergleiche statistisch ausgewertet worden. Die genetische Abhängigkeit zwischen wichtigen Eigenschaften (Milchmenge und Fettgehalt) wird z. Z. als neuer Thementeil statistisch gesichert. Die Arbeiten sind noch im Gang und können erst 1964 abgeschlossen werden. Sie sind für das Gesamtproblem definitiv. 3550.

3-64/11-0204 Happ, H. **Erbwertschätzung von Bullen hinsichtlich Melkbarkeit.** Tierzüchter **15** (1963) Nr. 21. S. 775-776. — 1 Tab. 3550.

3-64/11-0205 Soller, Morris. Standard error of estimate of expected breeding values. **(Die Standardabweichung des Schätzwertes des erwarteten Zuchtwertes.)** J. Dairy Sci. **47** (1964) Nr. 3. S. 303-305.

Vf. gibt eine allg. Formel für die Standardabweichung σ_Z des Schätzwertes des erwarteten Zuchtwertes Z an. Ist K_j irgendeine Funktion der über das j-te Individuum vorliegenden Information (z. B. der Phänotyp von j oder dessen Verwandten), so ist $K_j = Y_j + \varepsilon_j$, wobei Y_j der wahre Zuchtwert von j und ε_j ein noch $N(O, \sigma^2)$ verteiltes Fehlerglied ist. Die Y_j sind noch $N(\mu, \sigma_g^2)$ verteilt, wobei μ der durchschnittl. Zuchtwert der Population, σ_g^2 die additive genetische Varianz ist. Es gilt nun $Z_j = E\,(Y_j/K_j) = \mu + \frac{\sigma_g{}^2}{\sigma^2{}_g + \sigma^2}(K_j - \mu)$, und für die Standardabweichung σ_Z gilt $\sigma_Z = \frac{\sigma_g{}^2 \cdot \sigma^2}{\sigma_g{}^2 + \sigma^2}$. Für den CC-Test erhält man $\sigma_Z = 2\,\sigma_p \sqrt{\frac{h^2}{\Sigma w_i h^2 + 4}}$. σ_Z wird noch für einen weiteren Spezialfall angegeben. Die Handhabung der Formeln wird an numerischen Beispielen demonstriert. D. Rasch/Dummerstorf. 3550.

3-64/11-0206 Miller, R. H. Regression of a sire's breeding value on various functions of daughters' and herd-mate production. **(Die Regression des Zuchtwertes der Bullen auf verschiedene Funktionen der Töchter- und Stallgefährtenleistungen.)** J. Dairy Sci. **47** (1964) Nr. 3. S. 305-309.

Ist I irgendein Kriterium für die Vererbungsfähigkeit eines Bullen, so ist der geschätzte Zuchtwert $\hat{G}$ dieses Bullen durch $\hat{G} = \mu_G + \beta_{GI}(I - \mu_I)$ gegeben (μ_G bzw. μ_I: Populationsmittel von G bzw. I; β_{GI}: Regression von G auf I. Vf. betrachtet 3 Kriterien: $I = \bar{D}$ ($\bar{D}$ = durchschnittl. Tochterleistung), $I = C$ (C = mittlere Differenz zwischen Tochterleistung und der Leistung ihrer Stallgefährten) und $I = A$ (A = Hendersons korrigierter Töchterdurchschnitt). Für diese Fälle werden Formeln für den Regressionskoeffizienten r_{GI} abgeleitet und in Abhängigkeit von h^2 dargestellt.
D. Rasch/Dummerstorf. 3550.

3-64/11-0207 Birker, F. **Werden aus den Milchleistungsprüfungs-Ergebnissen die notwendigen Konsequenzen gezogen?** Tierzüchter **15** (1963) Nr. 22. S. 811-814.

Im Landesteil Nordrhein hatten im Prüfungsjahr 1959/60 7% der schwarzbunten und 10% der rotbunten ganzjährig kontrollierten Kühe eine Milchleistung unter 3000 kg. Bei diesen Kühen handelt es sich hauptsächlich um Tiere in der 1. und 2. Laktation, weniger um ältere Kühe. Die Differenzen der Leistungen dieser Kühe zu den übrigen beträgt bei den Schwarzbunten 1750 kg und bei den Rotbunten 1471 kg 4%ige Milch. Von den Kühen mit einer Leistung unter 3000 kg sind im folgenden Jahr mindestens 45,7% der schwarzbunten und 50,7% der rotbunten noch ein weiteres Jahr genutzt worden. Von den abgegangenen Tieren wurden die meisten wegen geringer Leistung gemerzt. Die nächst häufige Abgangsursache ist „Unfruchtbarkeit". Es ist notwendig, Kühe, die bei gegebenen Fütterungs- und Haltungsbedingungen niedrige Milchleistungen aufweisen, rechtzeitig zu erkennen und durch besser veranlagte zu ersetzen. K. Pilz. 3555.

3-64/11-0208 Flower, A. E., Brinks, J. S., Urick, J. J. und Willson, F. S. Selection intensities and time trends for performance traits in range Hereford cattle under mass and recurrent selection. **(Selektionsintensität und jährliche Änderung der Leistungseigenschaften in Linien der Hereford-Rinder unter Massen- und rückgreifender Selektion.)** J. Animal Sci. **23** (1964) Nr. 1. S. 189-196. — 7 Tab., 13 Lit.

Für die Untersuchungen standen die Ergebnisse von 3 ingezüchteten Linien (Linie 1, 2, 3) und einer gemeinsamen Testlinie (Linie 4) sowie von den Linienkreuzungsnachkommen aus 3 Linien (Kreuzungslinien 5, 6, 7) der Hereford-Rasse der Jahre 1952-59 zur Verfügung. Die Selektion wurde nach einem System fortgesetzter Auslese auf der männl. Seite, verbunden mit geringer innerhalb-Linien-Auslese, durchgeführt und umfaßte das Absatzgewicht und das Gewicht am 168. Tag. Jedes Jahr wurden nach Möglichkeit 2 Jährlingsbullen mit hohen Zunahmen von jeder der 3 geschlossenen Linien an je eine

Gruppe von annähernd 15 Kühen aus der Linie 4 angepaart, die nach dem Zufallsprinzip ausgewählt wurden. Nach Abschluß der Nachkommenschaftsprüfung wurde der Linienbulle, welcher die besten Ergebnisse bei den Linienkreuzungsnachkommen (Absatzgewicht, tägl. Zunahmen nach dem Absetzen und Ausschlachtungsergebnisse der Ochsen) aufwies, als Zuchtbulle innerhalb der Linie eingesetzt, sofern er den dort eingesetzten Bullen deutlich überlegen war. Die Selektionsdifferentiale wurden nach der Formel von Dickerson (1954) berechnet. Sie waren beim Geburtsgewicht positiv in allen Linien und betrugen 0,19-1,49 lb. pro Jahr. Die durchschnittl. jährl. Selektionsdifferentiale für die tägl. Zunahmen und das Endgewicht variierten von 0,032-0,095 lb. und 12,7-28,3 lb. in den 4 ingezüchteten Linien (1-4). Alle ingezüchteten Linien und Linienkreuzungen zeigten eine zunehmende Abnahme im Geburtsgewicht und Absatzgewicht (von 1952-59). Die Regression zeigt daher bei **Färsen** einen negativen Trend beim Geburtsgewicht, dem Absetzgewicht und der tägl. Zunahme nach dem Absetzen und einen positiven Trend bei Bullen und Ochsen bez. der tägl. Zunahmen. Beim Endgewicht ist er in fast allen Linien auch negativ. Die Heritabilität für das Geburtsgewicht (0,86) und das Absatzgewicht (0,77) war bedeutend höher als bisher bekannt. Insgesamt war in den Linien, in denen die größte Selektionsintensität bestimmt werden konnte, der größte genetische Fortschritt zu verzeichnen.

G. Koriath/Dummerstorf. 3560.

3-64/11-0209 Steger, J. **Die Nachzuchterfassung in der Rinderzucht mittels Abkalbemeldung.** Tierzucht **18** (1964) Nr. 3. S. 127-130. — 2 Abb., 6 Lit.
Die bisherige Form der Nachzuchtprüfung war zu sehr auf den natürlichen Deckbetrieb abgestimmt. Bei einer Besamungsdichte von 86% können nur noch wenige Bullen unter den bisherigen Verhältnissen überprüft werden. Im Bezirk Erfurt müssen jährl. ca. 35 Bullen einer Nachkommenschaftsprüfung unterzogen werden. Da zu einer frühzeitigen Testung nur die Besamungsdaten des ersten Jahres Verwendung finden, macht es sich erforderlich, in größerem Maße Tiere der Landeszucht bei der Prämiierung zu berücksichtigen. Die Nachzucht der Besamungsbullen wird deshalb mit Abkalbemeldungen ermittelt. Von der KB Erfurt werden je Jungbulle 500 Erstbesamungen herausgezogen und mit Hilfe der Leistungsprüfer durch die Abt. Zuchtwertprüfung ausgewertet. Herbert Winkler. 3565.

3-64/11-0210 Dabczewski, Z. S. Swedish studies on monozygous cattle twins. **(Schwedische Untersuchungen an eineiigen Zwillingen.)** Irish veterin. J. **18** (1964) Nr. 4. S. 63-68. — 14 Lit.
In den schwedischen Rinderrassen kommen weibl. Zwillingspaare in 0,61% aller Geburten vor. 8,48% aller gleichgeschlechtlichen Zwillingspaare sind eineiig. Die weibl. Zwillingskälber werden noch vor der 3. Lebenswoche angekauft. Bes. Eignung haben eineiige Zwillinge für die Nachprüfung der genetischen Ursachen der Erkrankungsbereitschaft für bestimmte Krankheiten, wie die Mastitis und die mykotische Enteritis bewiesen. Mit Hilfe eineiiger Zwillingsbullkälber wurde weiterhin untersucht, welche Faktoren die Intensität des Sexualverhaltens erwachsener Bullen beeinflussen. Es konnten zwischen den Zwillingspaaren beträchtliche Unterschiede im Ejakulatvolumen, der Spermienkonzentration, der Spermienzahl, der Überlebensrate und der Häufigkeit von Spermamißbildungen nachgewiesen werden. Der Einfluß der Kastration wurde bei im Alter von 1, 6 und 12 Mon. kastrierten eineiigen Zwillingsbullen überprüft, und bei der Schlachtung sämtlicher Tiere im Alter von 25 Mon. festgestellt, daß diese in jedem Alter auf die Gewichtszunahmen, das Schlachtgewicht, die Futterverwertung und die Zusammensetzung des Schlachtkörpers einen negativen Einfluß ausübt. Die bekannten Untersuchungen über die Wirkung der Aufzuchtintensität auf die Körperentwicklung und die Lebensdauer bei weibl. Rindern führten zu dem Befund, daß

erstere unabhängig von der Aufzuchtintensität erblich ist. Der negative Effekt einer max. Aufzuchtintensität auf die Milchleistung nimmt anscheinend von der ersten zu den folgenden Laktationen zu. Die höchsten Leistungen werden erzielt, wenn die Färsen bis 2-3 Mon. vor dem Kalben mäßig ernährt werden bei anschließender Steigerung der Fütterungsintensität bis zum Kalben.
H. Busse. 3585.

3-64/11-0211 Warwick, E. J., Davis, R. E. und Hiner, R. L. Response of monozygotic bovine twins to high and low concentrate rations. **(Reaktion monozygoter Rinderzwillinge auf hoch- und niedrigkonzentrierte Futterrationen.)** J. Animal Sci. **23** (1964) Nr. 1. S. 78-83. – 4 Tab., 4 Lit.
Im Alter von ca. 5 Mon. wurden 25 monozygote weibl. Zwillinge aufgekauft. Davon gehörten 19 der Angus-Rasse oder deren Kreuzungen, 4 der Hereford- und 2 der Shorthorn-Rasse an. Das Einstellgewicht variierte von 186-473 lb. mit einem Durchschnitt von 308 lb. Die 25 Paare wurden in 5 altersmäßig ähnliche Gruppen aufgeteilt, wobei im Durchschnitt die Zwillingspartner eines Paares hoch-, eines zweiten niedrigkonzentriertes Futter und 3 Paare unterschiedlich konzentrierte Rationen erhielten. Die hochkonzentrierte Ration (high-conc.) enthielt 74% Kraftfutter, während in der anderen Futterration (low-conc.) 63% durch erhöhte Luzerne- und Heugaben nährstoffmäßig nicht ausgeglichen werden konnten (69,8 zu 50,9% verd. Nährstoffe, 9,4 zu 9,6% verd. Protein). Die Tiere mit der hochkonzentrierten Futterration wurden vom Versuchsbeginn (6 Mon. Lebensalter) 345 Tage und die mit der niedrigkonzentrierten 493 Tage bis zur Schlachtung mit ca. 830 lb. Gewicht gehalten. Während die gut gefütterten Tiere 1,43 bzw. 1,50 lb. pro Tag im Abschnitt 400-800 lb. zunahmen, betrug die Gewichtszunahme bei den Versuchszwillingen nur 1,12 lb. Der Futterverbrauch pro 1 kg Gewichtszunahme war bei den low-conc.-Tieren über 50% höher als bei den high-conc.-Zwillingen. Bei der Futterverwertung waren die Unterschiede gering. Der Schlachtertrag (Kaltgewicht in % zum Schlachtgewicht) betrug ca. 62% bei den high-conc.- und 55 bzw. 56% bei den low-conc.-Zwillingen. Sowohl der intramuskuläre Fettanteil als auch das Organfettgewicht der high-conc.-Tiere waren wesentlich erhöht. Die Ration ×·Paar-Interaktion war signifikant für die Gewichtszunahme, die Futterverwertung und für einige Ausschlachtungsergebnisse. Es wird für die USA vorgeschlagen, sowohl bei der Nachkommenschaftsprüfung als auch bei Selektion von Zuchttieren in Zuchtbetrieben die unterschiedlichen Fütterungsmethoden zu berücksichtigen, um den besten züchterischen Fortschritt zu erzielen. G. Koriath/Dummerstorf. 3585.

3-64/11-0212 Schwark, H. J. **Maßnahmen zur Verbesserung der Jungrinderaufzucht.** Tierzucht 18 (1964) Nr. 3. S. 121-126. – 5 Tab., 3 Lit.
Als ein wesentlicher Mangel der Jungrinderaufzucht ist die ungenügende Entwicklung entspr. Betriebsformen anzusehen. Neben der innerbetrieblichen Spezialisierung besteht die Möglichkeit der überbetrieblichen Kooperation. Die Grundlage für die Auswahl der Produktionsrichtung stellen die natürlichen und ökonomischen Standortbedingungen dar, wobei in der Rinderhaltung der beweidbare Grünlandanteil das entscheidende Kriterium ist. Bei der betrieblichen Spezialisierung müssen Größe und Standort der Kälberaufzuchtanlagen, Haltung und Betreuung des Jungviehs, die hygienischen Maßnahmen und die Abstimmung mit der Betriebsorganisation beachtet werden. Die überbetriebliche Kooperation kann in Form der Haltung von Pensionsvieh, der vertragsweisen Aufzucht von Jungrindern und des An- und Verkaufs mit vertraglicher Bindung geschehen. Die Grünlandverteilung in der DDR bietet Voraussetzungen zur gebietsweisen Kooperation mit schwerpunktmäßiger Ausrichtung auf Rinderaufzucht-Milchproduktion und Rindermast-Milchproduktion. Die Vergütung in der Aufzucht und Mast erfolgt mit Hilfe des durch Zeitnormative bestimmten Arbeitsmaßes in AE/dt Zu-

wachs. Außerdem werden Prämien für gute Qualitäten, Abzüge für schlechte Aufzucht vorgeschlagen. Die Bewertungsrichtlinie zur Durchführung der Jahresendabrechnung läßt die Qualität der Aufzucht unberücksichtigt, die Bewertung des Aufzuchtergebnisses kann aber nur an Hand des erreichten Körpergewichts erfolgen. Die Wägemöglichkeiten für ca. 20% des Jungtierbestandes als ständige Kontrolltiere reichen zur Bewertung des Zuwachses der ganzen Herde aus. Herbert Winkler. 3604.

3-64/11-0213 Leuthold, G. **Möglichkeiten der Verbesserung von Milchfettleistung und Euterqualität beim schwarzbunten Rind und dem Höhenfleckvieh durch die Einkreuzung von Jerseybullen.** Wiss.-techn. Fortschr. Landwirtsch. **4** (1963) Nr. 11. S. 497-499. — 4 Abb., 4 Tab.
Da die Voraussetzungen einer breiteren genetischen Verankerung für hohe Milchfettgehalte und beste Eutereigenschaften in der Landeszucht nicht gegeben sind, verspricht die Kombinationszüchtung mit Jerseybullen einen schnelleren Erfolg. Versuchsergebnisse zeigen, daß unter Verhältnissen der Landeszucht bei den F_1-Tieren mit einer Steigerung des Milchfettgehalts um mindestens 1,5% zu rechnen ist. Die Drüseneuter der Jerseys werden durchschlagend vererbt. Im Gewicht liegen die F_1-Tiere zwischen den Ausgangsrassen, während die Rückkreuzungstiere nach der Ausgangsrasse den Gewichtsverlust fast vollständig ausgleichen. In der DDR werden Jerseybullen grundsätzlich an Nichtherdbuchtiere angepaart. Lediglich zur Produktion von F_1-Bullen werden Herdbuchkühe mit einem Lgw. von mindestens 600 kg verwendet. Herbert Winkler. 3606.

3-64/11-0214 Gregory, Keith E. Improvement of beef cattle through breeding methods. **(Verbesserung von Fleischrindern durch Zuchtmethoden.)** Univ. Nebraska, Coll. Agric., agric. Exp. Stat., Res. Bull. **1961** Nr. 196. S. 1-32. — 10 Abb., 1 Tab., 197 Lit. 3606.

3-64/11-0215 Gravir, K. und Roalkvam, G. T. Kjøtproduksjonsforsøg med storfe in Telemark. **(Fleischproduktionsversuche mit Rindern in Telemarken. Gebrauchskreuzung Telemarken × Hereford.)** Norges Landbrukshøgskole, Inst. Husdyravel, Meld. Nr. **161.** — 1 Abb., 9 Tab., 15 Lit. Zus. in Engl.
1959/60 wurden Versuche mit Kreuzungstieren Telemarken × Hereford und in geringerer Zahl Telemarken × Aberdeen-Angus durchgeführt. Dabei wurden Erfahrungen früherer Versuche aus den Jahren seit 1953 berücksichtigt. An Versuchstieren standen je 10 Bullen, Ochsen und Färsen zur Verfügung und zum Vergleich 10 Bullen und 10 Ochsen der Telemarkenrasse. Als Kälber erhielten die im Herbst geborenen Tiere 1-4 kg Vollmilch bis zur 4. Woche mit der Höchstgabe von 4 kg in der 2. und 3. Woche. Die Magermilchgabe von 1 — 5 — 3 kg wurde bis zum 6. Mon. verabreicht. Außerdem wurden Kraftfutter, Heu, Kohlrüben und Strohaufschluß gegeben. Im Sommer erfolgte Weidehaltung. Die Bullen wurden nach dem 2. Winterfütterungsabschnitt, die Ochsen und ebenso die Färsen ½ Jahr später geschlachtet. Während der Winterfütterung hatten die Kreuzungstiere eine wesentlich bessere Futterverwertung (FV) als die reinen Telemarken-Bullen und -Ochsen. Die Kreuzungsfärsen lagen in der FV etwa auf gleicher Höhe wie die Kreuzungsochsen. Die Kreuzungsbullen hatten einen etwas höheren Futterverbrauch je 1 kg Zunahme. Die Schlachtqualität war allg. bei den Kreuzungstieren besser. Bei der Mast schwerer Kälber, die im Alter von 4 Mon. und mit einem Gewicht von ∅ 114 kg geschlachtet wurden, ergaben sich nur in einigen Merkmalen geringe Unterschiede zwischen Telemarkenkälbern und Kreuzungstieren Telemarken × Hereford.
J. K. Hinrichsen. 3606.

3-64/11-0216 Wilson, P. N. und Houghton, T. R. The development of the herd of Holstein-Zebu cattle at the Imperial College of Tropical Agriculture, Trinidad. **(Die Entwicklung der Holstein-Zebu-Rinderherde im Imperial College für Tropische Landwirtschaft in Trinidad.)** Empire J. exp. Agric. **30** (1962) Nr. 118. S. 159-180. – 9 Abb., 15 Tab., 34 Lit.

Vff. berichten über Aufbau und Entwicklung der Herde in den Jahren 1949-59, wobei bes. Gewichtszunahmen, Geburtsgewichte, Erstkalbealter, Befruchtungsindex, Laktationsleistung, -dauer und Laktationskurve, Trockenperiode, Zwischenkalbezeit und Trächtigkeitsdauer erwähnt werden.

D. Stolzenburg. 3606.

3-64/11-0217 Ewbank, Roger. Predicting the time of parturition in the normal cow: A study of the precalving drop in body temperature in relation to the external signs of imminent calving. **(Vorausbestimmung des Geburtszeitpunktes bei der gesunden Kuh. Eine Studie über die Beziehungen des präpartalen Temperaturabfalles zu den äußeren Anzeichen der beginnenden Geburt.)** Veterin. Rec. **75** (1963) Nr. 14. S. 367-371. – 1 Abb., 3 Tab., 15 Lit.

Bei 25 Abkalbungen wurden 2mal tägl. (zwischen 9 und 10 Uhr vormittags sowie 9 und 10 Uhr abends), beginnend 10 Tage vor der Geburt, die rectalen Temperaturen der Partustiere gemessen. Alle Tiere gehörten der Ayrshire-Rasse an, hatten zumindest einmal abgekalbt, standen normal trocken, waren frei von Krankheitserscheinungen, die die Körpertemperatur beeinflussen könnten und wurden unter gleichen Haltungs- und Fütterungsbedingungen gehalten. Die höchsten Rectaltemperaturen wurden gewöhnlich zwischen dem 2. und 4. präpartalen Tag ermittelt. Die durchschnittl. Temperatur während dieser Periode betrug 102,8 °F (39,3 °C). ∅ 54 Std. vor der Geburt beginnt die Rectaltemperatur um ∅ 1,1 °F abzufallen. Gleichzeitig wurden bei 20 Kühen die äußeren Anzeichen der nahenden Geburt beurteilt. Dabei wurden bei den einzelnen Kühen beträchtliche Abweichungen sowohl hinsichtlich des zeitlichen Auftretens als auch hinsichtlich des Fortschreitens dieser Zeichen festgestellt. Auf Grund der großen Variabilität scheint die präpartale Temperatursenkung nur von bedingtem Wert für die Vorausbestimmung des Geburtszeitpunktes. Aus den Untersuchungen kann jedoch gefolgert werden, daß gesunde Kühe, die die äußeren Anzeichen der nahenden Geburt erkennen lassen, wahrscheinlich innerhalb der nächsten 12 Std. kalben werden, wenn die Rectaltemperaturen 102 °F (38,9 °C) oder weniger betragen.

J. Wollrab. 3614.

3-64/11-0218 Romanowski, W. **Züchterische Möglichkeiten einer KB-Station.** Tierzüchter **15** (1963) Nr. 13. S. 463-465. – 3 Abb.

Die in der Vergangenheit auf Grund der raschen Entwicklung der KB zwangsläufig vernachlässigte züchterische Arbeit der KB-Stationen steht heute bei der Zentral-Besamung Bremen im Vordergrund. Hauptziel jeder KB-Station muß die Beschaffung von genügend zuchtwertgeprüften Altbullen sowie die Gewährleistung der freien Bullenwahl für den Züchter sein. Das Durchschnittsalter der 76 im Jahre 1962 in Bremen eingesetzten Besamungsbullen betrug 6,0 Jahre; von 21 Bullen lag ein Töchter-Mütter-Vergleich vor. Bei 25 Tierärzten, die 66% der insgesamt 85000 Erstbesamungen durchführen, werden von Dez.-Juli Tiefgefriersamendepots unterhalten. Für Besamungen mit TG-Sperma wird vom Züchter, der bei sehr zeitiger Besamungsanmeldung freie Bullenwahl hat, keine zusätzliche Gebühr verlangt. In züchterisch wenig interessierenden Gegenden erfolgt eine Beschränkung hinsichtlich der Zahl der eingesetzten Bullen, wobei jedoch eine strenge Gruppeneinteilung auf Schwierigkeiten bei den davon betroffenen Landwirten stößt. Die Bullenauswahl obliegt deshalb den örtlichen Besamungsorganisationen (bäuerliche Vereine). Da die Einrichtung sog. „Wartefarmen" für noch nicht zuchtwertgeprüfte Bullen z. Z. finanziell nicht tragbar ist, werden die Bullen – bes. der Hauptzuchtgebiete (wie z. B. Ostfrieslands) – nach dem Prüfungseinsatz für die Dauer der Wartezeit an solche KB-Stationen verkauft, die ein großes

Arbeitsgebiet und wenig Hochzuchtbetriebe haben. In Fällen, in denen kein Rückkaufsrecht vereinbart wurde, sollte für den Vorbesitzer eines positiv vererbenden Bullen die Möglichkeit bestehen, diesen zumindest über TG-Sperma weiter gezielt anzupaaren. Die Prüfung der Befruchtungsfähigkeit von TG-Sperma ist nach Ansicht des Vf. nicht durch mikroskopische Untersuchung, sondern nur durch Testbesamungen möglich. Der übergebietliche Einsatz zuchtwertgeprüfter Bullen wird durch die räumlich begrenzte Zulassung der Bullen seitens der jeweiligen Körämter sowie die zu große Zahl kleiner und kleinster KB-Stationen in der BRD sehr erschwert. Um eventuellen Bluteinengungen in begrenzten Gebieten vorzubeugen, ist ein systematischer Einbau der übergebietlichen Besamung in die Zuchtplanung erforderlich. G. Herrmann. 3618.

3-64/11-0219 Jeroch, H., Hennig, A. und Güther, W. **Untersuchungen über die Senkung der Voll- und Magermilchgabe und des prozentischen Fettgehaltes der Vollmilch in der Aufzucht weiblicher Kälber.** Jb. Arbeitsgemeinsch. Fütterungsberat. 4 (1961/62, hrsg. 1963) S. 110-118. — 7 Tab. Zus. in Russ., Engl., Dtsch. — nach Zus.

Eine bewährte Aufzuchtnorm, bestehend aus 300 kg Vollmilch und 540 kg Magermilch, konnte bei gleichzeitiger Verabreichung einer qualitativ und nährwertmäßig hochwertigen Kraftfuttermischung um 240 kg Magermilch vermindert werden, ohne daß die Entwicklung der Tiere im 1. Lebenshalbjahr beeinträchtigt wurde. Die zusätzliche Einschränkung des Milchfettangebotes um ca. 50% führte bei einer Gesamtmilchmenge von 600 kg in der Tränkmilchperiode zu einer um 13% niedrigeren Zunahme gegenüber der Vergleichsgruppe, die bis zur 26. Lebenswoche nur zum Teil ausgeglichen werden konnte. Bei einer Gabe von ca. 200 kg Vollmilch je Kalb und Aufzuchtperiode wurde in den Versuchsgruppen nur Milch mit 1% bzw. 2% Fett verabreicht. Der reduzierte Fettgehalt hatte gegenüber der Kontrolle mit 3% keine Minderung der Zunahme zur Folge. Das Minderangebot an Milchfett wurde durch einen Mehrverzehr an Kraftfutter und Heu kompensiert.

3634.

3-64/11-0220 Marle, J. van; Glen, Orange Free State, Agric. Res. Inst. Effect of three levels of milk-feeding on the growth, development and carcass quality of Friesland steers. **(Die Wirkung von 3 verschiedenen Milchgaben auf Wachstum, Entwicklung und Schlachtqualität von Friesen-Ochsen.)** South African J. agric. Sci. 6 (1963) Nr. 3. S. 475-483. — 5 Tab., 13 Lit. Zus. in Afrikaans, Franz.

Die Wirkung von 3 unterschiedlich hohen Milchgaben, normale Gabe (10 lb. je Kalb/100 lb. Lgw.), mittlere Gabe (6,6 lb./Kalb/100 lb. Lgw.) und niedrige Gabe (5 lb./Kalb/100 lb. Lgw.) wurde an 29 Friesenkälbern hinsichtlich Wachstum bis zum Absatzalter, weitere Entwicklung (Körpermaße) und Schlachtqualität untersucht. Die mittlere und niedrige Gabe bewirkten signifikante Verzögerung in Wachstum und Entwicklung bis zum Absatzalter (24 Wochen). Noch 24 Mon. danach bei natürlicher Weidefütterung waren die Unterschiede im Lgw. signifikant, wurden jedoch, genau wie bei den Lebendmaßen, kleiner nach Zufütterung von Kraftfutter (8 lb. Mais + Luzerneheu ad. lib.) im Stall. Die Schlachtgewichte bei den 3 Fütterungsarten unterschieden sich signifikant; nicht aber die Schlachtmaße, obwohl eine gleichsinnige Tendenz zu beobachten war. Das Verhältnis von Gewicht : Länge der Schlachtkörperhälften war für die 3 Varianten signifikant unterschiedlich, was darauf deutet, daß die Ochsen mit der hohen Milchgabe vollere und kompaktere Körperformen entwickelten. Das Verhältnis von Organgewicht zu Körpergewicht war in allen 3 Gruppen beinahe dasselbe. Eingeschränkte Milchfütterung an Schlachtkälber von Milchrassen hat demnach eine signifikant nachteilige Wirkung auf das Wachstum, welche auch nicht auf Feldweide eingeholt wird; weniger beeinflußt werden die Körpermaße. K. Männel. 3634.

3-64/11-0221 Ignatov, I. und Svinarov, G. Grupovo otgleždane na teleta pod kravi kŭrmački. **(Die Gruppenhaltung von Kälbern mit Ammen-Kühen.)** Izvestija na Instituta po životnovŭdstvo „Georgi Dimitrov" — Kostinbrod, Sofija **18** (1963) S. 139-152. — 1 Tab., 25 Lit. Zus. in Russ., Dtsch. NRB/ZSNTI. 3634.

3-64/11-0222 Flipse, R. J. und Almquist, J. O. Effect of quantity of protein in the concentrate mixture on the growth, reproductive development, and semen production of dairy bulls. **(Einfluß der Eiweißmenge im Konzentratgemisch auf Wachstum, Geschlechtsreife und Samenbildung von Milchviehbullen.)** J. Dairy Sci. **46** (1963) Nr. 12. S. 1416-1419.

1-2 Wochen alte Holstein-Bullenkälber erhielten neben Heu ein Konzentratgemisch, das entweder 10 oder 16 oder 22% Eiweiß enthielt. Jede dieser Fütterungsgruppen umfaßte 6 nicht verwandte Kälber, die 104 Wochen im Versuch standen, und je 2 monozygote Zwillinge, die 208 Wochen im Versuch standen. Körpergewicht, Widerristhöhe und Brustumfang sowie Beginn der Samenproduktion wurden untersucht. Die ausführlich angegebenen Charakteristika der Ejakulate müssen dem Original entnommen werden. Alle untersuchten Größen ließen keinen Unterschied zwischen den 3 Gruppen erkennen, so daß ein 10% Eiweiß enthaltendes Konzentratgemisch für das normale Wachstum und die normale Entwicklung der Geschlechtsfunktion als ausreichend angesehen werden muß, wenn gutes Heu ad libitum zur Verfügung steht. Chr. Wolff. 3644.

3-64/11-0223 Piel, H. **Aktuelle Fragen zeitgemäßer Kälbermast.** Pfälzer Bauer **13** (1961) Nr. 21. 22. 23. 36. 45. 46. 47. S. 1-16. Sep. 3652.

3-64/11-0224 Gebhardt, Karl-Friedrich. **Die Mast schwerer Kälber, Mastverfahren und Untersuchungen zur erzielten Schlacht- und Fleischqualität.** Wiss. Z. Hochschule LPG Meissen **5** (1962) Nr. 4. S. 399-455. — 12 Abb., 48 Tab., 222 Lit. 3652.

3-64/11-0225 Todorov, D. Vlijanie na različnoto ravnište na chranene prez zimnija period vŭrchu rasteža na teletata ot sofijskoto kafjavo govedo, prednaznačeni za klane. **(Der Einfluß des unterschiedlichen Fütterungsniveaus in der Winterperiode auf das Wachstum von Mastkälbern des Sofioter Braunviehs.)** Izvestija na Instituta po životnovŭdstvo „Georgi Dimitrov" — Kostinbrod, Sofija **18** (1963) S. 33-50. — 2 Abb., 9 Tab., 28 Lit. Zus. in Russ., Dtsch. NRB/ZSNTI. 3652.

3-64/11-0226 Berg, F. **Ökonomische Betrachtungen zur Jungbullenweidemast.** Dtsch. Landwirtsch. **15** (1964) Nr. 6. S. 308-310. — 5 Tab., 2 Lit. — nach Zus.

Die Weideleistungen sollten mehr als bisher und in jedem Betrieb ermittelt und finanziell bewertet werden. Erst dann ist es möglich, sie mit den Produktionskosten zu vergleichen. Die Jungbullenweidemast bringt auch in rel. schlechten Weidejahren bei den zur Zeit geltenden Schlachtviehpreisen einen hohen Bruttoumsatz je 1 ha. Ein beachtlich großer Teil des Bruttoumsatzes wird durch die Verbesserung der Schlachtwertklassen während der Weidezeit erreicht. Liegt der Preis der Jungbullen bei Weideauftrieb unter den bis dahin entstandenen Produktionskosten, dann geht der auf der Weide erzielte hohe Gewinn im gesamten Produktionsablauf zu einem gewissen Teil wieder verloren. Frühzeitige Verkäufe, bes. von Tieren mit niedrigen Schlachtwertklassen, können den Produktionserfolg in Frage stellen. Trotz bester Weideführung und reichlichem Futterangebot in einer möglichst langen Weidezeit wird es nur selten gelingen, sämtliche Jungbullen in höhere Schlachtwertklassen zu bekommen. C-Tiere sollten nach Weideabtrieb einer kurzen, aber intensiven Endmast zugeführt werden. 3652.

3-64/11-0227 Ivanov, P. und Mičev, M. Sravnitelni proučvanija vŭrchu ugojavaneto na bičeta i kastrati ot červenoto govedo. **(Vergleichsuntersuchungen über die Mast von Jungbullen und Jungochsen des Bulgarischen Rotviehs.)** Izvestija na Instituta po životnovŭdstvo „Georgi Dimitrov" – Kostinbrod, Sofija **18** (1963) S. 5-22. – 7 Abb., 10 Tab., 11 Lit. Zus. in Russ., Dtsch. NRB/ZSNTI. 3652.

3-64/11-0228 Ivanov, P. und Zachariev, Z. Intenzivno ugojavane na bičeta ot kulskoto govedo. **(Die intensive Mast von Jungbullen der Kulaer Rasse.)** Izvestija na Instituta po životnovŭdstvo „Georgi Dimitrov" – Kostinbrod, Sofija **18** (1963) S. 23-31. – 8 Tab., 10 Lit. Zus. in Russ., Dtsch. NRB/ZSNTI. 3652.

3-64/11-0229 Seuster, H. **Wirtschaftliche Bullenmast in grünlandstarken Betrieben.** Ber. Landwirtsch. [N. F.] **40** (1962) Nr. 2. S. 334-350. 3652.

3-64/11-0230 Borisenko, V. Novoe v organizacii promyšlennogo otkorma skota na silose. **(Neues in der Organisation der industriemäßigen Rindermast mit Silage.)** Moločnoe i mjasnoe skotovodstvo, Moskva 8 (1963) Nr. 8. S. 18-22. – 5 Abb.
Die Mast der Rinder bei Laufstallhaltung und Selbstfütterung erhöht die Mastleistung und die Arbeitsproduktivität, verringert die Mastzeit und die Selbstkosten. Für die Mast in der Herbst-Winterperiode wurden die Silagefutterstöcke auf dem Viehhof zwischen 2 Rinderställen angelegt. Die Tiere nehmen das Futter direkt aus dem Futterstock durch bewegliche Freßgitter hindurch auf, das ihnen 4mal am Tage in der Menge von 7-8 kg pro Tier zugeteilt wird. Futterautomaten für Kraftfutter, das in der ersten Mastperiode mit Luzerneheumehl im Verhältnis 1:1 und in der 2. Mastperiode im Verhältnis 1:0,7 gemischt wird, und Selbsttränken werden im Futterhof aufgestellt. Heu erhalten die Tiere aus einer Heumiete, die ebenfalls mit Freßgittern umgeben ist. Der freie Zugang zum Futter ermöglichte tägl. Gewichtszunahmen von 800 g und mehr und die Verringerung der Mastzeit auf 50 Tage. – In der Sommer-Herbstperiode wurde ein Mastplatz in der Nähe eines Maisfeldes eingerichtet, der mit Elektrozaun umzäunt wurde. Im Zentrum wurde der Silagefutterstock angelegt. An seinen beiden Längsseiten liegen die einzelnen Viehhürden, deren Größe vom Viehbestand abhängig ist, wobei pro Tier 50 m^2 Fläche berechnet wird. Die Ruhefläche wird mit 2,5 m^2 berechnet. Der Verbrauch an Streustroh lag bei 3 kg pro Tier und Tag. Die gesamte Fütterung erfolgte auf die oben beschriebene Weise. Bei der Aufstellung zur Mast werden die Tiere nach Alter, Geschlecht, Gewicht und Ernährungszustand getrennt. Die durchschnittl. Tageszunahmen erreichten 1070 g. Die Arbeitsproduktivität stieg, die Selbstkosten sanken, über 50 Arbeitskräfte wurden bei der Mast von 3000 Rindern für andere Arbeiten frei. Pro Tier und Tag wurden 33 kg Silage, 3,8 kg Heu und Heumehl, 2,5 kg Kraftfutter verbraucht. K. Witt. 3652.

3-64/11-0231 Bruthans, J. Hlavní zdroje rentability rýroby mléka. **(Die wichtigsten Rentabilitätsquellen der Milchproduktion.)** Ekon. Zemědělství 2 (1963) Nr. 11. S. 332-333. – 3 Tab.
Die Milchproduktion kann bes. durch höhere Erzeugung von Qualitätsrauhfuttermitteln je Flächeneinheit gesteigert und verbilligt werden. Der Weg ist in einer intensiveren und qualitativ besseren Futtermittelproduktion pro Flächeneinheit zu suchen. Die intensivere und qualitativ höher stehende Futtermittelerzeugung hilft nicht nur genügende Futtermengen, sondern auch billigeres Futter garantieren. Das kann durch eine intensivere Konzentrierung von Arbeitskräften auf die Futtermittelerzeugung sowie durch einen wirtschaftlichen Verbrauch erreicht werden. Bes. die Silagequalität muß erhöht werden. Es empfiehlt sich, monatl. Analysen des Futtermittelverbrauchs vorzunehmen. ČSSR/ÚVTI. 3662.

3-64/11-0232 Köhne, M. **Steigende Tagesleistungen in der Milcherzeugung und ihre Kosten.** Mitt. dtsch. Landwirtsch.-Ges. **79** (1964) Nr. 11. S. 339-341. — 6 Abb., 7 Tab. 3662.

3-64/11-0233 Arave, C. W., Laben, R. C. und Mead, S. W. Measurement of genetic change in twelve California dairy herds. **(Feststellung der genetischen Veränderung in 12 kalifornischen Rinderherden.)** J. Dairy Sci. **47** (1964) Nr. 3. S. 278-283.
In 12 Jerseyherden wurde von Vff. über einen Zeitraum von 30 Jahren die genetische Veränderung in bezug auf die FCM-Leistung untersucht. Das Beobachtungsmaterial bestand aus 11 993 Laktationsleistungen von 3900 Kühen, die auf Inzucht korrigiert wurden (50 lb. pro Inzuchteinheit). Die jährl. Umwelteffekte innerhalb der Herden wurden nach einer von Henderson vorgeschlagenen Maximum-Likelihood-Methode geschätzt. Die Leistungen wurden alterskorrigiert (Polynom 2. Grades). Die Wiederholbarkeit der alterskorrigierten FCM-Leistungen in den Herden schwankte von 0,20-0,52. Die genetische Veränderung für alle Herden betrug 74 lb. jährl. Innerhalb der Herden schwankten die genetischen Veränderungen von —51 bis 145 lb. FCM pro Jahr. D. Rasch/Dummerstorf. 3662.

3-64/11-0234 Larkin, P. J. The maintenance of milk yield in dairy cattle in Kenya. **(Die Aufrechterhaltung der Milchleistung beim Milchvieh in Kenya.)** East African agric. Forestry J. **29** (1964) Nr. 3. S. 261-264. — 7 Lit. 3662.

3-64/11-0235 Bhatnagar, V. K., Lohia, K. L. und Monga, O. P. Effect of the month of calving on milk yield, lactation length and calving interval in Murrah buffaloes. **(Einfluß des Kalbemonats auf Milchleistung, Laktationsdauer und Zwischenkalbezeit beim Murrah-Büffel.)** Indian J. Dairy Sci. **14** (1961) Nr. 3. S. 103-108. — 7 Tab., 16 Lit.
283 Kalbungen und ebensoviele Zwischenkalbezeiten wurden ausgewertet. Der Kalbemonat hatte einen signifikanten Einfluß auf Laktationsdauer und Zwischenkalbezeit, nicht aber auf die Milchleistung.
D. Stolzenburg. 3662.

3-64/11-0236 Agarwala, O. P. Effect of season of calving on milk production and lactation length in the buffalo herd of Allahabad Agricultural Institute. **(Der Einfluß der Abkalbezeit auf Milchleistung und Laktationsdauer in der Büffelherde des Landwirtsch. Inst. Allahabad.)** Indian veterin. J. **41** (1964) Nr. 1. S. 40-42. — 2 Tab. 3662.

3-64/11-0237 Himmel, Ursula. **Der Einfluß von temperiertem Tränkwasser auf Milchmenge und Fettgehalt bei Kühen.** Tierzucht **18** (1964) Nr. 3. S. 133 bis 136. — 5 Abb., 1 Tab.
Die Verfütterung von kaltem Wasser verursacht, bes. im Winter, einen erheblichen Wärmeverlust des Organismus. In einem Versuch mit Kühen im Offenstall sollte der Einfluß von temperiertem und untemperiertem Wasser auf Milchmenge und Fettgehalt geprüft werden. Die Verabreichung von Tränkwasser mit einer Temperatur von 20 °C erbrachte gegenüber Tränkwasser von 3 °C eine statistisch gesicherte Erhöhung der Milchmenge um 0,8 kg je Tier und Tag. Eine wesentliche Veränderung des prozentischen Fettgehaltes konnte nicht festgestellt werden.
Herbert Winkler. 3662.

3-64/11-0238 Albright, J. L., Liu, S. F. und Swanson, E. R. Analysis and measurement of dairy cattle management — Los Angeles County, California. **(Analyse und Umfang der Milchviehhaltung im Gebiet Los Angeles, Kalifornien.)** J. Dairy Sci. **47** (1964) Nr. 3. S. 273-277.
An einer Probe von 39 kalifornischen Milchviehfarmen wurde mit Hilfe statistischer Methoden in einem Zeitraum von 5 Jahren der Einfluß verschiedener

ökonomischer Kennziffern auf die Produktivität der Milchviehhaltung geprüft. Für den Vergleich wurden die Anzahl der Kühe, der Gesamtarbeitsaufwand, der Umfang der Kosten, die Kapitalinvestitionen sowie die Preise für Heu und Kraftfutter herangezogen. Die untersuchten Betriebe wiesen im Mittel einen Kuhbestand von 289 Milchkühen, ein Arbeitsmaß von 61 Kühen pro AK und einen Zeitaufwand von 50 AKh pro Kuh und Jahr auf. Die statistischen Prüfungen ergaben, daß die Milchleistung pro Kuh und Jahr den signifikantesten Einfluß auf die Produktivität ausübte. Übereinstimmend war auch ein signifikanter Einfluß durch die Fütterung festzustellen. Die Futtermittelkosten (Heu, Kraftfutter), die Preise für Kühe, der Anteil trockenstehender Kühe sowie die Merzungsquote ließen keinen gesicherten Einfluß auf die ökonomischen Leistungen der Milchviehhaltung erkennen.

R. Kaiser/Dummerstorf. 3671.

3-64/11-0239 Martinot, R. **Einfluß der Größe des Betriebszweiges Milchviehhaltung auf ihren Ertrag.** Bauen auf d. Lande **15** (1964) Nr. 2. S. 26-28. — 2 Abb., 2 Tab.

An Hand einer Modellrechnung werden die Kosten der Milchviehhaltung in Offenställen mit Fischgrätenmelkstand in Bestandsgrößen zwischen 30 und 720 Kühen ermittelt. Bis zu 60 Kühen ergibt sich dabei ein Defizit, Bestände von 120-480 Kühen bieten beste Rentabilität, in noch größeren Beständen ergeben sich Organisationsschwierigkeiten. Die in derartigen Ställen möglichen industriemäßigen Produktionsmethoden werden als vorteilhaft bezeichnet.

H. Wanka. 3671.

3-64/11-0240 Phillips, D. S. M. Selecting cows which repay good premilking stimulus. **(Zuchtwahl von Kühen nach guten Anrüsteigenschaften.)** New Zealand J. Agric. **107** (1963) Nr. 6. S. 549. 551.

Bei Zwillingspartnern mit langer Anrüstzeit ergaben sich im Durchschnitt durch intensives Anrüsten 30% höhere Milchleistungen. Die zeitliche Schwankungsbreite des Anrüstens erstreckt sich von 1-2 Min. bis zu mehr als 30 bis 50 Min. Die Versuche in Ruakura ergaben, daß bei 30-40% der Kühe einer Herde die Butterfettproduktion durch Beachtung des Anrüstens stieg, daß solche Kühe andererseits diejenigen mit kürzerer Laktationsdauer waren, daß solche Kühe die Erscheinung der doppelten Milchhergabe zeigten, daß bei solchen schwer anrüstbaren Färsen die Auslösung des Milchhergabereflexes nur durch die Melkmaschine zu wesentlich geringeren Milchleistungen führte. Nervöse und furchtsame Kühe neigen infolge leichter Beeinflußbarkeit ihrer Milchhergabe ebenfalls zu geringeren Leistungen. Da die Art der Milchhergabeauslösung im hohen Grade erblich bedingt ist, erweist sich die Beachtung dieser Eigenschaft bei der Zuchtwahl erforderlich. Wirkungsvolle Hilfsmittel hierzu sind die Festhaltung der Reaktion der Kühe auf das Anrüsten und ihr Verhalten zu Beginn der Laktation und außerdem die ständige Benutzung des in Ruakura erfundenen Milchflußanzeigers, der die Kontinuierlichkeit der Milchhergabe während des Melkens klar aufzeigt und auch zeigt, wieweit das Auslösen einer guten Milchhergabe allein durch das Waschen und Reinigen des Euters genügte. H. Senger. 3677.

3-64/11-0241 Seelemann, M., Heeschen, W. und Krüger, K. E. **Die Leukose des Rindes — ein tierzüchterisches Problem.** Berliner Münchener tierärztl. Wschr. **76** (1963) Nr. 24. S. 489-491. — 4 Tab., 3 Lit. Zus. in Engl.

Von 457 in Schleswig-Holstein bis zum 1. 8. 1963 untersuchten Rinderbeständen erwiesen sich 34,5% als mit Leukose verseucht. Zu einem beträchtlichen Teile handelte es sich um Großbetriebe. Viehhandel, Im- und Export sind als bes. gefahrbringende Einschleppungswege zu betrachten. Es wurden auch Einzelfälle beobachtet, in denen tumoröse Leukosen vorkamen, weitere hämatologisch positive Fälle aber nicht ermittelt werden konnten. Den Bullen der Besamungsstationen ist in Zukunft durch systematische Untersuchungen bes. Beachtung zu schenken, da evtl. durch hämatologisch positive Bullen eine Weiterverbreitung auch durch infiziertes Sperma möglich ist. Schwierigkeiten bestehen in der diagnostischen Beurteilung der Tiere im Alter von 2-3 Jahren. Hier sind am ehesten Fehldiagnosen möglich. Das ist um so schwerwiegender, als gerade Tiere dieser Altersgruppen viel auf Auktionen gehandelt werden. Echte aleukämische Leukosen kommen nur selten vor. Um die Sicherheit der Diagnose zu erhöhen, wurde das von Lehnert — Stockholm — angeregte spezifische Agglutinationsverfahren von Heesche an Ort und Stelle überprüft. Die serodiagnostischen Ergebnisse sind so ermutigend, wie bei keinem anderen serologischen Verfahren je zuvor. Das neue Verfahren hat für die Durchführung der Bekämpfungs- und Sanierungsmaßnahmen und den Aufbau leukosefreier Herden größte Bedeutung.

H. Busse. 3680.

3-64/11-0242 Vogt, D. W., Anderson, David E. und Easley, G. T. Studies of bovine ocular squamous carcinoma („Cancer Eye"). XIV. Heritabilities, phenotypic correlations, and genetic correlations involving corneoscleral and lid pigmentation. **(Untersuchung des Augen-Schuppencarcinoms [Krebsauge] beim Rind. 14. Mitt. Erblichkeit, phänotypische Beziehungen und genetische Korrelationen zur Pigmentation von Cornea, Sklera und Augenlid.)** J. Animal Sci. **22** (1963) Nr. 3. S. 762-766. — 3 Abb., 2 Tab., 9 Lit. Vgl. LZ. Abt. III **7** (1962) Nr. 10. S. 2073.

In früheren Arbeiten wurde eine signifikante negative Korrelation zwischen dem Ausmaß der Pigmentierung des Augenlides und der Häufigkeit von Lidverletzungen ermittelt. An 548 Herefordrindern haben Vff. nunmehr festgestellt, daß die Pigmentation von Cornea und Sklera eine Heritabilität von 0,60-1,09 aufweist, diejenige des Augenlides eine solche von 0,27-1,37. Die phänotypischen Wechselbeziehungen waren i. allg. niedrig und schwankten von 0,01-0,35, während die genetischen Korrelationen mit 0,55-0,62 rel. hoch waren. Unter Berücksichtigung der eingangs genannten früheren Untersuchungen über die Beziehungen zwischen Lidpigmentation und Augenlidverletzungen zeigen die jetzigen Arbeiten, daß die Häufigkeit des „Krebsauges" von der Zucht auf Lidpigmentierung abhängt. E. Wiesner. 3680.

3-64/11-0243 Vereertbrugghen, A. Verspreiding en behandeling van mastitis in melkbedrijven, is uitroeiing mogelijk? **(Verbreitung und Behandlung der Mastitis in Melkbetrieben, ist eine Sanierung möglich?)** Vlaams diergeneeskund. Tijdschr. **33** (1964) Nr. 1. S. 25-31. — 2 Tab.

Vf. entnahm im Verlauf von 4 Jahren regelmäßig alle 2 Mon. von Kühen eines kleineren Bestandes Milchproben und ließ diese bakteriol. und zytol. untersuchen. Hatte er es in dem Bestand zunächst mit *Streptococcus-agalactiae*-Infektionen zu tun, die nach Penicillin-Therapie nicht mehr auftraten, so stellten sich später „aspezifische Streptokokken-" und/oder Staphylokokken-Mastitiden ein. Behandlungen mit Penicillin oder Streptomycin oder Penicillin-Streptomycin-Chloramphenicol-Präparaten zeitigten unterschiedliche Erfolge. Strenge hygienische Maßnahmen halfen, das Ergebnis der Behandlung zu verbessern. Vf. gelangt zu der Ansicht, daß zwar die Streptokokken-Mastitiden zu überwinden, aber nicht immer die Staphylokokken-Mastitiden unter Kontrolle zu bringen sind. W. Kuhlmann. 3680.

3-64/11-0244 Obiger, G. **Zur Therapie der infektiösen Mastitis und Sanierung der Milchviehbestände von den chronischen Eutererkrankungen.** Tierärztl. Umschau **19** (1964) Nr. 3. S. 117-124. — 7 Abb., 2 Tab.

Einleitend erfolgt eine Einführung in Entwicklung und Problematik sowie Möglichkeiten der Mastitis-Therapie. Es wird auf die unsichere Wirkung der Antibiotica-Kombinationspräparate hingewiesen. Unter Berücksichtigung eigener und der Ergebnisse anderer Autoren gibt Vf. Sanierungsbeispiele kranker Euterviertel. Bes. gute Erfolge sind bei trockenstehenden Kühen zu erzielen. Auch bei Beibehaltung des Maschinenmelkens ist eine erfolgreiche Therapie möglich. Mißerfolge, vor allem bei Staphylokokkenmastitiden, liegen oft in den pathol. Veränderungen des Euters begründet. Unter Umständen läßt sich der therapeutische Effekt steigern, wenn vor der Behandlung die Residualmilch durch Oxytocin-Gaben weitgehend ermolken wird. Wichtig ist vor allem der gezielte Einsatz der Therapeutika, die bei intrazisternaler Applikation oft gewebereizend wirken. Es wurde eine große Anzahl von Mastitispräparaten auf ihre Ausscheidungsdauer geprüft, die zwischen 2 und 7 Tagen lag. Die Sanierung muß sich aus Prophylaxe, Hygiene, Behandlung und Merzung zusammensetzen. Regelmäßige Kontrolluntersuchungen sind danach erforderlich. Es wird die Einrichtung einer staatlich geförderten Milcherzeugerberatungs- und Kontrollorganisation gefordert. W. Kötsche. 3680.

3-64/11-0245 Frank, W. **Betrachtungen zum Mastitisproblem aus der Sicht des Eutergesundheitsdienstes.** Arch. Lebensmittelhyg. **14** (1963) S. 177-180. 3680.

3-64/11-0246 Dieter, R. **Zur züchterischen Bedeutung der Abgangsursachen der Kühe in einem Dienstbezirk.** Tierärztl. Umschau **19** (1964) Nr. 5. S. 223 bis 228. 231.

12% der Kühe waren im Berichtsjahre 1962/63 als Abgänge zu verzeichnen. Das Durchschnittsalter der Herdbuchkühe der Höhenfleckviehrasse beträgt in Baden-Württemberg 7,4 Jahre, die übrigen Rinderrassen liegen bei 6,4 Jahren. Während die meisten Abgangsursachen in einer Häufigkeit von 1-4% vorkommen, scheiden 13% der abgehenden Kühe (Landes- und Herdbuchzucht zusammen) wegen mangelnder Milchleistung und 35% wegen Fruchtbarkeitsstörungen aus. In komplexer Zusammenarbeit sind die Störungsursachen festzustellen. Diese Zusammenarbeit hat sich auf folgende Gebiete zu erstrecken: 1. Gesundheitsüberwachung aller weibl. Tiere. 2. Überwachung der Fütterung und Haltung. 3. Biochemische Spezialuntersuchungen an Organen und Ausscheidungen. 4. Milchleistungskontrollen. 5. Komplexe Auswertung der Ergebnisse durch eine möglichst stallnahe Arbeitsgemeinschaft. 6. Ausmerzung aller unter gleichen Fütterungsbedingungen leistungsschwachen Kühe. 7. Selektion aller mit rezidivierenden Fruchtbarkeitsstörungen behafteten Kühe. Derartige Maßnahmen sind geeignet, die in der Rinderzucht noch vorhandenen Reserven rentabilitätssteigernd freizusetzen. H. Busse. 3680.

3-64/11-0247 Wilson, F.; Uganda, Dep. of Veterin. Serv. and Animal Husbandry. Calvings and calf mortality in Ankole-long-horned cattle. **(Abkalbungen und Kälbersterblichkeit beim Ankole-Langhorn-Rind.)** East African agric. Forestry J. **29** (1963) Nr. 2. S. 178-181. — 3 Abb.

Durch monatl. Erhebungen über Kalbungen und Kälberverluste sowie durch Zählungen wurde von 1959-62 in Privatherden des Ankole-Langhorn-Rindes versucht, Einblick in die Höhe dieser Verluste zu bekommen. Aus verschiedenen, subjektiv bedingten Gründen sind die Angaben der Herdenbesitzer nicht immer exakt. Die Ergebnisse werden daher mit denen einer staatlichen Herde verglichen. Es wird angenommen, daß 31,2% der geborenen männl. Kälber geschlachtet werden, 22,02% sterben fast ausschließlich infolge des Ostküste-Fiebers. Bei den weibl. Kälbern, die alle aufgezogen werden, treten dadurch 21,17% Verluste ein. Die jahreszeitliche Beeinflussung der Verluste wird dargestellt. K. Damm. 3680.

3-64/11-0248 *Mudra, K.* (unter Mitarb. von *Busch, Döcke, Koriath, Leuthold, Mann, Rasch* und *Stolzenburg*). **Rinder. Zucht — Haltung.** Übersetzt aus dem Tschechischen von Oskar Kasperl. Berlin: VEB Deutscher Landwirtschaftsverlag. 1963. (464 S. m. Abb., 118 Tab. u. Lit.) 25 ×

17 cm. DM 38,—. Aus der Übersetzung der tschechoslowakischen Originalausgabe formte eine Gruppe von Wissenschaftlern der DDR das vorliegende Werk, der Inhalt wurde überarbeitet, erweitert, z. T. neu gefaßt und damit den Verhältnissen der sozialistischen Landwirtschaft in unserer Republik Rechnung getragen. In 14 Kapiteln — Bedeutung der Rinderzucht und -haltung, Abstammung und Domestikation, Rinderrassen, Beurteilung, Grundlagen der Zucht, Vermehrung, Grundlagen der Ernährungsphysiologie, Fütterung, praktischer Zuchtbetrieb (Kälber- und Jungviehaufzucht), Milchviehhaltung und Milchproduktion, Rindermast, Milchbildung und Milchgewinnung, Stallbau und Mechanisierung, häufigste Erkrankungen — wird der umfangreiche Stoff abgehandelt. Abbildungen und Zeichnungen ergänzen wirkungsvoll den Text, 118 Tab. vermitteln wertvolles Zahlenmaterial. Ein Auszug aus dem Quellennachweis und ein Sachwortverzeichnis runden das Buch ab. H. D. Hennig.

3-64/11-0249 *Adam, Dieter.* **Untersuchungen auf Hyperthelie und Hypermastie unter Berücksichtigung der Euter- und Zitzenformen bei Rindern der Höhenfleckviehrasse.** Diss. Veterinärmed. Fak. Berlin. 1963. (30 S.) 8°. (Diss. 9390)

3-64/11-0250 *Dietrich, Konrad.* **Untersuchungen über meßtechnische Möglichkeiten zur Schnellermittlung der maschinellen Melkbarkeit von Kühen.** Diss. Landwirtsch. Fak. Halle-Wittenberg. 1963. (110 S.) 4°. (Diss. 9739)

3-64/11-0251 *Eisold, Werner.* **Analytische Untersuchungen über den züchterischen Aufbau und die Leistungsentwicklung in der Rinderherdbuchherde des VEG (B) Tierzucht Pirna-Rottwerndorf, Betriebsabteilung Struppen.** Diss. Landwirtsch. Fak. Leipzig. 1963. (204 S. m. Anh.) 4°. (Diss. 9714)

3-64/11-0252 *Ilgner, Joachim.* **Ein Beitrag zur Ökonomik der Milch- und Rindfleischproduktion auf Grund von Untersuchungen im Bezirk Dresden.** Diss. Landwirtsch. Fak. Leipzig. 1963. (199 S.) 4°. (Diss. 9718)

3-64/11-0253 *Liebenberg, Otto.* **Beurteilung der Rinder.** Radebeul: Neumann. 1963. (160 S.) 8° = Tierzucht-Praktikum. 1. (1964 A 694)

3-64/11-0254 *Tegge, Hans-Joachim.* **Untersuchungen über die Beeinflussung der Schwarzbuntzucht durch die nach 1945 aus Schweden in die DDR importierten Zuchtrinder.** Diss. Landwirtsch. Fak. Halle-Wittenberg. 1963. 4°. (Diss. 9735)

D. SCHWEINE

3-64/11-0255 Nørtoft Thomsen, R. und Pedersen, O. K. **Probleme der dänischen Schweinezucht.** Tierzüchter **15** (1963) Nr. 24. S. 889-893.

Vff. besprechen die Zucht- und Selektionsmethoden der dänischen Schweinezucht. Träger der Hochzucht sind die staatlich anerkannten Hochzuchten, die nach erfolgreicher Überprüfung jeweils für ein Jahr anerkannt werden. Neben ca. 260 solchen Betrieben mit (im Jahre 1957) 713 Ebern und 3031 Sauen gibt es ca. 1200 Vermehrungszuchten. Die Nachkommenprüfungen der Hochzuchten werden in 4 völlig gleichartigen Prüfungsstationen mit je 400 Einzelbuchten durchgeführt, während für die Vermehrungszuchten 19 kleinere lokale Stationen zur Verfügung stehen. Insgesamt können jährl. ca. 4300 Gruppen geprüft werden. Prüfmethodik und Ergebnisse sind angeführt. Die bisher beste Futterverwertung betrug 2,30 FE je kg Zuwachs, die beste tägl. Zunahme 825 g, der Durchschnitt 1962/63 2,97 FE bzw. 673 g. Die ideale Rückenspeckdicke wird mit 2,5 cm und die ideale Körperlänge mit 96 cm (aus dänischer Sicht, bei 90 kg Mastendgewicht) angegeben. Die Eigenleistungsprüfung findet kein großes Interesse, die KB wird bisher nur auf experimenteller Basis durchgeführt, und die Vermarktung der Schweine erfolgt nach ihrer Rückenspeckdicke. Seit 1961 gibt es nur noch eine Rasse, die Landrasse. A. Schaaf. 3710.

3-64/11-0256 Zert, P.; Paris, Inst. Techn. du Porc. **Die Schweinefleischerzeugung in Frankreich.** Tierzüchter **15** (1963) Nr. 13. S. 482-483. — 3 Abb., 4 Tab.

Die Schweinefleischerzeugung in Frankreich spielt eine bedeutende Rolle innerhalb der Landwirtschaft. Die Anforderungen an die Qualität der Erzeugnisse spiegelt sich in den Preisen wider. Nach der Zählung vom 1. 10. 1962 wurden ca. 46000 Eber, 1 Mill. Sauen und 9 Mill. Mastschweine gehalten, die zum größten Teil der Rasse Large White angehören. Daneben sind die Französische Rasse im dänischen Typ, die belgischen Piétrains und das Weiße Schwein des Westens vertreten. 90% der Ferkel und 70% der Mastschweine

werden in bäuerlichen Betrieben erzeugt. In einer Tab. werden die Ergebnisse der Zuchtleistungsprüfung aus dem Jahre 1961 dargestellt.
G. Sahs. 3710.

3-64/11-0257 Willems, A. E. R. **Die Schweinezucht in Belgien unter besonderer Berücksichtigung des Piétrain-Schweines.** Tierzüchter 15 (1963) Nr. 23. S. 856-858. — 2 Abb.
In Belgien sind 3 Rassen anerkannt: das Belgische Landschwein, das Piétrain-Schwein und das Große Yorkshire-Schwein. Die Zucht wurde 1959 völlig reorganisiert. Das Kernstück der Organisation sind 3 provinzielle Arbeitsgemeinschaften, in denen alle Züchter zusammengeschlossen sind. Die Zuchten gliedern sich in 3 Klassen: Hoch-, Vermehrungs- und Gebrauchszuchten. Die Zucht der Piétrain-Schweine ist noch sehr jung und bedarf einer straffen züchterischen Bearbeitung. Es folgt eine Beschreibung der Piétrain-Schweine nach der äußeren Form, der Zucht-, Mast- und Schlachtleistung. Ein Mangel der Piétrain-Schweine ist die große Empfindlichkeit gegenüber starker Belastung der inneren Organe. G. Sahs. 3710.

3-64/11-0258 Tynurist, É. G. Perspektivy razvitija svinovodstva v Éstonii. **(Die Entwicklungsperspektiven der Schweinezucht in Estland.)** Svinovodstvo, Moskva 17 (1963) Nr. 7. S. 2-6. — 5 Abb., 1 Tab.
Bei der Erhöhung und Verbilligung der Schweinefleischproduktion — vor allem der Baconerzeugung — spielt die Spezialisierung eine große Rolle. Deshalb werden neben der Entwicklung der innerbetrieblichen Spezialisierung in den nächsten Jahren mindestens 10 spezialisierte Schweinesowchose mit einer Kapazität von 10000-15000 Baconschweinen/Jahr geschaffen werden; der Sowchos „Kechtna" wird 15000-20000 Zuchtjungtiere der Estnischen Baconrasse liefern. 1965 sollen 91 dt Schweinefleisch/100 ha Ackerland erzeugt werden. Dazu ist eine feste Futtergrundlage erforderlich, die umfaßt: den Anbau von Zuckerrüben, Mais, Erbsen und Bohnen; die Erweiterung des Getreideanbaus und die Erzeugung von Fischmehl und Futterhefe. Wichtig ist auch die Mechanisierung der Produktionsprozesse. Die in der Estnischen SSR gezüchtete Estnische Baconrasse und die Große Weiße Rasse, die gute Masteigenschaften aufweisen, werden mit Hilfe der Kontrollmast noch verbessert. B. Schenk. 3710.

3-64/11-0259 Schmidt, L.; Grub, Bayer. Landesanst. für Tierzucht. **Leistungen und Umweltansprüche des heutigen Schweinetyps.** Bayer. landwirtsch. Jb. 40 (1963) Nr. 8. S. 935-951. — 6 Abb., 10 Tab.
Die Zuchtleistungen haben entscheidende Bedeutung für die Rentabilität der Schweinehaltung. Bei den Deutschen veredelten Landschweinen (VL), die 88,5% aller Schweine in der BRD im Jahre 1962 ausmachten, wurden 11,1 Ferkel je Wurf geboren und 9,6 aufgezogen (73,2 kg Vierwochengewicht). Auch bei den Nachkommenschaftsprüfungen wurden erhebliche Verbesserungen erzielt. 1962 wurden 10452 Schweine geprüft. Bei den VL (9820 Tiere) wurde mit 206 Lebenstagen das Mastendgewicht von 110 kg erreicht. Die Zunahmen betrugen 717 g, der Futterverbrauch 3,39 kg. Die Körperlänge belief sich auf 100 cm, die Rückenspeckdicke auf 3,6 cm, die Rückenmuskelfläche auf 32,1 cm² und das Fett-Fleisch-Verhältnis auf 1:1,05. Es wird festgestellt, daß die heutigen Fleischschweine anspruchsvoller hinsichtlich Fütterung und Haltung und nachteilig hinsichtlich ihrer Fleischbeschaffenheit zu bewerten sind. Es gilt daher, die guten Eigenschaften der Fleischschweine mit den guten Eigenschaften der vorhandenen Schweine zu kombinieren.
Werner Schlegel. 3740.

3-64/11-0260 Haring, Weniger und Glodek. **Das Fleischschwein — Gegenwartsprobleme seiner Erzeugung.** Schweinezucht u. Schweinemast 12 (1964) Nr. 1. S. 1-3. — 1 Abb., 2 Tab.

1962 wurden in den Mastprüfungsanstalten der BRD 10552 Schweine geprüft. Von 1959 stieg bei den DVL die Zahl der Tiere mit mehr als 32 cm² Rückenmuskelfläche von 24% auf 51% im Jahre 1962 an, und die der Schweine mit weniger als 28 cm² sank von 32% auf 8%. Die Zahl der Tiere mit einer Länge von mehr als 100 cm stieg von 10% auf 52%, die der Schweine mit einer Speckstärke unter 3,5 cm stieg von 4% auf 48%. Dabei liegen die Durchschnittsergebnisse für Rückenspeck und Fleisch-Fett-Verhältnis dem Optimum näher als die Rückenmuskelfläche und die Länge, denen nun der Vorrang in der Selektion gebührt. In Zukunft müssen die vorhandenen Prüfungsanstalten planmäßig beschickt und neue Möglichkeiten erschlossen werden. Die Eigenleistungsprüfung würde von Vorteil sein, und die Ultraschallmessung der Jungeber und Jungsauen liefert wertvolle Informationen für die Vorselektion. Die Bestimmung der Blutgruppenfaktoren für den Elternschaftsnachweis ist ein Hilfsmittel für die Züchtung.

E. Otto/Dummerstorf. 3740.

3-64/11-0261 Eckhoff, H. **Probleme der Fleischschweinzüchtung aus der Praxis gesehen.** Schweinezucht u. Schweinemast **12** (1964) Nr. 2. S. 33.

Nicht alle langen und längsten Schweine sind vollfleischig. Es können auch kurze Typen Fleischschweine sein. 100 cm Länge sollten optimal sein. Die umgerechnete Futterverwertung liegt in den MPA mit 2,95 auf gleicher Höhe wie in Dänemark. Die Fleischleistung, ausgedrückt in der Rückenmuskelfläche (∅ 32,8 cm²) und dem Fett:Fleischverhältnis, verbessert sich gradlinig. Es wäre zu prüfen, ob auch das Schinkengewicht mit zur Beurteilung herangezogen werden sollte. Die Rückenspeckstärke liegt bei 3,6 cm, und es ist zu überlegen, ob sie noch verringert werden soll. Es werden als Folge der Wegzüchtung des dichten Haarkleides, der dicken Haut und des dicken Rückenspeckes höhere Anforderungen an die Konstitution und an die Haltung (Klima, Futter) gestellt. Es laufen komplizierte und vielseitige Untersuchungen über die Fleischqualität; die Ergebnisse sind abzuwarten.

E. Otto/Dummerstorf. 3740.

3-64/11-0262 Müller-Haye, B. **Das Lacombe-Schwein — eine kanadische Rasse.** Tierzüchter **15** (1963) Nr. 21. S. 794. — 1 Abb.

Vf. beschreibt, daß von 1946-57 in einer Farm der Provinz Alberta in Lacombe ein Baconschwein gezüchtet wurde, das weiß, von mittlerer Länge, mit mittelschwerem Hängeohr und etwas eingesattelter Nasenlinie ist. Die Schinken sind voll und fleischreich, die Schulter leicht. Große Beachtung schenkte man Gutartigkeit, hoher Fruchtbarkeit mit gutem Aufzuchtvermögen und einer ausreichenden Futterverwertung bei Automatenfütterung. Ausgangspunkt waren 10 Berkshiresauen, 4 Kreuzungseber Dänische Landrasse × Chester-White und ein ingezüchteter Landrasse-Eber aus Dänemark, der gute Fleischeigenschaften und bes. die weiße Farbe vererbte. Die Ausgangsrassen sollten nicht mit Yorkshire verwandt sein, weil gerade diese Rasse mit Lacombe-Ebern verbessert werden soll. Zum Leistungsvergleich stand eine Herde Yorkshire zur Verfügung. Die Lacombe-Tiere übertrafen diese bei gleicher Schlachtqualität in den Geburts-, Absatz- und Mastgewichten. Die F_1-Kreuzungen Lacombe × Yorkshire waren im Durchschnitt besser als die Elterntiere.

Werner Schlegel. 3780.

3-64/11-0263 Hale, R. W. und Coey, W. E. Genotype-environment interactions in a herd of bacon pigs. **(Genotyp-Umweltwechselwirkung in einer Herde des Baconschweines.)** J. agric. Sci. **61** (1963) Nr. 1. S. 81-88. — 6 Tab., 30 Lit.

Es werden Untersuchungen beschrieben, die von 1956-60 mit 460 Herdbuch-Large-White-Schweinen durchgeführt wurden. Pro Wurf wurde je 1 kastriertes männl. und je 1 weibl. Tier ad lib. und begrenzt gefüttert. Mit ca. 200 lb.

Lgw. erfolgten die versuchsmäßigen Schlachtungen. Die Auswertung der Ergebnisse wurde in 3 Gruppen, geordnet nach der Abstammung der Tiere und den Umweltbedingungen, hauptsächlich bez. der Aufzucht- bzw. Mastzeit während der Jahre, vorgenommen. Ermittelt wurden: tägl. Zunahme, Futterverwertung, Ausschlachtungsprozente, Schlachtkörperlänge sowie Rükken- und Bauchspeckdicke. Es konnten keine signifikanten Wechselwirkungen zwischen den Würfen und den beiden benutzten Fütterungsmethoden festgestellt werden, d. h. es gab keine Anzeichen dafür, daß die Nachkommen der Sauen und Eber, welche sich in der untersuchten Herde befanden, verschieden auf ad-lib.- und begrenzte Fütterung reagierten. Die erzielten Resultate werden mit den bisher in der Literatur in dieser Richtung enthaltenen Werten verglichen. R. Kürbs. 3815.

3-64/11-0264 Schoel. **Bei welchem Mastendgewicht wird der höchste Gewinn erzielt?** Schweinezucht u. Schweinemast **12** (1964) Nr. 3. S. 45-47. — 1 Abb., 2 Tab.

Vf. diskutiert die Einflüsse von steigendem Futterverbrauch je kg Zuwachs während der Mast, veränderlichen ab-Hof-Preisen der Mastschweine und unterschiedlichen Ferkelpreisen auf die Erlöse. Nach Darstellung der Futter- sowie Allgemeinkosten im Mastabschnitt von 15-90 kg und dann in 5-kg-Abschnitten bis 125 kg gestaffelt wird in Abhängigkeit vom kg-Erlös ab Hof an Hand einer Tab. gezeigt, bei welchen Mastendgewichten der höchste Reingewinn erzielt werden kann, wobei der jeweilige Ferkelpreis vom dargestellten „Reingewinn" abgezogen werden muß. Aus der Tab. geht hervor, daß mit steigendem kg-Erlös ab Hof der höhere Gewinn mit den schweren Schweinen zu erzielen ist, während bei niedrigen Mastschweinepreisen die leichteren Schweine den höchsten Reingewinn abwerfen.

H. Schremmer/Dummerstorf. 3820.

3-64/11-0265 Radu, A. und Popowitsch, F. **Zur optimalen Schlachtmasse der Schweine bei der Fleischmast.** Int. Z. Landwirtsch. [Sofia/Berlin] **1963** Nr. 6. S. 51-53. — 2 Tab.

Vff. untersuchten, wie hoch das optimale Lgw. bei geringstem Futteraufwand liegen soll (nach dänischen Untersuchungen bei 90 kg). Zur Gegenüberstellung wurden in den rumänischen Untersuchungen 211 Fleischschweine — nach der Methodik der MLP gemästet — in Gruppen von 90; 100; 110; 120 und 130 kg geschlachtet. In der Reihenfolge dieser Endgewichte konnten folgende Ergebnisse erzielt werden: Futteraufwand je 1 kg Zuwachs (einschließlich Anteil für Trächtigkeits- und Säugeperiode sowie Ferkelstadium): 4,1 — 4,2 — 4,3 — 4,4 — 4,8 FE; Futterkosten je 1 kg Lgw.: 3,28 — 3,36 — 3,44 — 3,52 — 3,84 Lei; Fett-Fleischverhältnis: 1:2,4 — 1:2,0 — 1:1,85 — 1:1,86 — 1:1,67; Kaloriengehalt der Fleischware insgesamt (in 1000): 223,3 — 301,2 — 337,7 — 363,3 — 417,3; Aufwand an FE je 1000 Kal.: 1,77 — 1,44 — 1,43 — 1,48 — 1,50; Futterkosten je 1 kg Warenproduktion: 4,72 — 4,32 — 4,48 — 4,64 — 4,96 Lei. Der benötigte Bestand an Mastschweinen und Futtermitteln für die Erzeugung von 100 t Schweinefleisch (Schlachtgewicht) wird in der Reihenfolge der obigen Mastendgewichte wie folgt angegeben: durchschnittl. Fleischausbeute je Schwein: 65,0 — 79,6 — 85,7 — 92,5 — 100,9 kg; zur Gewinnung von 100 t Schlachtprodukt benötigte Anzahl Schlachtschweine: 1538 — 1256 — 1167 — 1081 — 990 Stck.; Anzahl der Sauen für die entspr. Ferkelproduktion: 96 — 78 — 73 — 67 — 62; zur Erzeugung von 100 t Schwein erforderliche Futtermittel einschließlich des Sauenanteils (in 1000 FE): 590 — 540 — 560 — 580 — 620. Zusammenfassend wird die Schlußfolgerung gezogen, daß es für den rumänischen Binnenmarkt am günstigsten ist, Schweine mit einem Lgw. von 100-110, sogar mit 120 kg, zu schlachten, während Endgewichte von 90 und 130 kg abgelehnt werden. O. Siegl/Knau. 3825.

3-64/11-0266 Day, W. R. und Broderick, T. Eye muscle development in pigs — some genetic aspects and its relationship with certain carcass characteristics. **(Rückenmuskelentwicklung bei Schweinen, ihre genetischen Aspekte und Beziehungen zu bestimmten Eigenschaften des Schlachtkörpers.)** J. Dep. Agric. [Dublin] **59** S. 193-213. — 14 Tab., 31 Lit.

In diesem Versuch wurde die Erblichkeit des Rückenmuskels an individuell gefütterten, bei 200 lb. geschlachteten Schweinen geprüft und die Geschlechts-, Test- und Herdendifferenzen untersucht. Die Korrelationen zwischen Augenmuskelfläche und dem Schlachtgewicht (kalt) waren alle positiv und signifikant. Folgende Korrelationswerte wurden festgestellt: Schlachtgewicht (kalt): Augenmuskeltiefe $r = 0,121$; Schlachtgewicht (kalt): Augenmuskellänge $r = 0,583$; Schlachtgewicht (kalt):Augenmuskelfläche $r = 0,488$. Die Variationskoeffizienten von Tiefe, Breite und Fläche des Augenmuskels bewegten sich zwischen 8,8 und 15,6. An der Gesamtvarianz waren die Differenzen zwischen den Geschlechtern mit 10,3% (T), 6,6% (B) und 7,7% (F), die Differenzen zwischen verschiedenen Tests mit 0,2% (T), 6,2% (B) und 5,5% (F) und die Differenzen zwischen verschiedenen Herden mit 19,8% (T), 15,6% (B) und 9,4% (F) beteiligt (T = Augenmuskeltiefe, B = Augenmuskelbreite, F = Augenmuskelfläche). Für die Tiefe, Breite und Fläche des Augenmuskels wird die Intra-Vatertier-Korrelation zwischen $r = 0,034$ und 0,072, die Intra-Muttertier-Korrelation zwischen $r = 0,061$ und 0,102 angegeben. Folgende phänotypische Korrelationen werden noch mitgeteilt: 3-Wochengewicht: Augenmuskeltiefe $r = 0,063$, 3-Wochengewicht: Augenmuskelbreite $r = 0,136$, 3-Wochengewicht:Augenmuskelfläche $r = 0,087$, 3-Wochengewicht: Mittelwert der Rückenspeckauflage $r = -0,065$, 3-Wochengewicht zu Futterausnutzung $r = -0,041$, 3-Wochengewicht: Schlachtalter $r = -0,251$. Die Korrelationen zwischen dem 8-Wochengewicht und den angeführten Merkmalen in der gleichen Reihenfolge betragen: $r = -0,114$; $r = 0,017$; $r = 0,038$; $r = -0,144$; $r = -0,072$; $r = -0,587$. Die Schlachtlänge korrelierte mit den Augenmuskelmaßen zwischen $r = 0,083$ und 0,188. Die Muskelfläche steht mit der Futterausnutzung mit $r = -0,122$ in Beziehung. O. Siegl/Knau. 3825.

3-64/11-0267 Brännäng, Eskil. Avelsurvalet i svinaveln. **(Die Zuchtauslese in der Schweinezucht.)** Svinskötsel **54** (1964) Nr. 4. S. 120. 122-125. 127. 130. 132. 134. 136. — 4 Abb., 6 Tab., 5 Lit.

Die Zuchtwahl beruht zum größten Teil auf den Ergebnissen der Mastleistungsprüfungen. Ihre Sicherheit steigt mit der Anzahl der je Eber geprüften Gruppen. Es werden Heritabilitätskoeffizienten für verschiedene Qualitätsmerkmale, getrennt nach Landrasse und Yorkshire, männl. und weibl. Tieren angegeben. Bei Ausschaltung der Unterschiede zwischen Stationen und zwischen Jahren sinken die angegebenen h^2-Werte um 0,10-0,16. Die Korrelationen zwischen der Speckdicke an der Rückenmitte und verschiedenen anderen Speckmaßen zeigen weitgehende Übereinstimmung zwischen den beiden Rassen und den Geschlechtern. Die h^2-Werte für Zunahmen, Futterverwertung, Schlachtalter und Schlachtverlust lassen erhebliche Unterschiede zwischen den Rassen und Geschlechtern erkennen. Eine Zusammenstellung der Selektionsdifferenz zwischen Ebern und Ebervätern zeigt, daß die Selektion stärker auf Qualitäts- als auf Wachstumseigenschaften gerichtet war. Die seit 1954/55 erreichten Fortschritte sind größer als nach dem Maße der Heritabilität erwartet werden konnte. Es müssen daher außer der Vererbung noch andere Faktoren wirksam sein. Es wird je ein Selektionsindex für Wachstums- und für Qualitätseigenschaften entwickelt. Dabei wird die Standardabweichung gleich 10 Einheiten gesetzt, so daß z. B. eine Gruppe, die in den Zunahmen um eine Standardabweichung höher liegt als der Durchschnittswert, einen Index von 110 erhält. Die Wachstumseigenschaften Zunahmen und Futterverwertung werden zu einem Index zusammengefaßt und ebenso die Qualitätseigenschaften Fleischfülle, Speckdicke am Kreuz und an der Schulter. Diese Indexwerte haben eine geringere Streuung als die der einzelnen Eigenschaften. J. K. Hinrichsen. 3835.

3-64/11-0268 Willham, R. L. und Whatley jun., J. A. Genetic variation in nipple number in swine. **(Genetische Variation der Zitzenzahl beim Schwein.)** Z. Tierzücht. Züchtungsbiol. 78 (1963) Nr. 4. S. 350-363.

Um eine Vorstellung über die genetische Variation der Anzahl der Zitzen zu erhalten, analysierten Vff. Beobachtungsergebnisse von 11876 Schweinen zweier Versuchsherden in Oklahoma und 6828 Schweinen der Versuchsherde in Iowa. Als Mittelwert ergab sich 6,22 Zitzen pro Seite mit einer Standardabweichung von $\pm 0{,}71$. Nichtadditive Genwirkung ist von untergeordneter Bedeutung, da Inzuchtdepressionen oder Heterosiseffekte nicht zu verzeichnen waren. Unterschiede zwischen der Zitzenzahl der beiden Seiten waren vorwiegend umweltbedingt. Die phänotypische Varianz der Zitzenzahl pro Seite bestand zu 28% aus additiver genetischer Varianz, 3% waren durch die Mutterleistungen bedingt, 10% waren auf Umweltwirkungen zurückzuführen, die beide Seiten gleich, 59% auf Umweltwirkungen, die beide Seiten unterschiedlich beeinflussen, zurückzuführen.

D. Rasch/Dummerstorf. 3854.

3-64/11-0269 Skjervold, Harald; Vollebekk, Norwegen, Inst. für Tierzucht und Genetik. Inheritance of teat number in swine and the relationship to performance. **(Vererbung der Zitzenzahl beim Schwein und die Beziehungen zur Leistung.)** Acta Agric. scand. **13** (1963) Nr. 4. S. 323-333. – 2 Abb., 4 Tab.

An 202 Sauen der Landrasse, 129 Sauen der Großen Weißen Rasse und an 138 Kreuzungssauen dieser genannten Ausgangsrassen wurde die Bedeutung der Zitzenzahl überprüft. 469 Würfe mit 5015 Ferkeln standen zur Verfügung. Zwischen der Zahl der Ferkel in der 3. Woche und der Zahl der Zitzen der Mutter wurde eine deutliche Beziehung festgestellt. Die Korrelation zwischen Zitzenzahl und Länge des Schweines sowie zwischen Zitzenzahl und innerer Schlachtlänge war unbedeutend. Sowohl bei den männl. als auch bei den weibl. Tieren war die Zitzenzahl der rechten Seite gegenüber der der linken Seite größer. Die Zahl der Zitzen bei den Eltern lag geringfügig über der der Nachkommen. Bei den Eltern lagen sie zwischen 14,26 und 14,86, bei den Nachkommen zwischen 14,22 und 14,43. Werner Schlegel. 3854.

3-64/11-0270 Witt, M. **Reinzucht oder Kreuzungszucht?** Schweinezucht u. Schweinemast **11** (1963) Nr. 12. S. 265-267.

Die Zucht auf Fleischreichtum der Schweine bringt 2 Vorteile: höhere Verkaufserlöse durch Qualitätszuschläge und günstigere Futterverwertung in der Mast. Um zum Fleischschwein zu gelangen, werden 2 Wege beschritten: Reinzucht und Kreuzungszucht. Die Reinzucht benutzt als Selektionsgrundlage die Ergebnisse der MPA und die Echolotmessungen der Kotelettfläche am lebenden Zuchttier. Weiterhin wird auf die Körperform geachtet. Der Fleischreichtum kann aber nicht durch Züchtung auf große Körperlänge allein verbessert werden. Auf Grund der Inzuchtanfälligkeit der Schweine sollten Tiere, die bis zur 3. Generation einen gemeinsamen Vorfahren haben, nicht miteinander gepaart werden. Die Gebrauchskreuzung dient zur Erzeugung von Masttieren, die nicht zur Zucht verwendet werden. Dabei soll ein Heterosiseffekt entstehen und ausgenutzt werden. Im allgemeinen bestätigt sich diese Annahme jedoch nicht, so daß damit keine Verbesserung der Schlachtkörperqualität erreicht werden kann. Eine Leistungssteigerung tritt durch Kreuzung nur dann ein, wenn innerhalb der Rassen bereits eine gewisse Homozygotie erreicht ist und durch sie Leistungsdepressionen ent-

standen sind. Die Kreuzung dient dann ausschließlich der Aufhebung dieser Depressionen, man sollte deshalb in diesen Fällen nicht von Heterosis sprechen. Gleiches soll durch die Blutauffrischung innerhalb der Reinzucht erreicht werden. Die Zucht von Hybridschweinen, auf den Erfahrungen der Mais- und Geflügelzucht in den USA aufgebaut, kann sich in der Praxis ebenfalls nicht durchsetzen, da die Vielzahl der vorzunehmenden Testpaarungen und der anschließende Aufbau von Inzuchtlinien mit großen wirtschaftlichen Verlusten verbunden ist. Außerdem ist die Vermehrungsrate der Schweine geringer als beim Geflügel. Der mit Sicherheit bei der Kreuzung von Inzuchtlinien auftretende Heterosiseffekt steigert die wirtschaftlichen Leistungen der Schweine nicht so sehr, um damit die vorherigen Ausfälle begleichen zu können.
G. Möbius. 3906.

3-64/11-0271 Rempel, W. E., Comstock, R. E. und Enfield, F. D. Comparison of performance of crossbred pigs sired by purebred and crossbred boars. **(Leistungsvergleich zwischen Kreuzungsschweinen, die von reinrassigen bzw. Kreuzungsebern abstammen.)** J. Animal Sci. **23** (1964) Nr. 1. S. 87-89. — 7 Tab., 3 Lit.

Vff. vergleichen die Mast- und Schlachtleistung von 457 Nachkommen aus Minnesota Nr. 1-Sauen, von denen 221 von reinrassigen Ebern (Minn. 1, Minn. 2 und Minn. 3) und 236 von Kreuzungsebern (Minn. 3 ♂ × [Minn. 2 × Minn. 1] ♀) abstammen. Unterschiede zwischen den Nachkommen sind nur in der tägl. Zunahme und der Speckdicke vorhanden, wobei die bessere Zunahme durch die stärkere Selektion der reinrassigen Eber auf dieses Merkmal erklärt wird. Die Varianzen der Nachkommenleistungen sind in beiden Gruppen ähnlich. Daraus wird der Schluß gezogen, daß die Nachkommen von Kreuzungsebern im Durchschnitt Nachkommen mit gleicher Leistung bringen wie die Nachkommen der Elternrassen der Kreuzungseber.
A. Schaaf. 3906.

3-64/11-0272 Haring, F., Gruhn, R. und Selle, O. v.; Göttingen, Univ., Inst. für Tierzucht und Haustiergenetik. **Vergleichende Untersuchungen über Fruchtbarkeit und Aufzuchtleistung von Sauen der Rassen Piétrain, veredeltes Landschwein und von F_1-Sauen.** Schweinezucht u. Schweinemast **12** (1964) Nr. 2. S. 29-31. — 7 Tab., 13 Lit.

Vff. berichten über vergleichende Untersuchungen der Fruchtbarkeit und Aufzuchtergebnisse bei VL-, Piétrain- und F_1-Sauen. Für die Versuchsdurchführung wurden 75 VL-Sauen mit 210 Würfen, 12 Piétrain-Sauen mit 44 Würfen und 11 Würfe von F_1-Sauen herangezogen. Von den Piétrain-Würfen entfielen 16 auf Piétrain-, 15 auf VL- und 13 auf Piétrain- und VL-Eber im Doppelsprung. Piétrain-Sauen erbrachten im Vergleich zu VL-Sauen 0,7 weniger geborene Ferkel, 0,8 weniger aufgezogene Ferkel sowie 1,3 kg geringeres Aufzuchtgewicht je Ferkel mit 56 Tagen. Bei Erstlingswürfen vergrößerte sich der Unterschied noch mehr zugunsten der VL-Sauen. Im Vergleich zu den Piétrain-Würfen konnten bei den Würfen der F_1-Sauen sowie bei Kreuzungswürfen (VL × P) bessere Aufzuchtergebnisse festgestellt werden. Der Vergleich der Halbgeschwister aus Doppelsprungpaarungen erbrachte im Gegensatz dazu größere Frohwüchsigkeit bei der reinrassigen Piétrain-Nachzucht. Daraus wird die Streubreite bei den Aufzuchtergebnissen der Piétrainrasse ersichtlich. Vff. schlußfolgern, daß die Verbesserung des Leistungskomplexes durch Kombinationseignung der Paarungspartner sowie durch systematische Linienzucht unter Prüfung der Paarungseignung zu erreichen wäre.
H. Kaiser/Dummerstorf. 3910.

3-64/11-0273 Steffen, Hyrum und Bennett, J. A. Alfalfa and corn silage for pregnant swine. **(Luzerne und Maissilage für tragende Sauen.)** Utah Farm Home Sci. **24** (1963) Nr. 2. S. 43-44. 50. — 1 Abb., 2 Tab.

An der Utah-Versuchsstation wurden 4jährige Untersuchungen (1958-61) mit 48 Sauen durchgeführt, um den Einfluß der ad-libitum-Fütterung von Luzerneheu und Maissilage in 2 Versuchsreihen in Verbindung mit verschiedenen Kraftfuttermengen (Zusammensetzung des Konzentrates ist erwähnt) auf die Anzahl der pro Wurf geborenen Ferkel, das Ferkelgeburtsgewicht und die Aufzuchtleistung (Anzahl der pro Wurf abgesetzten Ferkel und Absatzgewicht der Ferkel) zu überprüfen. Folgende Ergebnisse wurden ermittelt: Die tägl. Kraftfutterzuteilung schwankte pro Tier von 3,0-4,5 lb. in beiden Gruppen während der 4 Jahre. Dazu wurden pro Tier und Tag in der Luzerneheugruppe 2,1-3,3 lb. Rauhfutter und in der Maissilagegruppe 5,2-16,2 lb. Silage aufgenommen. Die Tageszunahmen pro Tier variierten von 0,77 lb. (bei 3 lb. Kraftfutter und 2,6 lb. Luzerneheu je Tier und Tag) bis 1,4 lb. (bei 4,5 lb. Kraftfutter und 5,2 lb. Silage je Tier und Tag). Pro Wurf wurden 6,8-11,6 Ferkel geboren. Die Geburtsgewichte der Ferkel betrugen 2,5-3,5 lb. Pro Wurf wurden 5,0-10,3 Ferkel abgesetzt. Die Absatzgewichte der Ferkel schwankten von 26,4-42,6 lb. Ein deutlicher Zusammenhang zwischen der Fütterung und den erzielten Ergebnissen konnte nicht festgestellt werden. Am besten hatten sich je Tier und Tag 4,0 lb. Kraftfutter plus Luzerneheu ad lib. oder 3,5 lb. Kraftfutter plus Maissilage ad lib. bewährt. Das finanzielle Resultat des Versuches wurde abschließend kurz erläutert.

R. Kürbs. 3944.

3-64/11-0274 Anonym. Water in pigs' diet. **(Wasser in der Schweinemast.)** Agriculture [London] **71** (1964) Nr. 2. S. 93.

Als Ergebnis zeigte ein entspr. Versuch, daß eine Verringerung der Wasseraufnahme je 1 lb. Schrotmischung von 3 auf 2 oder 1,5 lb. keinen signifikanten Einfluß auf die Fleischqualität hatte. Die uneingeschränkte Wasseraufnahme zusätzlich zu 1,5 lb. Wasser auf 1 lb. Schrotmischung ergab eine merkbare Verbesserung der tägl. Zunahmen auf Grund einer meist allg. größeren Futteraufnahme.

H. Senger. 3955.

3-64/11-0275 Kotliński, I., Poznański, W. und Poznańska, W. Znaczenie wybiegów i próchnicznej ziemi leśnej w chowie trzody chlewnej. **(Die Bedeutung von Ausläufen und von humoser Walderde für die Schweinehaltung.)** Nowe Rolnictwo **12** (1963) Nr. 20. S. 44-45. PRL/CBR. 3977.

3-64/11-0276 Lamina, J. und Bohnhard, H. **Der Parasitenbefall der Schweine in Süd-Hessen.** Tierärztl. Umschau **19** (1964) Nr. 5. S. 238-240. — 3 Tab.

Im Rahmen des Schweinegesundheitsdienstes wurden insgesamt 1552 Einzel- und Sammelkotproben aus 263 Beständen auf Parasitenbefall mit Hilfe des Flotationsverfahrens (NaCl als Flotationsmittel) untersucht. Nur 10,2% der Bestände waren parasitologisch negativ. Die Befunde werden unter Gegenüberstellung von Alt- und Zuchttieren sowie Läufern, Jungtieren und Ferkeln hinsichtlich der verschiedenen vorgefundenen Parasiten ausgewertet.

Th. Hiepe. 3985.

3-64/11-0277 Ketz, H.-A., Röhr, W. und Gehrke, E. **Untersuchungen über den Einfluß einiger Ernährungsfaktoren auf die Saugferkelanämie.** Mh. Veterinärmed. **18** (1963) Nr. 23. S. 907-912. — 11 Abb., 36 Lit.

In 2 Versuchsreihen mit insgesamt 22 Würfen (DE) wurden neben Vit.-A-, Carotin- und Gesamttocopherolbestimmungen in Leber und Serum auch Hb-Gehalt und Erythrocytenzahl ermittelt, um den Einfluß einiger Ernährungsfaktoren auf die Entstehung der Saugferkelanämie zu untersuchen. Neben unzureichend angelegten Vit.-A-Leberreserven während der fetalen Entwicklung und ständigem Absinken dieser Reserven in den ersten 6 Lebenswochen zeigten die aus mit Eiweiß und Vit. weniger gut versorgten Sauen stammenden Versuchstiere auch sinkende Vit.-A- und Carotin-Serumspiegelwerte sowie verringerte Hb- und Erythrocytenwerte als typische Kennzeichen der Saugferkelanämie. Unzureichende Eiweiß-, Vit.-A- und Carotinzufuhr von Beginn der Trächtigkeit an werden mit als entscheidende prädisponierende Faktoren für das Zustandekommen einer Saugferkelanämie angesehen.

E. Krause. 3985.

3-64/11-0278 *Duniec, H.* und *Kostyra, T.* **Wyniki wyceny knurów na podstawie badania potomstwa w stacjach kontroli uzytkowosci rzeznej trzody chlewnej Instituty zootechniki za rok 1962.** (Die Ergebnisse der Zuchtwertschätzung der Eber auf Grund der Untersuchung der Nachkommenschaft in den Mastleistungsprüfungsstationen des Institutes für Zootechnik.) Warszawa: Państw. wyd. rolnicze ilesnc. 1963. (85 S.) 8° = Instytut zootechniki w Polsce. Wydawnictwa własne Nr. 160. (1963 A 1379)

E. SCHAFE

3-64/11-0279 Elliott, N. M. Growing weaners in Gippsland. **(Die Aufzucht von Absatzlämmern in Gippsland.)** J. Agric. [Melbourne] **62** (1964) Nr. 2. S. 77-79. — 3 Abb., 2 Lit.

Die besten Absatzlämmer bringen die Farmen mit den längsten und intensivsten Bemühungen um eine Verbesserung der Weidequalität. Die besten Entwicklungsaussichten haben die Lämmer vom Frühjahr an während der nächsten 3-4. Mon. Fehlleistungen der Weide müssen durch entspr. Grünfutterarten, Raps, Hafer, Luzerne, evtl. aber auch Runkelrüben, ausgeglichen werden. Die besten Lämmer erreichen mit knapp 1 Lebensjahr ein Lgw. von 80-90 lb. Mit 120 lb. sind sie erwachsen. Dieses Gewicht gewährleistet eine erfolgreiche Paarung zweizähniger Mutterschafe. In normalen Jahren werden in Gippsland folgende Schurgewichte erzielt: 10 lb. bei Feinwollmerinos, 11 lb. bei mittelfeinen Merinos und Corriedales und 12 lb. bei gröberen Merinos und Romney-Marsh-Schafen, Herden mit nur 5 oder 6 lb. Schurgewicht gibt es jedoch auch. Bei geringem Schafbesatz und reichlich Winterfutter hat eine zeitige Lammzeit beste Ergebnisse. Dichterer Viehbesatz und intensivere Bewirtschaftung sprechen für eine Juli-Aug.-Lammzeit. Hier decken sich die wachsenden Bedürfnisse der Mutterschafe und der Weidebedarf der Lämmer mit der Zeitspanne des größten Weidezuwachses im Frühjahr. Sept.- und noch spätere Ablammung führt ohne zusätzliche Beifütterung der Lämmer zu 10-15 lb. niedrigerem Lgw. Als Besatzdichte werden auf intensiv bewirtschaftetem Land 3-4 Absatzlämmer je 1 acre und auf leichtem Boden 2 Lämmer je 1 acre vorgeschlagen.

H. Busse. 4010.

3-64/11-0280 Ekman, Sven. **Das Gotlandschaf.** Z. Säugetierkunde **29** (1964) Nr. 3. S. 129-145.

Es wird über das Gotlandschaf, eine Rasse, die auf der Insel Gotland in der mittleren Ostsee beheimatet ist, berichtet. Das Gotlandschaf gehört zu einer Gruppe nördlicher Landrassen, welcher auch die Heidschnucke, das nordwestdeutsche Heideschaf der Lüneburger Heide, die Landrasse des Skandinavischen Festlands, Finnlands und Islands, das Schaf der Hebriden u. a. zugeordnet sind. Es handelt sich um kurzschwänzige Landrassen. Die Schulterhöhe der erwachsenen Böcke der Gotlandrasse liegt zwischen 66 und 77 cm, das Durchschnittsgewicht bei 70-75 kg. Die Schulterhöhe der Mutterschafe schwankte zwischen 63 und 72 cm, und ihr Gewicht lag im Alter von 2,5 Jahren bei 48-49 kg. Es werden die Behornung, die verschiedenen Typen des Haares und die Lebensweise dieser Rasse beschrieben. In der Regel werden 1,5jährige Mutterschafe zur Fortpflanzung benutzt. Die Lammzeit wird um die Monatswende Apr./Mai angestrebt, weil die Vegetation früher keine ausreichende Nahrung gewährleistet. Die Fortpflanzungsfähigkeit behält das Mutterschaf bis zum Alter von 14 Jahren. In den 1950er Jahren wurde die Bestandsgröße der Gotlandrasse auf ca. 40000 Schafe angenommen.

S. Mertins. 4080.

3-64/11-0281 Odincova, E. V. Značenie vnutriporodnoj sistematiki dlja selekcii v karakul'skom ovcevodstve. **(Die Bedeutung der Systematik inner-**

halb der Rasse für die Karakulschafzucht.) Tr. In-ta karakulevodstva. M-vo s.ch. UzSSR **12** (1962) S. 21-33. — Aus: Referativnyj žurnal Moskva. Životnovodstvo, veterinarija **1963** Nr. 17.58.32. S. 5.

Für die Arbeit mit einer weit verbreiteten Rasse muß man sie als Ganzes und ihre Entwicklungstendenzen in den einzelnen Teilen kennen. Die Notwendigkeit, Karakulschafe in zahlreichen Betrieben mit rel. verschiedenen Umweltbedingungen züchten zu müssen, macht es erforderlich, nicht nur die für die ganze Rasse nützliche Leistungsfähigkeit, sondern auch ihr Anpassungsvermögen an die örtlichen Bedingungen zu erhalten. Das wird durch die Schaffung von zonalen Typen erreicht. Durch lang anhaltende gelenkte Auslese wurden 2 solcher Typen geschaffen — der Karakumtyp, der auf die Klima- und Futterbedingungen der südlichen Sandwüste Kara-Kum eingestellt ist, und der Wüstentyp, der den Klima- und Futterbedingungen der Vorgebirgshalbwüste sowie der Gipswüste angepaßt ist. Die Typen werden beschrieben. 4090.

3-64/11-0282 Buchholtz, A. **Maßnahmen zur Sicherung der erweiterten Reproduktion des Schafbestandes unter besonderer Berücksichtigung der Verbesserung der Aufzuchtleistungen.** Tierzucht **18** (1964) Nr. 4. S. 194-198.

Es werden Bestand und Leistungsziele sowie Maßnahmen zur Verbesserung der Wirtschaftlichkeit der Schafhaltung in der DDR angegeben. Dazu wird der Anteil des unbedingten oder absoluten Schaffutters an der gesamten GE-Produktion in 28 Schafherden der Bezirke Magdeburg, Halle, Erfurt und Leipzig untersucht. Das unbedingte Schaffutter wird auf ∅ 60% des Jahresfutterverbrauches in der Schafherdenhaltung geschätzt. Zusammenhänge werden zwischen Schafbesatz je 100 ha LN und dem sich aus Kulturarten und Anbauverhältnis ergebenden Anfall von unbedingtem Schaffutter in den 14 Bezirken aufgezeigt. Der Anteil der einzelnen Kulturen am absoluten Weidefutter (in % der Hütestunden) wird an Hand von 22 Herden Sachsen-Anhalts und 6 Herden Thüringens erläutert. Die Entwicklung der Struktur und die Reproduktion des Schafbestandes werden dargestellt. Es werden die Ursachen der unbefriedigenden Aufzuchtergebnisse aufgezeigt und eine Verbesserung der Aufzuchtergebnisse von 90% gefordert. Zur Verbesserung der Aufzuchtergebnisse werden die Einführung einer Weidelammzeit, Bildung von Spezialistengruppen, Einführung einer Vergütung nach dem erzielten Produkt, Anwendung des Doppelsprunges, Anwendung des Elektrozaunes sowie Schaffung eines höheren materiellen Anreizes für die Aufzucht und Fleischproduktion im Vergleich zur Wolle und Bereitstellung von Mitteln für die Schaffung von Stallraum durch Um-, Ausbau- und Neubau gefordert. S. Mertins. 4163.

3-64/11-0283 Bradford, G. E., Torell, D. T., Spurlock, G. M. und Weir, W. C.; Davis, Univ. of California. Performance and variability of offspring of crossbred and purebred rams. **(Leistung und Variabilität der Nachzucht von Kreuzungs- und Reinzucht-Böcken.)** J. Animal Sci. **22** (1963) Nr. 3. S. 617 bis 623. — 6 Tab., 6 Lit.

In 5 Herden mit 800 Suffolkschafen wurden Reinzucht-Böcke Hampshire und Suffolk sowie Kreuzungsböcke Hampshire × Suffolk eingesetzt. Die mit dem Bock einer Rasse gepaarten Schafe wurden im folgenden Jahr mit dem Bock der anderen Rasse gepaart. In der Zuchtleistung und in den Leistungen der Nachkommen ergaben sich nur geringe Unterschiede zwischen den 3 genetischen Gruppen. Die Lämmer von Kreuzungsböcken hatten eine im Vergleich zu den Lämmern von Reinzuchtvätern um 4% höhere Überlebensrate. In einer Herde zeigten sie eine schwache Überlegenheit in der Lebendbeurteilung. Die Variabilität war allg. bei ihnen etwas geringer. J. K. Hinrichsen. 4164.

3-64/11-0284 Eastoe, R. D. Survey of sire-sine marking harness in field use. **(Übersicht über die Anwendung eines Bockpaarungsgeschirres in der**

Praxis.) Agric. Gaz. New South Wales **73** (1962) Nr. 11. S. 569-572. — 2 Abb., 3 Lit.
Der auf das brünstige Mutterschaf aufspringende Bock hinterläßt eine Farbmarkierung an der Kruppenpartie des Muttertieres. Die Haltbarkeitsdauer der Stifte beträgt 2-3 Wochen. Müssen die Böcke auf mit Zweigen bedecktem Boden liegen, nützt sich der Stift natürlich schneller ab. Junge Böcke werden begreiflicherweise mehr abgehetzt als ältere. Die Dauerhaftigkeit der Kennzeichnung der Muttertiere hängt von der Länge der Wolle zu dieser Zeit ab. Eventuell ist die Farbstiftmarkierung bis zu 9 Mon. zu erkennen. Bes. bei 2 Lammzeiten kommt es auf einen zügigen Ablauf der Paarung, vor allem bei den zuletzt güst gebliebenen Mutterschafen, und eine genaue Kennzeichnung an. Auf Grund der Markierung kann die Zahl der ablammenden Mutterschafe geschätzt und der Zeitpunkt der Geburt vornotiert werden. Derartige Informationen ermöglichen auch die Planung der Bereitstellung geeigneter Weideflächen für die säugenden Muttertiere. H. Busse. 4166.

3-64/11-0285 Gabriš, J. Zvýšenie plodnosti oviec jednorázovým použitím hormonálnych prípravkov. **(Fruchtbarkeitserhöhung bei Schafen durch einmalige Anwendung von Hormonpräparaten.)** Živočišná Výroba **8(36)** (1963) Nr. 8. S. 459-468. — 5 Tab., 18 Lit. Zus. in Russ., Dtsch.
In 3 Zuchtherden von Merinoschafen wurde die parenterale Applikation des Hormonpräparates „Antephysol" (schweizerisches Erzeugnis) und des tschechoslowakischen Hormonpräparates „Praedyn" geprüft. Die Präparate wurden einmalig vor der Zulassungsperiode verabreicht. Die Fruchtbarkeit der Schafe war bei Benutzung von „Praedyn" um 26,71%, bei Einsatz von „Antephysol" um 17,09% höher als bei den Kontrollschafen. Die Erhöhung der Fruchtbarkeit der Versuchsschafe ist nicht nur der geringen Anzahl güster Schafe, sondern auch der größeren Zahl von Schafen mit Zwillingslämmern zuzuschreiben. Bei Jährlingen erhöhte sich die Fruchtbarkeit nur durch Verringerung der Anzahl güster Schafe. Die Anwendung der Hormonpräparate hatte keinen ungünstigen Einfluß auf die Fruchtbarkeit der Schafe im nachfolgenden Jahr. Die höchste Fruchtbarkeit wiesen die Versuchsschafe nach Applikation von 20 IE „Praedyn" auf. Bei Anwendung von „Antephysol" wurde die höchste Fruchtbarkeit nach einer Dosis von 30 IE erreicht. ČSSR/ÚVTI. 4168.

3-64/11-0286 Enke. **Erforschung und Bekämpfung der Unfruchtbarkeit beim Schaf.** Rostock, Veterinäruntersuchungs- u. Tiergesundheitsamt Plan-Nr.: 17 05 10 h 3/1-9/IV 1963. Abschlußber. (3/6. 1964). 4168.

3-64/11-0287 Kupatz, B. **Zum Wintersaatenhüten der Schafherden.** Tierzucht **18** (1964) Nr. 3. S. 141-142. — 8 Lit.
Es wird die Bedeutung und Durchführung des Wintersaatenhütens als zusätzliche eiweißreiche Futterquelle für die Schafherden aufgezeigt. Als Termin für die Möglichkeit des Saatenhütens wird der Zeitraum von Okt. bis ca. Mitte Apr. angegeben, wobei die Berücksichtigung des Vegetationsablaufs wichtig ist. Betont wird, daß das Wintersaatenhüten nach der Weideordnung vom 16. 5. 63 eine Gelegenheitsweide ohne anfallende Selbstkosten für die Schafherde ist, deren Gesunderhaltung und Leistungen positiv beeinflußt werden. Vor allem wird das Wollwachstum gefördert. Vf. berichtet von Saatenhüteversuchen in Dummerstorf auf Wintergerste. Für die wirtschaftliche Rechnungsführung und für die Kontrolle der entstandenen Futterkosten der Schafherde ist wichtig, daß die durch Saatenhüten gewonnene Grünmasse als „unbedingtes Schaffutter" zu gelten hat. Da die Winterweide die Stallhaltung verkürzt, sollte die Vergabe von Prämien für den Schäfer mit in den innerbetrieblichen Wettbewerb aufgenommen werden.
E. Brauns. 4192.

3-64/11-0288 Wodzicka-Tomaszewska, Manika. The effect of shearing on the appetite of sheep. **(Der Einfluß des Scherens auf die Freßlust bei Schafen.)** New Zealand J. agric. Res. 6 (1963) Nr. 5. S. 440-447. — 3 Abb., 16 Lit.

20 zweizähnige Romneyhammel wurden in 2 Gruppen untersucht. Die eine wurde ad libitum (Gr. A), die andere (Gr. C) nach genauer Dosierungsvorschrift gefüttert (Haltung in Einzelboxen). Lgw., Wollwachstum, Herztätigkeit, Rectal- und Hauttemperatur, Lufttemperatur und Windstärke wurden gemessen. Nach dem Scheren erhöhte sich die Freßlust bei Gr. A um fast 50% des ursprünglichen Verzehrs an verd. Tr.-Subst. Bei dieser Gruppe waren die Gewichtszunahmen beständig. Gr. C hatte nach der Schur einen Gewichtsverlust von insgesamt 7 lb. in 11 Wochen. Die Herzfrequenz stieg danach in beiden Gruppen an, die Rectaltemperatur blieb unverändert. Die Hauttemperatur fiel unmittelbar nach der Schur um ca. 4 °C, stieg bei warmer Außentemperatur aber wieder an. Möglicherweise übt der Stress bei der Schur eine Reizwirkung auf die Nebennierenrinde aus, die wiederum einen erhöhten Appetit bedingt. Unmittelbar sind diese Zusammenhänge experimentell noch nicht belegt, aber bei Tumoren mit Cortisonsekretion kommt es zur erhöhten Insulinbildung und einer ebenfalls vermehrten Nahrungsaufnahme. H. Busse. 4222.

3-64/11-0289 Judge, M. D. und Stob, M.; Lafayette, Ind., Purdue Univ. Stress during growth. I. Effects on physiology, carcass composition, and carcass quality of lambs. **(Stress während des Wachstums. 1. Mitt. Wirkung auf Physiologie, Schlachtkörperzusammensetzung und Schlachtkörperqualität von Lämmern.)** J. Animal Sci. 22 (1963) Nr. 4. S. 1059-1063. — 4 Tab., 20 Lit.

24 Lämmer verschiedener Rassen wurden am 42. Tage beginnend in 4 Gruppen gehalten und im Alter von 135 Tagen geschlachtet. Gr. I erhielt tägl. Elektroschock, Gr. II Epinephrin-, Gr. III Salzinjektionen, und Gr. IV diente als Kontrolle. Die Tiere standen in Einzelfütterung. Nach 48 Std. Kühlung wurden die Schlachtkörper zerlegt, Untersuchungen an der 12./13. Rippe durchgeführt, die linke Hälfte in Fleisch, Fett, Knochen zerlegt. Die Nebennierenextraktinjektionen erniedrigen die tägl. Zunahmen und den Fettanteil, aber nicht das Knochen- und Fleischwachstum. Der Glykogengehalt der Leber und des Muskels wird ebenso erniedrigt wie der pH-Wert. Die Farbe bleibt unbeeinflußt. Die Salzgruppe hatte die höchsten tägl. Zunahmen und den höchsten Fettgehalt. E. Otto/Dummerstorf. 4224.

3-64/11-0290 Bramblett, V. D., Judge, M. D. und Vail, G. E.; Lafayette, Ind., Purdue Univ. Stress during growth. II. Effects on palatability and cooking characteristics of lamb meat. **(Stress während des Wachstums. 2. Mitt. Wirkung auf Schmackhaftigkeit und Zubereitungseigenschaften von Lammfleisch.)** J. Animal Sci. 22 (1963) Nr. 4. S. 1064-1067. — 2 Tab., 10 Lit.

Von 22 Lämmern, die 92 Tage in 4 Gruppen im Versuch standen und im Alter von 134 Tagen geschlachtet wurden, wurden die rechten Keulen und Rücken eingefroren. Die Behandlung bestand aus 10 Sek. Elektroschock, Injektion von 10 mg Epinephrin bzw. 10 cm³ phys. Kochsalzlösung (jeweils pro 100 lb. Lgw.). Die Koteletts und Schnitzel wurden gebraten und mehrere Verluste festgestellt. Aus den Bratstücken wurden die Muskeln M. long. dorsi und M. semimembraceus ausgelöst und subjektiv und objektiv bewertet. Die sensorische Beurteilung wurde von einer 8-Personen-Gruppe durchgeführt. Die Unterschiede sind bei den Koteletts größer als bei den Schnitzeln. Die unbehandelte Gruppe erhielt meist die höchsten Werte. Der Unterschied durch die Behandlung (z. B. bez. Saftigkeit, Shearwert usw.) ist teilweise beträchtlich, bez. Aroma und Geschmack dagegen nur gering. E. Otto/Dummerstorf. 4224.

3-64/11-0291 Horák, F. Hodnocení mléčné užitkovostí ovci zušlechtěná valaška. **(Bewertung der Milchleistung beim veredelten walachischen Schaf.)** Živočišná Výroba **8(36)** (1963) Nr. 8. S. 469-476. — 34 Lit. Zus. in Russ., Dtsch.

Die vorliegende Arbeit bietet eine Übersicht über den derzeitigen Stand des Melkens von Schafen in den einzelnen Ländern der Welt. Weiterhin wird die Methodik eines Melkversuches beschrieben. In der Milchleistung der verschieden alten Versuchsschafe konnte kein wesentlicher Unterschied festgestellt werden. ČSSR/ÚVTI. 4226.

3-64/11-0292 Agijan, Ė. T. und Arakeljan, G. B. Moločnost' ovec pri zimnem i vesennem jagnenii. **(Die Milchleistung der Schafe bei Winter- und Frühjahrslammung.)** Ovcevodstvo, Moskva **9** (1963) Nr. 11. S. 32-34. — 1 Tab. 4226.

3-64/11-0293 Ricordeau, G., Martinet, J. und Denamur, R. Traite à la machine des brebis Préalpes du Sud. Importance des différentes opérations de la traite. **(Maschinenmelken bei Mutterschafen der Südvoralpenrasse. Die Bedeutung der verschiedenen Operationen während des Melkaktes.)** Ann. Zootechnie **12** (1963) Nr. 3. S. 203-225. — 7 Abb., 12 Tab., 7 Lit. Zus. in Engl.

Die Mutterschafe wurden 2mal tägl. mit der Maschine gemolken. In jeder Melkzeit wurden folgende 3 Manipulationen vorgenommen: 1. das eigentliche Maschinenmelken, vom Ansetzen der Melkbecher bis zum Sistieren des Milchflusses, 2. das Nachmelken mit der Maschine vor dem Abnehmen der Melkbecher, 3. das Nachmelken mit der Hand. Die durch die 3 Operationen vom 64.-164. Laktationstag gewonnene Milchmenge weist folgende prozentualen Variationen auf: 68-59% für das Maschinenmelken, 23-28% für das Nachmelken mit der Maschine, 9-13% für das Nachmelken mit der Hand. Trotz des regulären Ablaufes der o. a. 3 Phasen des Melkaktes ist das Euter nicht vollkommen leer. Durch Injektion 1 IE Oxytocin werden 13-23% der vorher ermolkenen Menge als Residualmilch gewonnen. Die mittlere Dauer des Melkmaschinenaktes beträgt 1 Min. 26 Sek., das Nachmelken mit der Maschine 32 Sek. — Beim Einschießen der Milch sind bei den Mutterschafen die Phase der Entleerung der Milchzisterne in den ersten 15 Sek. und danach das auf neurohormonalem Wege bewirkte Einschießen der Milch (Freisetzung des Oxytocins), das 30-40 Sek. dauert, zu unterscheiden. Die Bedeutung des Einschießens der Milch wird mit zunehmender Laktationsdauer geringer. Das Nachmelken mit der Hand erbrachte im Durchschnitt von 313 Laktationen 11,2% der mit der Maschine insgesamt ermolkenen Milchmenge. Dieser Wert ist in der 1. Laktation höher als in den folgenden. Durch die Laktationsdauer, durch die Art des Absetzens oder die Zahl der Lämmer wird er nicht signifikant beeinflußt. Der tägl. Variationskoeffizient liegt bei 78%, die Wiederholbarkeit von einer Laktation zur anderen beträgt ohne Korrektur 0,28, nach Korrektur 0,53. In den ersten beiden Wochen des Melkens nimmt die tägl. durch manuelles Nachmelken gewonnene Milchmenge ab und bleibt dann praktisch konstant. Die erzielte Fettmenge ist eine Funktion des Laktationsstadiums und beläuft sich auf 24-30% des Milchertrages beim Maschinenmelken. Das Weglassen des manuellen Nachmelkens bewirkt eine Sekretionsminderung von durchschnittl. fast 29% der Leistung von Muttertieren, die ihre Lämmer 1-4 Wochen säugten. Demgegenüber steht ein Mehrertrag von 15%, wenn man in jeder Melkzeit mit der Hand nachmelkt. H. Busse. 4226.

3-64/11-0294 Slee, J.: Edinburgh, A.R.C., Animal Breeding Res. Organization. Birthcoat shedding in Wiltshire Horn lambs. **(Das Abstoßen des Geburtskleides bei gehörnten Wiltshire Lämmern.)** Animal Product. **5** (1963) Nr. 3. S. 301-316. — 8 Abb., 4 Tab., 15 Lit.

Nicht-merinoartige Schafe zeigen in verschiedenartiger Weise jahreszeitlich gebundenen Haarausfall, wobei genetische und Umwelteinflüsse wirksam werden. Die Untersuchungen wurden 1954-62 an 100 Lämmern vorgenommen, die 1-7 Mon. alt waren und im Freien gehalten wurden. Die bei der Geburt vorhandenen Haare wurden im Alter zwischen 2 und 5 Mon. abgestoßen, und zwar meist vollständig. Der Vorgang verlief in einem bei beiden Körperhälften gleichartigen Muster. Er war unabhängig vom Geschlecht, von der Kastration, vom Haartyp, von der Follikeldichte, vom Verhältnis von Primär- zu Sekundärfollikeln und vom Haardurchmesser. Dagegen machte sich bei zu verschiedenen Zeiten geborenen Lämmern ein deutlicher jahreszeitlicher Einfluß bemerkbar. Der Haarausfall trat umso früher ein, je höher die Zunahmen waren. Zwillinge zeigten ein gleichmäßigeres Verhalten als Halbgeschwister. Die Untersuchung von Feten ließ erkennen, daß die Anlage und das Muster der Follikel beim Embryo in Beziehung zum späteren Haarausfall stehen. Als Ursache des Zusammenhanges zwischen Haarausfall beim Lamm und Jahreszeit werden Tageslänge und Temperatur in Betracht gezogen. J. K. Hinrichsen. 4234.

3-64/11-0295 Doney, J. M.; Edinburgh, Hill Farming Res. Organization. The fleece of the Scottish Blackface sheep. III. The relative importance of the fleece components. **(Das Vlies des Schottischen Schwarzkopfschafes. 3. Mitt. Die relative Bedeutung der Vlieskomponenten.)** J. agric. Sci. **61** (1963) Nr. 1. S. 45-53. — 6 Abb., 5 Tab., 13 Lit. 1. u. 2. Mitt. vgl. LZ. Abt. III **8 1963**) Nr. 12. S. 2528.

Die Zerlegung der Varianzen der verschiedenen Vlieseigenschaften erfolgte mit Hilfe der Berechnung partieller Regressionen nach Henderson und Hayman sowie nach der Pfadkoeffizientenmethode nach Wright und Li. Als Eigenschaften wurden erfaßt: Gesamtwollertrag, mit Wolle bewachsene Körperoberfläche, Wollgewicht je Flächeneinheit, Gewicht jedes einzelnen Wollfasertyps je Flächeneinheit, Zahl der Fasern jeden Types je Flächeneinheit, Durchschnittsgewicht, Länge und Durchmesser der Wollfasern sowie der Markgehalt der einzelnen Haartypen. Die Variation der Wollproduktion wird zu 36% durch die Oberfläche der Tiere und zu 64% durch das Wollgewicht je Flächeneinheit bestimmt. Außer den Varianzkomponenten werden die phänotypischen Korrelationen zwischen den erfaßten Merkmalen in Form von Pfaddiagrammen angegeben. J. K. Hinrichsen. 4234.

3-64/11-0296 Aparicio-Macarro, Juan Bautista. Contribución al estudio de la superficie cuticular („escamas") de la lana. I. Técnica para la observación microscópica. **(Beitrag zu cuticulären Studien an der Wolle-Schuppenuntersuchung. 1. Mitt. Mikroskopisch-technische Beobachtungen.)** Arch. Zootecn. [Córdoba] **12** (1963) Nr. 46. S. 127-142. — 20 Abb., 11 Lit. Zus. in Engl.

Zwei Methoden der Untersuchungstechnik weißer Wolle hinsichtlich der cuticulären Schuppenbildung beim Wollhaar werden zum Vergleich gestellt. Die Methode der Halbeinbettung des Wollhaares in Kanadabalsam wird beschrieben. 20 Originalmikrofotos demonstrieren den spezifischen cuticulären Aufbau verschiedener Wollen. H. Busse. 4236.

3-64/11-0297 Rüdiger, Ch. und Löber, H. **Zum Problem der Hüteordnung.** Tierzucht **18** (1964) Nr. 3. S. 142-146. — 7 Abb., 4 Lit.

Kritische Beobachter der Hütewettbewerbe der vergangenen Jahre kamen zu dem Ergebnis, daß grundsätzliche Unterschiede bei der Durchführung von Leistungshüten und in der Bewertung der gezeigten Leistungen im DDR-Maßstab bestehen. Die 1955 erarbeitete Hüteordnung wird den Anforderungen nicht mehr gerecht und ist damit als Ursache für die fehlende einheitliche Bewertung der Leistungen anzusehen. Als Ergebnis von Beratungen von Leistungshütern und erfahrenen Richtern des Bezirks Magdeburg wird ein

Vorschlag für eine neue Hüteordnung unterbreitet. Diese wird in 2 Teile unterteilt, wobei im ersten Teil die Voraussetzungen für die Durchführung eines Hütewettbewerbs genannt und im zweiten Teil das „Bewertungsschema" mit seinen Erläuterungen angeführt wird. Die Hüteaufgaben werden definiert.
E. Brauns. 4290.

SPEZIELLE KLEINTIERZUCHT

B. ZIEGEN

3-64/11-0298 Soller, M., Laor, M., Barnea, R., Weiss, Y. und Ayalon, N. Polledness and infertility in male Saanen goats. **(Hornlosigkeit und Unfruchtbarkeit bei männlichen Saanen-Ziegen.)** J. Heredity **54** (1963) Nr. 5. S. 237-240. — 3 Tab.
An 110 hornlosen Böcken der Rasse Saanen-Ziege wurden Untersuchungen über Beziehungen des dominanten Faktors für Hornlosigkeit zu Hodenabnormitäten angestellt. Von den Tieren hatten 47 wenigstens einen gehörnten Elternteil (Gr. I), 44 besaßen eine hornlose Mutter und einen heterozygot hornlosen Vater (Gr. II); 19 Böcke hatten eine hornlose Mutter und einen homozygot hornlosen Vater (Gr. III). Die Hoden- und Samenuntersuchungen ergaben, daß die Tiere der Gr. I-III in 0%, 36,4% und 31,5% aller Fälle unfruchtbar waren oder typische Hodenveränderungen aufwiesen. Vff. vertreten den Standpunkt, daß die Unfruchtbarkeit der Saanen-Böcke vermieden werden kann, wenn für Zuchtzwecke nur die Vatertiere verwendet werden, die wenigstens einen gehörnten Elternteil besitzen. K. Löhle. 4566.

C. GEFLÜGEL

3-64/11-0299 Pingel, H. **Die Entwicklung von Großgeflügelzuchten in der Sowjetunion.** Tierzucht 18 (1964) Nr. 2. S. 101-104.
In der SU betrug 1959 der Geflügelbestand 400 Mill. Stück; bis 1961 ist er auf 525 Mill. Stück angestiegen. In gleichem Maße erhöhte sich die Eierproduktion von 25,6 Md. auf 29 Md. Stück. Die Geflügelfleischproduktion stieg im Zeitraum der Jahre 1959-61 von 600000 t auf 858000 t, sie nimmt einen steigenden Anteil an der Gesamtfleischproduktion ein. Voraussetzung für die Erhöhung der Bestände und deren Leistungen ist der Aufbau großer Zuchtbetriebe. Vf. beschreibt im einzelnen den Großbetrieb (Sowchos) Krassni auf der Krim, dessen Gesamtgeflügelbestand 245000 Stück beträgt, davon sind 80500 Lege- und Zuchthennen und 1200 Zuchtputen. Aus der Geflügelzucht konnte ein Reingewinn von Rbl. 332800 erzielt werden. Die Züchtungsarbeit obliegt den wiss. Mitarbeitern des Betriebes. Die Legehybridzüchtung wird auf Grundlage des Russischen Weißen Huhnes durchgeführt, die Masthybridzüchtung basiert auf New Hampshire, Sussex, Plymouth Rock usw.
K. Löhle. 46 01

Hühner

3-64/11-0300 Görner, Lothar. **Die Hühnerhaltung wird Hauptbetriebszweig.** Dtsch. Geflügelwirtsch. **16** (1964) Nr. 15. S. 223-225. — 1 Abb.
1962 wurde in einem 16 ha LN großen landwirtsch. Betrieb im Kreis Kehl eine entscheidende Betriebsumstellung vorgenommen. Der Betrieb wird in Zukunft nur noch zwei Betriebszweige haben, einen verstärkten Mais- und Getreidebau und die Geflügelhaltung. Der Mais- und Getreideanteil wird 75 bis 85% am Ackerland betragen. Rüben- und Kartoffelbau fallen weg, das Grünland wird entweder umgebrochen oder verpachtet. Die Rindviehhaltung fällt später ganz weg. Rindviehstall und Speicherräume sollen in gesunde und zweckmäßige Hühnerställe umgebaut werden. Die Hühnerhaltung wird auf 3000 Hennen ausgedehnt. Das gesamte Betriebseinkommen wird praktisch aus der Geflügelhaltung erzielt. Bei einer Eigenerzeugung von ca. 700 dt

Körnern wird Legemehl zugekauft, so daß je Huhn pro Tag 60-70 g als Körner und weitere 60-70 g als zugekauftes Legemehl verabreicht werden.
U. Hofmann/Dummerstorf. 4608.

3-64/11-0301 Headley, J. C. und Bentz, R. P. The laying flock: A competitive farm enterprise on Midwest farms. **(Die Legeherde: Ein Konkurrenz-Unternehmen auf Mittelwestlichen Farmen.)** Poultry Sci. **43** (1963) Nr. 1. S. 15-24. — 2 Abb., 5 Tab., 7 Lit.
Vff. berichten über eine Analyse der Wettbewerbsfähigkeit von Legeherden in verschieden eingerichteten Farmen des Mittelwestens: Die Eierproduktion im Mittelwesten hängt in absehbarer Zukunft von dem Wettbewerbsvermögen der Legeherde um die notwendigen Hilfsmittel und deren Empfang ab. Bei der Untersuchung wurde die lineare Programmierung bez. der Mittelzuteilung für eine 160 acre bzw. 320 acre große Farm angewandt, und zwar mit dem Ziel der max. Steigerung des Umsatzes entspr. eines bestimmten Aufwandes an Mitteln. Jedes Farmmodell hatte die Möglichkeit, Legeherden (Bodenhaltung) in 3 verschiedenen Größen — also 3 Leistungsstufen — zu halten. Die Herden sollten mit anderen Farmzweigen kombiniert werden. I.allg. waren die größeren Herden wettbewerbsfähiger. Der Herdenumfang, welcher die Erfüllung der Einkommenssteigerung für sich buchen konnte, war dank der verfügbaren AK auf der 160 acre-Farm größer als auf der mit 320 acre. Erstere mußte sich mit Rücksicht auf die Getreideproduktion im Futter einschränken. Planmodelle, die den vollen Einsatz der vorhandenen Kapitalmöglichkeiten erforderten, verkleinerten die Herdengröße, um mit der Schweine- und Rindermast in Wettbewerb treten zu können. Die Schweine waren für die Legeherden der stärkste Kapitalkonkurrent. Bei variablem Betriebskapitalaufwand bestätigte sich die Annahme, daß die Aufnahme einer Legeherde in den Viehbestand mehr Operationskapital als normal beansprucht. Zusätzlicher Betriebskredit wird erforderlich. Die Kreditanforderungen für Stallungen und Innenausstattung stellen Probleme dar, die gelöst werden müssen, wenn die Markteierproduktion auf den Farmen erweitert werden soll. Geflügelwissenschaftler und Landbauökonomen müssen gemeinsam die ökonomische Analyse für die Entwicklung der Technologie der Eierproduktion erarbeiten. Unbeschadet der Entwicklungsrichtung — ob gewerbsmäßige Legeherden auf Farmen oder spezialisierte Eierfabriken — hängt das Gedeihen der Eierindustrie von ihrer Wettbewerbsfähigkeit um die Hilfsmittel ab.
W. Greiner-Petter. 4608.

3-64/11-0302 Kaufman, L. Rasa kur „Polbar". **(Die Hühnerrasse „Polbar".)** Roczniki Nauk rolniczych, Ser. B **82** (1963) Nr. 3. S. 361-374. — 5 Abb., 5 Tab., 8 Lit.
Es wurden Versuche durchgeführt zur Schaffung einer polnischen Hühnerrasse mit unterschiedlicher Gefiederfärbung entspr. dem Geschlecht. Man gewann eine Rasse, bei der die Geschlechtsunterscheidung der Küken unmittelbar nach dem Schlupf keinerlei Schwierigkeiten mehr bereitet. Legeleistung und Fleischproduktion wurden verbessert. Nach einjähriger Selektion wurde die Geschwindigkeit der Befiederung auf dem Rücken wesentlich verbessert. Kreuzungen von Polbar mit Zielononóżka, Sussex und Rhodeländern eignen sich sehr gut für die Broilerproduktion. Die geschaffene Rasse bildet ein günstiges Material für wiss. Forschungen und weist gleichzeitig große ökonomische Vorteile auf. Sie hat folgende Eigenschaften: Körperform ähnelt einem Parallelogramm, Rückenlinie ist horizontal, bei den Hähnen etwas nach hinten geneigt. Junghennen haben dunkles Flaumhaar, Junghähne cremefarbenes oder gelbes. Der Rücken der ausgewachsenen Hennen hat sehr dünne, dunkelgraue Streifen auf hellgrauem Untergrund. Der Hahn ist hell, die Steuer-und Sichelfedern sind deutlich gestreift. Die Reifezeit wurde verringert und die Anfangslegeleistung wesentlich verbessert. Das Körpergewicht im Alter von

10 Wochen stieg von 57/58 auf 60/61. Im nächsten Jahr wurden keinerlei wesentl. Unterschiede im Körpergewicht festgestellt. Das zahlenmäßige Verhältnis von schlecht und gut befiederten Tieren ist bei Hennen und Hähnen unterschiedlich. PRL/CBR. 4630.

3-64/11-0303 Torges, H. G. **Die Auswirkung einer über mehrere Generationen fortlaufenden Selektion von Leghornhennen auf Eiqualitätsmerkmale.** Arch. Geflügelkunde **28** (1964) Nr. 1. S. 69-75. — 4 Abb.
Aus einer größeren Zahl eiqualitätsgeprüfter Hennen wurden zur Einleitung eines Selektionsversuches solche Hennen als Stammtiere ausgewählt, die in einem der Merkmale Eiklarindex, Dotterfarbe und Bruchfestigkeit weit über oder unter dem Gesamtdurchschnitt der Ursprungspopulation lagen. Die Ergebnisse der an 5 Generationen durchgeführten Untersuchungen zeigten, daß die Merkmale Eiklarindex (v.T.) sowie Bruchfestigkeit der Eischale in kg durch entspr. Selektion beeinflußt werden können. Bes. hervorzuheben ist die Tatsache, daß bei diesen Eigenschaften der stufenweise Selektionserfolg stets vom jeweiligen Selektionsdifferential abhängt. Die Dotterfarbe konnte durch züchterische Maßnahmen nicht signifikant beeinflußt werden. K. Löhle. 4655.

3-64/11-0304 Kraszewska-Domańska, B. Badanie nieśności początkowej jako kryterium selekcji kur młódek. **(Untersuchung der ersten Legeleistung als Kriterium für die Selektion der Junghühner.)** Ann. Univ. Mariae Curie-Skłodowske, Sect. A **17** (1962) S. 303-322. — 4 Abb., 3 Tab., 34 Lit. PRL/CBR. 4655.

3-64/11-0305 Marion, W. W., Nordskog, A. W., Tolman, H. S. und Forsythe, R. H.; Ames, Iowa State Univ. of Sci. and Technol. Egg composition as influenced by breeding, egg size, age and season. **(Eizusammensetzung beeinflußt durch Brut, Eiform, Alter und Jahreszeit.)** Poultry Sci. **43** (1964) Nr. 1. S. 255-264. — 9 Abb., 10 Tab.
Eier 3er genetisch unterschiedlicher Leghorn-Linien, charakterisiert durch bes. Eigenschaften — hohe Eiproduktion, bes. große und bes. kleine Eier — wurden über einen Zeitraum von 8 Mon. untersucht auf den Einfluß der einzelnen Linien und Eiform, Eigewicht, prozentualen Anteil an Schale, Eigelb und Eiweiß und deren Dichte sowie auf den prozentualen Gewichtsverlust. Vff. kamen zu dem Ergebnis, daß die genetischen Unterschiede für alle Faktoren — ausgenommen der Dichte des Eigelbes — bestimmend waren und die Eiform mit den meisten Faktoren in Wechselwirkung stand. Die meisten genetischen Variationen in den einzelnen Komponenten seien Covariationen zur Eiform. B. Rempel. 4660.

3-64/11-0306 Opol'śkyj, A. F. Vyvčennja možlyvosti zminy spadkovych oznak u kurej šljachom perelyvannja čužoporodnoï krovi. **(Untersuchungen über die Möglichkeit der Veränderung der erblichen Eigenschaften beim Geflügel durch Transfusion andersrassigen Blutes.)** Dopovidi Akademiï nauk Ukraïnśkoï RSR, Kyïv **1964** Nr. 2. S. 261-263. — 12 Lit. Orig.: ukrain., Ausz.: russ., engl.
Beginnend im Alter von 8-10 Mon. wurde 2mal wöchentl. 5-10 ml Blut von Australorp i.v. und i.m. auf reinrassige Weiße Leghorn und Weiße Rock übertragen. Insgesamt erhielt jede Henne 230-280 ml Blut. In der 1. und 2. Generation konnten keine Veränderungen der Gefiederfarbe oder anderer morphol. Eigenschaften festgestellt werden. Bei den als Rezipienten dienenden Hennen wurde im Vergleich zu den Kontrollhennen eine Erhöhung der Legetätigkeit festgestellt. Diese Erscheinung war nicht erblicher Natur. H. Pingel. 4660

3-64/11-0307 Dorn, M.; Merbitz, Inst. für Geflügelwirtsch. **Hinweise zur Kükenaufzucht.** Tierzucht **18** (1964) Nr. 3. S. 156-158.

Alljährlich muß in Abstimmung mit dem Brutplan bzw. den Terminen des Kükenzukaufs die Belegung der Ställe festgelegt werden. Bei der Einrichtung ist bes. Wert auf eine gut gepflegte Einstreu zu legen, wobei die Tiefstreu- und Altstreuverfahren sich gleichermaßen bewährt haben. Die Besatzdichte je m^2 wird bei Stallaufzucht für geschlechtssortierte Küken für die 1.-4. Woche mit 15-18, für die 5.-10. Woche mit 10-12 und für unsortierte Küken für die 1.-4. Woche mit 20-25 und die 5.-10. Woche mit 10-12 angegeben. Die Küken stellen an das Stallklima bes. hohe Anforderungen. In zentralen Aufzuchthäusern ist neben der Beachtung der Wärmedämmung grundsätzlich Zwangsbelüftung zu fordern. Temperatur, Lüftung und Luftfeuchtigkeit müssen aufeinander abgestimmt sein. Der Bedarf an Nährstoffen in der Aufzuchtperiode ist durch eine Fütterung mit folgenden Qualitätsmerkmalen gedeckt: Rohprotein 16%, Gesamtnährstoffe 68%, Rohasche max. 8% und Rohfaser max. 7%. Das für die Kükenaufzucht 1964 hergestellte Alleinfutter enthält 12% Eiweißkonzentrat, 3% Hefe, 1% Wirkstoffmischung und eine höhere Vitaminierung. Als Futternorm bis zur 10. Woche gelten bei leichten Rassen 3,0 kg und bei mittelschweren Rassen 4,0 kg. Das Mindestgewicht der Tiere soll zu diesem Zeitpunkt 650 bzw. 850 g betragen. U. Hofmann/Dummerstorf. 4667.

3-64/11-0308 Panda, N. C. Old versus new litter for raising chicks. **(Altstreu und frische Einstreu in der Kükenaufzucht.)** Indian veterin. J. **41** (1964) Nr. 1. S. 32-35. — 2 Tab., 7 Lit.

Um das Problem Altstreu — frische Einstreu untersuchen zu können, wurden 2 Gruppen von je 123 1 Mon. alte Rote-Rhodeländer-Hahnenküken von der 5.-10. Lebenswoche auf Sägespäne-Altstreu bzw. auf frischen Sägespänen gehalten. Die Küken waren bis zum Versuchsbeginn in Batterien mit Drahtböden aufgezogen worden. Ausgangsgewicht, Fütterung und Haltung waren in jeder Gruppe gleich. Auf der mit Coccidien-Oocysten angereicherten Altstreu trat Coccidiose und durch diese begünstigt Kannibalismus auf. Während in der Altstreu-Gruppe 8 Küken an Coccidiose verendeten, waren in der anderen Gruppe nur 2 Todesfälle unspezifischer Natur zu verzeichnen. Im Alter von 8 Wochen wurden beide Gruppen mit Sulfamethazin gegen Coccidiose behandelt und die Schnäbel kupiert. — Das durchschnittl. Lgw. der Küken mit 4, 6, 8 und 10 Wochen betrug bei der Altstreu-Gruppe 253 g, 351 g, 400 g und 850 g, bei der anderen Gruppe 253 g, 387 g, 537 g und 851 g. Von der 4.-8. Lebenswoche wurden für 1 kg Zunahme in der Altstreu-Gruppe 15,8 kg, in der anderen Gruppe jedoch nur 8 kg Futter benötigt. Die entspr. Zahlen für die 8.-10. Lebenswoche sind 4,9 kg bzw. 6,24 kg Futter. — Vf. schlußfolgert, daß die Aufzucht von Küken auf Altstreu ohne präventive Maßnahmen gewagt ist. Altstreu und Coccidiosebehandlung der Küken sei vergleichbar mit frischer Einstreu. Die Aufzucht auf Altstreu ist auf Grund des geringeren Arbeits- und Kostenaufwandes jedoch bedeutend billiger.

K. Vogel. 4667.

3-64/11-0309 Heisdorf, A. **Erfahrungen mit der rekurrenten reziproken Selektion in der Geflügelzucht.** Tierzüchter **15** (1963) Nr. 18. S. 677-678.

In den USA wurde ein Zuchtverfahren entwickelt, bei dem die Selektion auf Grund von Kreuzungsleistungen das optimale Zuchtsystem für Eigenschaften mit Hybridwirkung darstellt, genannt „Rekurrente Reziproke Selektion" (RRS). Zur Kontrolle der RRS wurden 2 Linien geschaffen, die auf der Grundlage der Reinzuchtleistung selektiert wurden, wobei die Selektionsrate sowohl bei der RRS-Linie als auch der Kontrollinie ungefähr gleich war. Im Ergebnis wurde in der Eiproduktion der durch RRS gezüchteten Tiere gegenüber den Kontrollkreuzungen ein wesentlicher Fortschritt erzielt. Die Wirksamkeit der RRS konnte auch auf Geflügelfarmen der USA, Kanadas und Mexikos durch einen Anstieg der Schlupfzahlen nachgewiesen werden.

E. Lippmann. 4669.

3-64/11-0310 Kołataj, A. Badania nad niektórymi cechami użytkowymi u kur w związku z heterozja. **(Untersuchungen über einige Nutzeigenschaften der Hühner in Verbindung mit Heterosis.)** Roczniki Nauk rolniczych, Ser. B 83 (1963) Nr. 2. S. 247-257. — 5 Tab., 38 Lit.
Untersucht wurden Weiße Leghorn, Rote Rhodeländer sowie deren Kreuzungen. Alle Tiere wurden in 4 Gruppen eingeteilt: Gr. I — Reinrassige Leghorn; Gr. II — Reinrassige Rhodeländer; Gr. III — Kreuzung I (Leghorn-Hahn × Rhodeländer-Henne); Gr. IV — Kreuzung II (Rhodeländer-Hahn × Leghorn-Henne). Untersucht wurden: 1. Lgw. mit 3 Mon. bei Hennen und Hähnen, später nur bei Hennen, 2. Lgw. bei Eintritt der Geschlechtsreife, 3. Zeitraum bis zur Erlangung der Geschlechtsreife, 4. Eigewicht, 5. Gewicht des ersten Eies, 6. Anzahl Eier in der Winterlegeperiode. Untersucht wurde die Heterosis in bezug auf a) Gewicht mit 3 Mon., b) Legeleistung im Winter, c) Gewicht der Eier im Winter. Es wurde keine Heterosis in bezug auf das Lgw. bei Erreichung der Geschlechtsreife und in bezug auf das Gewicht des ersten Eises festgestellt. PRL/CBR. 4669.

3-64/11-0311 Głuchowski, W., Lorkiewicz, M. und Maciejowski, J. Przydatność polbarów w krzyżówkach z innymi rasami do produkcji broilerów. Cz. I. Zródła zmienności cięża ru ciała mieszańców w wieku 10 tygodni. **(Die Eignung des „Polbar"-Huhns für Kreuzungen mit anderen Rassen zur Broilerproduktion. 1. Mitt. Die Ursachen für die Veränderlichkeit des Körpergewichts der Hybriden im Alter von 10 Wochen.)** Roczniki Nauk rolniczych, Ser. B 82 (1963) Nr. 3. S. 437-449. — 3 Tab., 13 Lit.
Vff. schreiben die negative Bewertung der Variationskomponenten des Lgw. im Alter von 10 Wochen der zu geringen Anzahl von Versuchstieren zu. Die Komponente $\sigma_0^2 = 0$ zeugt von einer fehlenden Verbindung zwischen Körper und Geschlecht. Die Komponenten ^2_c und ^2_d zeugen von dem hohen Grad der Homozygotie unter den Eltern, die für die Produktion der Kreuzungen verwendet werden und in diesem Zusammenhang für die geringe genetische Veränderung. Das gibt die Garantie einer systematischen Gewinnung einer günstigen Heterosis, von der das durchschnittl. Lgw. der Kreuzungen zeugt. Mit 10 Wochen bringen Kreuzungen mit Zielononóżka, Leghorn und Rhodeländern mit großer Wahrscheinlichkeit bei ähnlichen Umweltbedingungen gleiche Durchschnittsgewichte. PRL/CBR. 4669.

3-64/11-0312 Głuchowski, W., Lorkiewicz, M. und Maciejowski, J. Przydatność polbarów w krzyżówkach z innymi rasami do produkcji broilerów. Cz. II. Analiza szybkości opierzania sie oraz zdolności wykorzystania paszy u mieszańców do wieku 10 tygodni. **(Die Eignung des „Polbar"-Huhns für Kreuzungen mit anderen Rassen zur Broilerproduktion. 2. Mitt. Die Schnelligkeit der Befiederung und die Futterverwertung der Hybriden bis zum Alter von 10 Wochen.)** Roczniki Nauk rolniczych, Ser. B 82 (1963) Nr. 3. S. 451 bis 466. — 1 Abb., 7 Tab., 15 Lit. 1. Mitt. vgl. vorst. Ref.
Kreuzungen aus Polbar-Huhn mit anderen Rassen bringen Tiere mit guter Wachstumsintensität. Die Futterverwertung je kg Zunahme erwies sich als sehr günstig (∅ 3002,2 g mit Schwankungen von 2904,2-3299,7 g). Am günstigsten erwies sich eine Kreuzung aus Zielononóżka ♂ × Polbar ♀ (höchstes Lgw. mit 10 Wochen, unterdurchschnittlicher Futterverbrauch, beste Befiederung, höchster Prozentsatz exportfähiger Tiere). Auf Grund der Nachkommenschaft in den verschiedenen Kreuzungen erfolgt die Befiederung der Polbar-Hühner noch nicht schnell genug. In einigen Fällen wurde festgestellt, daß im Genotyp das Gen der schnellen Befiederung mit dem Geschlecht gekoppelt ist. Bei Hennen wurde eine positive, statistisch feststellbare Abhängigkeit zwischen der Befiederung im Alter von 10 Tagen und dem Grad der Befiederung des Rückens im Alter von 8 Wochen ermittelt. Zwischen dem Befiederungszustand im Alter von 10 Tagen und 8 Wochen und dem Lgw. der

Hennen und Hähne mit 10 Wochen konnte keine Beziehung festgestellt werden. Die Handelsklasse hing ab vom Befiederungsgrad des Rückens der Hähne im Alter von 8 Wochen. PRL/CBR. 4669.

3-64/11-0313 Coleman, J. W., Siegel, H. S. und Krause, G. F.; Blacksburg, Virginia Polytechn. Inst. Initial internal temperature changes of incubating eggs. **(Zeichen innerer Temperaturschwankungen bei inkubierten Eiern.)** Poultry Sci. **43** (1964) Nr. 1. S. 205-208. — 2 Abb., 2 Tab.
Vff. beschäftigen sich mit Temperaturschwankungen in befruchteten Eiern während der ersten 3 Std. der Inkubation. Eier der Rasse Weiße Leghorn erreichen eine höhere Temperatur als die von White Rock und Puten. Man fand signifikante Wechselwirkungen zwischen Eigewicht und der Zunahme der Temperaturveränderung. Das Eigewicht hat mehr Einfluß auf die Temperaturänderung als die Schalendicke. Kombiniert man Schalendicke und Eigewicht, so beweisen die Werte eine größere Proportion der totalen Variation in den unbefruchteten Eiern als in den befruchteten. B. Rempel. 4674.

3-64/11-0314 Fofanova, K. A.; Moskau, Inst. für Exp. Biol. der Akad. der Med. Wiss. der UdSSR. Morfologičeskie dannye o polispermnom osemenenii u kur. **(Morphologische Ergebnisse über die Polyspermie beim Huhn.)** Žurnal obščej biologii, Moskva **25** (1964) Nr. 1. S. 22-38. — 6 Abb., 3 Tab., 31 Lit.
Es wurde die Entstehung von Nebenkernen in Keimscheiben in den ersten Stunden nach der Ovulation untersucht. Es konnten 3 Stufen der Entwicklung der Nebenkerne unterschieden werden: 1. Bildung der Kerne aus Spermatozoen (15 Min. bis 1 Std. 30 Min. nach Ovulation), 2. mitotische und amitotische Teilung der Kerne (2.-5. Std. nach Ovulation) sowie 3. Zerlegung der Kerne in Bruchstücke (vom Stadium mit 4-8 Blastomeren bis zum Stadium mit 100-200 Blastomeren). Diese Zerteilung in Bruchstücke wird als aktive Teilnahme an der Resorption des Dotters angesehen. Die Entwicklung des Embryos hängt von der Anzahl an Nebenkernen und Spermatozoen ab. Die plötzliche Senkung der Anzahl an Nebenkernen und Spermatozoen in der Keimscheibe führte zur atypischen Keimentwicklung. H. Pingel. 4677.

3-64/11-0315 Sandfort, A.; Unna-Königsborn, Lehr- und Versuchsanst. für Kleintierzucht. **Produktionskosten in der Junggeflügelmast.** Tierzüchter **15** (1963) Nr. 21. S. 784-787.
Bei der bestehenden Marktordnung für Geflügelfleisch wird mit den Erzeugerpreisen nicht überall ein kostendeckender bzw. ertragsichernder Erlös erzielt. Unter diesen Umständen hängt die Rentabilität der Junggeflügelmast von der Kostenstruktur des einzelnen landwirtsch. Betriebes ab. Vf. demonstriert an einem Beispiel die Struktur der Produktionskosten für 8 Wochen altes Jungmastgeflügel. Hierbei werden die verschiedenen Kostenarten nach Erfahrungs- und Mittelwerten angesetzt. Als Berechnungsgrundlage dient eine Produktionseinheit mit 1000 Tieren. Bei einem Endgewicht je Tier von ∅ 1,3 kg werden eine Futterverwertung von 1:2,3 und 3% Aufzuchtverluste zugrunde gelegt. Es wird mit 5 Aufzuchten pro Jahr gerechnet. Die Gesamtkosten je Tier betragen DM 3,90 und je 1 kg Lgw. DM 2,50. Unter vergleichbaren Bedingungen belaufen sich diese Kosten in Holland auf DM 2,01 bzw. DM 1,55 und in Belgien auf DM 2,22 bzw. DM 1,71. In dem gesamten Kostengefüge stellen das Tierkapital mit 24,68% und die Futterkosten mit 55,15% die Hauptkostenarten dar. F. Häseler. 4690.

3-64/11-0316 Folvarčný, B. Úvahy nad výsledky kontrolní porážky. **(Betrachtungen zu den Ergebnissen von Kontrollschlachtungen von Masthähnchen.)** Průmysl Potravin **14** (1963) Nr. 10. S. 522-523. — 5 Tab., 2 Lit.
Umfassende Schlachtungen mit genauen Untersuchungen der Fleischqualität u.a. ergaben, daß eine vorzeitig beendete Mast (ca. 0,75 kg Lgw.) nicht wünschenswert erscheint, weil das Geflügel dann noch nicht schlachtreif ist und

sich bedeutend schlechter verarbeiten läßt. Es fallen viel ungenießbare Körperbestandteile an, das Fleisch ist nicht so gut usw. Deshalb empfiehlt es sich, die Hähnchen leichter Rassen bis zur vollen Schlachtreife zu mästen.
ČSSR/ÚVTI. 4690.

3-64/11-0317 Tot, M.; Gödöllö, Ungarn, Inst. für Kleintierzucht. Ispytanie zarubežnych linij kur dlja proizvodstva brojlerov. **(Die Prüfung ausländischer Mastlinien für die Broilerproduktion.)** Pticevodstvo, Moskva **1963** Nr. 11. S. 16-18. – 2 Abb., 6 Tab.
Es wurden verschiedene Herkünfte verglichen, und zwar Masthybriden der Firma Lohmann (BRD), Cornish × White Rock (Holland) sowie White Rock (Holland) × New Hampshire (Österreich). Darüber hinaus wurden ein ungarisches Mischfutter und ein Mischfutter der Firma Lohmann eingesetzt. Beide Futtermischungen unterschieden sich nur wenig im Nährstoffgehalt, allerdings enthielt das ungarische Futter kein Carotin. Das höchste 9-Wochen-Gewicht erzielten die Masthybriden von Lohmann mit 1350 g bei Lohmann-Futter und mit 1225 g bei ungarischem Futter. Die Rohverwertung betrug 2,78 bzw. 2,74 kg. Gute Ergebnisse wurden auch mit der Kreuzung Cornish × White Rock erzielt, und zwar erreichten diese Tiere ein 9-Wochen-Gewicht von 1238 g bei Lohmann-Futter und von 1027 g bei ungarischem Futter. Die Rohverwertung lag bei 2,82 bzw. 3,0 kg. H. Pingel. 4690.

3-64/11-0318 Enese, L. und Roskoványi, E. A baromfihus-termelés átszámitása számosállatra. **(Umrechnung der Geflügelfleischerzeugung auf Großvieheinheiten.)** Gazdálkodás [Bewirtschaftung] **7** (1963) Nr. 1. S. 59-62. – Aus: Ung. Agrar-Rdsch. **1964** Nr. 2. 4700.

3-64/11-0319 Scholtyssek, S.; Stuttgart-Hohenheim, Landwirtsch. Hochschule, Inst. für Tierzucht. **Vorschlag zur objektiven Bewertung von Jungmasthühner-Schlachtkörpern.** Arch. Geflügelkunde **27** (1963) Nr. 6. S. 461-472. – 7 Tab., 5 Lit. Zus. in Engl.
Vf. berichtet über die Eignung verschiedener Merkmale für eine objektive Beurteilung des Hühnerschlachtkörpers und leitet daraus ein Beurteilungssystem ab. Folgende Merkmale des Hühnerschlachtkörpers können objektiv eingestuft werden: 1. die Ausgeglichenheit durch s% der Rumpfgewichte, 2. die Schlachtausbeute, 3. der Knochenanteil durch das prozentuale Tibiagewicht, 4. die Brustfleischmenge durch den Fleischspiegel und durch die Brustkiellänge. Mit Hilfe der Parameter einer Normalverteilung werden auf Grund des Mittelwertes und der Standardabweichung, die für jedes Merkmal des zur Beurteilung vorliegenden Tiermaterials berechnet werden, die Klassengrenzen festgelegt. Bei der Beurteilung der Merkmale wird nicht von den abs. Werten, sondern von einem Fünf-Punktesystem ausgegangen. Das Durchschnittsniveau (m + 0,53 bis m – 0,53) wird mit 3 Punkten klassifiziert, die besseren Prüfungsgruppen (m + 0,53 bis m + 1,53 und darüber) erhalten 4 und 5 Punkte und die geringeren Gruppen 2 und 1 Punkte. Nach diesem Bewertungssystem erfolgt die Beurteilung der Schlachtkörperqualität nach dem Durchschnittsniveau des jeweils vorliegenden Tiermaterials. Die Zusammenfassung der für die 4 objektiven Merkmale vergebenen Noten zu einer Gesamtpunktzahl bleibt weiteren Untersuchungen vorbehalten. Die Untersuchungen haben ergeben, daß man die Schlachtkörperqualität von Jungmasthühnern nach Geschlechtern und Alters- bzw. Gewichtsklassen getrennt beurteilen sollte.
F. Häseler. 4700.

3-64/11-0320 Kirkpatrick, H. R., Young, J. A. und Rutherford, A. A. The experimental flock size factor and the number of replications required in certain broiler experiments. **(Der Einfluß der Herdengröße und der Anzahl der Wiederholungen auf die Gewinnung zuverlässiger Versuchsergebnisse bei Broi-**

lern.) Res. exp. Rec. Ministry Agric. Northern Ireland **12** (1962) Nr. 1. S. 55 bis 62.

Es sollte festgestellt werden, in welchem Maße die Gewichtsentwicklung der Broiler durch die Herdengröße beeinflußt wird. Gleichzeitig sollte ermittelt werden, wieviel Wiederholungen bei unterschiedlicher Herdengröße notwendig sind, um Unterschiede in der Gewichtsentwicklung als statistisch gesichert zu bestimmen. Unter gleichen Umwelt-, Haltungs- und Fütterungsbedingungen wurden in je 4 Wiederholungen jeweils 300 bzw. 20 Broiler je Abteil bis zur 10. Woche gemästet. Die Unterschiede in der Gewichtsentwicklung zwischen den Gruppen sind statistisch nicht gesichert. Bei einer Signifikanz von 5% sind für Gruppengrößen von 20-300 Tieren zwei Wiederholungen notwendig, um einen Gewichtsunterschied von 3 oz. als gesichert zu betrachten. Um einen Unterschied von 2 oz. als gesichert zu ermitteln, sind zwei Wiederholungen mit 20 Tieren je Bucht notwendig. Für einen gesicherten Unterschied von 1 oz. sind ca. 20 Wiederholungen mit 20 Tieren je Bucht bzw. 12 Wiederholungen mit je 300 Tieren pro Bucht erforderlich. F. Häseler. 4700.

3-64/11-0321 Šigaeva, M. L. Ritmičnost' jajcekladki kur i povyšenie ich produktivnosti. **(Der Legerhythmus der Hennen und die Erhöhung ihrer Leistung.)** Pticevodstvo, Moskva **1963** Nr. 11. S. 14-15. — 1 Abb., 2 Tab.

An Hennen der Rasse Russische Weiße aus einem Aprilschlupf wurden in der Winter-Legeperiode die Zahl und die Länge der Legeserie sowie der Legepausen ermittelt. Je höher die Legeleistung, desto länger und häufiger die Serien und desto kürzer und geringer die Pausen. Um die Legeserien zu verlängern, ist eine Selektion der Hähne auf Grund der Nachkommenleistung erforderlich. Die Erhöhung der Serienlänge bringt keine Verringerung des Ei- und Körpergewichts mit sich. Unter guten Fütterungsbedingungen ist der Selektionserfolg größer. H. Pingel. 4700.

3-64/11-0322 Steinke, L. **Über den Einfluß von Erschütterungen auf die Brutfähigkeit von Hühnereiern.** Arch. Geflügelkunde **28** (1964) Nr. 1. S. 57 bis 68. — 7 Tab.

Die Erfahrungen der Praxis und zahlreiche Versuche haben gezeigt, daß das Eimaterial vor Erschütterungen geschützt werden muß, um Verletzungen der Eischale zu verhindern, durch die Keime in das Ei eindringen und Fäulnisprozesse hervorrufen können. Aber auch ohne Verletzung der Kalkschale besteht die Möglichkeit, daß am stumpfen Ende des Eies Beschädigungen der inneren Schalenhaut auftreten, die „wandernde Luftblasen" zur Folge haben. Die Bruttauglichkeit solcher Eier ist sehr stark herabgesetzt. Nach einer kurzen Besprechung der diesbezüglichen Literatur bringt Vf. die Ergebnisse eigener Untersuchungen. Frische und ältere normal gelagerte Hühnereier wurden vertikalen Schwingungen bestimmter Frequenzen und Amplituden (Rütteltisch) ausgesetzt. Dabei zeigte sich, daß Schwingungen mit Amplituden unter 0,04 mm wirkungslos auf das Brutergebnis blieben, sofern sie vor der Einlage in die Brutapparate auf die Eier einwirkten. Schwingungen mit größeren Amplituden vor der Einlage beeinträchtigten schon bei geringen Frequenzen den Schlupferfolg. Eier, die Erschütterungen mit 15-45 Hertz und $\pm$ 0,1 mm bis 1,0 mm Amplituden am 1. bis 12. Bruttag ausgesetzt waren, wurden mehr oder weniger stark beeinträchtigt. Bes. 3 und 6 Tage lang bebrütete Eier zeigten Störungen in der Embryonalentwicklung. Länger als 12 Tage bebrütete Eier wurden in ihrer Schlupffähigkeit in keinem Fall geschädigt. K. Löhle. 4700.

3-64/11-0323 Kamar, G. A. R., und Samt, S. M.; Giza, Univ. of Cairo, Fac. of Agric. The effect of wing-cutting on chick's growth. **(Der Einfluß des Flügelkupierens auf das Kükenwachstum.)** Poultry Sci. **43** (1964) Nr. 1. S. 197-200. — 1 Abb., 1 Tab., 3 Lit.

Da die Schwungfedern einen nicht unerheblichen Anteil der Nährstoffe für ihre Entwicklung verbrauchen, verglichen Vff. an 2 Gruppen von insgesamt je 350 Baladi- und Fayomi-Küken, inwieweit das Kupieren des Flügels kurz vor dem Ellenbogengelenk 1 Tag nach dem Schlupf das Wachstum und die Zunahme der Küken in den ersten 12 Wochen verbessert. Die amputierten Küken beider Rassen wuchsen von der 4. Woche an besser und wogen im 12-Wochen-Alter 118 g (125 %) mehr als die Kontrolle. Auch der Fleischanteil ihrer Schlachtkörper lag um 7% (78 g) höher, das entsprach einer um 52% größeren Ausbeute. Die Verluste stiegen durch das Kupieren nicht an. Sie betrugen bei den leichteren Baladi mit 13% weniger als bei den Fayomi (23%). Die Unterschiede im Körpergewicht zwischen beiden Rassen waren in den behandelten Gruppen geringer — zugunsten der Baladi. Die Auswirkungen auf die Legeleistung sollen später untersucht werden. C. Engelmann. 4700.

3-64/11-0324 Kidwell, Margaret G., Nordskog, A. W. und Forsythe, R. H. Variation among commercial strains of chickens in loss of egg albumen quality. **(Die Variation des Qualitätsverlustes des Eiweißes zwischen Gebrauchslinien bei Hühnern.)** Poultry Sci. **43** (1964) Nr. 1. S. 38-42. — 4 Tab., 13 Lit.

Vff. analysierten die Haugh-Einheiten (HE) von Hühnereiern, die in der Hühnerleistungsprüfung von Iowa 1959 und 1961 von Hennen im Alter von 210, 240, 300 und 400 Tagen gemessen wurden. Nach 7 Tagen (1959) bzw. 21 Tagen (1961) Lagerung der Eier bei 58 °F waren die Differenzen im Abfall der HE zwischen den 16 Hühnerlinien nicht signifikant. Signifikante Differenzen in den HE zwischen den Linien ergaben sich für frische und 7 Tage gelagerte Eier. Die Wiederholbarkeiten zwischen den an verschiedenen Orten geprüften Linien waren bei frischen Eiern für HE am höchsten und für HE-Abfall am niedrigsten. Eine genetische Bedingtheit des HE-Abfalles konnte nicht nachgewiesen werden. A. Schaaf. 4700.

3-64/11-0325 Völker, L. und Bürke, R. P.; Cuxhaven-Groden, Fa. Lohmann & Co., Forsch.-Lab. für Tierernähr. **Über die Beeinflussung der Eidotterfarbe durch verschiedene Xanthophyllträger im Legehennenfutter.** Züchtungskunde **36** (1964) Nr. 3. S. 121-141. — 9 Abb., 2 Tab., 29 Lit. Zus. in Russ., Engl., Franz.

Es sollte überprüft werden, welche Farbstoffträger bzw. deren Kombinationen unter möglichst geringem Kostenaufwand eine gute Eidotterpigmentierung ermöglichen. An 6 × 10 Hennen wurde in 4 Farbstoff-Fütterungsperioden diese Frage untersucht. Die Beurteilung der Eidotterfarbe erfolgte durch visuellen Vergleich mittels Farbfächer als auch durch die colorimetrische Bestimmung des Pigmentgehalts. Gelbfärbung und Pigmenteinlagerung waren vom Carotinoidgehalt des Futters abhängig. Bei alleinigem Vorhandensein von vorwiegend gelbfärbenden Carotinoidträgern (Mais und Luzernegrünmehl) konnte der Farbfächerwert nicht über 6,5-6,9 gesteigert werden. Erst der Zusatz von orangefärbenden Farbstoffträgern, wie Paprika und Annattomehl, erzielte Farbfächerwerte zwischen 7 und 8, die den Wünschen des Konsumenten entsprechen. Am günstigsten wirkte sich dabei ein Trockenfutter aus, das 30% Gelbmais, 3% Luzernegrünmehl und 0,15% Paprika enthielt.
H. Jung/Dummerstorf. 4700.

3-64/11-0326 Jakab, B. O. A new measuring apparatus to demonstrate sectional curvature of the egg shell in per cent. **(Ein neues Gerät zur Messung der prozentualen Krümmung der Eischale.)** Acta zool. Acad. Sci. hung. **9** (1963) Nr. 3/4. S. 277-291. — Aus: Ung. Agrar-Rdsch. **1964** Nr. 2. 4700.

3-64/11-0327 Bruynooghe, D. **Der Einfluß der Kokzidiose auf die Wirtschaftlichkeit der Legehennenhaltung.** Dtsch. Geflügelwirtsch. **16** (1964) Nr. 17. S. 257-259. — 4 Abb.

Die Verwendung von Coccidiosemitteln hat die Blinddarmcoccidiose stark eindämmen können, die Dünndarmcoccidiose führt in einer etwas veränderten Form zu wirtschaftlichen Rückschlägen. Die Seuche stellt sich weniger unter der akuten als unter der schleichenden Form dar. Der französische Tierarzt Montlaur führte Untersuchungen an 64500 Legehennen, 12-14 Mon. alt, in 203 Betrieben durch. Nach den berechneten Legekurven wurden 4 Typen festgelegt. Von 77 Herden wurde ein Legeabfall festgestellt, der zwischen 0 und 28% schwankt, bezogen auf gesunde Stämme mit den gleichen Betriebsverhältnissen. Der Futterverbrauch und der Abgang in der Legezeit waren in den erkrankten Beständen zwangsläufig höher, zwischen Coccidiose und Neurolymphomatose oder „Marekscher Lähme" wurde ein positiver Zusammenhang gefunden. Montlaur kommt zu folgenden Schlüssen: 1. Die Folgeerscheinungen der Coccidiose-Erkrankungen sind um so schwerwiegender, je mehr die Betriebsverhältnisse zu wünschen übrig lassen. 2. Die Produktion wird fühlbar verringert, und die Behandlungskosten erhöhen sich bei Vernachlässigung der therapeutischen Behandlung mangels einer richtigen Diagnose.

U. Hofmann/Dummerstorf. 4710.

3-64/11-0328 Meyer, W. **Die Mareksche Hühnerlähme und die Leukose – zwei Viruskrankheiten.** Garten u. Kleintierzucht, Ausg. B 2 (1963) Nr. 16. S. 4-5.; Nr. 17. S. 4. – 12 Abb. 4710.

3-64/11-0329 Schliesser, Th. **Zur Frage der Verbreitung und Bedeutung der Geflügeltuberkulose.** Festschr. Wiener tierärztl. Mschr. **1964** S. 193-203. – 3 Abb., 3 Tab. 4710.

3-64/11-0330 Wischnjakow, J. und Georgieff, B. **Die Wirkung von Piperazinsalzen bei der Dehelminthisation von Hühnern.** Wiener tierärztl. Mschr. **51** (1964) Nr. 3. S. 175-184. – 3 Tab. 4710.

3-64/11-0331 Kölbl, O. **Nachweis der Vibrionenhepatitis bei Hühnern in Österreich.** Wiener tierärztl. Mschr. **51** (1964) Nr. 3. S. 165-170. 4710.

Enten

3-64/11-0332 Lancaster, F. M.; Newport, Shrops., England, Nat. Inst. of Poultry Husbandry. The inheritance of plumage colour in the common duck. **(Die Vererbung der Gefiederfärbung bei der Hausente.)** Bibliogr. genetica ['s-Gravenhage] **19** (1963) Nr. 4. S. 317-404. – 19 Abb., 28 Tab., 74 Lit. In dieser ausführlichen Darstellung beschreibt Vf. im 1. Kap. die beiden multiplen – autosomalen Allelenserien, die bisher bei Enten bekannt sind. Beide verändern die Wildfarbe so, daß diese noch erkennbar bleibt. Es sind, nach der Dominanz geordnet, 1. eingeschränkt wildfarbig (restricted mallard = M^R) > wildfarbig (mallard = M) > schwärzlich oder dunkel wildfarbig (dusky = m^d). Die 2. Serie ist neu: Dunkler Typ (dark phase = Li) > heller Typ (light phase = li) > Harlekintyp (harlequin phase = li^h). Die Besonderheiten jedes Allels in bezug auf das Daunenkleid und Erwachsenengefieder werden geschildert. Als Beispiel für M^R dient die Rasse Silber Appleyard, für M die Wildente, Rouen und Braune Decoy, für m^d die Khaki Campbell; für Li die Wildente und Rouen, für li die Silber Appleyard und für li^h die Welsh Harlequin-Ente und Hunters ‚helle Wildente'. li und li^h bewirken eine zunehmende Aufhellung des Gefieders, nur der rote Brustlatz des Erpels vergrößert sich von Li über li zu li^h. Rezessives Weiß liegt an anderem locus und gehört nicht zu dieser Aufhellungsserie. Die Manifestation ändert sich je nach dem Zusammentreffen mit den einzelnen Gliedern der anderen Allelenserie (M^R-M-m^d). Der Erbgang wurde im einzelnen durch Kreuzungsergebnisse geklärt und der Einfluß eines Verdünnungsfaktors für Braun (d) untersucht. Im 2. Kap. werden 3 Verdünnungsfaktoren beschrieben, die sich am Faktorenpaar E-e (ganzflächig schwarz–teilweise schwarz) auswirken: der Blau- (G),

Braun- (*d*) und der neue Rötlichgelb-Verdünnungsfaktor (*bu*). Für *G* und *d* gibt es entspr. Faktoren bei der Moschusente, von denen der Blaufaktor aber an anderer Stelle sitzt. Ein Crossing-over gab es zwischen *d* und *bu* bisher nicht. Aus 45 Kreuzungen wurden in 6 Jahren 1712 Entenküken gezogen und die Vorstellungen über die genetischen Vorgänge überprüft. Das 3. Kap. beschäftigt sich mit der Vererbung von Weiß und der weißen Abzeichen wie „weißer Brustlatz" (bib = *S*), „weiße Handschwingen" (*w*), „Laufentenfärbung" (*R*) sowie mit dem Einfluß modifizierender Gene. Dabei werden auch die verschiedenen Formen von Weiß erörtert (rezessives, dominantes, komplementäres, Albinismus). C. Engelmann. 4960.

3-64/11-0333 Staško, J. und Mardiak, J. Striedavé úžitkové kríženie kačíc plemena pekinského s plemenom Khaki-Campbell. II. Pohlavná dospelost a znáška. **(Wechsel-Gebrauchskreuzung von Pekingenten mit Khaki-Campbell-Enten. 2. Mitt. Geschlechtsreife und Legeleistung.)** Živočišná Výroba **8(36)** (1963) Nr. 9. S. 565-570. — 3 Tab., 16 Lit. Zus. in Russ., Dtsch. 1. Mitt. vgl. 3-64/09-0346.

In 3 jährigen Versuchen mit der reziproken Wechselkreuzung wurde festgestellt, daß den geringsten Prozentsatz von Verlusten die Kreuzungstiere mit vorwiegend Pekingenten-Blut aufwiesen. Diese Kreuzungen hatten auch den kleinsten Prozentsatz abgestorbener Embryonen und den höchsten Anteil von aus befruchteten Eiern ausgeschlüpften Küken. Bei den reziproken Kreuzungen waren die Ergebnisse weniger günstig, und der Prozentsatz der verendeten Küken war höher als bei den reinblütigen Kontrollenten. Von beiden Elternrassen wies die Pekingente die besseren Resultate auf. Im Vergleich mit dem Durchschnittswert der geschlechtlichen Reife bei beiden Elternrassen beschleunigt sich bei den einfachen Kreuzungen die Geschlechtsreife mäßig, während sie sich bei der weiteren Kreuzung verlangsamt. Die höchste Steigerung der Eierproduktion wurde ebenfalls bei den einfachen Kreuzungen festgestellt, aber auch bei den übrigen Kreuzungen war das Gelege höher als der Durchschnitt bei beiden Elternrassen. ČSSR/ÚVTI. 4965.

3-64/11-0334 Boguš, A. A.; Beloruss. Forsch.-Inst. für Veterinärmed. Utki v rybchozach. **(Enten in Fischereibetrieben.)** Pticevodstvo, Moskva **1963** Nr. 11. S. 10-11. — 1 Abb., 3 Tab.

Die Haltung der Enten auf Karpfenteichen verdoppelte die Karpfenerträge. Auf 1 ha Wasserfläche werden 200-250 Zuchtenten gehalten. Im Winter wird nur Trockenauslauf gewährt. Neben vollwertiger Fütterung und sachgemäßer Haltung spielt die künstliche Beleuchtung eine Rolle. Ab Mitte Dez. wird ein 14-Std.-Tag gewährt, wobei die Beleuchtungsstärke 2 W/m² Stallbodenfläche beträgt. In einem Stall mit intensiverer natürlicher Beleuchtung (größere Fenster) wurde eine um 8% höhere Legeleistung erzielt, außerdem war die Eiqualität besser. H. Pingel. 4965.

3-64/11-0335 Bachtin, A. K. Povyšenie mjasnoj produktivnosti utok. **(Erhöhung der Mastleistung der Enten.)** Pticevodstvo, Moskva **1963** Nr. 11. S. 12-13. — 1 Abb., 1 Tab.

Nach dem 2-Monate-Gewicht wurden schnellwüchsige Stämme (2,2-2,4 kg), langsamwüchsige Stämme (1,7-1,9 kg) und normale Stämme (2 kg) zusammengestellt. Die Nachzucht der schnellwüchsigen Stämme hatte ein 50-Tage-Gewicht von 2,12 kg bei einem Verbrauch von 3,18 FE/kg Zuwachs. Bei der Nachzucht der langsamwüchsigen Stämme betrug das 50-Tage-Gewicht nur 1770 g, und der Verbrauch an FE je kg Zuwachs lag bei 3,8. Auf Grund der starken Beziehung zwischen 30-Tage- und 60-Tage-Gewicht ($r = +0,72$) kann die Selektion nach Schnellwüchsigkeit bereits im 30-Tage-Alter vorgenommen werden. H. Pingel. 5000.

3-64/11-0336 Erarbeitung von veterinärhygienischen Maßnahmen zur weiteren Steigerung der Wirtschaftlichkeit der kombinierten Fisch-Entenhaltung. Cottbus, Veterinäruntersuchungs- u. Tiergesundheitsamt 49 S. Abschlußber. (22/5. 1964). – 8 Tab.

Es werden die Gründe aufgezeigt, die tierärztlicherseits zu einer kritischen Betrachtung der kombinierten Fisch-Entenhaltung Veranlassung gaben. – In den Jahren 1962-63 wurden insgesamt 11534 Proben auf Salmonellen, Ornithose und Parasiten untersucht sowie 558 pathologisch-anatomische Untersuchungen durchgeführt. – Diese Befunde zeigen, daß unter bestimmten hygienischen Voraussetzungen durch die kombinierte Fisch-Entenhaltung ein hoher ökonomischer Nutzeffekt gegeben ist. 5025.

Truthühner

3-64/11-0337 Carson, J. David. Natural selection as a genetic tool for improving hatchability in turkeys. **(Natürliche Selektion als genetisches Werkzeug zur Verbesserung der Schlupffähigkeit bei Puten.)** Poultry Sci. **43** (1964) Nr. 1. S. 87-94. – 4 Tab., 18 Lit.

Vf. analysierte die Schlupfergebnisse von 2233 befruchteten Bruteiern Breitbrüstiger Bronzeputen, die 3 Generationen hindurch je zur Hälfte unter Temperaturstressbedingungen erbrütet wurden. Das Ergebnis einer Stressbrut bestand in einer Erhöhung der Schlupfleistung der befruchteten Eier um 9-16%. Es reagierten nicht alle Genotypen gleichmäßig auf die Behandlung, und in aufeinanderfolgenden Generationen wiederholter Stress verminderte die Reaktionsrate. Aus der unterschiedlichen Reaktion verschiedener Genotypen auf die Behandlung in den geprüften Generationen wird der Schluß gezogen, daß fortgesetzte Streßselektion für die genetische Verbesserung der Schlupffähigkeit von Bedeutung sein kann. A. Schaaf. 5080.

3-64/11-0338 Soroka, M. F., Majstrenko, L. I. und Rudenko, E. A.; Askanija-Nowa, Gebiet Cherson, Ukrain. Iwanow-Forsch.-Inst. für Tierzucht der Steppengebiete. Osobennosti razmnoženija indeek. **(Besonderheiten der Vermehrung bei Puten.)** Pticevodstvo, Moskva **1963** Nr. 11. S. 20-22. – 3 Abb., 2 Tab.

Die geschlechtliche Aktivität, die durch die Paarungshäufigkeit gekennzeichnet ist, steht nicht in Beziehung zur Befruchtungsrate. Die 3 Truthähne verpaarten sich ∅ 2,8mal, 1,3mal und 0,2mal am Tag. Jede Henne wurde vom 28. 3.-11. 6. ∅ 10,9mal getreten. Die Hennen lassen sich vorwiegend an dem Tag treten, an dem sie kein Ei legen. Die Befruchtung der Eier hielt nach letzter Verpaarung ∅ 31,8 Tage an (13-50 Tage). Die Befruchtungswirkung nimmt bei längerem Aufenthalt des Spermas im Eileiter ab. Die Lebensfähigkeit der Embryonen wird nicht beeinflußt. In einer Serie von 9 Eiern wurde von einer Pute das 2. Ei 21 Std. und 35 Min. nach dem 1. Ei gelegt. Bei KB sollte alle 10 Tage besamt werden. H. Pingel. 5090.

3-64/11-0339 Bychovec, A. U. Inkubacija jaic indeek. **(Die Brut von Puteneiern.)** Pticevodstvo, Moskva **1963** Nr. 10. S. 26-28. – 2 Tab.

Vf. legt die Besonderheiten der Kunstbrut von Puteneiern dar und stellt als bes. wichtig die etappenweise Steigerung der Temperatur während der Brutperiode bis 39 °C, den erhöhten Frischluftbedarf in der 2. Bruthälfte sowie die tägl. Feststellung der Temperatur an der Oberfläche der Bruteier heraus. Es wird die Brut mit den Schranktypen ‚Rekord 39' und ‚Universal 45' verglichen und bes. ausführlich auf die praktische Handhabung der Brut in letzterem eingegangen. Die Brutergebnisse beider Schränke unterscheiden sich nur wenig und liegen bei 75% Schlupf der Einlage und 86% der befruchteten Eier. W. Bonitz. 5090.

D. KANINCHEN

3-64/11-0340 Kopański, R. Technika i możliwości produkcji broilerów króliczych. II. **(Technik und Möglichkeiten für die Produktion von Broiler-Kaninchen. 2. Mitt.)** Hodowca drobnego Inwentarza **11** (1963) Nr. 10. S. 6-8.
Die Broilerproduktion gestattet 200-300 Häsinnen in einer Farm. Die Futterverwertung für die Produktion von 1 kg Lgw. ist geringer als bei den übrigen landwirtsch. Nutztieren. Die Broiler müssen in geschlossenen Räumen, Käfigen mit automatischer Tränke und Fütterung gehalten werden. Im Inneren muß das Holz vollkommen durch Metall ersetzt werden. Für die Mast eignet sich am besten die Rasse Weiße Neuseeländer. Die Aufzuchträume müssen in geschlossenen, heiz- und lüftbaren Gebäuden liegen. Die Stallungen sind aus billigstem Material herzustellen. Obgleich die Grundlage der Kaninchenfleischproduktion lange Zeit eine Züchtung im Kleinen bleiben wird, sollte man danach trachten, die Käfighaltung einzuführen und Zuchtmaterial bereitzustellen, das sich durch schnelle Gewichtszunahmen und gute Fellqualität auszeichnet. PRL/CBR. 5265.

3-64/11-0341 Mašurko, M. I. Kak kormit' krolikov. **(Wie werden Kaninchen gefüttert?)** Krolikovodstvo i zverovodstvo, Moskva **7** (1964) Nr. 1. S. 29-31. — 3 Tab.
Im Sommer erhalten die Tiere vorwiegend Grünfutter, im Winter Heu und Hackfrüchte. Der Nährstoffgehalt der Futterrationen muß in Abhängigkeit vom physiol. Zustand der Tiere geändert werden. Er muß in der Paarungs-, Trächtigkeits- und Laktationsperiode höher sein als in der Ruhezeit. Die Tiere müssen in die Paarungsperiode in gutem Futterzustand gehen. Im Winter muß der Nährstoffgehalt um 10-15% höher sein als im Sommer. Die Mineralstoffversorgung erfolgt mit Kochsalz und Knochenmehl. In der Laktationsperiode muß die Saftfuttergabe erhöht werden, da dieses die Milchabsonderung anregt. Jungtiere erhalten eine Futterration, deren Gehalt an Kraftfutter im Sommer 35% und im Winter 45% der FE beträgt. Pro 100 FE müssen 10 g verd. E. enthalten sein. Bei solcher Fütterung erreichen die Jungtiere im Alter von 120 Tagen ein Lgw. von 2,8 kg. K. Witt. 5265.

3-64/11-0342 Erastov, G. M. Granulirovannye korma v racione krolikov. **(Granuliertes Futter in den Futterrationen der Kaninchen.)** Krolikovodstvo i zverovodstvo, Moskva **7** (1964) Nr. 1. S. 16-17. — 1 Tab.
Die Verfütterung von granuliertem Kraftfutter an Kaninchen ist vorteilhaft. Sie trägt zur Steigerung der Milchleistung, zur Erhöhung der Gewichtszunahmen der Jungtiere, zur Senkung des Futteraufwandes und der Kosten und zur Erhöhung der Arbeitsproduktivität bei. In einem Versuch hatten Häsinnen eine um 27,5 % höhere Milchleistung als Kontrolltiere, ihre Jungtiere wogen im Alter von 1 Mon. 600 g, die Kontrolltiere nur 425 g. Beim Absetzen lagen die Lebendgewichte entspr. bei 1133 g und 836 g. Das granulierte Futterkonzentrat bestand aus 19% Weizenkleie, 48% Haferschrot, 10% gebrochener Gerste, 13% Sonnenblumenölkuchen, 3% Fischmehl, 3% Knochenmehl, 1% Hefe und 3% Melasse. Die Granulate sind graubraune zylindrische Stäbchen mit einer Länge von 30-40 mm und einem Dmr. von 13 mm. Sie werden trocken verfüttert und von den Tieren gern gefressen. Das granulierte Futter wird in Futterautomaten gefüllt und steht den Tieren frei zur Verfügung. Es kann im Winter nicht gefrieren und im Sommer nicht säuern. Pro 1 kg Gewichtszunahme wurden 2,84 kg FE verbraucht, in der Kontrolle 3,68 FE. K. Witt. 5265.

E. PELZTIERE

3-64/11-0343 Afanašev, V. A. Soveščanie zverovodov Rossii. **(Beratung der sowjetischen Pelztierzüchter.)** Krolikovodstvo i zverovodstvo, Moskva **7** (1964) Nr. 1. S. 2-4. — 2 Abb.

Auf der Beratung 1963 in Moskau wurden die Richtlinien für die weitere Arbeit festgelegt. Es ist bes. Aufmerksamkeit auf die Züchtung der schwarzen Zobel, der großen, dunklen, fast schwarzen Standardnerze und der hellfarbigen Nerze sowie der hellblauen Polarfüchse zu richten, da dieses Pelzwerk auf dem ausländischen Markt sehr gefragt ist. Bei der Zuchtarbeit sind bei der Selektion zuerst die Qualität des Haarkleides und die Größe der Tiere zu berücksichtigen, die Fruchtbarkeit der Tiere steht erst an zweiter Stelle. Zur Vermeidung der Aufzuchtverluste, die noch bei 4% bei allen Pelztierarten liegen, ist die Fütterung zu verbessern. 80% der Aufzuchtverluste sind bisher auf mangelhafte Fütterung zurückzuführen. Jeder Betrieb muß sich einen gewissen Vorrat an Fleischfutter anschaffen. Dazu ist es notwendig, alle Kühlanlagen voll auszunutzen und zusätzlich Eiskeller anzulegen. Zur weiteren Erhöhung der Arbeitsproduktivität ist die Mechanisierung der Arbeitsprozesse zu verbessern. K. Witt. 5301.

3-64/11-0344 Korenev, P. D. und Laptev, N. M. Tipovoj proekt univercal'noj zverovodčeskoj fermy. **(Typenprojekt einer Universalpelztierfarm.)** Krolikovodstvo i zverovodstvo, Moskva 7 (1964) Nr. 1. S. 18-22. – 6 Abb., 3 Tab.

Das Typenprojekt einer Universalpelztierfarm Nr. 06-115 sieht einen einheitlichen Typ von überdachten Schuppen vor, in denen die Käfige für Nerze, Füchse, Polarfüchse und Zobel aufgestellt werden können. Bei dieser Konstruktion werden die Größe der Schuppen und die gesamte Anlage der Farm nicht verändert, wenn die Art der Pelztiere gewechselt wird. Es können auch mehrere Pelztierarten gemeinsam in solch einer Farm gehalten werden. Die überdachten Schuppen werden entweder aus Holz oder aus Eisenbeton hergestellt. Die Länge eines Schuppens beträgt 60 m, die Breite des Durchganges 1,20 m, die Höhe vom Fußboden bis zum unteren Käfig bei Einetagenlage 0,71 m, bei Zweietagenlage 0,54 m und 1,07 m. Die Größe einer Abteilung des Schuppens ist 2 × 3 m. In so einer Abteilung können 12 Nerzkäfige zu je 6 in einer Reihe (Größe der Käfige 400 × 800 × 400 mm) oder 6 Zobelkäfige zu je 3 in einer Reihe (Größe der Käfige 850 × 1000 × 650 mm) oder 2 Fuchskäfige zu je 1 in einer Reihe (Größe der Käfige 2 × 3 m) aufgestellt werden. Die Jungnerze können in Käfigen untergebracht werden, die in 2 Etagen aufgestellt sind. Die Einetagenlage der Käfige ist aber zweckmäßiger. Die Fuchskäfige sind durch 2 Schutzbretter in 3 Abteilungen zu unterteilen für die getrennte Haltung von Weibchen und Jungtieren. Die männl. Füchse werden nicht in den Schuppen gehalten, sondern in Käfigen, die auf abgesondertem Gelände aufgestellt sind. Die Anlage der Farm, wobei die Schuppen in Sektionen parallel zueinander aufgebaut werden, ermöglicht eine weitgehende Mechanisierung der Arbeitsprozesse, die Vermeidung einer ungerechtfertigten Vielzahl von Gebäuden und die Verwendung von fertigen Konstruktionen und Einzelbauteilen. K. Witt. 5301.

3-64/11-0345 Pedersen, Jørgen A.; Oslo, Univ., Zool. Museum. Villminken i Norge. **(Der Wildnerz in Norwegen.)** Tidsskr. norske Landbruk **21** (1964) Nr. 3. S. 41-51. – 9 Abb.

Da die Verbreitungsgrenze des europäischen Nerzes durch Finnland geht, gab es vor der Einfuhr amer. Nerze keine Nerze in Norwegen. 1930 entkamen die ersten Nerze aus der Gefangenschaft; ihnen folgten bes. während des Krieges zahlreiche weitere Tiere. Es wird erwartet, daß in nicht ferner Zeit das gesamte Land einschließlich der Berggebiete mit Nerzen besetzt ist. Nach Paarung im März und einer Tragzeit von 39-76 Tagen fallen die Würfe meist Anfang Mai; sie sind Ø 5 Welpen stark. Der amer. Nerz hält keinen Winterschlaf. Im Alter von 10 Mon. sind die Jungnerze geschlechtsreif. Die klimatischen Bedingungen sind für den Nerz in Norwegen günstig. Die „Küstennerze" leben von Krabben, Muscheln, Fischen, Mäusen und auch

Vögeln; die Binnenlandnerze entlang Flüssen und Seen von Krebsen, Kleinfischen sowie Mäusen, Fröschen und seltener Vögeln und Junghasen. Außerdem kann der Nerz in Geflügelhaltungen, aber auch bei Ferkeln und sogar im Rinderstall, Schaden anrichten. Bei Schafen und Ziegen sind noch keine Verluste durch Nerze bekannt geworden. Die meisten Wildnerze werden im Nov. gefangen oder erlegt. Der Wert des Felles ist in der Zeit von Nov.-Febr. am höchsten. Der Wildnerz ist nur in der Zeit vom 24.-31. Dez. geschützt. Der Gebrauch von Fangsäcken, Schlingen und Gift ist verboten. Die Fänge werden oft bis zur Pelzungszeit gehalten. Trotz der Bekämpfung breitet sich der Nerz weiter aus. 1962 wurden Fangprämien für 7500 Tiere gezahlt. Der Schaden kann nur unter Berücksichtigung der örtlichen Gegebenheiten geschätzt werden. Der Küstennerz kann der Fischerei kaum schaden. Wildfänge dürfen nicht ohne Quarantäne in Farmen aufgenommen werden. Es sind Maßnahmen zu überlegen, die das Freilassen von Nerzen unterbinden, wenn einmal ihre Aufzucht unrentabel geworden ist. Bei einem Farmbestand von 1,5 Mill. Tieren ist dies von Bedeutung. J. K. Hinrichsen. 5302.

3-64/11-0346 Aulerich, Richard J., Holcolm, Harry, Ringer, R. K. und Schaible, Philip J. **Über den Einfluß des Lichtes auf die Fortpflanzung der Nerze.** Dtsch. Pelztierzüchter **38** (1964) Nr. 5. S. 81-85.

In mehreren Versuchsgruppen ließ sich feststellen, daß eine künstliche Beleuchtung bei gedeckten Fähen zur Verkürzung der Tragezeit und zu einer Erhöhung der Wurfdurchschnittszahl führt. Eine zusätzliche Lichtmenge vor und nach der Ranz erbrachte dagegen eine Verschlechterung der Zuchtresultate. Der Versuch, zwei Würfe in einem Jahr zu erzielen, blieb ohne Erfolg, da sich die Fähen zwar Anfang Okt. decken ließen, die Rüden aber keine Spermatogenese aufwiesen. Werden die Welpen früher geboren, tritt als Nachteil eine längere Fütterungszeit auf, der aber auf Grund von Angaben aus der Praxis dadurch ausgeglichen werden kann, daß ab 1. Sept. durch Anbringen von Plastikvorhängen die Lichtzufuhr eingeschränkt wird. Hieraus resultiert eine frühere Fellreifung, die die Vorteile mit sich bringt, die Nerze früher pelzen zu können, Futter und AK einzusparen und die Felle früher auf den Markt zu bringen. H. Zimmermann. 5302.

3-64/11-0347 Aulerich, R. J., Holcomb, L., Ringer, R. K. und Schaible, P. J. Daglengdans innflytelse på minkens reproduksjon. **(Der Einfluß der Tageslänge auf die Reproduktion beim Nerz.)** Norsk Pelsdyrbl. **38** (1963) Nr. 3. S. 98-99. 110. — 1 Tab.

Die Zuchtperiode kann durch stärkere Lichtzufuhr vorverlegt werden und nach schwächerer Lichtzufuhr ausfallen. Es wurden Versuche mit 144 Nerzen verschiedener Farbtypen durchgeführt, die zusätzlich verschieden lange Kunstlicht erhielten, und zwar vor oder nach der üblichen Paarungszeit oder davor und danach. Als Lichtquelle wurden 7-W-Glühlampen verwendet. Die Fähen, die nach der Paarung Kunstlicht erhalten hatten, hatten eine um 3 Tage kürzere Tragezeit als die Vergleichstiere. Zusätzliches Licht vor der Paarungszeit führte zur Vorverlegung der Zuchtperiode, während eine Kürzung der Tageslichteinwirkung zum Aussetzen der Brunst oder zu einer Verlängerung der Zuchtperiode führte. Es erwies sich nicht als möglich, eine zweite Zuchtperiode im Herbst zu erreichen, aber das Scheidensekret der mit zusätzlichem Licht gehaltenen Fähen ließ ein Brünstigwerden der Fähen um den 20. Sept. herum erkennen, während die Rüden nicht in Zuchtkondition kamen. J. K. Hinrichsen. 5302.

3-64/11-0348 Johansson, Ivar. Avelsresultat och ålder. **(Zuchtergebnis und Alter.)** Våra Pälsdjur **35** (1964) Nr. 3. S. 48-49. — 1 Tab.

In früheren Versuchen ergab sich, daß Jungfähen schlechtere Ergebnisse brachten als ältere Fähen. Die eigenen Untersuchungen des Vf. beruhen auf einem umfangreichen Datenmaterial über 10000 Fähen aus 2 finnischen Pelztierfarmen. Sie gehörten verschiedenen Farbtypen an. Dabei unterschieden sich Saphir und Blauiris von den anderen Farbtypen dadurch, daß die Unfruchtbarkeit und der Ausfall ganzer Würfe ungefähr doppelt so hoch waren. Die Angaben beziehen sich daher nur auf Tiere der braunen Typen. Der Anteil der unfruchtbaren Fähen war unter den einjährigen Fähen mit 22,8% um die Hälfte höher als bei älteren Fähen. Auch die Sterblichkeit der Welpen war mit 9% bei den Einjährigen um ca. 1/3 höher als bei den Älteren. Die Einjährigen hatten 19% weniger Welpen je Wurf und 31% weniger Welpen je gepaarte Fähe als die zweijährigen Fähen. Dabei ist zu berücksichtigen, daß die Zweijährigen auf Grund ihrer Zuchtleistungen ausgewählt wurden. Fähen, die weniger als 4-5 Welpen gebracht haben, werden häufig ausgeschieden. Wenn Fähen, die im 1. Jahr unfruchtbar waren, im 2. Jahr zur Zucht benutzt wurden, so war die Wurfgröße um 10% und die Zahl der Welpen je Fähe um 25% niedriger als bei den im 1. Jahr tragend gewesenen Fähen. J. K. Hinrichsen. 5302.

3-64/11-0349 Kuznecov, G. A., Il'inskij, V. M., Kost, T. N., Kuličkov, B. A. und Volodkin, A. P. Zavisimost' rosta norok ot uslovij soderžanija kormlenija i charaktera podbora. **(Abhängigkeit des Wachstums der Nerze von den Haltungs- und Fütterungsbedingungen sowie von der Zuchtwahl.)** Naučn. tr. n.-i. in-t pušn. zverovodstva i krolikovodstva **4** (1963) S. 3-28. — Aus: Referativnyj žurnal Moskva. Životnovodstvo, veterinarija **1963** Nr. 19. 58. 205. S. 24.

Mit Vergrößerung der Käfigfläche auf das 2- bis 2,5fache (von 0,3 auf 0,7 m^2) wird das Wachstum der jungen Nerze besser. In Käfigen mit 0,4 m^2 Grundfläche wachsen die Jungtiere gleich gut, unabhängig davon, ob sie einzeln oder paarweise gehalten werden. Eine paarweise Haltung verschiedener Geschlechter gilt als rationell. Dabei werden der Bedarf an Käfigen und der Arbeitsaufwand geringer; die männl. Tiere entwickeln sich auch besser als in einem gleichgeschlechtigen Paar. Eine wichtige Rolle spielen in der Entwicklung der Nerze die Fütterungsbedingungen. Schon eine unbedeutende Verringerung der Fütterungsnormen (um 7-15%) wirkt sich nachteilig auf das Wachstum aus. Von großen Elterntieren erhält man auch eine größere Ausbeute an großen Jungtieren. Auf die Körpergröße der Nachkommen übt das weibl. Tier einen größeren Einfluß aus als das männl. Für ein normales Wachstum der Nachkommen von großen Elterntieren ist eine Vergrößerung der Fütterungsnorm erforderlich. Zur Zucht sind große Nerze auszuwählen. 5302.

3-64/11-0350 Düsel, Siegfried. **Die ernährungsphysiologische Bedeutung einiger Futtermittel in der Nerzfütterung.** Dtsch. Pelztierzüchter **37** (1963) Nr. 11. S. 201-203.; Nr. 12. S. 221-225.; **38** (1964) Nr. 1. S. 5-8. — 1 Abb., 7 Tab.

Nach anatomischen und physiol. Vorbemerkungen über den Digestionsapparat des Nerzes erfolgt die Erläuterung der Bedeutung der Nährstoffe für die Nerzfütterung. Das Wasser ist für die Aufrechterhaltung der Zellfunktionen, den interzellularen Stoffwechsel und die Verbrennung der Fette, Eiweiße und Kohlenhydrate ein notwendiger Trägerstoff. Die Eiweiße bilden beim Nerz als Fleischfresser die Ernährungsgrundlage. Von den Aminosäuren sind bes. Methionin und Cystin für die Fellreife wichtig. Die Verdaulichkeit tierischer Eiweiße übertrifft die der pflanzlichen Eiweiße beträchtlich. Bei Unter- und Überversorgung mit Eiweiß kommt es bei den Jungtieren zu einem verzögerten Wachstum. An Kohlenhydraten werden vorwiegend Weizen, Weizenkleie, Hafer, Gerste, Back- und Brotabfälle, Weizenkeime, Ölkuchen, Kartoffeln, Traubenzucker, Mais- und Reisquellstärken eingesetzt. Die Verdaulichkeit der Kohlenhydrate kann durch Kochen um 15-20% gesteigert werden,

Kartoffeln sollen grundsätzlich nur gekocht verfüttert werden. Von den die Fette aufbauenden Fettsäuren sind als unentbehrlich die Linol- und die Ölsäure anzusehen. Eine Überdosierung ungesättigter Fettsäuren kann bes. bei unzureichendem Vorhandensein von Antioxydantien zu Gesundheitsschädigungen führen. Im Mineralstoffhaushalt ist auf ein Ca:P-Verhältnis von 1:1 zu achten. Ein Gehalt von 0,5-1% Kochsalz in der Trockenmasse kann der Säugekrankheit vorbeugen. An Spurenelementen sind Cu, Mn, Fe und S wesentlich. Um den Vitaminbedarf zu decken, werden zweckmäßig synthetische Vitamine zugefüttert. Zu nennen sind Vit. A, D, E, K und der B-Komplex. Für die gesunde Nerzaufzucht ist eine Gabe von 24 mg Antibiotica je kg Tr.-Subst. empfehlenswert. In den Wintermonaten soll nur ein Erhaltungsfutter gegeben werden, damit die Tiere nicht zu fett in die Ranzperiode gehen. In der Säugezeit muß eine erhöhte Proteinzufuhr erfolgen, die im Juli/Aug. zugunsten der Kohlenhydrate zu senken ist. Um die Winterfellreife zu fördern, sollte dann Lein- und Erdnußkuchen sowie Weizenkleie eingesetzt werden. Die Berechnung der Nährstoffnorm ist von den zur Verfügung stehenden Futtermitteln abhängig, für die verschiedene Beispiele angeführt werden. H. Zimmermann. 5302.

3-64/11-0351 Åhman, Gustaf; Uppsala, Landbrukshøgskolan, Inst. for Husdyrenes Foring og Rokt. Forsøk med forblandinger uten slakteavfall til avlsmink. **(Versuch mit Futtermischungen ohne Schlachtabfall bei Zuchtnerzen.)** Norsk Pelsdyrbl. **38** (1964) Nr. 7. S. 202-208. — 7 Tab., 11 Lit.
Zur Klärung der Frage, ob reine Fischrationen bei Zuchtnerzen in der Paarungs-, Trächtigkeits- und Säugezeit verwendet werden können, wurden 1961 und 1962 mit insgesamt 150 ein- bis dreijährigen Standardnerzfähen Fütterungsversuche durchgeführt, in denen in den Versuchsgruppen reine Fischrationen — überwiegend Dorsch und Strömling — gefüttert wurden, während die Ration der Vergleichsgruppen 25% Schlachtabfall enthielt. Mit Ausnahme der Zeit vor der Paarung wurde auf satt gefüttert. In den Versuchsgruppen ergaben sich hinsichtlich der Fruchtbarkeits- und Aufzuchteigenschaften schlechtere Ergebnisse. Dies kommt am deutlichsten in der schlechten Gewichtsentwicklung der Welpen zum Ausdruck.
J. K. Hinrichsen. 5302.

3-64/11-0352 Rimeslåtten, Hans. Forsøk med frosset ferdigblandet for til minkhvalper. **(Versuche mit gefrorenem Fertigfutter bei Nerzen.)** Norsk Pelsdyrbl. **38** (1964) Nr. 7. S. 195-198. — 3 Tab.
Dieser Beitrag erschien erstmalig in der gleichen Zeitschrift im Apr. 1955. Er enthält einen Bericht über einen 1954 mit 60 Welpen beider Geschlechter, davon 28 Mutations- und 32 Standardnerzen, durchgeführten Fütterungsversuch. Mutationen und Standardnerze erhielten verschiedene Rationen, die aber ähnlich zusammengesetzt waren. Die Hauptbestandteile waren Walfleisch, Pansen und Blättermagen, Leber, Fisch und Fischabfall, Kartoffeln und Magermilch. Das frische Futter wurde am Tage der Zubereitung verfüttert, das gefrorene nach 4- bis 14tägiger Aufbewahrung bei —20 °C. Die Futteraufnahme war in der Gruppe mit gefrorenem Futter um 9% höher als in der Gruppe mit frischem Futter; dieser Unterschied ist aber durch den größeren Futterverlust verursacht. Die Zunahmen waren in beiden Gruppen gleich. In der Fellqualität waren die Tiere der Gruppe mit Frischfutter etwas besser. J. K. Hinrichsen. 5302.

3-64/11-0353 Åhman, Gustaf; Uppsala, Lantbrukshögskolan. Strömming och sydkustsill som foder till avelsmink. **(Strömling [Clupea harengus membras] und Hering von der Südküste als Futter bei Zuchtnerzen.)** Våra Pälsdjur **35** (1964) Nr. 3. S. 50-52. — 4 Tab.
Nachdem mit gefrorenem Strömling 1960 bei Nerzen gute Zuchterfolge erzielt worden waren, wurden in dem folgenden Jahr Fütterungsversuche mit ins-

gesamt 74 weibl. Zuchtnerzen durchgeführt. Die Standardfuttermischung enthielt 10% Strömling, die Versuchsmischung 25%. 1962 wurde die gleiche Versuchsration mit einer Ration verglichen, die keinen Strömling enthielt. Eine dritte Gruppe erhielt 25% Hering an Stelle von Strömling. In den mit Strömling und Hering gefütterten Gruppen war die Zahl der geborenen und aufgezogenen Welpen höher als in den Vergleichsgruppen. Wenn Strömling und Hering mit Erfolg verfüttert werden sollen, muß der Fisch spätestens 36 Std. nach dem Fang eingefroren werden, und zwar bei Temperaturen unter −30 °C und in Schichten von höchstens 12 cm. Die Aufbewahrung muß bei Temperaturen unter −18 °C erfolgen. Der Erfolg der Verfütterung von 15-25% Fettfisch ist in Rationen mit fettarmen Fischen bes. groß. Der hohe Fettgehalt, bes. der im Winter und im Frühjahr gefangenen Fettfische, führt nicht zu Verdauungsstörungen, wenn genügend Vit. E gefüttert wird. Empfohlen werden 2 mg α-Tocopherolacetat je Fähe und Tag während der Trage- und Säugezeit. Außerdem sollen Weizenkeime und Hefe in der Ration enthalten sein. J. K. Hinrichsen. 5302.

3-64/11-0354 Åhman, Gustaf. Strömming och sill som foder till mink. **(Strömling und Hering als Futter für Nerze. Die chemische Zusammensetzung und damit zusammenhängende Probleme.)** Våra Pälsdjur **35** (1964) Nr. 4. S. 66-67. — 1 Tab.

Im Laufe von 3 Jahren wurden zu verschiedenen Jahreszeiten Strömlinge und Heringe von der Schwedischen Süd- und Westküste auf Tr.-Subst., Asche, Rohprotein und Fett untersucht. Bei konstantem Aschegehalt und fast konstantem Rohproteingehalt ergeben sich im Fettgehalt sehr große Schwankungen, die auch im Tr.-Subst.-Gehalt und in der umsetzbaren Energie zum Ausdruck kommen. Ursache der Verschiedenheit des Fettgehaltes sind die Ernährungsverhältnisse und die sexuelle Aktivität, die der verschiedenen Laichzeit der Fische entspricht. Hering von der Südküste und Strömling zeigen nicht nur im Fettgehalt, sondern auch in der Verteilung der Fettsäuren weitgehende Übereinstimmung: ca. 25-30% Ölsäure, 20-25% Palmitinsäure, 6-10% Myristinsäure, 7-9% Palmitolensäure. Die für Fischfett typischen langkettigen Fettsäuren mit 20-22 C-Atomen mit 5-6 Doppelbindungen machen ca. 10% aus. Hering von der Westküste enthält erheblich weniger Öl- und Palmitinsäure. In der Fütterung müssen nicht nur die Schwankungen im Fettgehalt beachtet werden, sondern auch die bei Lagerung und Zubereitung möglichen Veränderungen, die als Oxydationen in Erscheinung treten. Wenn der Transport und das Einfrieren schnell erfolgten, so ist bei Strömling und Hering die Anwendung von Antioxydantien nicht nötig.
J. K. Hinrichsen. 5302.

3-64/11-0355 Åhman, Gustaf. Fettberikad torrmjölk „Farmex" — som foder till mink. **(Mit Fett angereicherte Trockenmilch „Farmex" als Futter für Nerze.)** Våra Pälsdjur **35** (1964) Nr. 4. S. 68.

Nach ersten positiven Versuchen 1962 wurden im Sommer und Herbst 1963 Fütterungsversuche durchgeführt, in denen in Rationen, die 15% Schlachtabfall, 42% Dorsch und Dorschabfälle sowie 10% Strömling enthielten, 2-4% Farmex gefüttert wurden. Farmex enthält 69% sprühgetrocknete Magermilch, 26% stabilisiertes tierisches Fett und 5% Fischmehl. Das ergibt 260 g verd. Rohprotein und 4680 kcal umsetzbare Energie je kg. Damit wurden von Sept. bis zur Pelzung etwas bessere Zunahmen als in der Vergleichsgruppe erzielt. Die Fellqualität zeigte keine Unterschiede zwischen den Gruppen. Futtermittel, die ähnlich zusammengesetzt sind wie Farmex, sind vornehmlich zur Ergänzung von Rationen geeignet, die viel Dorsch entdalten und daher bei niedrigem Fettgehalt eine einseitige Zusammensetzung des Eiweißes aufweisen. J. K. Hinrichsen. 5302.

3-64/11-0356 Juny, M. und Utzig, J. Możność nutrii w chowie bezwodnym. **(Die Vermehrung der Nutria bei Trockenhaltung.)** Zeszyty naukowe wyższej Szkoły rolniczej Wrocławiu, Zootechn. **11** (1963) Nr. 52. S. 135-139. – 10 Lit. PRL/CBR. 5310.

3-64/11-0357 Rochmann, R. Pelsing av chinchilla. Pelseteknikk. **(Das Pelzen von Chinchillas. Technik des Pelzens.)** Norsk Pelsdyrbl. **38** (1964) Nr. 3. S. 100-110. – 26 Abb.
Als Ursachen geringer Fellqualität werden in Betracht gezogen: schlechte Anlagen, Umwelteinflüsse, vor allem Stallverhältnisse, Erkrankungen, Pelzung zur falschen Zeit und unsachgemäß ausgeführtes Pelzen. Das Pelzen erfolgt in der Zeit von Dez.-Apr. Die Reife läßt sich am Fell erkennen. So lange es noch wächst und Farbstoffe bildet, ist die Haut blau, danach blauweiß und gelbweiß. Die Tötung kann mit Kraftfahrzeugabgasen oder mit Chloroform erfolgen. Die nachfolgende Arbeit des Pelzens wird an Hand von Aufnahmen detailliert beschrieben und veranschaulicht. J. K. Hinrichsen. 5318.

G. BIENEN

3-64/11-0358 Steche, Wolfgang; Hohenheim, Landesanst. für Bienenkunde. **Gründung und Aufbau der Landesanstalt für Bienenkunde beim Zoologischen Institut der Landwirtschaftlichen Hochschule Hohenheim.** Dtsch. Bienenwirtsch. **15** (1964) Nr. 2. S. 35-39.
Vf. berichtet vom Bau des Institutes und von den Zielen und Aufgaben, die man sich gestellt hat. Das zentrale Problem, dem sich alle widmen werden, ist die Frage nach der Harmonie bzw. Disharmonie eines Bienenvolkes, an die man von verschiedenen Gebieten herangeht. Analyse der Honigausgangsprodukte und der bieneneigenen Substanzen im Honig, Untersuchung des Eiweißvorkommens im Bienenvolk, vergleichende Untersuchungen an Völkern verschiedenen Erbgutes und unterschiedlicher Konstitution, Seuchenfragen etc. Neben der wiss. Forschungsarbeit stehen praxisnahe Aufgaben, Beratung, Ausbildung, Pflege von Kontakten zu Praktikern und Wissenschaftlern des Auslandes und vieles mehr. G. Droege. 5402.

3-64/11-0359 Alber, M. **Italiens Imkerei.** Bienenpflege **1964** Nr. 2. S. 22-27. – 1 Abb.
Vf. beschreibt einzelne Zonen Italiens: Norditalienische Alpen – ca. $^2/_3$ des ganzen Honigs von Blatt- und Nadeltrachten kommen von dort, $^1/_3$ stammt aus Blütentrachten. In der Regel folgen auf ein sehr gutes Honigjahr ein gutes, zwei schlechtere und ein vollkommenes Mißjahr. Bienenzucht ist sehr verbreitet. Po-Ebene – weit verbreitet ist die Robinie, daneben gibt es Wiesen und Weiden, Kleefelder, auch Raps und Rübsen und ausgedehnte Obstpflanzungen aller Art. Trotz dieser Vielfalt an Nektarspendern ist die Bienenzucht weit weniger entwickelt, als man glauben sollte; eine Ausnahme machen die großen Zuchtbetriebe um Bologna. Casentino – hier gibt es alte Tannenwälder, die den dunklen bis schwarzen Edeltannenhonig liefern. Abbruzzen – hier herrschen Esparsette und Kronensüßklee als Trachtpflanzen vor. Süditalien – südlich Neapel ändert sich das bisher Mitteleuropäische Bild, die Bienen sammeln Nektar aus Cytrusblüten; sie kennen keine Winterruhe, es gibt nur ein Auf und Ab zwischen 10 Brutwaben und 2 Brutwaben. In Kalabrien sind Italiens beste Imkereigebiete; man findet dort Imkereien von 500-1000 Bienenvölkern. In Sizilien sind die Verhältnisse ähnlich, aber es ist weniger reichlich Wasser vorhanden. In Kalabrien ist Faulbrut verbreitet. Abschließend berichtet Vf. über den Honighandel.
H. Oschmann/Tälermühle. 5406.

3-64/11-0360 Razmadze, I. L. Slovo o gruzinskich pčelach. **(Ein Wort über grusinische Bienen.)** Pčelovodstvo, Moskva **40** (1963) Nr. 9. S. 15-17.

Die Bienen der grusinischen Rasse gliedern sich in kleinere taxonomische Gruppen (Populationen) auf: megrelische, abchasische, imeretische, kachetische, kartalinische, semoswanetische und ratschinische Varietäten. Vf. betrachtet die grauen armenischen Bienen und die grauen kabachtapischen (aserbaidshanischen) auch als Varietäten der grusinischen Rasse, weil ein Zentrum der natürlichen Verbreitung der grauen Bienen in Grusinien liegt. In Grusinien gibt es 8 staatl. Bienenzuchtanstalten, welche Weisel und Bienen der Rasse Graue Grusinische Hochgebirgsbiene züchten. Um Bastardierungen dieser Rasse zu vermeiden, wurde vom Min. für Landwirtsch. der Grusin. SSR ein Beschluß gefaßt, demzufolge die Einfuhr von Weiseln und Bienen aus anderen Republiken streng verboten ist.

H. Oschmann/Tälermühle. 5406.

3-64/11-0361 Gluškov, N. M. V gostjach u anglijskich pčelovodov. **(Zu Gast bei den englischen Bienenzüchtern.)** Pčelovodstvo, Moskva **40** (1963) Nr. 8. S. 34-37. — 5 Abb.

Insgesamt gibt es in England 220000 Bienenvölker, die meistens von Liebhaberimkern in kleinen Bienenständen betreut werden. Aber es gibt auch einige professionale Bienenzüchter, die 250-400 Bienenvölker bewirtschaften. Der durchschnittl. Honigertrag eines Volkes beträgt 4-5 kg. 1 kg englischen Honigs kostet 4 s., 1 kg ausländischen Honigs 2 s., 1 kg Zucker 7 d.

H. Oschmann/Tälermühle. 5406.

3-64/11-0362 Lattner. **Die Sinnesorgane der Bienen.** Oberösterr. Imker **69** (1964) Nr. 5. S. 110-113.

Vf. gibt einen Überblick über die Sinnesorgane der Bienen und behandelt bes. den Gesichts-, Geruchs- und Geschmackssinn.

H. Oschmann/Tälermühle. 5425.

3-64/11-0363 Heran, H. **Die Bienenantenne, ein vielfältiges Sinneswerkzeug.** Bienenvater [Wien] **85** (1964) Nr. 5. S. 146-155. — 8 Abb. 5425.

3-64/11-0364 Lopatina, N. G., Nikitina, I. A. und Česnokova, E. G.; Leningrad, Pawlow-Inst. für Physiol. Možno li napravit' pčel na dva vzjatka. **(Ist es möglich, die Bienen auf zwei verschiedene Trachtquellen zu lenken?)** Pčelovodstvo, Moskva **40** (1963) Nr. 9. S. 38-40. — 1 Abb., 2 Tab.

Für die Entwicklung eines Stereotyps zum Besuch bestimmter Orientierungspunkte wurden die Bienen zuerst neben einem weißen, dann neben einem grünen Schilde gefüttert. Nach vier aufeinanderfolgenden Futtergaben mit zunehmender Konzentration der Futterlösungen wurde ein Stereotyp zum Besuch der 2 visuellen Orientierungspunkte bei 13% der Bienen gebildet. Mit einer weiteren Vermehrung der Futtergaben vergrößerte sich die Zahl der Bienen, bei denen der Stereotyp gebildet wurde. Nach 10 Futtergaben wurde der Stereotyp bei 45% der Bienen gebildet. Die Kontrollprüfungen, die unter veränderten Verhältnissen durchgeführt wurden, zeigten die Erhaltung des Stereotyps. Mit Hilfe dieser Dressur wurde ein Stereotyp zum Besuch zweier Trachtquellen (Blumensträuße) bei den Bienen eines in einer Voliere gestellten Völkchens entwickelt. Vor der Dressur wechselten nur 25,8-32% der Bienen die Trachtquellen, sogar bei einer engen Annäherung der Sträuße. Das Völkchen erhielt dann Futtergaben in 10minütigen Intervallen. Diese Futtergaben enthielten den Duft und die Blütenblätter der zwei verschiedenen Blütenarten. Als Resultat zeigte sich, daß 50,9-64,4% der Bienen die Tracht wechselten. Nach dem Aufhören der Dressur verringerte sich der Anteil der Bienen, die die Tracht wechselten, auf 20-22%.

H. Oschmann/Tälermühle. 5425.

3-64/11-0365 Maschwitz, Ulrich; München, Univ., Zool. Inst. **Gefahrenalarmstoffe und Gefahrenalarmierung bei sozialen Hymenopteren.** Z. vergleich. Physiol. **47** (1964) Nr. 6. S. 596-655. — 26 Abb., 13 Tab., 92 Lit.

Die Alarmstoffe werden bei der Biene in den Mandibeldrüsen (schwächer wirksam) gebildet und treten im Stachelrinnenpolster auf. Hier konnte die erzeugende Drüse nicht lokalisiert werden. Die Stachelrinnenpolstersubstanz mischt sich mit dem Gift und ist die Ursache für den typischen Giftgeruch. Gefahrenalarmstoffe werden nur von den weibl. Tieren gebildet. Die Bienenkönigin macht eine Ausnahme. Sie erzeugt keine solchen Stoffe. Abweichend vom (Lock)Sterzeln wird ein typisches Giftsterzeln zur Alarmierung beschrieben. Die Alarmsubstanz, die beim Stechen frei wird, wirkt erregend und markiert die Stichstelle für weitere Angriffe. Als beste optische angriffsauslösende Objekte erwiesen sich dunkle, bewegte Gegenstände, wobei Form, Größe und Kontrastwirkung der Objekte eine Rolle spielen. Eine Erregungswirkung menschlichen Schweißgeruches konnte nicht bestätigt werden. Es stellte sich heraus, daß bevorzugt Objekte, die eine höhere Temperatur als ihre Umgebung besitzen, gestochen werden.

M. Biedermann. 5425.

3-64/11-0366 Jander, Rudolf. **Wie findet die Honigbiene ihren Weg im Gelände?** Bienenvater [Wien] 85 (1964) Nr. 5. S. 155-157. 5425.

3-64/11-0367 Thurm, Ulrich. **Das Rezeptorpotential einzelner mechanorezeptorischer Zellen von Bienen.** Z. vergleich. Physiol. 48 (1964) Nr. 2. S. 131-156. 5425.

3-64/11-0368 Scholze, Ernst, Pichler, Helga und Heran, Herbert; Graz, Univ., Zool. Inst. **Zur Entfernungsschätzung der Bienen nach dem Kraftaufwand.** Naturwissenschaften **51** (1964) Nr. 3. S. 69-70.

Futterplätze in Standnähe werden durch Rundtänze, solche in Standferne durch Schwänzeltänze bekanntgegeben. Der kritische Übergangsbereich vom Rund- zum Schwänzeltanz liegt bei der Carnica beim Fußmarsch 3-4 m vom Flugloch entfernt, beim Flug 50-100 m. Das widerspricht den Auffassungen, daß die abs. Entfernung bzw. die benötigte Zeit getanzt wird. Für 3 m Fußweg benötigen die Bienen 41 Sek., in derselben Zeit können sie 330 m fliegend zurücklegen. Vff. hielten Bienen bis zur Erschöpfung (Flug- und Laufunfähigkeit), fütterten sie mit abgemessener Rohrzuckerlösung und ließen sie bis zur abermaligen Erschöpfung in einem genau abgemessenen Laufgang laufen. Danach wurde der Rohrzuckerverbrauch für Laufweg und Laufdauer berechnet. Zur Bestimmung der Zuckervorräte, welche die Sammelbienen am Beginn und Ende eines Trachtfluges bei sich führen, wurden Versuche in der Karusselltechnik und mit frei fliegenden Bienen angestellt. Es zeigte sich, daß beim Start zu einem 1050 m entfernten Ziel Reserven für 4 km Flug mitgenommen werden. Die Zuckermenge, die für einen Fußweg von 3 m verbraucht wird, reicht für einen Flug von 55 m. Hier liegt der kritische Übergangsbereich vom Rund- zum Schwänzeltanz. Es wird also nicht die abs. Entfernung noch die benötigte Zeit, sondern der Kraftaufwand getanzt.

G. Droege. 5425.

3-64/11-0369 Hrdý, I. und Sláma, K. Vliv operativního odstranění přilehlých tělísek na kladení včelích matek. **(Einfluß der operativen Entfernung der Kopfdrüsen Corpora allata auf das Eierlegen der Bienenköniginnen.)** Včelařství **16(97)** (1963) Nr. 10. S. 154-155. — 3 Abb. 5425.

3-64/11-0370 Zmarlicki, Cyprian und Morse, Roger A.: Ithaca, N.Y., Cornell Univ. The effect of mandibular gland extirpation on the longevity and attractiveness to workers of queen honey bees, Apis mellifera. **(Der Effekt der Mandibeldrüsenexstirpation auf die Lebensdauer und Anziehungskraft gegenüber Arbeitsbienen von Honigbienenköniginnen, Apis mellifera.)** Ann. entomol. Soc. America **57** (1964) Nr. 1. S. 73-74. — 2 Tab., 7 Lit.

Bei 6 von 12 Geschwisterköniginnen in normalen Völkern wurden im Alter von 1 Mon. die Mandibeldrüsen exstirpiert. Zwei der Königinnen ohne

Mandibeldrüsen überlebten 2 Mon., zwei weitere 10 Mon. Nach 11 Mon. lebten noch zwei von den operierten und fünf von den Kontrollköniginnen. Die beiden Königinnen ohne Mandibeldrüsen waren fast völlig unattraktiv auf Arbeitsbienen. In Brutquantität und -qualität zeigten sich keine größeren Unterschiede zwischen den Völkern mit operierten und unbehandelten Königinnen. Es ist schwer verständlich, wie Königinnen ohne Mandibeldrüsen so lange in starken Völkern überleben können. M. Biedermann. 5425.

3-64/11-0371 Koch, H. G. **Der Einfluß der Witterung auf die Bienenhaltung.** Garten u. Kleintierzucht, Ausg. C **2** (1963) Nr. 24. S. 6-10. — 2 Abb.
Vf. vermittelt ein Bild der klimatischen Gegebenheiten, unter denen die Imker in den VR Ungarn, Rumänien und Bulgarien imkern. Kennzeichnend für die Honiggewinnung dieser Länder sind die aus Witterungsgründen größere Sicherheit der Trachtnutzung, stürmischere Volksentwicklung, aber auch schnellere Entwicklung der Vegetation, deren phänologische Phasen rascher aufeinanderfolgen, dafür aber im einzelnen weniger lang anhalten, die Blühdauer daher kürzer wird, und größere Ergiebigkeit der Nektarquellen. Fallen die Schlechtwetterperioden mit den kurzen Blühperioden der Haupttrachtpflanzen zusammen, so ist der Honigverlust groß. Vf. vergleicht die Temperaturen, Schlechtwetterlagen und Blühdaten von Jena, Budapest und Bukarest miteinander. Hohe Honigerträge werden in den Balkanländern durch geschickte Ausnutzung phänologischer und geographischer Effekte erzielt. Wanderung ist sehr verbreitet und hat eine alte Tradition. Wenn auch die Vegetation bessere Voraussetzungen für die Honiggewinnung bietet, so ist die Witterung doch nicht immer so günstig, wie wir es uns vorstellen.
G. Droege. 5435.

3-64/11-0372 Fossel, A. **Die Aufgaben des imkerlichen Beobachtungswesens.** Bienenvater [Wien] **85** (1964) Nr. 3. S. 71-75.
Die Hauptaufgabe des imkerlichen Beobachtungswesens wird darin gesehen, dem imkerlichen Betrieb aussagefähige Unterlagen für die Erreichung max. Wirtschaftlichkeit zu schaffen. Die Meteorologische Zentralanstalt in Wien hat spez. für die Imkerschaft eine Klimakarte herausgegeben, die gute Anhaltspunkte für Zuchtvorhaben gibt und sich ausgezeichnet bewährt hat. Die Bedeutung der Waldtrachtbeobachtung wird bes. hervorgehoben, Vorstellungen über den Aufbau eines derartigen Beobachtungswesens werden geäußert.
P. Euthin/Tälermühle. 5435.

3-64/11-0373 Gschirrmeister, Leopold. **Der Entwicklungsstand der bienenwirtschaftlichen Beobachtung.** Bienenvater [Wien] **85** (1964) Nr. 4. S. 112-116. — 1 Abb. 5435.

3-64/11-0374 Tropper, Alois. **Der Einfluß des Beobachtungswesens auf die Rentabilität der Imkereibetriebe.** Bienenvater [Wien] **85** (1964) Nr. 3. S. 69-71.
Der konventionelle Beobachtungsdienst wird für unzureichend gehalten. Erweiterung um Waldtrachtbeobachtung und Statistik wird angeregt. Allg. Hinweise zum Nutzen der Bienenhaltung bedürfen der Belegung durch exakte Ziffern, welche man nur über eine aussagekräftige Statistik erhält. Die Neigung der Imkerschaft zur Mitarbeit an dieser Aufgabe des Beobachtungswesens ist vornehmlich aus steuerlichen Rücksichten gering. Zu Steuer- und Bewertungsfragen werden Ausführungen gemacht.
P. Euthin/Tälermühle. 5435.

3-64/11-0375 Koch, H. G. **Witterung und Trachtverhältnisse in ihrer Wirkung auf den Trachtablauf.** Dtsch. Bienenwirtsch. **15** (1964) Nr. 1. S. 10-13. — 2 Abb.
Vf. vergleicht die Waagstock- und Witterungskurven von 12 Beobachtungsstationen der DDR, die über 15 Jahre tägl. Aufzeichnungen besitzen. Dabei konnte beobachtet werden, daß in der Zeit von Mai-Juli deutlich 6 Spitzen

und 5 Senken auftreten, wobei Wetter und Tracht stets parallel laufen. Die Termine fallen im langjährigen Mittel innerhalb der DDR zusammen. Dem witterungsbedingten Auf und Ab der Ertragskurven ist noch ein Trend überlagert, der trachtbedingt ist. Die Spitzen der Schönwetterphasen sind je nach dem Trachtgebiet (Frühtracht, Wald, Heide etc.) mehr oder weniger stark ausgeprägt. Abschnitte schlechter Tracht fallen mit den sog. Monsunwellen M_1-M_7 zusammen. M_1 in den letzten Maitagen, M_2 Mitte Juni (Schafskälte), M_3 25.-28. 6. (Siebenschläfer), M_4 Anfang Juli. M_5-M_7 treten Mitte Aug. auf und haben auf die Tracht keinen Einfluß mehr. Da der Blühbeginn in den einzelnen Jahren verschieden ist, ist die Bedeutung der jeweiligen Schönwetterphase unterschiedlich für den Ertrag. Die Imker sollten sich bei ihrer Betriebsweise auf diese Wetterphasen einstellen. Bes. wichtig ist das auch für die Beschickung der Belegstellen. G. Droege. 5435.

3-64/11-0376 Koch, H. G. **Vom Wert der Waagstockbeobachtungen. 2. Mitt. Gebietsübersicht für die DDR.** Garten u. Kleintierzucht, Ausg. C **3** (1964) Nr. 7. S. 4-5. — 1 Abb., 1 Tab. 1. Mitt. vgl. 3-64/10-0417.

Vf. zeigt, daß langjährige tägl. Durchschnittswerte der Waagpegel trotz ihrer „individuellen" Eigenheiten und stichprobenhaften Auswahl in Verbindung mit den monatl. Beobachtungsberichten der Bezirke eine gute großräumige Übersicht über die Trachtverhältnisse der DDR geben können. Vf. zeigt an Hand eines Diagrammes die 4 Trachtlagen, die die Situation der ganzen DDR charakterisieren. Das Zustandekommen des Diagrammes wird genau erklärt. Vf. beschreibt sodann die Trachtlage der einzelnen Bezirke der DDR, zählt die z. Z. noch lohnenden Heidegebiete auf und weist auf die durch Bodenbeschaffenheit und Witterungsverhältnisse schwankende Nektarproduktion der Trachtpflanzen hin. Aus der Kenntnis der Gegebenheiten am eigenen Stand kann der Imker den Wert seines Standortes abschätzen und seine Betriebsweise danach einrichten. G. Droege. 5435.

3-64/11-0377 Koch, H. G. **Vom Wert der Waagstockbeobachtungen. 3. Mitt. Trachtverlauf und Witterung.** Garten u. Kleintierzucht, Ausg. C **3** (1964) Nr. 8. S. 6-8. — 2 Abb. 2. Mitt. vgl. vorst. Ref.

Bei der Auswertung der Beobachtungsergebnisse lassen sich deutlich 7 trachtgünstige Witterungsabschnitte vom Frühjahr bis zum Spätsommer erkennen. Sie sind, vorausgesetzt, daß keine Trachtlücken auftreten, in allen Trachtlagen der DDR festzustellen, lediglich verschieden stark ausgeprägt. Zwischen die trachtgünstigen Witterungsabschnitte sind trachthemmende Phasen eingeschaltet, die den Nektarfluß trotz schönsten Blütenflors oft empfindlich unterbrechen. Diese als Sommermonsunwellen bezeichneten Schlechtwettereinbrüche M_1-M_7 treten regelmäßig auf, wenn auch in verschiedener Stärke. Auf Grund dieser Erkenntnis kann der Imker seine Haupttrachtchancen errechnen und seine Völker entspr. darauf vorbereiten. Die Aussaat der großflächigen Kulturen sollte so erfolgen, daß der Erfolg des Imkers und die Bestäubung der Kulturen gewährleistet sind. Bei einigen Kulturen kann der Wettereffekt bei großflächigem Anbau verwischt werden, wenn, z. B. bei Raps, die Bienen auch noch bei kühleren Temperaturen den Nektar eintragen, wenn die Tracht in der Nähe des Standes ist. G. Droege. 5435.

3-64/11-0378 Koch, H. G. **Vom Wert der Waagstockbeobachtungen. 4. Mitt. Trachttypen und -termine.** Garten u. Kleintierzucht, Ausg. C **3** (1964) Nr. 9. S. 4-5. — 1 Abb., 1 Tab. 3. Mitt. vgl. vorst. Ref.

Die in der 3. Mitt. genannten Erfolgsphasen werden näher erläutert. Für viele Frühtrachtgebiete ist die erste Junidekade (Phase 4) der sicherste und ertragreichste Erntetermin. Für Waldgebiete und im Mittelgebirge ist sie entweder die 1. oder 2. Erfolgsspitze und für die Ostseebezirke u. a. Sommertrachtgebiete die 2. Spitze. Da die Frühtrachtgebiete in der DDR die größte Ausdehnung haben, ist diese Erfolgsphase die Haupttrachtzeit der DDR. An 2. Stelle rangiert hinsichtlich der Erntesicherheit die 5. Phase, die den meisten Waldgebieten durch Fichtenhonigtau und Himbeeren gute Ernten sichert (die extremen Massenerträge weniger Einzeljahre gleichen in der Kurve die Mißernten aus). In den Sommertrachtgebieten der nördl. Bezirke ist die Phase 6 (Mitte Juni bis Anfang Juli) die reichste Erfolgsspitze (Kleearten).

G. Droege. 5435.

3-64/11-0379 Löffler, Anni; Erlangen, Bayer. Landesanst. für Bienenzucht. **Beeinträchtigen imkerliche Störungen und Entweiselung des Bienenvolkes die Sammeltätigkeit? 2. Teil.** Z. Bienenforsch. **6** (1963) Nr. 5. S. 117-134. — 2 Abb., 11 Tab., 7 Lit. Zus. in Engl., Franz. 1. Teil vgl. LZ. Abb. III **6** (1961) Nr. 7. S. 1230.

Während Vf. im 1. Teil der Arbeit den Einfluß von Störungen und Entweiselungen auf die Sammeltätigkeit der Bienen an einer künstlichen Futterstelle untersuchte, prüfte sie jetzt den Einfluß dieser Störungen auf Sammelbetrieb und Gewichtsveränderungen unter natürlichen Verhältnissen. Vf. konnte feststellen, daß während des Eingriffes der Ausflug der Bienen sofort stark nachläßt bzw. ganz aufhört. Nach 5–10 Min. ist der Sammelbetrieb aber meist wieder normal. Weisellosigkeit wirkt sich nicht auf die Sammelleistung aus. Wiederholte leichte und starke Störungen in flugloser Zeit hatten keine wesentlich von den Kontrollvölkern abweichenden Gewichtsabnahmen zur Folge. Sie wirkten sich auch nicht auf Wintertotenfall oder Frühjahrsentwicklung aus. Gestörte Völker schienen nur stechlustiger zu werden. Vf. konnte die Angabe von Genrich, wonach bei Entweiselung eine scharfe Verringerung der Flugintensität und eine merkliche Änderung des Volkgewichtes eintreten, nicht bestätigen. Intensive Bearbeitung und Störung durch Entweiselung kann an guten Trachttagen zwar den Honigertrag senken, bes. dann, wenn die Störung in der Trachtzeit vorgenommen wird, und an trachtarmen Tagen die Zehrung etwas erhöhen, führt aber nicht zu den manchmal erwähnten sehr großen Honigverlusten. G. Droege. 5480.

3-64/11-0380 Anonym. **Rentabilitätserhebungen des Schweizerischen Bauernsekretariats.** Schweiz. Bienen-Ztg. 87 (1964) Nr. 5. S. 215. — 1 Tab.

Bericht: Durchschnittswerte aus 60-70 Abschlüssen der Jahre 1954-58 sowie Abschlußergebnisse der Jahre 1959-62.

P. Euthin/Tälermühle. 5480.

3-64/11-0381 Avetisjan, G. A. und Kotova, G. N.; Moskau, Landwirtsch. Timirjasew-Akad. Soderžanie matok zimoj vne kluba pčel. **(Die Überwinterung von Weiseln außerhalb der Wintertraube.)** Pčelovodstvo, Moskva **40** (1963) Nr. 9. S. 9-14. — 4 Abb., 3 Tab.

Versuchsweise wurden die verschiedenen Methoden der Überwinterung von Weiseln außerhalb der Wintertraube geprüft. 127 befruchtete Weisel der Grauen Kaukasischen Hochgebirgsrasse wurden mit 50-100 Bienen in Eisen- und Holzkäfigen in einem Schrank bei einer Temperatur von 16-20 °C und einer Feuchtigkeit von 50-54% gehalten. Jede Weisel wog 83-220 mg (⌀ 173,6 mg). Als Futter wurden 60%iger Zuckersirup, Schleuderhonig oder ein Honigwäbchen gegeben. Die Bienen in den Käfigen wurden alle 1,5—2 Mon. ersetzt. Die besten Resultate wurden bei der Überwinterung von Weiseln in den mit Honigwäbchen versorgten Holzkäfigen (60 × 60 × 60) erzielt. Die Ausfälle an Weiseln waren bei der Versorgung derselben mit Honigwäbchen um 57% geringer als bei der Fütterung mit Schleuderhonig. Die größten Ausfälle entstanden bei der Fütterung mit Zuckersirup. Es wurde ein direkter Zusammenhang zwischen der Größe einer Weisel und ihrer Lebensdauer festgestellt. Die kleineren Weisel (⌀ 161,8 mg) lebten in den Käfigen nicht länger als 2 Mon. und die größeren (176,4 mg und mehr) länger als 6 Mon. Problematisch ist noch, das Auftreten der Nosemaerkrankung zu verhindern. Gute Resultate wurden bei der Anwendung von Fumagillin und Fumidil B erreicht. Im Frühling entwickelten alle in den Käfigen überwinterten Weisel nicht weniger Brut als die Weisel aus normalen Völkern. H. Oschmann. 5485.

3-64/11-0382 Gluškov, M. N. Vliv výživy na růst včely medonosné. **(Einfluß der Ernährung auf das Wachstum der Honigbiene.)** Včelařství **16(97)** (1963) Nr. 10. S. 152.

In Versuchen mit der Beifütterung von Bienen mit einer Zuckerlösung mit Zusatz von Pollen und Fumagillin (insgesamt 4 mal nach je 4 Tagen) vergrößerte sich im Vergleich mit den Kontrollvölkern das Gewicht 6 tägiger Larven bis um 3,39% und das Gewicht der eintägigen Bienen um 4,26%. Die Anreicherung der Nahrung verursachte aber auch Veränderungen der Chitinbestandteile des Bienenkörpers. Bei der Fütterung der Bienen mit einer mit Fumagillin angereicherten Zuckerlösung war das Wachstum der Brut um 10,3%, bei Fütterung mit einer Zuckerlösung mit Pollenzugabe sogar um 21% größer als bei Verfütterung einer Zuckerlösung ohne Zusätze. In einem weiteren Versuch wurde die Wirkung des Wachstumsstimulators NRW (40% Lösung eines Na-Salzes von aus dem Abfall der Erdölindustrie gewonnenen Naphthensäuren) untersucht und dabei festgestellt, daß bei Fütterung der Bienen mit einer mit diesem Präparat versetzten Zuckerlösung die Brut sich im Vergleich zur Kontrolle um 18,3% vergrößerte. Bei einer Zuckerlösung mit Kobaltzusatz vergrößerte sich die Brut um 12,5%, bei Heteroauxin-Zusatz vergrößerte sie sich im Vergleich zur Kontrolle um 4,0%. Der Wachstumsstimulator NRW beschleunigte die Brut und vergrößerte die Ausmaße der Bienenkörper bes. des Saugrüssels. Eine ähnliche Wirkung zeigte auch Kobalt.
ČSSR/ÚVTI. 5494.

3-64/11-0383 Bulánek, F. Vyjádření ekonomického efektu řízeného opylování plodin včelami. **(Feststellung des ökonomischen Nutzeffektes der gelenkten Bestäubung von Feldfrüchten durch Bienen.)** Vědecké Práce výzkumného Ústavu včelařského v Dole **1963** Nr. 3. S. 249-264. — 13 Tab., 9 Lit. Zus. in Russ., Engl., Franz., Dtsch.

Am Beispiel von Winterraps und Luzerne wird nachgewiesen, daß der Nutzeffekt der Bestäubung nicht nur durch Berechnung des Wertes des durch Bestäubung erzielten höheren Gewichtszuwachses der Frucht, sondern auch mit Hinsicht auf die mit der gelenkten Bestäubung verbundenen Aufwände ausgedrückt werden kann. Das ist überall dort möglich, wo die wirtschaftliche Rechnungsführung angewendet wird, also die Höhe der Selbstkosten je Produktionseinheit bekannt ist. Der nach einer derartigen, in der Arbeit eingehend behandelten Methode bestimmte ökonomische Effekt der Bienenbestäubung muß dann von den Einkünften für pflanzliche Produktion auf die Einkünfte für Bienenzucht umgebucht werden. ČSSR/ÚVTI. 5496.

3-64/11-0384 Warakomska, Z. Badania nad zbiorem pyłku przez pszczołę miodną (Apis mellifica L.) w rolniczych okolicach Polski. **(Forschungen über das Sammeln von Blütenstaub durch Bienen [Apis mellifica L.] in den landwirtschaftlichen Gebieten Polens.)** Ann. Univ. Mariae-Curie-Skłodowska, Sect. E **17** (1962) S. 67-106. — 19 Abb., 11 Tab., 52 Lit. PRL/CBR. 5496.

3-64/11-0385 White jun., Jonathan W. und Subers, Mary H. Studies on honey inhibine. 2. A chemical assay. **(Studien über Honiginhibine. 2. Mitt. Eine chemische Prüfung.)** J. apicult. Res. 2 (1963) Nr. 2. S. 93-100. — 2 Abb., 2 Tab., 14 Lit.

Geprüft wurde die H_2O_2-Anreicherung in verdünnten Honigen. Die Resultate der Prüfung wurden mit den Inhibinwerten von 45 Honigproben verglichen. Es besteht eine logarithmische Abhängigkeit zwischen Inhibinwert und H_2O_2-Anreicherung. R. Bährmann/Tälermühle. 5496.

3-64/11-0386 Sipos, Endre. Novější otázky při posuzování medu. **(Neuere Fragen der Honigbeurteilung.)** Včelařství **16(97)** (1963) Nr. 10. S. 157.
In vielen Ländern wird bei der Begutachtung des Honigs auch der Diastasegehalt berücksichtigt. Ein hoher Gehalt dieses Enzyms bedeutet einen hohen biol. Wert des Honigs. Dieses Kriterium kann aber nur bei nicht erwärmtem Honig benutzt werden. Die biol. Wertigkeit des Honigs kann nicht nur nach dem Diastasegehalt beurteilt werden, sondern man muß auch den Gehalt an Invertase, Inhibinen, Cholin- u.a. Stoffen berücksichtigen. ČSSR/ÚVTI. 5496.

3-64/11-0387 Masłowski, P. und Mostowska, I. Elektrochromatograficzne badania składu wolnych aminokwasów w niektórych odmianach miodów. **(Elektrochromatographische Untersuchungen der Zusammensetzung der freien Aminosäuren in einigen Honigsorten.)** Pszczelnicze Zeszyty naukowe **1963** Nr. 1. S. 1-6. – 1 Abb., 1 Tab., 15 Lit. PRL/CBR. 5496.

3-64/11-0388 Grman, V. Ekonomické problémy včelárenia štátnych lesov. **(Ökonomische Probleme der Imkerei in den Staatsforsten.)** Les **19** (1963) Nr. 12. S. 368-369. ČSSR/ÚVTI. 5502.

3-64/11-0389 Armbruster, L. **Die Bienenwohnung.** Bienenpflege **1963** Nr. 6. S. 139-142. – 2 Abb.
Eine Bienenwohnung soll möglichst international, d.h. einfach, schichtenbeweglich, in Teilen zu beziehen, mit nur einem Wabenmaß, leicht, dem Imker bequem, sehr warm und dauerhaft für die Freiaufstellung sein. Nur das Magazin entspricht noch am ehesten diesen Forderungen. Holz ist gut, es gibt aber neue Baustoffe, die bez. Gewicht, Wärme, Form- und Oberflächenbeständigkeit dem Holz überlegen sind. Vf. empfielt, nur gleiche Zargen zu verwenden (keine halbhohen Räume); Wanderveranden, Kippvorrichtungen, Verbundschlösser und vieles mehr hält Vf. für überflüssig. Nur Boden, Deckel (austauschbar), Zargen und Beutensockel seien notwendig. In Deutschland hat sich das liegende Normalmaß durchgesetzt, mehr international ist das metrische Langstrothmaß (20 × 40 cm). Vf. rät zur Beutenherstellung zu PVC-Material, das er 1959 schon propagierte. Es wird eine genaue Anleitung gegeben, wie die Einzelteile zusammenzufügen sind. G. Droege. 5520.

3-64/11-0390 Baier, K. **Neue Beuten.** Rhein. Bienenztg. **115** (1964) Nr. 3. S. 68-75.; Nr. 6. S. 163-164.
Vf. setzt sich mit den Vor- und Nachteilen der z.Z. in Deutschland benutzten Beuten auseinander. Hinterbehandlungsbeuten lehnt er ab, weil der Raum zu beschränkt und der Arbeitsaufwand zu groß ist. Sie haben nur im sog. Huckepack eine Berechtigung, in dem viele Völker in Schränken mit Auszugsvorrichtung untergebracht sind. Bienenhäuser und Wanderwagen lehnt Vf. ab. 99% der Beuten aller Welt sind Langstroth- und Dadant-Magazine. Das Rähmchenmaß ist nicht so entscheidend. Es muß nur die genügende Wabenfläche vorhanden sein. Im Brutraum muß bei Massentrachten stets genügend Raum für die eingetragene Nektarmenge in Fluglochnähe vorhanden sein, ebenso im Honigraum für den unfertigen und fertigen Honig. Vf. weist daraufhin, die im Normblatt angegebenen Maße beim Beutenbau genau einzuhalten. An Stelle von Holz wird zum Beutenbau verschiedentlich Styropor verwendet. Es gibt sowohl in einem Stück geschäumte Beuten als auch Beuten aus einem Holzrahmen und Styroporplatten. Diese Styroporplatten können auch bei doppelwandigen Beuten an die Stelle der Hobelspäne treten. G. Droege. 5520.

3-64/11-0391 Perkiewicz, Ernst; Marburg/L., Inst. für Bienenkunde. **Beuten und Betriebsweisen. 18. Folge. Eine Großimkerei in Auszugsbeuten.** Dtsch. Bienenwirtsch. **15** (1964) Nr. 4. S. 77-79. 17. Folge vgl. 3-64/10-0448.
Vf. beschreibt die Betriebsweise von Imkermeister Clemens Klein in Wahn bei Köln. Es handelt sich um eine Stand- und Wanderimkerei mit 450 Völkern

in Auszugsbeuten, Querbau, 2etagig in liegendem Normalmaß mit je 12 Waben im Brut- und Honigraum. Obst, Raps, Himbeere, Brombeere, Tanne und Heide wird angewandert. Am Stand ist Feldtracht. Bis kurz vor der Obstblüte werden die Völker möglichst in Ruhe gelassen. Dann wird die letzte Vorratswabe aufgekratzt. In der Apfelblüte Brutausgleich und bei starken Völkern Freigabe des halben Honigraumes. Die Deckwabe des Brutraumes kommt als Vorrats-Garantiewabe in den Honigraum. Zur Schwarmverhinderung werden jeweils im Abstand von 9 Tagen je 2 verdeckelte Brutwaben in den Honigraum umgehängt. Wenn reichlich Bienen vorhanden sind wird geschröpft. Alle 2-3 Jahre werden die Königinnen erneuert. Die Wintereinfütterung geschieht im Lösungsverhältnis 3:2, je 1 l pro Volk im Seitenfuttertrog, und zwar 3mal nachts. Das 1. Mal abends, das 2. Mal um Mitternacht, das 3. Mal gegen 3^{00}. Die Ableger überwintern im Honigraum der Standvölker.

G. Droege. 5520.

3-64/11-0392 Lehner, M. **Der Bienenstand.** Bienenwelt [Graz] **6** (1964) Nr. 6. S. 140-141.

Der Standort soll so gewählt werden, daß Krankheiten sich nicht ausbreiten können. Dazu wird gefordert: Warmer, sonniger Standort, aber keine pralle Sonne im Hochsommer, da diese die Schwärmerei fördert; Völkerverluste im Winter sind bei Nord- und Ostrichtung größer als bei Süd- und Westrichtung der Fluglöcher; keine Massierung von Bienenvölkern, kleine aufgelockerte Stände werden für alle Gegenden gefordert.

H. Oschmann/Tälermühle. 5520.

3-64/11-0393 Kropáčová, S. Vztahy mezi klimatickými faktory, nektarem vojtěšky a náletem včel (Apis mellifera L.) na vojtěšku. **(Beziehungen zwischen den klimatischen Faktoren, dem Luzernenektar und dem Bienenanflug [Apis mellifera L.] auf Luzerne.)** Sborník Vysoké Školy zemědělské Brně, Řada A **1963** Nr. 4. S. 603-611. – 5 Abb., 3 Tab., 6 Lit. Zus. in Russ., Engl.

Dieser Arbeit liegen Beobachtungen zugrunde, die 1960 auf drei und 1961 auf zwei Standorten Südmährens stattfanden. Der Bienenanflug, die Nektarmenge und die klimatischen Faktoren wurden um 9^{00}, 13^{00} und 17^{00} kontrolliert. Es zeigte sich, daß die zunehmende rel. Luftfeuchtigkeit die Nektarproduktion der Pflanzen erhöht ($P < 0{,}05$). Diese Tendenz fällt bes. bei der Feststellung des niedrigsten Temperaturintervalls (19-21 °C) auf. Der Lufttemperatureinfluß auf die Nektarmenge war nicht nachweisbar. Die Niederschlagsmenge, welche die Bodenfeuchtigkeit beeinflußt, kann auf die Menge des ausgeschiedenen Nektars positiv wirken. Die Zuckerkonzentration im Nektar steht in einer negativen Beziehung zur Luftfeuchtigkeit und wahrscheinlich auch zur Bodenfeuchtigkeit. Auch in diesem Fall ließ sich der Einfluß der Lufttemperatur nicht nachweisen. Die zahlenmäßige Menge der aktiven Bienen auf der Luzernekultur wird in erster Linie durch die Lufttemperatur ($P < 0{,}01$) positiv beeinflußt und hängt nur in geringem Maße von der rel. Luftfeuchtigkeit ab. ČSSR/ÚVTI. 5530.

3-64/11-0394 Mel'ničenko, A. N. Pčely sami povyšajut nektaroproduktivnost' cvetkov. **(Die Bienen selbst erhöhen die Nektarsekretion der Blüten.)** Pčelovodstvo, Moskva **40** (1963) Nr. 9. S. 32-35. – 2 Tab.

Vf. untersuchte mehr als 20 Arten von Bienenweidepflanzen. In bestimmten Stunden wurde Nektar aus den von Insekten isolierten Blüten mit Hilfe von Mikropipetten entnommen. Gleichzeitig wurden die Bienen auf den nicht isolierten Blüten gezählt. Die Bestimmung des Zuckergehaltes des Nektars wurde nach der Methode von Bertrand durchgeführt. Unter normalen Wetter- und Bodenverhältnissen erhöhte sich die Nektarsekretion in den Blüten bei mehrmaliger Entnahme des Nektars um 50-75%. Je besser die Blüten der Insektenbestäubung angepaßt sind, um so mehr Nektar sondern sie bei mehrmaliger Entnahme ab. Diese biol. Eigenschaft ist nützlich. Sie bedingt die mehrmaligen Insektenbesuche der Blüten, gibt gute Voraussetzungen zu ihrer Befruchtung und erhöht die Lebensfähigkeit der Pflanzen. Nach der Befruchtung der Blüten versiegt die Nektarsekretion.

H. Oschmann. 5530.

3-64/11-0395 Demianowiczová, Ž. Nektarodárnost medonosných rostlin. **(Die Nektarergiebigkeit von Trachtpflanzen.)** Včelařství **16(97)** (1963) Nr. 10. S. 159.

Nach den Ergebnissen der vorliegenden Untersuchungen kann man Pflanzen nach ihrer Trachtergiebigkeit in folgende 5 Gruppen einteilen: Gr. I mit einer Trachtergiebigkeit von über 400 kg Honig/ha (Büschelkraut, knotige Braunwurz, Seidenpflanze, echter Salbei, Weißer Steinklee, Ochsenzunge, Gemeiner Andorn, Buchweizen u.a.), Gr. II mit einer Trachtergiebigkeit von 200-400 kg Honig/ha (türk. Drachenkopf, Blutweiderich, wilder Wein, Fingerhut, weiße Taubnessel, Schneebeere u.a.), Gr. III mit einer Trachtergiebigkeit von 100-200 kg Honig/ha (echtes Katzenkraut, Thymian, echte Hundszunge, Esparsette, Kratzbeere, Ölraps u.a.), Gr. IV mit einer Trachtergiebigkeit von 50-100 kg Honig/ha (gefleckte Taubnessel, großblütiges Katzenkraut, Weißklee, tatar. Ahorn u.a.) und Gr. V mit einer Trachtergiebigkeit bis 50 kg Honig/ha (Luzerne, Gemeine Phacelia, Melisse, wilde Malve u.a.).

ČSSR/ÚVTI. 5530.

3-64/11-0396 Fabek, Vera; Hohen-Neuendorf, Bienenschutzstelle der DDR. **Bienenschäden durch Flugzeugeinsatz mit chemischen Pflanzenschutzmitteln.** Garten u. Kleintierzucht, Ausg. C **3** (1964) Nr. 1. S. 6-7.

Am 22.11. 1963 fand in Hohen Neuendorf eine Arbeitstagung über Bienenschäden statt. 30% der Bienenschäden des Jahres 1963 (1932 Völker) wurden durch Aero-Sprühmittel verursacht, die vom Flugzeug ausgebracht wurden. Sie hätten vermieden werden können, wenn alle Bestimmungen eingehalten worden wären. Zur Vermeidung solcher Verluste wurde folgendes festgelegt: Alle Bienenvölker an blühenden Kulturen müssen dem Pflanzenschutzagronom gemeldet werden. Ein geeigneter Imker muß auf dem Einsatzflugplatz zugegen sein, um die Flugzeugbesatzung beraten zu können. DDT-HCH-Mittel dürfen nur außerhalb der Flugzeit der Bienen ausgebracht werden. Eine Verwehungsmöglichkeit des Mittels auf andere Kulturen ist einzukalkulieren. Die Sprühanlage muß nach Verwendung bienengefährlicher Mittel ausreichend gereinigt werden. Kartoffelflächen mit blühenden Unkräutern dürfen ebenfalls nur außerhalb der Flugzeit der Bienen behandelt werden.

G. Droege. 5570.

3-64/11-0397 Jordan, R.; Wien, Bundesanst. für Bienenkunde. **Folbex — Wirkstoff Chlorbenzilat — hat auf Bienen keine insektizide Wirkung.** Bienenvater [Wien] **85** (1964) Nr. 1. S. 3-7.

Zuweilen auftretende Königinnenverluste veranlaßten Vf. festzustellen, ob bei unsachgemäßer Behandlung möglicherweise Folbex doch eine insekticide Wirkung auf Bienen hat. Beim Abbrennen des Folbexstreifens überzieht das freiwerdende Chlorbenzilat als feiner Film die Wabe. Eine Wabe mit gedeckelten und offenen Honigzellen wurde 1 Std. einer intensiven Beräucherung ausgesetzt. Sie wurde in einem Einwabenbeobachtungsstock gegen eine besetzte Wabe ausgetauscht. Die Bienen verhielten sich normal, die Königin begann am nächsten Tag zu stiften. Die Brut entwickelte sich normal. Der Versuch wurde mit einer 2 Tage hindurch beräucherten Wabe wiederholt. Ergebnis: Folbex hat auf Bienen keinen schädigenden Einfluß. Schäden können aber bei unsachgemäßer Anwendung von Folbex entstehen, wenn z.B. Folbex zu früh (vor der Obstblüte) oder bei Brutstopp oder zu kühler Witterung (unter 10 °C) verabreicht wird. Es kommt dann durch Beunruhigung der Bienen leicht zum Einknäueln der Königin. G. Droege. 5570.

3-64/11-0398 Morgenthaler, O. **Zur Geschichte und Naturgeschichte der Bienenmilbe Acarapis.** Bienenpflege **1964** Nr. 4. S. 71-76.

Vf. nimmt Stellung zur Verordnung des württembergischen Innenministeriums vom 3. VIII. 1962 zum Schutze der Bienen gegen die Milbenseuche. Ferner wird über neue Anschauungen bez. der Milben berichtet. Vf. hält die Milbenseuche für diejenige Krankheit, die am leichtesten zu bekämpfen ist. Bekämpfungsmaßnahmen sollten aber ständig wiederholt werden, solange Milben in einer bestimmten Gegend noch vorhanden sind. Die Tracheenmilbe wird häufig mit anderen Acarapis-Arten, die als sog. Außenmilben topographisch eng begrenzte Teile des Bienenkörpers besiedeln und ihre Brutplätze nicht miteinander vertauschen, verwechselt. Für eine wirkungsvolle Klärung der Milbenfrage ist es erforderlich, daß die Verbreitungsgebiete genau bekannt sind. – Die Flugunfähigkeit der milbenkranken Bienen beruht nicht auf Atemnot oder Vergiftung, sondern auf einer Schädigung des Flugapparates der Bienen durch die Milben. R. Bährmann/Tälermühle. 5570.

3-64/11-0399 Švancera, L. Obrana včelárov na Slovensku proti roztočovej nákaze. **(Abwehrmaßnahmen der slowakischen Imker gegen die Milbenseuche bei Bienen.)** Včelár **37** (1963) Nr. 9. S. 197.

In der Slowakei tritt die Milbenseuche nur sporadisch auf. Aus Schutzgründen ist jede Einfuhr von Bienen verboten. Als weitere Abwehrmaßnahme ist die Festsetzung sog. Wachposten in jeder Bienenzüchterorganisation, welche die Anzeichen der Seuche ermitteln sollen, anzuführen. ČSSR/ÚVTI. 5570.

H. SEIDENRAUPEN

3-64/11-0400 Sado, Toshihiko. Spermatogenesis of the silkworm and its bearing on radiation induced sterility. I. **(Die Spermatogenese des Seidenspinners und ihr Zusammenhang mit der strahlungsinduzierten Sterilität. 1. Mitt.)** J. Fac. Agric., Kyushu Univ. **12** (1963) Nr. 4. S. 359-385. – 24 Abb., 9 Tab., 101 Lit. Orig.: engl.

In der im 1. Teil gegebenen Literaturübersicht werden auch die hauptsächlich an Mäusen und Drosophila gewonnenen Erkenntnisse über das aufgegriffene Thema aufgezeigt und den am Seidenspinner gewonnenen Erkenntnissen gegenübergestellt. Bes. Aufmerksamkeit wird der normalen Entwicklung der männl. Keimzellen und der Struktur des Hodens gewidmet. Zur Erforschung der Wirkung von X-Strahlen auf die Keimzellen wurden Raupen eines „wild type"-Stammes mit Gesamtdosen von 500, 1000 und 2000 r bestrahlt. In einigen Versuchen wurden 5000-15000 r akuter X-Strahlen an Raupen direkt vor dem Schlupf und an späte Puppen am Tage vor dem Verlassen des Kokons verabreicht. Die Auswirkungen der Behandlungen wurden histol. und zytol. kontrolliert, wobei bes. Wert auf das anteilmäßige Vorkommen eupyrener und apyrener Spermatozoen im histol. Bild sowie auch später in den Geschlechtsorganen der mit bestrahlten Männchen gepaarten Weibchen gelegt wurde. Des weiteren wurden die Stahlungsreaktionen der spermatogenen Zellen mit Hilfe von Fruchtbarkeitstests untersucht. Als Zweck der Untersuchungen wird angeführt: 1. Erforschung der Gründe für scheinbare Widersprüche zwischen den Befunden bei anderen Tieren und 2. Feststellung des spätesten Larvenstadiums (Grenzstadium), auf welchem Bestrahlung Spermatozoen liefert, die noch als Spermatogonien bestrahlt wurden. H. Rost. 5656.

3-64/11-0401 Sado, Toshihiko. Spermatogenesis of the silkworm and its bearing on radiation induced sterility. II. **(Die Spermatogenese des Seidenspinners und ihr Zusammenhang mit der strahlungsinduzierten Sterilität. 2. Mitt.)** J. Fac. Agric., Kyushu Univ. 12 (1963) Nr. 4. S. 387-404. – Orig.: engl. 1. Mitt. vgl. vorst. Ref.

Im 2. Teil der Arbeit werden die Untersuchungsergebnisse beim Seidenspinner eingehend diskutiert und wiederum in Vergleich zu anderen Tierarten gesetzt. Es wird aufgezeigt, daß primordiale Keimzellen, primäre Spermatogonien, Spermatiden und Spermien resistent gegen Bestrahlung sind, während die sekundären Spermatogonien bes. in ihren späten Stadien am empfänglichsten für eine Strahlungsschädigung sind und selbst von niedrigen X-Strahlendosen abgetötet werden. Erfolgt die Bestrahlung jedoch vor dem 3. Larvenstadium, so können sich die Spermatogonien regenerieren und sich — wie bei unbestrahlten Individuen — zu eupyrenen und apyrenen Spermatozoen entwickeln. Das Grenzstadium für die Erzeugung von funktionstüchtigen Spermatozoen aus regenerierten Spermatogonien liegt in der Nähe des frühen 3. Larvenstadiums. Beim Seidenspinner ist keine Sterilität auf Grund der Zerstörung der späten Spermatogonien erkennbar. Eine ausgesprochene Sterilität nach Bestrahlung des frühen 5. Stadiums ist das Ergebnis einer funktionellen Oligospermie. Aus den Untersuchungen läßt sich ein übereinstimmendes Bild der strahlungsinduzierten Sterilität bei Tieren allg. gewinnen.
H. Rost. 5656.

3-64/11-0402 Antonov, A. S., Lajkova, N. F., Ivanova, P. V., Grigoŕeva, S. P. und Belozerskij, A. N. Izmenenija v aminokislotnom sostave fibroina šelka Bombyx mori L., induciruemye analogami azotistych osnovanij DNK i RNK. **(Veränderungen in der Aminosäurenzusammensetzung des Fibroins der Seide von Bombyx mori L., die durch Analoge der Stickstoffbasen von DNS und RNS hervorgerufen werden.)** Doklady Akademii nauk SSSR, Moskva **155(32)** (1964) Nr. 5. S. 1201-1204. — 1 Tab., 6 Lit. 5656.

3-64/11-0403 Elieva, A. A. Vlijanie rostovogo veščestva neftjanogo proischoždenija na produktivnost' tutovogo šelkoprjada. **(Einfluß eines aus Erdöl gewonnenen Wuchsstoffes auf die Leistung des Maulbeerseidenspinners.)** Tr. Azerb. n.-i. in-ta šelkovodstva **3** (1962) S. 93-98. — Orig.: aserbaidshan., Ausz.: russ. Aus: Referativnyj žurnal Moskva. Životnovodstvo, veterinarija **1963** Nr. 24. 58. 272. S. 32.
Bei der Behandlung der Hybrideier Bel. 2 × Bel. 1 nach eintägiger Inkubation mit einer 0,01- bis 0,05%igen Lösung des Wuchsstoffes erhöht sich die Schlupffähigkeit um 0,6-1,4%, verkürzt sich die Aufzucht um 0,1-0,5 Tage, steigt der Kokonertrag um 2,4-6,5% und die Seidenleistung um 2,5-7,4. Bei der Gelegebehandlung mit einer 1- bis 5%igen Lösung des Wuchsstoffes verzögert sich die Entwicklung des Keimes, und die Inkubationsperiode wird länger. Die Raupenaufzucht mit Blättern, die mit einer 0,004- bis 0,025%igen Lösung angefeuchtet sind, verkürzt vom 1.-5. Stadium die Dauer der Aufzucht um 0,4-1,2 Tage, erhöht den Kokonertrag um 1,3-8,6% und die Seidenleistung um 0,4-12,5. Zur Aufzucht der Raupen sind ∅ 33 l Wuchsstofflösung erforderlich. 5672.

TIERERNÄHRUNG

A. ALLGEMEINES

3-64/11-0404 Bassir, Olumbe; Ibadan, Nigeria, Univ. Coll. Improving the level of nutrition. **(Verbesserung des Ernährungsniveaus.)** West African J. biol. appl. Chem. **7** (1963) Nr. 3. S. 32-40. — 9 Abb., 9 Tab., 1 Lit.
Vf. hat in einer Reihe von Versuchen landeseigene Produkte, wie Cassava und Sojabohnen durch Mischen mit Casein und Ergänzung durch Methionin und Lysin sowie durch Zusätze einer Vit.-Mischung geprüft, um daraus optimale Nahrungsmittelgemische zur Verbesserung der Ernährung der Landesbevölkerung zu entwickeln. Die daraus gewonnenen ernährungswissenschaftlichen Erkenntnisse und damit zusammenhängende organisatorische Probleme werden diskutiert. H.-D. Bock. 7010.

3-64/11-0405 Gräfe, H.-K. **Grundsätze für eine gesunde Familienernährung.** Jb. Arbeitsgemeinsch. Fütterungsberat. 4 (1961/62, hrsg. 1963) S. 11-22. — 5 Abb., 12 Lit. 7010.

3-64/11-0406 Bell, Deirdre P., Elmes, P. C. und Wheeler, Sylvia M.; Belfast, Queen's Univ. A colony of specific pathogen-free rats. **(Eine Kolonie spezifisch keimfreier Ratten.)** Nature [London] **201** (1964) Nr. 4916. S. 273 bis 274. — 2 Tab., 5 Lit.

Um dem Ausbruch infektiöser Erkrankungen, vor allem der chronischen Pneumonie, in Rattenzuchtstämmen zu begegnen, bezogen Vff. einen Stamm spez. keimfreier Ratten und bauten daraus auf der Grundlage der Koloniezucht einen eigenen Zuchtstamm nach folgender Methode auf: strenge Isolierung des Zuchtstammes von anderen Tierhaltungsräumen, separate Ventilation und Schleuse, ständige Desinfektion des Tierpflegers, Sterilisation des Futters und der Einstreu, keine Wiedereinstellung von Tieren, die den Raum verlassen haben und keine Neueinstellung. In einem 3 jährigen Versuch über Fruchtbarkeit, Zuchtleistung und Krankheitsbefall sowie in einem Versuch über den Einfluß einer Milz-Ektomie auf das Krankheitsgeschehen erwiesen sich die Tiere der keimfreien Kolonie denen der Kontrollgruppe überlegen.
H.-D. Bock. 7010.

B. CHEMISCHE BESTANDTEILE DES TIERKÖRPERS UND DER FUTTERMITTEL

3-64/11-0407 Ulmann, M. **Zur Terminologie des Stärkegebietes. 1. Mitt. Der Begriff der Stärke.** Ernährungsforschung **9** (1964) Nr. 1. S. 38-56. — 2 Tab., 40 Lit. — nach Zus.

Nach einleitenden Ausführungen über Zweck und Ziel terminologischer Arbeiten und die Wichtigkeit zu eindeutigen Begriffen auch auf dem Stärkegebiet zu kommen, wie auch nach Hinweisen auf den hierzu einzuschlagenden Weg, wird an Hand von hauptsächlich Schrifttumsnachweisen auf die Mehrdeutigkeit des Begriffes „Stärke" hingewiesen. Sowohl im allgemeinen, wie auch im technischen Sprachgebrauch werden der Benennung „Stärke" 3 verschiedene Begriffe zugeordnet. Der Botaniker, Chemiker und Industrielle verbinden mit dem Begriff Stärke nicht nur eine verschiedene Vorstellung, sie haben es auch mit eindeutig verschiedenen Objekten zu tun. Es ist Aufgabe einer umfassenden Gemeinschaftsarbeit durch eingehende Analyse der vorliegenden unklaren Verhältnisse und durch geeignete Fragestellung den Weg festzulegen, auf dem versucht werden muß zu einem eindeutigen Begriff „Stärke" und zu eindeutigen Benennungen zu kommen. Auf einige Möglichkeiten hierzu wird hingewiesen und die Mitberücksichtigung des Verhältnisses Stärke-Stärkekorn empfohlen. Erst wenn eindeutig feststeht, was unter „Stärke" verstanden werden soll, kann mit der Begriffsbestimmung von weiteren, mit der Stärke in Verbindung stehenden Fachworten begonnen werden und schließlich mit der kritischen terminologischen Bearbeitung der gesamten Fachsprache des Stärkegebietes. 7132.

3-64/11-0408 Tunger, L. **Zur Abgrenzung der Begriffe Rohfaser- und Cellulosegehalt.** Ernährungsforschung **9** (1964) Nr. 1. S. 57-59. — 15 Lit.

Da sowohl bei den hydrolytischen Methoden (Weender-Verfahren) als auch bei dem oxydativen Verfahren (Kürschner-Hannack) und den verschiedenen Modifikationen (z.B. Scharrer-Kürschner) ein Substanzgemisch bei der Analyse pflanzlicher Nahrungs- und Futtermittel erhalten wird und auch ein Teil der Cellulose in Lösung geht, wendet sich Vf. gegen die Bezeichnung „Cellulosebestimmung" bei den oxydativen gegenüber der Bezeichnung „Rohfaserbestimmung" bei den hydrolytischen Verfahren. Vielmehr sollten auch die ersteren Verfahren nach Meinung des Vf. als „Rohfaserbestimmungen" bezeichnet werden. Er weist darauf hin, daß die Erfassung des tatsächlichen Cellulosegehaltes (z.B. Oxydation mit Cl und weitere Behandlung mit NH_3 oder Na_2SO_3) sehr langwierig und in Serie für Kontrolluntersuchungen kaum durchführbar ist. R. Schiemann. 7136.

3-64/11-0409 Adams, E. P. und Heath, T. J. The phospholipids of ruminant bile. **(Die Phospholipide von Wiederkäuergalle.)** Biochim. biophysica Acta [Amsterdam] **70** (1963) Nr. 6. S. 688-690. — 2 Tab., 11 Lit. 7190.

3-64/11-0410 Bache, C. A., Lisk, D. J., Wagner, D. G. und Warner, R. G.; Ithaca, N.Y., Cornell Univ. Elimination of 2-methyl-4-chlorophenoxyacetic acid and 4-(2-methyl-4-chlorophenoxybutyric) acid in the urine from cows. **(Isolierung von 2-Methyl-4-chlorphenoxyessigsäure und 4-[2-Methyl-4-chlorphenoxybutter]-säure aus dem Harn von Kühen.)** J. Dairy Sci. **47** (1964) Nr. 1. S. 93-95. — 1 Abb., 1 Tab., 3 Lit.
Einem Holstein-Ochsen wurden 5 ppm reine 2-Methyl-4-chlorphenoxyessigsäure (**MCP**) (basierend auf einer Tagesration von 50 lb.) verabreicht und der ausgeschiedene Harn 1 Tag vor (Kontrolle!) sowie über 6 Tage nach der Herbicidgabe quantitativ gesammelt, gewogen und gaschromatographisch untersucht. (Von 0,4 ppm zum Harn zugegebener **MCP** wurden 106, 75, 93 und 119% wiedergefunden; Nachweisgrenze: 0,1 ppm **MCP**). Von den insgesamt verabreichten 113,5 mg **MCP** wurden 140,8 mg in den ersten 4 Tagen im Harn wiedergefunden. Die **MCP** wird demnach vollständig im Harn ausgeschieden. Die mit 4-(2-Methyl-4-chlorphenoxybutter)säure (**MCPB**) erhaltenen Ergebnisse werden nicht näher angeführt, da in allen Fällen zum Harn zugesetzte reine **MCPB** nur unbefriedigend wiedergefunden wurde.
U. Zelck. 7330.

C. UNTERSUCHUNGS- UND VERSUCHSMETHODIK

3-64/11-0411 Bergmann, A.; Kopenhagen, Dänemark, Inst. für Techn. Biochem. **Die Untersuchung von Kartoffelreibsel und Kartoffelpülpe.** Stärke **16** (1964) Nr. 2. S. 68-71. — 1 Tab., 3 Lit. Zus. in Engl., Franz.
Es ist die Zusammensetzung der Kartoffel und die Gewinnung der Kartoffelpülpe über die Kartoffelreibsel aus dieser aufgezeigt. Beschrieben sind die Bestimmungsmethoden der einzelnen Pülpebestandteile. (Wasser, Tr.-Subst., auswaschbare oder freie Stärke, ausgewaschene Pülpe-Tr.-Subst., gebundene Stärke und stärkefreie Pülpe-Tr.-Subst.). Genaue Arbeitsvorschriften zur Bestimmung der Komponenten und die dazugehörigen Berechnungsformeln sind angegeben. Es handelt sich um einfache Verfahren.
G. Rothe. 7455.

3-64/11-0412 Rataj, S. Zrychlená metoda stanovení obsahu popela v moukách a krmivech. **(Schnellmethode der Bestimmung des Aschengehaltes in Mehlen und Futtermitteln.)** Mlýnsko-pekárenský Průmysl **9** (1963) Nr. 12. S. 548-550. — 3 Abb., 1 Tab. ČSSR/ÚVTI. 7464.

3-64/11-0413 Sternkopf, G. **Untersuchungen über die chemisch-analytische Auftrennung der stickstoff-freien Extraktstoffe (NFE) in grünem Pflanzenmaterial. 4. Mitt. Veränderungen des Rohnährstoffgehaltes und der Zusammensetzung der stickstoff-freien Extraktstoffe im Verlaufe der Vegetation von Silomais.** Arch. Tierernähr. **14** (1964) Nr. 1. S. 59-66. — 5 Tab., 6 Lit. Zus. in Russ., Engl. 3. Mitt. vgl. LZ. Abt. III 8 (1963) Nr. 11. S. 2380.
Vf. untersucht den Rohnährstoffgehalt von Maispflanzen insgesamt bzw. von Einzelteilen der Pflanzen in Abhängigkeit vom Vegetationsstadium (Milchreife bis Körnerreife). Der Rohproteingehalt (**I**) und Rohfasergehalt (**II**) nahmen in der Gesamtpflanze ab, dagegen erhöhte sich der Rohfettanteil (**III**). In den Blättern nahm I ab und II stieg an. In den Lieschblättern erhöhten sich II und III und die N-freien Extraktstoffe (**IV**) nahmen ab. Letzteres galt

auch für die Stengel. II stieg in den Stengeln an. In den Kolben erniedrigten sich I und II, dagegen vergrößerte sich der Gehalt an III und IV. Für die gleichen Pflanzen und Pflanzenteile werden Einzelwerte an Glucose, Fructose, Saccharose, löslichen Kohlenhydraten, Xylose, Arabinose, Galaktose und Gesamthemicellulose mitgeteilt. Alle Kohlenhydratkomponenten erniedrigen sich in den untersuchten Pflanzenteilen mit zunehmendem Vegetationsstadium. H. Bergner. 7472.

3-64/11-0414 Becker, M.; Großbeeren, Inst. für Gemüsebau der Dtsch. Akad. der Landwirtsch.-Wiss. zu Berlin. **Die Bestimmung reduzierender Zucker im Gemüse.** Z. landwirtsch. Versuchs- u. Untersuchungswes. **10** (1964) Nr. 1. S. 75-84. – 2 Abb., 10 Tab., 3 Lit. Zus. in Russ., Engl.

Es werden Erfahrungen zur Bestimmung von Mono- und Disacchariden im Gemüse mittels des colorimetrischen Verfahrens nach Somogyi-Nelson mitgeteilt. Nach Feststellung der optimalen Versuchsbedingungen und Erörterung der Reproduzierbarkeit anhand von Eichkurven und Modellgemischen wird folgende Methodik empfohlen: Die zerkleinerte Probe wird mit 96%igem Äthanol homogenisiert und unter Zugabe von $CaCO_3$ ½ Std. am Rückfluß gekocht. Man filtriert, wäscht gut nach und verdünnt das Filtrat auf eine geeignete Konzentration. Nach Enteiweißung mit Pb-Acetat- und Na-Sulfatlösung (beide 5%ig) wird zentrifugiert; im Überstand werden sodann die Monosaccharide bestimmt. Die Ermittlung des Gesamtzuckers erfolgt nach Behandlung des Überstandes mit 3%iger Monochloressigsäure und anschließender Neutralisation in gleicher Weise. Die Differenz aus Gesamtzucker und Monosacchariden ergibt den Gehalt an Disacchariden. Auf Nachteile des Verfahrens wird hingewiesen. H. Ruttloff. 7485.

3-64/11-0415 Waldschmidt-Leitz, Ernst und Zwisler, Oswald; Heiligenberg, Inst. für Org. Chem. der TH München. **Über die Proteine des Hafers. 11. Mitt. Über Samenproteine.** Hoppe-Seyler's Z. physiol. Chem. **332** (1963) Nr. 1/6. S. 216-224. – 2 Abb., 10 Tab., 10 Lit.

Verschiedene Hafersorten wurden nach beschriebener Methode auf die Proteinzusammensetzung untersucht. Unterschieden wurden die Albumin-, die Globulin- und die Aveninfraktion (äthanollösliche-). Nach der Isolierung der jeweiligen Fraktion erfolgten die weitere elektrophoretische Auftrennung, die Bausteinanalysen und die Bestimmung der endständigen Aminosäuren. In der Albuminfraktion wurden elektrophoretisch mindestens 7, in der Aveninfraktion 4 Einzelkomponenten nachgewiesen. Eine Auftrennung der Globulinfraktion war wegen der erforderlichen hohen Salzkonzentration nicht möglich. Während sich die Einzelkomponenten hinsichtlich ihrer Zusammensetzung beträchtlich unterscheiden, bestehen in dieser Hinsicht Sortenunterschiede nicht. An endständigen Aminosäuren wurden im Albumin Glutaminsäure, Serin, Alanin (NH_2-endständig (**I**)), Asparaginsäure und Glutaminsäure (COOH-endständig (**II**)) gefunden. im Globulin, Glutaminsäure, Serin, Glycin (I), Asparaginsäure, Alanin (II), und im Avenin Glutaminsäure, Serin, Threonin (I), Asparaginsäure (II). I. Schröder. 7500.

3-64/11-0416 Wright, W. B., Brown, P. J. und Bell, A. V. A method of fractionation of lour proteins by means of gel filtration on sephadex G-100. **(Eine Methode der Fraktionierung von Mehlproteinen mit Hilfe der Gelfiltration mittels Sephadex G-100.)** J. Sci. Food Agric. **15** (1964) Nr. 1. S. 56-62. – 5 Abb., 12 Lit.

Es wurden Mehl- und Glutenextrakte aus unbehandeltem Brotmehl (12,8% Protein) hergestellt und mit Sephadex G-100 untersucht. Während im Gegensatz zur Stärkegelelektrophorese eine Isolierung der einzelnen Proteine nicht möglich ist, kann jedoch eine Auftrennung in Gruppen vorgenommen werden. Hierdurch ergibt sich eine einfache und schnelle Methode, um die Veränderungen der Molekulargröße, z. B. durch Assoziation verfolgen zu können. Die Methode für die Herstellung der Extrakte, die Gelfiltration und die Stärkegelelektrophorese werden ausführlich beschrieben. I. Schröder. 7500.

3-64/11-0417 Canfield, Robert E. und Anfinsen, Christian B. Chromatography of pepsin and chymotrypsin digests of egg white lysozyme on phosphocellulose. **(Chromatographie von Pepsin- und Chymotrypsindigests von Eiweißlysozym an Phosphocellulose.)** J. biol. Chemistry **238** (1963) Nr. 8. S. 2684-2690. 7500.

3-64/11-0418 Elton, G. A. H. und Ewart, J. A. D.; Rickmansworth, Herts., Brit. Baking Ind. Res. Assoc. Electrophoretic comparison of cereal proteins. **(Elektrophoretischer Vergleich von Getreideproteinen.)** J. Sci. Food Agric. **15** (1964) Nr. 2. S. 119-126. — 10 Abb., 1 Tab., 31 Lit.
Die Beschreibung der angewandten gelelektrophoretischen Methode erfolgte in J. Sci. Food Agric. **13** (1962) S. 62. Vff. zeigen, daß quantitative Differenzen zwischen den elektrophoretischen Mustern der Gliadine und der wasserlöslichen Proteine verschiedener Weizenvarietäten bestehen. Von allen untersuchten Getreidearten weist das Roggenprolamin die größte Verwandtschaft zum Gliadin auf. Eine Anzahl der Hauptgliadinproteine wurde auf ihre Homogenität getestet. Vff. schließen aus den bei verschiedenen Getreidearten beobachteten Differenzen auf die Variabilität in der Backqualität. Abschließend wird der Einfluß der Luftklassifizierung, des Fettes und der Auftrennung von Mehl durch Lösungsmittelflotation auf die elektrophoretischen Muster geprüft. I. Schröder. 7500.

3-64/11-0419 Betsuyaku, Takashi, Yachi, Akira, Fukuda, Morimichi, Anzai, Tetsuro, Wada, Takeo und Carpenter, Charles M.; Sapporo, Hokkaido, Japan, Med. Coll.; Long Beach, Calif., Veterans Admin. Hospital; Los Angeles, Univ. of California, School of Public Health. Semi-quantitative immunoelectrophoresis and its application to the study of serum α-globulins. **(Halbquantitative Immunelektrophorese und ihre Anwendung auf die Untersuchung von Serum-α-Globulinen.)** Proc. Soc. exp. Biol. Med. **115** (1964) Nr. 1. S. 267-271. — 4 Abb., 1 Tab., 16 Lit.
Es wird eine mathematische Methode zur halbquantitativen Bestimmung der Komponenten von Serumproteinen beschrieben, die immunelektrophoretisch getrennt und nachgewiesen werden. Bei Anwendung der Methode auf die Untersuchung von Serum-α-Globulinsubfraktionen wurden hoch signifikante Korrelationen zwischen den biochemisch bestimmten Werten und den Intensitäten ihrer immunelektrophoretischen Reaktionen beobachtet. Die Methode ist einfach und wird als genügend reproduzierbar insbesondere bei der Untersuchung pathologischer Veränderungen in den Subfraktionen von Serumproteinen angegeben. F. Kreienbring. 7500.

3-64/11-0420 Pluschkat, H.; Berlin, Inst. für Seuchenschutz. **Über die mikrobiologische Aminosäurebestimmung in Peptonen.** Pharmazie **19** (1964) Nr. 4. S. 270-273. — 1 Abb., 2 Tab., 10 Lit.
Mit Hilfe der vom Vf. in verschiedenen technischen Einzelheiten modifizierten mikrobiol. Methode wurde in 24 verschiedenen in- und ausländischen Peptonen der Gehalt an essentiellen Aminosäuren vor und nach einer Säurehydrolyse bestimmt. Als Teststamm diente *Leuconostoc mesenteroides P* 60 (ATCC 8042). In den Säurehydrolysaten wurden stets die höchsten Wachstumswerte erzielt. In keinem Fall war eine Wachstumssteigerung, wie sie Peptone durch ihren „Strepogeningehalt" geben sollen, festzustellen. Zwischen dem Aufschlußgrad der Peptone und dem Wachstum des Testkeims ließ sich eine direkte Beziehung beobachten. Wegen des großen Einflusses des Abbaugrades der Peptone auf das Bakterienwachstum wird auf die Vorteile tryptisch gewonnener Peptone hingewiesen. J. Wünsche. 7505.

3-64/11-0421 Kirsten, E. und Kirsten, R.; Marburg, Univ., Physiol. Chem. Inst. **Analytische Chromatographie von Aminosäuren in der Größenordnung des Nanomols.** Biochem. Z. **339** (1964) Nr. 3. S. 287-304. – 7 Abb., 5 Tab., 15 Lit. Zus. in Engl.
Vff. beschreiben 2 Verfahren zur Bestimmung der Aminosäuren im Ultra-Mikromaßstab mit Hilfe der Säulenchromatographie. Das erste Verfahren arbeitet mit Polyäthylenschlauch-Säulen mit einem Innendurchmesser von 2 mm und einer Länge von 160 cm. Als Säulenfüllung dient Dowex 50×4 (200-400 mesh). Die Elution der Aminosäuren (AS) erfolgt nach der Moore und Stein-Methode mit Puffern vom pH 3.25 und 4.25 für die sauren und neutralen AS, während die basischen AS bei einem pH von 5.25 von einer 50 cm langen Säule eluiert werden. Das Eluat wird mit einem Mikro-Fraktionsteiler aufgefangen. Das Ninhydrinreagens ist für beide Verfahren gleich und entspricht der Moore und Stein-Methode. Analysendauer ca. 6 Tage, Fehler ∅ $\pm 5\%$. Die optimale Säulenbeladungsmenge beträgt $50 \cdot 10^{-9}$ Mol jeder AS. Das zweite Verfahren ist automatisiert. Als Austauscher wird Amberlite (Teilchengröße 35-45 μ) verwandt. Die Säule zur Trennung der sauren und neutralen AS hat eine Länge von 160 cm bei einem ∅ von 0.5 mm, während die Säule für die basischen AS 100 cm lang ist. Die Puffer haben folgende pH-Werte: 3.25; 4.25 und 5.0. Die Analysendauer beträgt ca. 24 Std., der Fehler $\pm 2\%$ und die optimale Säulenbeladungsmenge $2 \cdot 10^{-9}$ Mol jeder AS.
H. Kreienbring. 7505.

3-64/11-0422 Knaut, T.; Olsztyn, Polen, Höhere Landwirtschaftsschule. **Die Anwendung von Isatin-Cd-Komplex zum papierchromatographischen Nachweis von Aminosäuren.** J. Chromatogr. [Amsterdam] **13** (1964) Nr. 2. S. 560-561. – 1 Tab., 7 Lit.
Die Identifizierung von Aminosäuren kann durch unterschiedliche Anfärbung wesentlich erleichtert werden. Als Entwicklungsreagens wird eine Acetonlösung verwendet, die 0,2% Isatin, 4% Essigsäure und 0,06% $CdCl_2$ enthält. Die Aminosäurenflecke werden nach dem Eintauchen des Chromatogramms in das Reagens und nachfolgendem Trocknen (10 Min. bei 90°) sichtbar. Die nebeneinander wandernden Aminosäuren weisen keinen gleichen Farbton auf (bei Konzentrationen von 0,8-4 $\mu g/cm^2$); die Empfindlichkeit der Farbreaktion ist gegenüber dem Isatin höher. Farbton und Empfindlichkeit von 20 Aminosäuren werden angegeben. I. Schröder. 7505.

3-64/11-0423 Metzner, H. und Volcsik, Helga; Tübingen, Univ. **Automatisches Auftragen von Papierchromatogrammen.** Experientia [Basel] **20** (1964) Nr. 2. S. 104-105. – 1 Abb.
Vff. beschreiben die Handhabung des Dauerinfusionsgerätes Typ „Unita I“ der Fa. Apparatebau B. Braun, Melsungen, Deutschland, dessen Halterahmen 6 Injektionsspritzen aufzunehmen vermag. Bei dem Gerät läßt sich die Vorschubgeschwindigkeit der Spritzenkolben in 24 Stufen so variieren, daß bei Verwendung von 5 ml-Pipetten stündlich Mengen zwischen 7,5 mm^3 und 30cm^3 abgegeben werden. Durch Verwendung verschieden langer Schläuche ist es möglich, auf 6 Papierchromatogrammen gleichzeitig aufzutragen.
I. Schröder. 7505.

3-64/11-0424 Nepljuev, V. M., Černuchina, L. A. und Serebrjanyj, S. B. Chromatografičeskoe razdelenie 4-dimetilamino-3,5-dinitrofeniltiogidantoinov aminokislot na bumage. **(Die chromatographische Trennung der 4-Dimethylamino-3,5-dinitrophenyl-thiohydantoine von Aminosäuren.)** Biochimija, Moskva **29** (1964) Nr. 1. S. 51-52. – 1 Tab., 6 Lit. Zus. in Engl.
Die 4-Dimethylamino-3,5-dinitrophenylthiohydantoine von 17 Aminosäuren werden durch Kombination von 6 Lösungsmittelsystemen papierchromatographisch auf Whatman No. 1 getrennt. Folgende Lösungsmittelsysteme kommen zur Anwendung: 1. Heptan-Dichloräthan-Ameisensäure (75%ig)

(60:30:5), 2. Heptan-Dichloräthan-Ameisensäure (75%ig) (30:60:5), 3. Heptan-n-Butanol-Ameisensäure (75%ig) (40:30:9), 4. Heptan-n-Butanol-Ameisensäure (90%ig) (40:20:40), 5. Heptan-n-Butanol-Ameisensäure (90%ig) (40:40:20) und 6. o-Xylol auf mit Formamid präpariertem Papier (Formamid in Aceton [2:7]) (vgl. Acta chem. scand. **10** [1956] S. 1507.).

I. Schröder. 7505.

3-64/11-0425 Davis, Alvie L., Lloyd, Rodney, Maul, Stephen, Cook, Drusilla E. und McCord, Tommy J.; Abilene, Tex., Abilene Christian Coll. 2,6-Diamino-4-hexynoic acid, a lysine analog. **(2,6-Diamino-4-hexinsäure, ein Lysin-Analogon.)** Arch. Biochem. Biophysics **104** (1964) Nr. 2. S. 238 bis 240. — 2 Tab., 6 Lit.

Die Reaktion von 1,4-Dichlor-2-butin mit Kaliumphthalimid führte zu N-(4-Chlor-2-butinyl)phthalimid, das anschließend mit Äthylacetamidomalinat kondensiert wurde. Die Säurehydrolyse des Kondensationsprodukts ergab das Lysin-Analogon 2,6-Diamino-4-hexinsäure. Mikrobiol. Untersuchungen mit *Leuconostoc mesenteroides*, *Pedicoccus cerevisiae*, *Streptococcus lactis* und *Lactobacillus arabinosus* zeigten vollständige Wachstumshemmung durch 2,6-Diamino-4-hexinsäure. Zusätze von DL-Lysin (6 μg/ml) zum Nährsubstrat führten zu kompetitiven Hemmungsreversionen mit Hemmungs-Indices (= für eine vollständige Wachstumshemmung erforderliche Verhältnisse von Inhibitor zu Substrat) von 3,3,3 und 30. *Escherichia coli* erfuhr im Gegensatz zu den Milchsäurebakterien — auch bei einer Analogon-Konzentration von $>$ 200 μg/ml keine Hemmung. Genauere Untersuchungen mit *Leuconostoc dextranicum* 8086 über eine Reihe steigender Lysin-(0,2-20 μg/ml) und Inhibitor-Konzentrationen (0-200 μg/ml) ergaben ebenfalls eine kompetitive Hemmungsreversion mit einem Hemmungs-Index von 10.

J. Wünsche. 7505.

3-64/11-0426 Wünsche, J.; Rostock, Oskar-Kellner-Inst. für Tierernähr. **Die Verwertung von DL-Methioninsulfoxid und L-Methioninsulfon durch verschiedene Mikroorganismen.** Nahrung 8 (1964) Nr. 1. S. 12-16. — 2 Abb., 1 Tab., 23 Lit.

Im Hinblick auf die mikrobiol. Methioninbestimmung wurde die Verwertung dieser beiden Oxydationsprodukte des Methionins, die bei der Säurehydrolyse von Proteinen entstehen können, durch einige Testorganismen in verschieden zusammengesetzten Nährmedien geprüft. *Leuconostoc mesenteroides* P 60 verwertete im Vergleich zum L-Methionin je nach Medium 60 bzw. über 80% DL-Methioninsulfoxid. Bei 2 Stämmen von *Streptococcus faecalis* bewirkte diese Verbindung 8-12% höhere Wachstumswerte als reines L-Methionin. *Lactobacillus fermenti* 36 nutzte nur 58-60% der L-Methionin-Wirksamkeit aus. L-Methioninsulfon wurde von *S. faecalis* geringfügig (6-8%) verwertet, nicht dagegen von den anderen Teststämmen. Aus den Versuchen folgt, daß *L. mesenteroides* P. 60 bei Verwendung von Nährmedien, die eine Verwertung des DL-Methioninsulfoxids zu über 80% gewährleisten, ausreichend genaue Methioninwerte liefert. W. Goldbach. 7505.

3-64/11-0427 Anghileri, L. J.; Buenos Aires, Comis. Nac. de Energia Atomica. Paper chromatography of J^{131}-labeled oleic acid and J^{131}-labeled triolein. **(Papierchromatographie von ^{131}J-markierter Ölsäure und von ^{131}J-markiertem Triolein.)** Int. J. appl. Radiat. Isotopes **15** (1964) Nr. 2. S. 95 bis 96. — 1 Lit.

^{131}J-markierte Ölsäure und Triolein lassen sich auf mit $Cu(OH)_2$ imprägniertem Chromatographiepapier (Whatman 3 MM) mit dem Fließmittel Chloroform-Benzol (2:1) trennen. Nicht mehr als 25 μg werden bei 25° in 2-3 Std. getrennt. Die R_f-Werte sind für ^{131}J-markiertes Triolein 0,97-0,99, für ^{131}J-markierte Olsäure 0,10-0,20 und für ^{131}J 0,00. G. Sternkopf. 7520.

3-64/11-0428 Privett, O. S., Blank, M. L. und Romanus, O. Isolation analysis of tissue fatty acids by ultramicro-ozonolysis in conjunction with thin-layer chromatography and gas-liqid chromatography. **(Isolationsanalyse von Gewebefettsäuren durch Ultramikro-Ozonolyse in Verbindung mit Dünnschichtchromatographie und Gas-Flüssig-Chromatographie.)** J. Lipid Res. 4 (1963) Nr. 3. S. 260-264. – 6 Abb., 1 Tab., 12 Lit. 7520.

3-64/11-0429 Brockerhoff, H., Hoyle, R. J. und Ronald, K.; Halifax, Fisheries Res. Board of Canada. Retention of the fatty acid distribution pattern of a dietary triglyceride in animals. **(Beibehaltung der Fettsäure-Verteilungs-Struktur eines Nahrungstriglycerides bei Tieren.)** J. biol. Chemistry **239** (1964) Nr. 3. S. 735-739. – 3 Tab., 23 Lit.
Zwischen Nahrungsursprung und typischer Verteilung der Fettsäuren in den Lipoiden besteht ein kausaler Zusammenhang. Im Lecithin wird jedoch die mehrfachungesättigte Fettsäure, oft auch die Ölsäure fast ausschließlich in die β-Stellung an das Glycerin gebunden. Durch Gabe eines markierten Triglycerides, Glycerin-1,3-dioleat-2-palmitat-1-^{14}C, an Hummer, Kabeljau, Forelle und Ratte, die die Fette unterschiedlich speichern, werden beide Zusammenhänge durch Bestimmung der Radioaktivität in der α- oder β-Position der Triglyceride und des Lecithins in ihren gegenseitigen Wirkungen untersucht. Beim Hummer und bei den Fischen bleibt die ursprüngliche Struktur auch über 4 Wochen zu 50-80% bestehen. Bei der Ratte ist jedoch bereits nach einem Tag in den Triglyceriden der Leber und der Muskeln die vorgegebene Struktur nicht mehr vorhanden. Die Fettsäurezusammensetzung des Lecithins wird von der Nahrung nicht beeinflußt. G. Sternkopf. 7520.

3-64/11-0430 Dvořák, E. Srovnávání fluorochromů akridinové oranže a coriphosphinu z hlediska jejich vhodnosti k průkazu nukleových kyselin. **(Der Vergleich der Fluorochrome des Akridinoranges und Coriphosphins vom Gesichtspunkt ihrer Eignung für den Nachweis der Nucleinsäuren.)** Sborník Vysoké Školy zemědělské Brně, Řada B **1963** Nr. 4. S. 507-509. – 5 Lit. Zus. in Russ., Dtsch. ČSSR/ÚVTI. 7540.

3-64/11-0431 Pohloudek-Fabini, R. und Papke, E. **Papierchromatographische und papierelektrophoretische Verteilung der Ketosäure -2.4-dinitrophenylhydrazone und Versuche zur Ausarbeitung einer Methode zur Bestimmung von Ketosäuren aus Frischpflanzenmaterial. Teil II. 17. Mitt. Beiträge zur Chemie und Physiologie einiger stoffwechselchemisch wichtiger Säuren.** Pharmazie **19** (1964) Nr. 2. S. 123-127. – 6 Abb., 3 Tab., 3 Lit. – nach Zus. Teil I. 16. Mitt. vgl. 3-64/08-0541.
Es wird über eine Methode zur Bestimmung von Ketosäuren aus Frischpflanzen berichtet, die sich in folgende Arbeitsschritte gliedert: Vorbereitung des Pflanzenmaterials, Zerkleinerung, wässerige Extraktion unter Zusatz von 10% Metaphosphorsäure als Enteiweißungsmittel, Umsetzung der Ketosäuren mit 2.4-Dinitrophenylhydrazin, Ausschüttelung der gebildeten Hydrazone mit Äther bzw. Abtrennung der sauren Hydrazone mit 5% Sodalösung, ihre papierelektrophoretische bzw. papierchromatographische Verteilung und schließlich spektrophotometrische Auswertung der Eluate. Die Streuung der Meßwerte für Brenztrauben- und α-Ketoglutarsäure liegt nach dieser Methode im wesentlichen zwischen 5 und 15%. 7540.

3-64/11-0432 Fürtig, W. und Pohloudek-Fabini, R.; Greifswald, Ernst-Moritz-Arndt-Univ., Pharmaz. Inst. **Spezifischer Nachweis und quantitative Bestimmung der Dehydroascorbinsäure nach papierchromatographischer Verteilung.** Pharmazie **19** (1964) Nr. 3. S. 209-215. – 4 Abb., 11 Tab., 23 Lit.
Die Papierchromatographie der Ascorbinsäure (**AS**) und Dehydroascorbinsäure (**DAS**) wird mit einem Gemisch von Isopropanol/2%iger Oxalsäure (70:30) vorgenommen. Bei diesem Gemisch muß jedoch eine geringe Bildung

von 2,3-Diketogulonsäure (**DKG**) in Kauf genommen werden. Für den Nachweis der DAS neben der AS schlagen Vff. eine 0,25%ige alkoholische p-Rhodanphenylthiosemicarbazid (**RPTSC**)-Lösung oder eine 0,1%ige Glykokoll-Lösung vor. DAS und DKG bilden mit RPTSC eine stabile Gelbfärbung (im UV stark fluoreszierend), die sich nach Elution gut quantitativ auswerten läßt. Die Gesamt-DAS ergibt sich durch Addition der gemessenen DAS- und DKG-Werte. AS gibt diese Reaktion nicht. Der günstigste Meßbereich liegt zwischen 20 und 100 μg; es kann jedoch noch 1 μg erfaßt werden.
H. Ackermann. 7570.

3-64/11-0433 Kallos, J., Kahn, D. und Rizok, D.; Montreal, Quebec, St. Mary's Memorial Hospital. A new colorimetric method for serum trypsin determination. **(Eine neue colorimetrische Methode zur Serumtrypsinbestimmung.)** Canad. J. Biochem. **42** (1964) Nr. 2. S. 235-241. — 4 Abb., 9 Lit.

Vff. synthetisierten ein spez. Substrat (N-Benzoyl-l-lysinhydrazid (**B**)), das durch Trypsin schnell hydrolysiert wird. Das dabei freigesetzte Hydrazin wird mit Hilfe des Ehrlich's Reagens colorimetrisch bestimmt. Methode: Eine Menge von 0,25 ml **B**-Substrat (2 mg/ml Tris-Puffer) wird jeweils in 2 Zentrifugengläser pipettiert, in 1 Glas werden 0,25 ml Serum gegeben, das 2. Glas dient als Blindprobe. Beide Gläser werden 30 Min. im Wasserbad bei 37° gehalten, 4 ml aqua dest. werden zugegeben und anschließend 0,5 ml frisch hergestelltes Ehrlich Reagens. Zum 2. Glas werden dann die 0,25 ml Serum gegeben und zur Farbentwicklung beide Gläser 10 Min. bei 37° gehalten. Die spektrophotometrische Messung erfolgt bei 455 mμ. I. Schröder. 7580.

3-64/11-0434 Matheson, A. T. und Tattrie, Brenda, L.; Ottawa, Canada, Nat. Res. Council. A modified Yemm and Cocking ninhydrin reagent for peptidase assay. **(Ein modifiziertes Yemm-Cocking-Ninhydrin-Reagens für die Peptidasebestimmung.)** Canad. J. Biochem. **42** (1964) Nr. 1. S. 95-103. — 4 Abb., 6 Tab., 16 Lit.

Es wurde das Ninhydrin-Cyanid-Reagens von Yemm und Cocking modifiziert (Erniedrigung der letzten Citratpufferkonzentration auf 0,037 m und Reduktion der Erhitzungsperiode bei 100° auf 7,5 Min.). Das Reagens ergibt eine quantitative Farbausbeute bei freien Aminosäuren und eine wesentlich schwächere Anfärbung bei den meisten getesteten Peptiden. Durch Anwendung dieses Reagenzes konnte ein empfindlicherer Test für die Peptidaseaktivität entwickelt werden, der ausführlich beschrieben wird. Die mit dem Reagens erhaltenen Farbwerte für Peptide werden mit den Werten, die mit dem konventionellen Ninhydrin-Hydrindantin-Reagens erhalten werden, verglichen. I. Schröder. 7580.

3-64/11-0435 Belicer, V. A. und Veremeenko, K. N. O vzaimodejstvijach tripcina syvorotočnym ingibitorom I i substratami. **(Über die Trypsinwechselwirkung mit Seruminhibitor I und Substraten.)** Biochimija, Moskva **29** (1964) Nr. 1. S. 126-131. — 5 Abb., 4 Tab., 11 Lit. Zus. in Engl.

An Inhibitor I gebundenes Trypsin besitzt gegenüber Protamin eine hohe Aktivität, die nicht durch eine Verdrängung des Enzyms durch Protamin aus dem Komplex mit dem Inhibitor erklärt werden kann. An der enzymatischen Reaktion ist ein 3faches Inhibitor-Trypsin-Substrat-System beteiligt. Vff. demonstrieren ein Modell, aus dem die mögliche Wechselwirkung zwischen Trypsin, Inhibitor I und den Substraten ersichtlich ist. I. Schröder. 7580.

3-64/11-0436 Beyrich, Thorsten. **Papierchromatographische Trennung von Furocumarinen.** J. Chromatogr. [Amsterdam] **13** (1964) Nr. 1. S. 181 bis 187. — 2 Tab., 15 Lit. 7610.

3-64/11-0437 Lane, B. G. The separation of adenosine, guanosine, cytidine and uridine by one-dimensional filter-paper chromatography. **(Die Trennung**

von Adenosin, Guanosin, Cytidin und Uridin durch 1-dimensionale Papierchromatographie.) Biochim. biophysica Acta [Amsterdam] **72** (1963) Nr. 1. S. 110-112. — 2 Abb., 4 Lit. 7610.

3-64/11-0438 Helbacka, N. V. L., Casterline jun., J. L., Smith, C. J. und Shaffner, C. S.; College Park, Univ. of Maryland. Investigation of plasma carbonic acid pK' of the chicken. **(Untersuchung der Plasma-Kohlensäure pK' von Küken.)** Poultry Sci. **43** (1964) Nr. 1. S. 138-144. — 1 Abb., 4 Tab., 14 Lit.
Es wird das Verfahren zur Bestimmung des pK' des Blutplasma von Küken beschrieben. $pK' = pH - \log \frac{CO_2\,\text{Gehalt} - S\,pCO_2}{S\,pCO_2}$; S = Lösungsfaktor bei 41° (= 0,0282); $pCO_2 = \frac{(B - W_t)\,CO_2\,\%}{100}$; B = Barometerdruck in mm Hg, W_t = partialer Wasserdampfdruck bei t°C. Der durchschnittliche pK' wurde mit 6,090, der pH-Wert des venösen Blutes wurde mit 7,349 bestimmt. Angaben über die pH-Werte von Blut und Plasma sowie über die Beziehungen zwischen pH und pK' werden gemacht. W. Jentsch. 7620.

3-64/11-0439 Wester, O. P., Brune, D. und Samsahl, K.; Stockholm, Dep. of Medicine. Radiochemical recovery studies of a separation scheme for 23 elements in biological material. **(Studien über ein auf radiochemische Wiedergewinnung basiertes Trennungsschema für 23 Elemente in biologischen Proben.)** Int. J. appl. Radiat. Isotopes **15** (1964) Nr. 2. S. 59-67. — 1 Abb., 3 Tab., 35 Lit. Zus. in Russ., Franz., Dtsch.
Die Untersuchungen dienen der Bestimmung, der Wiedergewinnung und deren Reproduzierbarkeit von folgenden 23 Elementen in biologischem Material: Ag, As, Au, Ba, Br, Cd, Ce, Cr, Co, Cs, Fe, Hg, La, Mo, P, Rb, Sb, Sc, Se, Sn, Te, W und Zn. Dazu wurden bekannte Aktivitätsmengen der zu bestimmenden Elemente biologischen Proben, wie Herz- und Lebergewebe zugesetzt. Der org. Bestandteil wurde mit H_2SO_4 und H_2O_2 zerstört und die verschiedenen Elemente mittels eines Trennungsschemas durch Destillation und Ionenaustausch an verschiedenen Dowex-Austauschern in Gruppen aufgeteilt, aus denen die Elemente bestimmt werden. Eine genaue Vorschrift ist im Druck. G. Sternkopf. 7620.

3-64/11-0440 Spoelstra, O. C. A note on the application of the formaldoxime method for manganese determination in plant material. **(Eine Bemerkung zur Verwendung der Formaldoxim-Methode für die Manganbestimmung in Pflanzenmaterial.)** Inst. biol. scheikund. Onderzoek Landbouwgewassen Wageningen, Meded. **1963** Nr. 216. S. 55-56.
Die Verbesserung der konventionellen Methode der Mn-Bestimmung besteht in der Verwendung eines Formaldoximreagenzes. Das gleichzeitig mitgefällte Fe wird mit einer EDTA-Lösung zerstört. Serienversuche haben ergeben, daß diese Methode durch das Vorhandensein bis zu 1000 ppm Fe, 500 ppm Cu und 100 ppm Co in der Tr.-Subst. nicht gestört wird. Der Arbeitsgang ist beschrieben. Die erhaltenen Werte für Mn bestimmt nach der Formaldoxim-Methode liegen etwas höher als die nach der Permanganat-Methode erhaltenen. Formaldoximlösung: 4 g$NH_2OH \cdot HCl$, 2 ml 37%ige HCHO, aufgefüllt auf 100 ml mit H_2O. EDTA-Reagenz: 10 g $NH_2OH \cdot HCl$ und 1 g Titriplex III, aufgefüllt auf 100 ml mit H_2O. G. Rothe. 7650.

3-64/11-0441 Wilson, R. F., Tilley, J.M.A. und Steemers, Maria A.-Th. Comparison of oven drying and toluene distillation in the determination of the dry-matter content of silage. **(Vergleich der Schranktrocknung mit der Toluol-Destillation für die Bestimmung des Trockensubstanzgehaltes von Silage.)** J. Sci. Food Agric. **15** (1964) Nr. 3. S. 197-200. — 3 Tab., 14 Lit.

Der Tr.-Subst.-Gehalt von 30 Silagen, darunter 5 Maissilagen, wurde im Trokkenschrank über 16 Std. bei 100° und nach der Destillationsmethode von Dewar und McDonald (vgl. J. Sci. Food Agric. **12** [1961] S. 790) bestimmt. Der Gehalt an flüchtigen Fettsäuren und Milchsäure wurde jeweils säulenchromatographisch ermittelt. Die größten Unterschiede ergaben sich bei Silagen hohen pH-Wertes und niedrigen Tr.-Subst.-Gehaltes. Dabei sind die Fettsäurekonzentrationen hoch und der Verlust im Trockenschrank vollständig, hinzu kommt unter diesen Bedingungen ein Verlust an Produkten des beginnenden Eiweißabbaues. Die Unterschiede betragen über 20% zugunsten der Destillationsmethode. Die Auswirkungen der Bestimmungsmethoden bei der Anwendung auf Verdaulichkeitsversuche werden diskutiert.
G. Sternkopf. 7700.

3-64/11-0442 Radaković, O. **Eine neue Vorrichtung zur Fütterung von Kaninchen mit Pellets.** Z. Versuchstierkunde **3** (1963) Nr. 5/6. S. 133-135. — 1 Abb., 1 Lit. 7751.

3-64/11-0443 Kamphans, S., Schuhmacher, W. und Strasser, H. **Über Haltung und Zucht von Versuchshunden.** Z. Versuchstierkunde **3** (1963) Nr. 1/2. S. 41-54. — 6 Abb., 1 Tab., 20 Lit. Zus in Engl. 7751.

3-64/11-0444 Hergott, Josef. **Beitrag zur Unterbringung und Fütterung von Versuchstieren, speziell von Kaninchen.** Z. Versuchstierkunde **3** (1963) Nr. 1/2. S. 34-40. — 5 Abb., 9 Lit. Zus. in Engl. 7751.

3-64/11-0445 Meister, G. und Schindler, R. **Ein neuer Käfigtyp zur Haltung von Kaninchen und Meerschweinchen.** Z. Versuchstierkunde **3** (1963) Nr. 1/2. S. 21-26. — 3 Abb., 2 Lit. Zus. in Engl. 7751.

3-64/11-0446 Schoch, H., Landis, J., Schürch, A. und Craseman, E.; Zürich, Eidg. TH., Inst. für Tierernähr. **Die Ergänzungswirkung von DL-Methionin allein oder in Kombination mit L-Lysin beim wachsenden Schwein.** Z. Ernährungswiss., Suppl. **1963** Nr. 3. S. 38-45. — 6 Tab., 4 Lit. In einem vergleichenden Versuch an wachsenden Schweinen wurde der Einfluß einer DL-Methionin(**I**)- (0,05%) bzw. **I**- (0,05%) + L-Lysin(**II**) (0,1%)-Ergänzung zu einer Ration mit tierischem Protein (**A**) und einer **I**- (0,1%) bzw. **I**- (0,1%) + **II**- (0,2%)-Ergänzung zu einer vegetabilen Ration (**B**) in der Anfangs- (bis 60 kg) und Endmast (ab 60 kg Lgw.) auf Gewichtszunahmen, Futterverwertung und Schlachtkörperqualität der Tiere geprüft. Die Aminosäure(AS)-Ergänzung der Ration **A** führte nur bei alleiniger **I**-Zulage bis zu 60 kg Lgw. zu einer leichten Verbesserung von Zunahmen und Futterverwertung, während der Zusatz von **II** in diesem Abschnitt eine negative Wirkung ausübte. **I** + **II**-Zulage zu Ration **B** führte bis 60 kg Lgw. zu einer deutlichen Verbesserung von Zunahmen und Futterverwertung, ab 60 kg Lgw. dagegen nicht mehr. In diesem Gewichtsabschnitt wurde ein positiver Effekt nur mit alleiniger **I**-Zulage erzielt. Auf die Schlachtkörperqualität hatte die unterschiedliche AS-Versorgung keinen Einfluß. H.-D. Bock. 7785.

3-64/11-0447 Cook, Bessie B., Lau, Esther W. und Bailry, Betty M.; Berkeley, Calif., Dep. of Nutrit. Sci. The protein quality of waste-grown green algae. I. Quality of protein in mixtures of algae, nonfat powdered milk, and cereals. **(Der Proteingehalt wildgewachsener Grünalgen. 1. Mitt. Proteinqualität von Mischungen aus Algen, Trockenmagermilch und Cerealien.)** J. Nutrit. [Philadelphia] **81** (1963) Nr. 1. S. 23-29. — 4 Tab., 11 Lit. In Rattenwachstumsversuchen zur Bestimmung der Proteinwirksamkeit (**PER**) wurde die Proteinqualität einer Algenmischung von *Scenedesmus quadricauda* und *Chlorella vulgaris* (10:1) im Gemisch mit verschiedenen Cerealien und Trockenmagermilch bestimmt. Dazu wurde die Mischung aus Algen und Getreide gekocht und dann mit Trockenmagermilch vermischt. Die beste

Eiweißqualität (PER = 2,75) wies eine Mischung aus 16,7% Algen, 16,6% Hafermehl, 16,7% gebrochenem Weizen und 50% Trockenmagermilch auf. Ihr Eiweißwert entsprach der von Trockenmagermilch. Hafermehl- und Vollweizenbrote, Semmel und Erdnußbutterkeks, die Algen enthielten, erwiesen sich in der Aminosäure-Zusammensetzung und im Eiweißwert der gekochten Algen-Cerealien-Trockenmagermilch-Mischung unterlegen.
H.-D. Bock. 7785.

3-64/11-0448 Kwong, Eva und Barnes, Richard H.; Ithaca, N.Y., Cornell Univ. Effect of soybean trypsin inhibitor on methionine and cystine utilization. **(Einfluß von Sojabohnentrypsininhibitor auf die Methionin- und Cystinverwertung.)** J. Nutrit. [Philadelphia] **81** (1963) Nr. 4. S. 392-398. – 5 Tab., 14 Lit.

Durch Verfüttern von erhitzten und nicht erhitzten Sojabohnen mit einer einfachen oralen Dosis von kristallinem Sojabohnentrypsininhibitor an Ratten erhöht sich die Menge an expiriertem $^{14}CO_2$ (aus DL-Methionin-2-^{14}C). Die erhöhte Oxydation des markierten Methionins wird durch Verfütterung von ergänztem Cystin gehemmt. Es wurden nicht erhitzte Sojabohnen in der Diät bis zu einer Höhe verfüttert, die dem normalen Bedarf an Methionin entspricht (mit hinreichender Menge an Cystin aus Sojabohnenprotein). Unter diesen Bedingungen ergab die Diätsupplementierung mit 0,3% L-Cystin oder 0,3% DL-Methionin den gleichen Wachstumseffekt. Es wird geschlußfolgert, daß in der Ratte, die mit nicht erhitzten Sojabohnen gefüttert wurde, nicht selektiv die Verfügbarkeit oder die Gewebenutzbarmachung von Methionin beeinträchtigt wird, aber daß eine Stoffwechselsperre hinsichtlich der Verwertung von Cystin für die Proteinsynthese besteht. Diese Sperre scheint in unbekannter Weise durch die in nicht erhitzten Sojabohnen natürlich vorkommenden Trypsininhibitoren bedingt zu sein. I. Schröder. 7785.

3-64/11-0449 Weimer, Henry E., Godfrey, James F., Meyers, Roberta L. und Miller, James N.; Los Angeles, Univ. of California, School of Med. and Immunology. Effect of food restriction and realimentation on serum proteins: complement levels and electrophoretic patterns. **(Der Einfluß von Futterbeschränkung und Realimentation auf die Serumproteine: Ergänzungshöhen und elektrophoretische Muster.** J. Nutrit. [Philadelphia] **81** (1963) Nr. 4. S. 405 bis 410. – 2 Abb., 2 Tab., 15 Lit.

Der durch Verfüttern von 50% der für die Gewichtserhaltung erforderlichen Futtermenge bei Ratten verursachte Erschöpfungszustand bedingt eine signifikante Abnahme des Gesamtserumproteins, der Albumin- und der α_1 und β-Globulinwerte, während die α_2 und γ-Globulinwerte entweder normal bleiben oder ansteigen. Nach Überwindung des Erschöpfungszustandes durch ausreichende Fütterung bleiben die Gesamtprotein-, Albumin- und α_1-Globulinkonzentration signifikant niedrig, während die α_2 und γ-Globulinwerte entweder normal bleiben oder signifikant ansteigen. Vff. schlußfolgern, daß Albumin, α_1 und β-Globuline eine labile Proteinreserve zur Gewebenutzbarmachung und Erhaltung bedingen. I. Schröder. 7785.

3-64/11-0450 Bock, H.-D., Nehring, K., Schiemann, R., Hovorka, F., Horszczaruk, F. und Angelowa, L. **Untersuchungen über den Stickstoffumsatz im tierischen Organismus. 1. Mitt. N-Bilanzversuche an wachsenden Albinoratten.** Arch. Tierernähr. **14** (1964) Nr. 1. S. 13-21. – 3 Tab., 26 Lit. Zus. in Russ., Engl.

In 6 N-Bilanzversuchen mit Albinoratten traten „N-Defizite“ von 0,3-10,3% der N-Einnahme auf. Der in die N-Bilanzversuche eingehende Fehler des Mittelwertes der Körper-N-Analyse (Nullgruppe) von ± 1% der N-Einnahme übt keinen entscheidenden Einfluß aus. Bei einwandfreier Versuchsdurchführung (keine N-Verluste aus Kot und Harn usw.) liegen die N-Verluste unter

4% der N-Einnahme. Ein Vergleich der Kjeldahlmethode mit der Methode Foerster ergab beim N-Gehalt des Futters und der Exkremente keine Unterschiede, jedoch im Falle der Tierkörper-N-Analyse wurden nach Foerster signifikant höhere Werte erhalten. Vff. zeigen abschließend, daß ein N-Defizit von < 4% das Endergebnis der Bestimmung der biologischen Wertigkeit des Eiweißes in Futtermitteln nur um < 2 % fälscht und damit innerhalb der Fehlergrenzen liegt. H. Bergner. 7785.

3-64/11-0451 Hoffmann, L. und Schiemann, R. **Untersuchungen über den Stickstoffumsatz im tierischen Organismus. 2. Mitt. Der Einsatz von 15 N zur weiteren Klärung der N-Differenzen bei der Bestimmung des N-Ansatzes nach der N-Bilanz-Methodik und durch Tierkörperanalyse.** Arch. Tierernähr. **14** (1964) Nr. 1. S. 23-29. – 1 Abb., 4 Tab., 6 Lit. Zus. in Russ., Engl. 1. Mitt. vgl. vorst. Ref.

Vff. füttern 4 Ratten einzeln in gasdichten abgeschlossenen Respirationskästen (techn. Einzelheiten werden beschrieben) 24 bzw. 28 Tage mit ^{15}N-markierter Gerste und Magermilchpulver. Die massenspektrometrische Analyse der Gasgemische aus den Respirationskammern bei Versuchsbeginn und Versuchsende ergab keine Zunahme der relativen 15N-Häufigkeit. Vff. geben gleichzeitig die N-Bilanz der Versuchstiere nach der N-Bilanzmethodik und der Tierkörperanalyse an und finden nur Abweichungen von 0,3 bis 3,2% der N-Einnahme. Es wird geschlußfolgert, daß N aus Proteinverbindungen des Futters im Tierkörper nicht in elementarer Form freigesetzt werden kann. Die vielfach aufgetretenen N-Ansatzdifferenzen müssen demnach methodisch-analytischer Art sein. H. Bergner. 7785.

3-64/11-0452 Nehring, K., Knabe, B. und Bock, H.-D. **Untersuchungen über den Stickstoffumsatz im tierischen Organismus. 3. Mitt. N-Bilanzversuche an Küken.** Arch. Tierernähr. **14** (1964) Nr. 1. S. 31-37. – 4 Tab., 17 Lit. Zus. in Russ., Engl. 2. Mitt. vgl. vorst. Ref.

Vff. prüften in Kükenversuchen die Größe der „N-Defizite" durch Vergleich des ermittelten N-Ansatzes nach der N-Bilanzmethodik und der Tierkörperanalyse. Die Versuchsmethodik wird ausführlich beschrieben. Sie erhalten N-Fehlmengen von weniger als 1% der N-Einnahme. Parallel zur N-Bilanz wurden auch Ca- und P-Bilanzen aufgestellt. Mit Fehlmengen von 0,76 bzw. 0,91% P und 1,80 bzw. 2,05% Ca im Vergleich zur Einnahme wurde gezeigt, daß die angewandte Versuchstechnik zu geringfügigen Substanzverlusten geführt hat. Damit liegen auch die N-Verluste innerhalb der gleichen Fehlergrenze. H. Bergner, 7785.

3-64/11-0453 Al'Zojajajy Rija Javad; Moskau, Landwirtsch. Timirjasew-Akad. Ocenka pitatel'nosti kormov dlja pticy po obmennoj ėnergii. **(Die Bewertung des Nährwertes von Futtermitteln für Geflügel nach der umsetzbaren Energie.)** Životnovodstvo, Moskva **25** (1963) Nr. 10. S. 37-44. – 5 Tab.

Vf. beschreibt eine Methode zur Bestimmung der umsetzbaren Energie an Küken mit Hilfe der N-, Energie- und Chromoxid-Bilanz und zur Berechnung der umsetzbaren Energie mit Hilfe der Verdauungskoeffizienten und der Werte der chemischen Analyse der Futtermittel und Rationen. Ein Vergleich der nach der letztgenannten Methode berechneten umsetzbaren Energie verschiedener Futtermittel mit den entsprechenden von anderen Autoren gefundenen Mittelwerten ergibt (nach Meinung des Vf.!) befriedigende Übereinstimmungen. H.-D. Bock. 7819.

3-64/11-0454 Hartsook, E. W. und Hershberger, T. V. (unter Mitarb. von Guerrant, N. B.). A simplified method for sampling small animal carcasses for analyses. **(Eine vereinfachte Methode zur Verarbeitung von Labo-**

ratoriumstier-Körpern für die Analyse.) Proc. Soc. exp. Biol. Med. **113** (1963) Nr. 4. S. 973-977. — 3 Tab., 4 Lit.

Vff. beschreiben eine Methode zur Aufarbeitung von Ratten-Körpern für analytische Zwecke. Dazu werden die Körper der getöteten Tiere nach Einfrieren in Stücke von 1,5-2,5 cm Größe geschnitten und anschließend bei 15 lb Druck 15 Min. lang autoklaviert. Nach Abkühlen werden die Stücke mit einer genau zugewogenen Wassermenge in einen Homogenisator gegeben. Nach 10 Min. langer Homogenisierung werden aliquote Teile der Proben in die Analysenbehälter pipettiert. Auf diese Weise können Gesamt-N-Brutto-Energie und Wassergehalt bestimmt werden. Bei Untersuchung von 33 Rattenkörpern waren die Variationskoeffizienten der aus den Homogenaten bestimmten Gehaltswerte bzgl. Wasser- und Brutto-Energie-Gehalt geringer als aus den unbearbeiteten Rattenkörpern. H.-D. Bock. 7820.

3-64/11-0455 Perek, M. und Bedrak, S.; Rehovot, Hebrew Univ. of Jerusalem, Fac. of Agric. Studies on radioactive iodine uptake in chickens in the Upper Galilee, the Jordan Valley and the Judean Plain. **(Studien über die Aufnahme von Radiojod bei Kücken in Ober-Galilee, im Jordantal und in der Judäa-Ebene.)** Refuah Veterinarith [Jerusalem] **20** (1963) Nr. 1. S. 66-62. — 2 Tab., 18 Lit. Zus. in Engl.

Verschiedene Zonen des östlichen Ober-Galilee zeigen eine weitverbreitete Kropfbildung unter der Bevölkerung. Ungefähr 25% der arabischen Dorfbewohner und ca. 5% der jüdischen ländlichen Bevölkerung des zentralen und westlichen Ober-Galilee leiden an Kropfbildung. Das Jordantal ist nicht als Kropfzone bekannt, da das Wasser eine J-Konzentration von 6-14 mcg/l enthält. Das Wasser in der Jordanebene enthält sogar 10-20 mcg/l. Das Wasser in Ober-Galilee enthält jedoch nur 2-6 mcg/l. J. Obwohl ein J-Defizit gewöhnlich keine gesundheitlichen Schäden bei Kücken hervorruft, führt es zweifellos zu einem subnormalen Stoffwechsel. Eier von Hühnern mit einem J-Defizit müssen länger bebrütet werden und haben eine geringere Schlupfleistung, ferner tritt nach dem Schlupf eine Verzögerung der Dottersackresorption auf. Sowohl die Schilddrüsen der Embryos als auch diejenigen der Hennen sind umfangsvermehrt und die Aufnahme an Radio-J ist erhöht. Vff. verwendeten 146 Eintagskücken und brachten diese in Farmen der genannten Landschaften. Im Alter von 11 Wochen wurden alle Tiere gewogen und in je 4 Gruppen sowie eine Kontrollgruppe eingeteilt. Die 4 Versuchsgruppen wurden an 7 Tagen tägl. mit 0,5, 1,0, 1,5 und 2,0 Mikrogramm J parenteral behandelt oder ihnen KJ verabreicht. 24 Std. nach der 7. Injektion wurden 10 Mikrocurie ^{131}J in 0,8 Mikrogramm J (KJ) intramuskulär an alle Versuchsgruppen und die Kontrollgruppe gegeben. Nach weiteren 24 Std. wurden alle Tiere getötet. Die Ergebnisse zeigten, daß ca. eine 3,3fache Aufnahme des ^{131}J bei den Hühnern im Jordantal und eine 2,7fache Aufnahme bei den Hühnern in Upper-Galilee im Vergleich zur Judäa-Ebene vorlag. G. Mehlhorn. 7830.

3-64/11-0456 Setälä, Kai, Kuikka, A. O. und Nyyssönen, Otto; Helsinki, Univ. A method for determination of the exact localization of radiostrontium and for continuous quantitative follow-up of radiostrontium metabolism in a live animal. **(Eine Methode zur Bestimmung der genauen Lage von Radiostrontium und zur fortlaufenden quantitativen Verfolgung des Radiostrontiumstoffwechsels im lebenden Tier.)** Naturwissenschaften **50** (1963) Nr. 21. S. 668-669. — 1 Abb.

Die beschriebene Methode ermöglicht gleichzeitig die Bestimmung 1. der Zuwachsgeschwindigkeit der Radionuclide in verschiedenen Knochenbereichen, 2. der genauen Lage des Radio-Sr in den Knochen, 3. der physiol. Veränderungen in der Menge des Radio-Sr in bestimmten Knochenbereichen, 4. der Wirkung der Blutzirkulation auf den Sr-Stoffwechsel, 5. der Menge und der Rate der Abnahme des Radio-Sr verschiedener Skeletteile und 6. der Zeitspanne für die Wiederausscheidung. Alle diese Daten können von einem einzigen lebenden Tier erhalten werden. Vff. arbeiteten einmal mit gemischten β-, γ-Strahlern (^{85}Sr, ^{89}Sr, ^{92}Sr) und zum anderen mit einem reinen β-Strahler (^{90}Sr) an Mäusen. Untersucht wurden die Schwanzenden der lebenden Tiere, die auf einer Grundplatte fest fixiert und durch einen Synchronmotor unter einem entsprechenden Zählrohr entlang geführt wurden. Theoretisch sollen Änderungen von 0,5‰ in der Radio-Sr-Konzentration erfaßbar sein. Vff. kommen zu folgender Ansicht: Radio-Sr wird nicht irreversibel im Skelett gebunden, die Zunahme des Radio-Sr im Skelett erfolgt hauptsächlich in den Kristallisationsflächen und der Einbau von Radio-Sr beruht auf einem reversiblen Vorgang.

K. Krawielitzki. 7830.

3-64/11-0457 Jarvis, Anita A., Brown, J. R. und Arnott, D. R.; Toronto, Canada, Univ., School of Hyg.; Guelph, Canada, Guelph Agric. Coll. Influence of age of radioactive fallout material upon its deposition in milk and vertical distribution in soil. **(Einfluß des Alters des radioaktiven Falloutmaterials auf seine Ablagerung in der Milch und auf die vertikale Verteilung im Boden.)** J. Dairy Sci. **47** (1964) Nr. 1. S. 68-73. — 5 Tab., 12 Lit.

Vff. untersuchten von je 4 Holstein- und Jersey-Kühen die Ausscheidungen von ^{89}Sr und ^{90}Sr, sowie das ^{90}Sr/Ca-Verhältnis der Milch im August und Oktober 1961. Die gleichen Bestimmungen wurden in Gras- und Bodenproben von der Weide, auf der die Kühe gehalten wurden, jeweils im Sept. und Nov. 61 durchgeführt. In den Bodenproben wurde weder im ^{90}Sr- noch im ^{89}Sr-Gehalt — unabhängig von der Bodentiefe (0-2 in. und 4-6 in.) — ein Anstieg beobachtet. Dagegen stieg der Gehalt an beiden Isotopen im Weidegras von Sept. bis Nov. stark an. Die Milchproben ergaben höhere ^{90}Sr- und ^{90}Sr/Ca-Werte im Okt. als im Aug. 1961, wobei in der absoluten Höhe der Ausscheidungswerte Rassenunterschiede festgestellt wurden. Aus dem ^{89}Sr/^{90}Sr- und dem ^{90}Sr/Ca-Verhältnis kann geschlußfolgert werden, daß die Verzögerungsperiode zwischen der Bildung des Radio-Sr und dem Auftreten im Weidegras und in der Milch weniger als 2 Mon. betrug und daß im Okt./Nov. 1961 eine erneute radioaktive Verseuchung der Atmosphäre zu verzeichnen war. Die Sr-Isotope werden von den Pflanzen größtenteils direkt — ohne den Umweg über den Boden — aufgenommen. Die entsprechenden Möglichkeiten sind diskutiert.

R. Schiemann. 7830.

3-64/11-0458 Dawson, R. M. C., Ward, P. F. V. und Scott, T. W.; Babraham, Cambridge, A.R.C. Inst. of Animal Physiol. A micro-artificial rumen for isotopic experiments. **(Ein Mikro-Künstlicher-Pansen für Versuche mit Isotopen.)** Biochem. J. **90** (1964) Nr. 1. S. 9-12. — 5 Abb., 13 Lit.

Der Künstliche Pansen besteht aus einer ca. 200 ml-Stutzenflasche als Vorratsbehälter für den klaren Pansensaft (**I**). **I** fließt dann (40 ml/Std.)durch einen tiefer liegenden kleinen vertikalen Zylinder, in dem **I** schon vom die Anaerobie bewirkenden Gasgemisch (N_2:CO_2:CH_4 = 19:11:11 oder N_2:CO_2 = 19:1, alles volumetrisch) (**V**) durchgast wird. Abwärts gelangt **I** schließlich in den eigentlichen Künstlichen Pansen (KP), der aus 3 ineinander liegenden Glaszylindern besteht. Der innerste dient der Zufuhr des zu digerierenden Materials (**II**) und ist unten offen. Der mittlere (**III**) trägt unten den Dialysesack als Aufnahmegefäß für **II**. Der äußere (**IV**), welcher unten mit einem großen Gummistopfen verschlossen ist, enthält ebenfalls wie **III** einen bestimmten Spiegel an **I**. **III** und **IV** werden in gleicher Weise von **V** kontinuierlich durchspült. Alle 3 Glaszylinder sind oben mit Gummistopfen verschlossen, die die notwendigen Bohrungen für Glasrohre (Zufuhr von **I** und **V**) sowie für den jeweils kleineren Innenzylinder versehen sind. Der gesamte KP steht in einem Wasserbad (39°). Der ganze Aufbau ist einfach und unkompliziert, er ist in jedem Labor durchführbar.

H. H. Budzier. 7830.

D. ERNÄHRUNGSPHYSIOLOGIE

Verdauung und Resorption

3-64/11-0459 Täufel, A., *Krause, W., Ruttloff, H. und Täufel, K. **Intestinale Resorption und Ausscheidung von Raffinose.** Nahrung 8 (1964) Nr. 1. S. 107-108. – 1 Tab., 5 Lit. 7852.

3-64/11-0460 Lassiter, J. W., Hamdy, M. K. und Buranamanas, Prasob; Athens, Univ. of Georgia. Effect of sodium bicarbonate on microbial activity in the rumen. **(Wirkung von Natriumbicarbonat auf die mikrobielle Aktivität im Pansen.)** J. Animal Sci. 22 (1963) Nr. 2. S. 335-340. – 2 Abb., 3 Tab., 18 Lit.
Mit Pansenfisteln versehene Hereford-Ochsen erhielten bei vollwertiger Ration jeweils in einer Gruppe 0,5% $NaHCO_3$ im Tränkwasser gereicht. Die Gesamtzahl der ruminalen Anaerobier ging signifikant zurück, desgleichen der Gehalt des Pansensaftes an flüchtigen Fettsäuren. Nicht beeinflußt wurden der Futterverzehr, der Wasserverbrauch, der pH-Wert des Pansensaftes und die praedominierende Bakterienflora (*Ruminococcus, Lactobacillus, Clostridium, Bacillus, Micrococcus, Ramibacterium*), ermittelt auf Trypsin-Glucos-Hefeextrakt-Agar (Difco). H. H. Budzier. 7862.

3-64/11-0461 Popov, E. T., Orlova, A. S. und Sadikova, N. S. Vlijanie sacharnoj svekly i kukuruzy v početkach na sekretornuju funkciju syčuga i motornuju dejatel'nost' rubca u krupnogo rogatogo skota. **(Einfluß von Zuckerrüben und Maiskolben auf die sekretorische Funktion des Labmagens und die motorische Tätigkeit des Pansens beim Rind.)** Sb. stud. rabot. Mosk. technol. in-t mjasn. i moločn. prom-sti **1962** Nr. 7. S. 67-69. – Aus: Referativnyj žurnal Moskva. Životnovodstvo, veterinarija **1963** Nr. 12.58.62. S. 10.
Die sekretorische und motorische Tätigkeit von Pansen und Labmagen bei einer Fütterung von Rindern mit Zuckerrüben verbesserte sich bedeutend am 7. Tag. Am 14. Tag stabilisierte sich die Sekretion des Labmagens: die Gesamtsäure und die freie HCl schwankte in allen Proben im Verlauf von 3 Std. nur unbedeutend. Bei Fütterung von Maiskolben wurde die Stabilisierung von HCl und Gesamtsäure vom 7. Tag der Fütterung an beobachtet. Die motorische Funktion des Pansens erhöhte sich heftig. Die Zahl der Kontraktionen innerhalb von 5 Min. erhöhte sich nach dem 7. Tag von 6 auf 9. Am 14. Tag wurde eine Verringerung der Gesamtsäure und eine Verbesserung der motorischen Funktion des Pansens festgestellt. Nach Meinung der Vff. muß die Fütterung mit Zuckerrüben bei Katarrhen des Magen-Darm-Trakts mit verminderter Säurebildung, bei Hypotonien und Atonien der Vormägen erfolgen, die Maiskolbenfütterung dagegen für Kühe in der prae- und postnatalen Periode bei Störung der motorischen Funktion der Vormägen. 7862.

3-64/11-0462 Ganovski, Ch. Sravnitelni danni otnosno fiziologijata na chranosmilatelnite procesi pri junici i malakini. **(Vergleichende Untersuchungen über die Physiologie der Verdauungsprozesse bei Rinder- und Büffelfärsen.)** Naučni trudove. Visš veterinarnomedicinski institut „Prof. d-r G. Pavlov", Sofija **11** (1963) S. 343-356. – 7 Tab., 2 Lit.
Untersuchungen haben ergeben, daß im Duodenalchymus von Büffelfärsen nur halb so viel Tr.-Subst. und mehr Mineralstoffe enthalten sind als bei Rinderfärsen. Der Chymus von Rinderfärsen enthält mehr Protein. Die Verdaulichkeits- und Assimilationskoeffizienten sind bei den Büffelfärsen höher als bei den Rinderfärsen. Die Unterlagen über den Gasaustausch und die Gasanalyse haben ergeben, daß Büffelfärsen langsamer atmen und in einer Zeiteinheit weniger Luft ausatmen. Die Expirationszahl pro Min. ist bei ihnen geringer und der Austausch pro Exspiration ist größer, als bei den Rinderfärsen. Einige Unterschiede wurden auch hinsichtlich des prozentualen Gehaltes an CO_2 und O_2 in der ausgeatmeten Luft festgestellt. NRB/ZSNTI. 7862.

3-64/11-0463 Ganovski, Ch. Izučavane fiziologijata na chranosmilatelnite procesi pri bivoli. **(Untersuchung der Physiologie der Verdauungsprozesse bei Büffeln.)** Naučni trudove. Visš veterinarnomedicinski institut „Prof. d-r G. Pavlov", Sofija **11** (1963) S. 337-342. – 3 Tab., 3 Lit.

Durch Anlegen von doppelten Fistelanastomosen (duodenale und iliozökale) war es möglich, die Physiologie der Verdauungsprozesse bei Büffelkühen zu untersuchen. Man untersuchte: die Evakuierung des Chymus, die Zusammensetzung des Chymus in den verschiedenen Abteilungen des Verdauungsapparates, die Verdaulichkeit und Assimilation der Nährstoffe, den Gasaustausch und seinen Zusammenhang mit den Verdauungsprozessen.

NRB/ZSNTI. 7862.

3-64/11-0464 Tomov, T. Vlijanie na N. vagus vŭrchu rezorbcijata na letlivite mastni kiselini v predstomašijata na preživnite životni. **(Der Einfluß des N. vagus auf die Resorption flüchtiger Fettsäuren in den Vormägen der Wiederkäuer.)** Naučni trudove. Visš veterinarnomedicinski institut „Prof. d-r G. Pavlov", Sofija **11** (1963) S. 65-70. – 3 Abb., 11 Lit.

Durch Untersuchungen wurde festgestellt, daß bei einer Reizung des peripherischen Endes des durchgeschnittenen linken Halsvagus mit Induktionsstrom die Pansenbewegungen bei Ziegen und Schafen stärker werden und eine Hyperämie der Pansenwandgefäße eintritt. Außerdem werden durch die Erregung des *Vagus* mehr flüchtige Fettsäuren in den Vormägen aufgesaugt und das Niveau ihres Gehaltes im Blut erhöht. Es wird gefolgert, daß das Aufsaugen von flüchtigen Fettsäuren in den Vormägen von Wiederkäuern ein physiologischer Prozeß ist, der unter dem Einfluß des Nervensystems steht und von diesem reguliert wird. NRB/ZSNTI. 7862.

3-64/11-0465 Topps, J. H. und Elliott, R. C. Volatile fatty acids in the rumen of African sheep given a variety of low-protein diets. **(Flüchtige Fettsäuren im Pansen afrikanischer Schafe bei Rationen mit niedrigem Proteingehalt.)** Animal Product. **6** (1964) Nr. 1. S. 91-96. – 2 Tab. 7862.

3-64/11-0466 Madsen, Arne; København, Statens Husdyrbrugsudvalg. Fordøjelighedsforsøg med svin. **(Verdauungsversuche mit Schweinen.)** Beretn. Forsøgslab. [Statens Husdyrbrugsudvalg] **1963** Nr. 337. S. 1. – 3 Abb., 81 Tab., 285 Lit.

Anhand umfangreicher Literaturstudien und eigenen, vorwiegend methodischen Verdauungsversuchen an Schweinen sollte zur Klärung einiger prinzipieller Fragen der Versuchstechnik und der Bestimmung der VK durch Regressionsgleichungen beigetragen werden. Aus den erzielten Ergebnissen werden Schlußfolgerungen für die Planung und sinnvolle Anlage solcher Versuche gezogen. F. Weißbach. 7870.

3-64/11-0467 Månsson, Ingmar; Stockholm, Sweden, Roy. Veterin. Coll. The intestinal flora of pigs. VII. Urinary histamine and coliforms, enterococci, and clostridia in the faeces of pigs fed a high protein diet. **(Die intestinale Flora von Schweinen. 7. Mitt. Histaminspiegel im Harn und Coliforme, Enterococcen und Clostridien in den Faeces proteinreich ernährter Schweine.)** Acta Agric. scand. **13** (1963) Nr. 3. S. 239-248. – 3 Tab., 8 Lit. 6. Mitt. vgl. 3-64/03-0524.

10 Schweine erhielten ein Futter mit 14% Fischmehl, 6 davon (Gruppe I) trocken im Selbstfütterer und 4 (Gruppe 2) zweimal tägl. feucht (2:3 mit Wasser). Trinkwasser stand nach Belieben zur Verfügung. Gruppe I entwickelte Parakeratosen (die auf Grund früherer Ergebnisse nach der Trockenfütterung zu erwarten waren), gleichzeitig nahmen Futteraufnahme, Harnmenge, Gewichtszunahmen und besonders stark die Histaminausscheidung im Harn ab. Es bestanden keine Unterschiede in den Keimzahlen für Clostri-

dien, Coliforme und Enterococcen zur Gruppe II. Durch Zusatz von 50 ppm Zink zum Futter normalisierten sich Appetit, Histaminspiegel, Zunahmen und Menge. Die Keimzahlen wurden nicht beeinflußt. H. Haenel. 7870.

3-64/11-0468 Bélanger, Leonard F. und Migicovsky, B. B.; Ottawa, Univ., Fac. of Med. The effects of parathyroid extract on the stomach of the chick. **(Der Einfluß von Nebenschilddrüsenextrakten auf den Drüsenmagen des Kükens.)** Canad. J. Biochem. Physiol. **41** (1963) Nr. 12. S. 2547--2549. — 4 Abb., 11 Lit.

Parathyreoid-Extrakte regen bei Küken und Ratten die Bildung von Protease durch die großen Osteozyten im Knochenmark an. Bei Hunden ist eine Nekrose der Magendrüsen mit ansteigendem Pepsinogengehalt im Blut beobachtet worden. 1 Woche alte Küken wurden auf 3 Gruppen aufgeteilt: Gr. 1 vom Schlupf an normal gefüttert. Gr. 2 erhielt die Ca-arme, Vit.-D-freie Diät des ADAC, Gr. 3 bekam zur Diät 2 tägl. 1000 IE Vit. D. Einige Tiere jeder Gruppe (9:3:3) wurden einmal tägl. 6 Tage lang 1 ml Parahormon (110 U.S.P. Parathyreoid Einh.) injiziert und die Küken 2 Std. nach der letzten Behandlung getötet (1 b, 2 b, 3 b). Der Drüsenmagen zeigte äußerlich keine auffälligen pathologischen Veränderungen. In mikroskopischen Präparaten war eine umfangreiche Degeneration der tiefer gelegenen Drüsenzellen zu erkennen: Die Zellen waren uneinheitlich vergrößert, einige enthielten pyknotische Kerne, andere waren vom Rand her ins Lumen gelangt und dort verklumpt. Die Küken 1 b, 2 b und z. T. auch 3 b wiesen metastatische Verkalkungen als Folge lokaler Nekrosen in der distalen Drüsenzone auf, die auf Hypersekretion von Pepsinogen zurückgeführt werden können. Es gelang aber nicht, eine Aktivierung der Protease durch die Gelatine-Silberfilmmethode nachzuweisen. Wegen der gleichen Empfindlichkeit dem Parathyreoidhormon gegenüber dürften diese distalen Drüsen des Huhns den Fundusdrüsen der Säuger entsprechen. C. Engelmann. 7872.

3-64/11-0469 Voronov, N. P. Materialy k izučeniju fermentov chimusa domašnich ptic. **(Material zum Studium der Fermente der Chymus-Drüse des Geflügels.)** V sb.: Materialy III Vses. ornitol. konferencii, L'vov **1** (1962) S. 76-78. — Aus: Referativnyj žurnal Moskva. Životnovodstvo, veterinarija **1963** Nr. 15.58.189. S. 23.

Untersucht wurde die fermentative Aktivität der Chymus-Drüse bei Enten, Gänsen, Hühnern und Perlhühnern in verschiedenen Entwicklungsperioden nach der Methodik, die in der Filiale für Physiologie des Instituts für Ernährung des AMN der UdSSR ausgearbeitet wurde. Nach Meinung des Vf. ist der Verdauungsapparat der Hennen bereits endgültig beim Schlupf gebildet, da bei Küken im Alter von 5 Tagen er genau so funktioniert wie beim erwachsenen Geflügel. Die Aktivität der Lipase (nach der Anzahl der Einheiten) ist bei 5 Tage alten Tieren größer, die Aktivität der Gruppe der Peptidasen ist bei jungem und erwachsenem Geflügel gleich hoch. Phosphatase ist am meisten im Chymus der Enten (sowie von Junggeflügel bei 5 Tage alten Perlhühnern) enthalten, Enterokinase bei Hühnern, Amylase bei Gänsen. Die Menge an Enterokinase und Amylase erhöht sich während des Wachstums. 7872.

3-64/11-0470 Dozorec, M. M. Vlijanie kormovogo biomicina na želudočnuju sekreciju kur kletočnogo i vygul'nogo soderžanija v vesenneletnij sezon. **(Einfluß einer Biomycin-Fütterung auf die Magensekretion von Legehennen bei Käfig- und Auslaufhaltung in der Frühjahrs-Sommer-Saison.)** Naučn. zap. Belocerkovsk. s.-ch. in-t **1962** Nr. 11. S. 105-110. — Aus: Referativnyj žurnal Moskva. Životnovodstvo, veterinarija **1963** Nr. 15.58.190. S. 23.

Die Magensekretion (MS) von Hühnern ist unter normalen Bedingungen im Mai und Juni am höchsten und sinkt im August. Bei Käfighaltung (6-7 Mon.) verringern sich MS, Gesamtsäure sowie die Menge an freier Salzsäure, der

Appetit geht zurück und das Lgw. sinkt. Bei einer Fütterung der in Käfigen gehaltenen Tiere mit Biomycin (I; 300 Einheiten je kg Lgw.) kommen alle diese Kennzahlen wieder ins Normale. Die höchste Gesamtsäure wurde bei Auslaufhaltung beobachtet, die I erhalten hatten. Bei allen Hühnern, die I erhielten, wurden keine Fälle von Magen-Darm-Krankheiten und keine Anzeichen einer Avitaminose beobachtet. 7872.

Intermediärer Stoffwechsel

3-64/11-0471 Scott, T. W., Ward, P. F. V. und Dawson, R. M. C.; Babraham, Cambridge, A.R.C. Inst. of Animal Physiol. The formation and metabolism of phenyl-substituted fatty acids in the ruminant. **(Die Bildung und der Stoffwechsel von Phenyl-substituierten Fettsäuren im Wiederkäuer.)** Biochem. J. **90** (1964) Nr. 1. S. 12-24. – 5 Abb., 11 Tab., 31 Lit.

Mit Hilfe eines speziellen Künstlichen Pansens (KP) (vgl. Biochem. J. **90** [1964] S. 9.) wurde Schafpanseninhalt (Heu-Hafer-Ration) unter Zugabe markierter Verbindungen inkubiert, um zu untersuchen, wie die im natürlichen Pansensaft nachgewiesene Benzoesäure (**I**), Phenylessigsäure (**II**) und 3-Phenylpropionsäure (**III**) (Gaschromatographie) entstehen kann. Aus ^{14}C-L-Phenylalanin entsteht im KP zu 30% **II**, aus ^{14}C-L-Tyrosin (**V**) zu 12-15% **III**, aber auch geringe Mengen p-Hydroxyphenylessigsäure und 3-(p-Hydroxyphenyl)-Propionsäure (**IV**). ^{14}C-**IV** wird zu **III** umgewandelt. Aus ^{14}C-Tryptophan entsteht etwas Indolylessigsäure. Markiertes Protein ließ in vivo markierte flüchtige Fettsäuren resultieren, auch **II** und **III**. Im Harn konnten ebenfalls die markierten Produkte nachgewiesen werden. **I** entsteht in vivo aus **V** oder markierter **III** und findet sich gleichfalls im Harn. Offenbar ist das im Futter vorliegende Phenylalanin die wichtigste Vorstufe für **II** im Pansensaft sowie auch Harn, Tyrosin hat als Vorstufe für **III** im Pansen und **I** im Harn eine Bedeutung. H. H. Budzier. 7910.

3-64/11-0472 Walker, Gwen J. und Hope, Pamela M.; Sydney, Australia, Univ. Degradation of starch granules by some amylolytic bacteria from the rumen of sheep. **(Abbau von Stärkegranula durch einige amylolytische Bakterien aus dem Schafpansen.)** Biochem. J. **90** (1964) Nr. 2. S. 398-408. – 9 Abb., 7 Tab., 38 Lit.

Wegen der unklaren Verhältnisse hinsichtlich des Wirkungsumfanges bakterieller Amylase aus dem Pansen, wurden verschiedene Amylasenpräparate nach beschriebenen Verfahren aus Reinkulturen von *Streptococcus bovis* (**I**), *Clostridium butyricum* (**II**) sowie aus undefinierten gemischten Pansenbakterien (**III**) isoliert und ihre Wirkungen gegenüber Mais- (**IV**), Kartoffelstärkegranula (**V**), Maltose wie Maltotriose (**VII**) getestet. Intracellulare **I**-Amylase hydrolysierte vor allem lösliche Stärke (**VIII**), weniger **IV** und kaum oder gar nicht **V**. Bei zellfreien **II**-Filtraten wurde **VIII** in gleichem Umfang angegriffen wie **IV**, aber **V** bedeutend weniger. Nur **II**-Amylase griff nicht **VII** an. **III** bei Getreideration vermochten **V** in demselben Umfang abzubauen wie **IV**. War mit **III** eine größere Protozoenpopulation assoziiert, so hatte die **III**-Amylaseaktivität ein breites Spektrum, jedoch wurden Stärkegranula in geringerem Umfang hydrolysiert. H. H. Budzier. 7910.

3-64/11-0473 Erwin, E. S. und Sterner, W.; St. Louis, Monsanto Chem. Co. Dietary lipids and fatty acid deposition in various calf tissues. **(Nahrungslipoide und Fettsäurespeicherung in verschiedenen Geweben beim Kalb.)** Amer. J. Physiol. **205** (1963) Nr. 6. S. 1151-1153. – 3 Tab., 8 Lit.

Die Kälber erhielten vom 5.-85. Lebenstag eine synthetische Milch (Zusammensetzung wird angegeben), die teils 10% Maisöl mit 50% Linolsäure, teils 10% Myristinsäuremethylester enthielt. Am Versuchsende wurden die Tiere getötet und die Fettsäurezusammensetzung in verschiedenen Geweben des Nervensystems, des Muskel- und Organsystems und des endokrinen

Systems mittels Gaschromatographie bestimmt. Die von den Nahrungsfettsäuren abhängigen Veränderungen zeigten sich mit Ausnahme des Zentralnervensystems in allen untersuchten Geweben. Die größte Abhängigkeit ergab sich im Herzmuskel und in der Leber, in denen der Linolsäuregehalt bei Maisölfütterung bis auf 50% vom Gesamtfettsäuregehalt anstieg. Der Versuch ergab keine klinischen Abnormitäten, das Wachstum der Tiere war bei beiden Milchrationen gleich. G. Sternkopf. 7910.

3-64/11-0474 Opie, Lionel H., Evans, John R. und Shipp, Joseph C.; Boston, Mass., Harvard Med. School, Deaconess Hospital; Peter Bent Brigham Hospital; Bellville, South Africa, Univ. of Stellenbosch, Med. School, Degenerative Diseases Unit, C.S.I.R. Effect of fasting on glucose and palmitate metabolism of perfused rat heart. **(Der Einfluß des Hungerns auf Glucose- und Palmitatstoffwechsel des durchströmten Rattenherzens.)** Amer. J. Physiol. **205** (1963) Nr. 6. S. 1203-1208. — 4 Tab., 37 Lit.

In isolierten, durchströmten Herzen von Ratten, die ad libitum gefüttert wurden und 1 Nacht bzw. 4 Tage gehungert hatten, wurde der Stoffwechsel von Glucose-U-^{14}C und Palmitat-1-^{14}C untersucht. Die Veränderungen im Glucosestoffwechsel durch Hungern waren verminderte Glucoseaufnahme, $^{14}CO_2$-Bildung und Inkorporation von Glucose-C in Glykogen sowie vermindertes Lactat:Pyruvat-Verhältnis. Die Palmitataufnahme und der Einbau von ^{14}C in $^{14}CO_2$ und Fettsäuren war in allen 3 Gruppen gleich. Bei Durchströmung von Glucose und Palmitat wurde die Glucoseoxydation in jeder Gruppe reduziert, während die Palmitatoxydation unverändert blieb. Durch den Ernährungszustand wird der Glucose- aber nicht der Palmitatstoffwechsel beeinflußt. Palmitat wird im gefütterten und hungernden Zustand bevorzugt oxydiert. Die möglichen Mechanismen werden diskutiert.
W. Jentsch. 7910.

3-64/11-0475 Beaconsfield, Peter und Reading, H. W.; London, Roy. Coll. of Surgeons, Med. Res. Council Unit. Pathways of glucose metabolism and nucleic acid synthesis. **(Stoffwechselwege der Glucose und Nucleinsäuresynthese.)** Nature [London] **202** (1964) Nr. 4931. S. 464-466. — 2 Tab., 16 Lit.

Vff. untersuchten in Niere, Leber und laktierender Milchdrüse von Ratten, ob eine Verbindung zwischen Glucoseabbau über den Pentosephosphat-Stoffwechselweg und der Nucleinsäurebildung besteht. Zur Beeinflussung des Glucoseabbaus über Pentosephosphat wurden Alkoholdehydrogenase (**I**), $Na_2S_2O_5$ (**II**) und Methylenblau verwendet. Die $^{14}CO_2$-Bildung aus Glucose-1-^{14}C wurde durch **I** gegenüber der CO_2-Bildung aus Glucose-6-^{14}C vermindert, was eine Verringerung der Glucoseausnutzung über den Pentosephosphat-Stoffwechselweg bedeutet. Die zusätzliche Zugabe von **II** hatte keinen Einfluß. Über den Einbau von ^{32}P wurde nachgewiesen, daß die Nucleinsäurebildung vom Glucoseabbau über Pentosephosphat abhängt, desgleichen die Gesamtproteinsynthese, die bei Reduktion des Glucoseabbaus über Pentosephosphat bedeutend verringert wurde. W. Jentsch. 7910.

3-64/11-0476 Lang, Konrad; Mainz, Johannes-Gutenberg-Univ., Physiol.-Chem. Inst. **Die ernährungsphysiologischen Eigenschaften von Xylit.** Int. Z. Vitaminforsch. [Bern] **34** (1964) Nr. 1. S. 117-122. — 2 Tab.

Nach Untersuchungen an Ratten und Menschen, z. T. unter Einsatz von ^{14}C-markiertem Xylit, wird Xylit in Gaben bis zu 15% im Stoffwechsel gut verwertet. An höhere Gaben, die zunächst — wahrscheinlich auf Grund der geringeren Resorptionsgeschwindigkeit (etwa 15-20% derjenigen von Glucose) — Durchfälle verursachten, adaptiert sich der Organismus leicht. Xylit besitzt eine hohe Süßkraft, ist durch Hefe nicht vergärbar, verursacht keine Pentosurie, wird leicht von den Zellen aufgenommen, steht nicht in Wechselwirkung mit der Insulinproduktion und wird parenteral genausogut vertragen wie peroral. Da es außerdem ein Zwischenprodukt im Pentosephosphatcyclus ist, stellt Vf. heraus, daß Xylit untoxisch ist, den Glucosestoffwechsel nicht beeinflußt und daher als Austauschzucker für Diabetiker besonders geeignet ist. R. Schiemann. 7910.

3-64/11-0477 Rose, Herbert, Vaughan, Martha und Steinberg, Daniel; Bethesda, Nat. Heart Inst. Utilization of fatty acids by rat liver slices as a function of medium concentration. **(Umsetzung von Fettsäuren durch Rattenleberschnitte als eine Funktion der Substratkonzentration.)** Amer. J. Physiol. **206** (1964) Nr. 2. S. 345-350. — 3 Abb., 2 Tab., 22 Lit.

Die in vitro-Einbaurate ^{14}C-markierter Palmitinsäure in die Neutralfette und Phospholipoide von Rattenleberschnitten und die Umwandlung in $^{14}CO_2$ steigt mit zunehmender Konzentration an freien Fettsäuren im Substrat. Als solches dient Krebs-Ringer-Phosphat-Puffer pH 7,4 mit 3% Rinderserumalbumin, es wird eine Stunde bei 37° unter O_2 inkubiert. Der Einbau von Glycerin-1,3-^{14}C zeigt die gleiche Abhängigkeit für die Neutralfette, die Phospholipoide bleiben jedoch unverändert. Für die Bestimmung der freien Fettsäuren im Gewebe wird eine neue Methode beschrieben.
G. Sternkopf. 7910.

3-64/11-0478 Wagner, H., Martinčič, T. und Wagner, O. **Beeinflussung der Körperfettzusammensetzung durch das Nahrungsfett beim Kalb.** Helv. physiol. pharmacol. Acta **21** (1963) Nr. 4. S. 374-380. — 8 Tab., 7 Lit. Zus. in Engl.

Die Lipoidzusammensetzung bei 3wöchigen und 3monatigen Kälbern wurden mit derjenigen von Rindern verglichen. Im Depotfett der Kälber ist die Myristinsäure vermehrt, die Stearinsäure vermindert. Der Gehalt an Myristinsäure wird dem Milchfett zugeschrieben, das diese zu 9% enthält. Im Gegensatz hierzu wird beim Rinde die in den Futterlipiden reichlich enthaltene Linolensäure in den Depots nicht angereichert. Zahlreiche Autoren vermuten eine Hydrierung der letzteren im Pansen zu Stearinsäure und erklären damit die höhere Konzentration dieser Verbindung im Depotfett. Erwachsene Rinder zeigen in ihrem Fettstoffwechsel ein von anderen Säugern abweichendes Verhalten, das beim jungen Tier noch nicht wesentlich in Erscheinung tritt. Ernährungsphysiologisch ist die um die Hälfte niedrigere Konzentration der Stearinsäure im Depotfett der Kälber von Bedeutung, da Fette, wie z. B. der Rindertalg, die diese Säure vermehrt enthalten, beim Menschen den Cholesterinspiegel im Blut erhöhen. H. Busse. 7920.

3-64/11-0479 Rodbell, Martin; Bethesda, Md., Nat. Inst. of Health; Nat. Inst. of Arthritis and Metabolic Diseases. Metabolism of isolated fat cells. I. Effects of hormones on glucose metabolism and lipolysis. **(Der Stoffwechsel isolierter Fettzellen. 1. Mitt. Einwirkungen von Hormonen auf Glucosestoffwechsel und Lipolyse.)** J. biol. Chemistry **239** (1964) Nr. 2. S. 375-380. — 6 Abb., 4 Tab., 27 Lit.

Vom epididymalen Fettgewebe der Ratte isolierte Fettzellen setzten Glucose in gleicher Weise um wie intaktes Fettgewebe, mit den gleichen Unterschieden zwischen Fettgewebe von hungernden und gefütterten Ratten. Die Erhöhung der Glucosekonz. stimulierte die Bildung von CO_2 und Fettsäuren aus Glucose. Insulin bewirkte einen 3fachen Anstieg der Glucoseaufnahme, der CO_2- und Fettsäurebildung. Oxytoxin bewirkte einen ähnlichen Effekt auf den Glucosestoffwechsel in den freien Fettzellen wie Insulin. Corticotropes, Thyreotropes Hormon und Adrenalin verminderten die Fettsäuresynthese aus Glucose. Es wird die Schlußfolgerung gezogen, daß isolierte Fettzellen die Fähigkeit behalten Glucose und Triglyceride umzusetzen und auf Hormoneinwirkungen zu reagieren wie Fettgewebe. W. Jentsch. 7920.

3-64/11-0480 Rodbell, Martin, Scow, Robert O. und Chernick, Sidney S.; Bethesda, Md., Nat. Inst. of Arthritis and Metabolic Diseases; Nat. Inst. of Health. Removal and metabolism of triglycerides by perfused liver. **(Entfernung und Stoffwechsel der Triglyceride durch die durchströmte Leber.)** J. biol. Chemistry **239** (1964) Nr. 2. S. 385-391. — 4 Abb., 7 Tab., 28 Lit.
Der Stoffwechsel einer mit Tripalmitin-1-^{14}C markierten Triglyceridemulsion wurde in der durchströmten Rattenleber untersucht. Die Entfernung des ^{14}C-Fettes aus dem Blut stand in umgekehrter Relation zur Triglyceridkonz. Nach 5 Min. waren in der Leber 90% des Tripalmitins markiert, so daß die Triglyceride ohne Entesterung aus dem Blut entfernt wurden. Nach 15 Min. wurden 80 %der Radioaktivität der Leber als Tripalmitin in der überstehenden Fettfraktion der Leberhomogenate und 12% als Neutralfett und Phospholipoide in der Mikrosomenfraktion gefunden. Während 2 Std. Durchströmung wurde die Hälfte der durch die Leber aufgenommenen Radioaktivität von der Leber ins Blut hauptsächlich als Triglyceride abgegeben, die andere Hälfte verblieb als Neutralfett, Phospholipoid und Tripalmitin in der Leber. Parenchym- und Reticuloendothelzellen sind am Stoffwechsel der Triglyceride und der Entfernungen aus dem Blut beteiligt.
W. Jentsch. 7920.

3-64/11-0481 McCarthy, R. D. und Patton, Stuart; University Park, Dep. of Dairy Sci. Biosynthesis of glycerides in freshly secreted milk. **(Die Biosynthese von Glyceriden in frisch sekretierter Milch.)** Nature [London] **202** (1964) Nr. 4930. S. 347-349. — 6 Tab., 10 Lit.
Vff. untersuchten das lipogene Enzymsystem in frisch sekretierter Milch von Kühen und Ziegen. Um ein aktives Enzymsystem zu erhalten, wird die Versuchsmilch eine Stunde nach dem Abmelken gewonnen. Durch Zugabe von markierter Palmitinsäure wird die Bildung der Neutralester, wie Tri-, Di- und Monoglyceride und Cholesterinester gemessen. Es muß sich um ein komplettes Enzymsystem handeln, denn Zugaben von CoA, ATP und Glycerinphosphat stimulieren die Glyceridbildung nicht. Längeres Stehenlassen der Milch oder Erwärmen verringern die Enzymaktivität, besonders hohe Enzymaktivität wird in Magermilch beobachtet. G. Sternkopf. 7920.

3-64/11-0482 Landau, Bernard R. und Katz, Joseph; Cleveland, O., Western Reserve Univ.; Los Angeles, Calif., Cedars of Lebanon Hospital, Inst. for Med. Res. A quantitative estimation of the pathways of glucose metabolism in rat adipose tissue in vitro. **(Eine quantitative Berechnung der Stoffwechselwege der Glucose im Fettgewebe der Ratte in vitro.)** J. biol. Chemistry **239** (1964) Nr. 3. S. 697-704. — 7 Tab., 21 Lit.
Der Anteil des Pentosecyclus am gesamten Glucose-Stoffwechsel im epididymalen Fettgewebe der Ratte wurde mittels ^{14}C markierter Glucose untersucht und berechnet. Es wurde Klarheit darüber erhalten, daß der Fructosestoffwechsel über Fructose-6-Phosphat geht. 11-15% des Glucose-Stoffwechsels gehen bei Abwesenheit von Insulin über den Pentosecyclus und 23% bei Gegenwart von Insulin. Der Emden-Meyerhof-Stoffwechselweg scheint der Hauptweg des Glucose-Stoffwechsels im Fettgewebe zu sein.
W. Jentsch. 7920.

3-64/11-0483 Goetze, T., Franke, H., Goetze, E. und Maak, B. **In vitro-Einbau von 1-^{14}C-Glycin in mütterliche und foetale Leber- und Plazentaproteine, Plasmaprotein- und Leberglykogengehalt und elektronenoptische Bilder bei normalen und proteinfrei ernährten Ratten.)** Acta biol. med. german. [Berlin] **12** (1964) Nr. 3. S. 259-270. — 7 Abb., 4 Tab., 20 Lit. Zus. in Russ., Engl. 7930.

3-64/11-0484 Patrick, S. J. und Stewart, L. C.; Halifax, Nova Scotia, Dalhousie Univ. Effects of hypoglycin A on the metabolism of amino acids by liver slices. **(Der Einfluß von Hypoglycin A auf den Stoffwechsel von Aminosäuren in Leberschnitten.)** Canad. J. Biochem. 42 (1964) Nr. 1. S. 139-142. — 1 Tab., 8 Lit.

Hypoglycin A ist β-Methylencyclopropylalanin, eine Aminosäure, die in den Samen und Früchten von *Blighia sapida* nachgewiesen wurde und im tierischen Organismus eine erhebliche Blutzuckersenkung bewirkt. Vff. untersuchten den Einfluß auf den Stoffwechsel von L-Leucin-^{14}C, L-Alanin-^{14}C und L-Glutaminsäure-^{14}C. Hypoglycin inhibiert die Umwandlung von Leucin-^{14}C in Fettsäure, Cholesterin und CO_2 sowie die von Alanin-^{14}C und Glutaminsäure-^{14}C in Fettsäuren. Dagegen wurde kein Einfluß auf die Umwandlung von ^{14}C-Aminosäuren in Protein oder Glykogen nachgewiesen.

I. Schröder. 7930.

3-64/11-0485 Houpt, T. Richard; Philadelphia, Univ. of Pennsylvania, School of Veterin. Med. Urea utilization by rabbits fed a low-protein ration. **(Harnstoff-Verwertung durch Kaninchen, die mit einer proteinarmen Ration gefüttert wurden.)** Amer. J. Physiol. **205** (1963) Nr. 6. S. 1144-1150. — 5 Abb., 2 Tab., 18 Lit.

Um das Ausmaß der Harnstoff-Verwertung bei nichtwiederkauenden Herbivoren zu prüfen, erhielten 6 Mon. alte, ausgewachsene Kaninchen neben einer aus Stroh, Möhren und Saccharose bestehenden Ration Harnstoff intravenös oder per os unter normalen Bedingungen, bei Tränkwasserentzug und in Verbindung mit antibakteriellen Agentien (Sulfachinoxalin + Neomycinsulfat) verabreicht. Ein Teil des von außen zugeführten Harnstoffs wurde für die Aminosäurensynthese verwertet. Bei Tränkwasserentzug ergab die N-Bilanz-Untersuchung eine erhöhte Harnstoff-Verwertung. Nach Verabreichung antibakterieller Agentien war die Harnstoff-Verwertung herabgesetzt. Es wurde nachgewiesen, daß der Harnstoff des Blutes in den Dickdarm diffundiert und hier zur Aminosäurensynthese benutzt wird. J. Wünsche. 7930.

3-64/11-0486 Rjadčikov, V. G. Lizin v kormlenii svinej. **(Lysin in der Schweinefütterung.)** Izvestija Timirjazevskoj sel'skochozjajstvennoj akademii, Moskva **1963** Nr. 5. S. 148-165. — 13 Tab., 58 Lit.

In 3 Fütterungsversuchen mit Mastschweinen wurden die Futterrationen mit synthetischen Aminosäurepräparaten in ihrer Eiweißwertigkeit ausbalanciert. Zunahme und Futterverwertung war bei den Versuchsrationen besser (2,5; 14,2 und 33,5%), gleich ob Lysin über lysinreiche Futtermittel oder synthetische Präparate zugefüttert wurde. Eine mit Lysin ausbalancierte Ration bewirkte bei 12% Eiweißgehalt einen um 2,5% höheren Fleischanteil. Besonders stark wirkte die Lysinbeifütterung in den ersten Mastabschnitten (28-50 kg und 50-70 kg Lebendmasse). Die Verbesserung der Eiweißwertigkeit der Futterration durch Zugabe von synthetischen Aminosäuren (Lysin und Methionin) bewirkte eine Erhöhung der Futterverwertung um 20-30%.

G. Leisner. 7930.

3-64/11-0487 Morton, R. K. und Raison, J. K.; Adelaide, Univ. A complete intracellular unit for incorporation of aminoacid into storage protein utilizing adenosine triphosphate generated from phytate. **(Eine komplette intracelluläre Einheit für den Aminosäureneinbau in das Vorratsprotein unter Verwendung von ATP, das von Phytat erzeugt wird.)** Nature [London] **200** (1963) Nr. 4905. S. 429-433. — 3 Abb., 3 Tab., 24 Lit.

Vff. isolierten aus Weizenähren (20 Tage nach der Blüte) eine überstehende Fraktion, die die Ribosomen, einige Lipoproteinfragmente und etwas lösliches Protein enthielt. ^{14}C-markierte Aminosäuren wurden von diesem System in Eiweiß eingebaut. Der Einbau wurde von Chloramphenicol, Hydroxylamin und Fluoressigsäure gehemmt. Stärkegelelektrophoresen zeigten, das alle Eiweißkörper ^{14}C enthielten. Auch eine Proteinkörper-Präparation (I) zeigte ^{14}C-Aminosäureneinbau, der von Chloramphenicol und Puromycin, jedoch

weniger von Hydroxylamin und Fluoressigsäure gehemmt wurde. Der ^{14}C-Aminosäureneinbau bis zu 3 Std. war unabhängig von der Zugabe eines ATP-erzeugenden Systems der Aminosäuren. I enthielt ein säurestabiles org. Phosphat, das als Phytat identifiziert wurde. Aus I wurde durch Dialyse eine Enzympräparation gewonnen, die die Phosphorylierung von ADP bewirkte. Vff. schlußfolgern, daß Inosithexaphosphat in I die ADP-Regeneration übernimmt. Das gewonnene ATP dient zur Aktivierung der Aminosäuren, die dann an transfer-RNS gebunden werden und an der messenger-RNS zur Eiweißsynthese gelangen. Vff. erörtern abschließend die Rolle des in Pflanzensamen reichlich vorkommenden Phytinphosphors als Phosphatdonator.
H. Bergner. 7930.

3-64/11-0488 Nasset, E. S., Ganapathy, S. N. und Goldsmith, D. P. J.; Rochester, N.Y., Univ. Amino acids in dog blood and gut contents after feeding zein. **(Aminosäuren im Blut und im Darminhalt von Hunden nach Zeinfütterung.)** J. Nutrit. [Philadelphia] **81** (1963) Nr. 4. S. 343-347. – 2 Tab., 16 Lit.
In Versuchen an 5 Hunden wurden die Tiere 2 Std. nach Verfütterung von Zein anästhesiert und das Abdomen geöffnet. Es erfolgte eine gleichzeitige Blutentnahme aus der A. carotis sowie aus den V. mesenterica, portae und jugularis. Darminhalt wurde dem Jejunum durch eine intubierte V. mes. entnommen. Die Aminosäure(AS)-Konzentrationen stiegen über die Hungerwerte an, wobei die AS-Konzentration in der V. mes. am höchsten war. Die AS des Blutes und des Darminhaltes unterschieden sich von den des Zeins, d. h. es waren auch die im Zein limitierenden AS Lysin und Tryptophan in Blut und Darm der Hunde in normalen Mengen vorhanden.
H.-D. Bock. 7930.

3-64/11-0489 Staib, W. und Miller, L. L.; Rochester, N.Y., Univ. **Über den Proteinstoffwechsel bei der Leberregeneration.** Biochem. Z. **339** (1964) Nr. 3. S. 274-280. – 3 Abb., 2 Tab., 9 Lit.
Der Vergleich des ^{14}C-Einbaues aus L-Leucin-1-^{14}C in die Leber bei 1- und 2-lobektomierten Ratten mit dem von scheinoperierten Tieren ergab signifikante Erhöhungen bei den ektomierten Tieren. Bei der Perfusion von 48 Std. nach der Operation isolierten 2-lobektomierten Rattenlebern, die vorher mit L-Leucin-1-^{14}C markiert waren, zeigte sich nach 6stündiger Perfusion bei gleicher Durchströmungsgeschwindigkeit eine signifikante Verringerung der Harnstoff- und der $^{14}CO_2$-Bildung im Vergleich mit intakten Lebern scheinoperierter Tiere. Vff. nehmen an, daß bei der Leberregeneration die gesteigerte Proteinsynthese auf einen verminderten und verzögerten Proteinkatabolismus zurückzuführen ist. R. Schiemann. 7930.

3-64/11-0490 Prahl, L. **Über Carnosin und Anserin sowie deren biochemisches Verhalten.** Ernährungsforschung **9** (1964) Nr. 1. S. 60-76. – 93 Lit.
Kritische Literaturübersicht. Es werden die Entdeckung und Strukturaufklärung sowie das physiol. Verhalten der beiden Dipeptide Carnosin und Anserin behandelt. Die Ausführungen über das physiol. Verhalten sind in folgende Unterabschnitte gegliedert: Toxicität; Umsetzungen des Carnosins im Körper; fermentative und mikrobielle Spaltung; Einfluß auf die Verdauung; Einfluß auf Blut und Blutdruck; oxytocische Wirksamkeit; Biosynthese; Einfluß auf den Kohlenhydrat-Phosphorsäure-Stoffwechsel. Als Facit der Übersicht kann herausgestellt werden, daß die Hauptbedeutung der Peptide im Muskelstoffwechsel zu suchen sein dürfte, daß jedoch über die genaue Stellung und Funktion der Peptide im gesamten Intermediärstoffwechsel trotz einer Reihe von bekannten Einzelfakten noch keine eindeutigen Aussagen getroffen werden können. R. Schiemann. 7930.

3-64/11-0491 Carlin, Harold und Hechter, Oscar; Shrewsbury, Mass., Worcester Foundation for Exp. Biol. Insulin action and protein synthesis in diaphragm muscle. **(Insulinwirkung und Proteinsynthese im Zwerchfellmuskel.)** Proc. Soc. exp. Biol. Med. **115** (1964) Nr. 1. S. 127-129. – 3 Tab., 19 Lit.

0,11 mM Puromycin inhibierten den Einbau von Glycin-^{14}C in Proteine des isolierten, intakten Rattenzwerchfells auch bei Insulinzusatz zum System. Demgegenüber wurde die stimulierende Wirkung des Insulins auf den D-Xylose- und α-Aminoisobuttersäuretransport sowie auf die Nettoglykogensynthese (Einbau von Glucose-^{14}C) durch die gleiche Puromycinkonzentration nicht beeinflußt. Vff. weisen darauf hin, daß die gefundene Insulinwirkung demzufolge nicht auf eine hormonale Regulation der Proteinsyntheseprozesse zurückgeführt werden kann. Durch eine während der Drucklegung der Arbeit erschienene Publikation (vgl. Nature [London] **199** [1963] S. 1183.) wurden nach Angaben der Vff. die Befunde erhärtet und hinsichtlich der Inhibitorwirkung von Actinomycin D erweitert. R. Schiemann. 7930.

3-64/11-0492 Abraham, S., Madsen, J. und Chaikoff, I. L.; Berkeley, Univ. of California. The influence of glucose on amino acid carbon incorporation into proteins, fatty acids, and carbon dioxide by lactating rat mammary gland slices. **(Der Einfluß von Glucose auf den Kohlenstoffeinbau aus Aminosäuren in Proteine, Fettsäuren und Kohlendioxyd durch Milchdrüsenschnitte von Ratten.)** J. biol. Chemistry **239** (1964) Nr. 3. S. 855-864. – 7 Tab., 31 Lit.

Vff. untersuchten den Einfluß von Glucose (**G**) auf den Einbau spez. C-Atome (markiert mit ^{14}C) als Alanin, (**I**), Glycin (**II**), Serin (**III**), Methionin (**IV**), Leucin (**V**), Asparaginsäure (**VI**), Glutaminsäure (**VII**), Lysin und Phenylalanin in CO_2, Lipide, Fettsäuren (nach gaschromatographischer Trennung) und Proteine (papierchromatographische Trennung der Aminosäuren) durch Milchdrüsenschnitte laktierender Ratten. In Abwesenheit von G im Inkubationsmedium wurden nur I, V und VI in nennenswerten Mengen in die Lipidfraktion eingebaut. G erhöhte die Inkorporation aller Aminosäuren in Lipide (hauptsächlich in gesättigte Fettsäuren) und Proteine. Bei I, V und VII erfolgte der Einbau in Proteine nicht nur als applizierte Aminosäure, sondern auch – unabhängig von der Herkunft – in VII, VI und I. Zwischen II und III ergaben sich gegenseitige Umwandlungsmöglichkeiten. Aus dem Verhalten von VII-2-^{14}C und VII-5-^{14}C kann geschlußfolgert werden, daß der Stoffwechselweg von VII in Gegenwart von G zum Teil über α-Ketoglutarat → Isozitrat → Aconitat → Zitrat und asymmetrische Spaltung in aktiv. Acetat + Oxalacetat verläuft. R. Schiemann. 7930.

3-64/11-0493 Reid, Joan D. und Shepherd, D. M.; Dundee, Great Britain, Univ. of St. Andrews, Queen's Coll. Decarboxylase activities in tissues of tryptophan-deficient rats. **(Decarboxylaseaktivitäten in Geweben von Ratten mit Tryptophanmangel.)** Biochim. biophysica Acta [Amsterdam] **81** (1964) Nr. 3. S. 560-564. – 3 Abb., 2 Tab., 12 Lit.

♂ Wurfgeschwisterpaare wurden nach dem Entwöhnen 29 Tage mit einer synthetischen Nahrung gefüttert, dabei erhielt jeweils ein Tier jedes Paares eine tryptophanfreie Nahrung. Die Lebern der Tiere mit der Mangelnahrung enthielten signifikant weniger 3,4-Dihydroxyphenylalanin-, 5-Hydroxytryptophan- und Histidindecarboxylase. Bei allen Tieren bestand eine signifikante Korrelation zwischen den Aktivitäten aller 3 Enzyme, das deutet darauf hin, daß es sich bei diesen Enzymen nur um eine einzelne unspez. L-Aminosäuredecarboxylase handeln könnte. Zwischen den Versuchs- und Kontrolltieren bestand keine gesicherte Differenz in den 3,4-Dihydroxyphenylalanindecarboxylaseaktivitäten in der Niere und im Magen. H. Kreienbring. 7930.

3-64/11-0494 Kuo, M. H., Saunders, P. P. und Broquist, Harry P.; Urbana, Univ. of Illinois. Lysine biosynthesis in yeast: a new metabolite of α-aminoadipic acid. **(Lysin-Biosynthese in Hefe: ein neues Stoffwechselprodukt der α-Aminoadipinsäure.)** J. biol. Chemistry **239** (1964) Nr. 2. S. 508 bis 515. — 6 Abb., 3 Tab., 21 Lit.

Bei Inkubation von DL-α-Aminoadipinsäure-6-^{14}C mit *Saccharomyces cerevisiae* unter Bedingungen, bei denen Lysin gebildet werden kann, reichert sich vor der Lysin-Biosynthese eine radioaktive Substanz an, die als 'Verbindung B' bezeichnet wurde. Sobald L-Lysin in den Zellen nachweisbar war, verringerte sich diese Substanz. Dieser Befund deutet darauf hin, daß 'Verbindung B' eine Lysin-Vorstufe darstellt. In einem zellfreien Hefe-Enzym-System wurde daraufhin 'Verbindung B' in solcher Menge erzeugt, daß sie isoliert und in Form einer kristallinen Substanz mit Hilfe von Elementar- und modernen Strukturanalysen als die Aminosäure Saccharopin (ε-N-[L-Glutaryl-2]-L-lysin) identifiziert werden konnte. Die die 'Verbindung B' und die Lysin-Biosynthese betreffenden biologischen Untersuchungen mit Hefen und *Neurospora crassa*-Mutanten werden diskutiert. Es wird die Ansicht entwickelt, daß Lysin in diesen Mikroorganismen höchstwahrscheinlich aus α-Aminoadipinsäure-δ-semialdehyd über ε-N-(L-Glutaryl-2)-L-lysin gebildet wird. J. Wünsche. 7930.

3-64/11-0495 Siesjö, B. K. und Thompson, W. O'B.; Babraham, Cambridge, Inst. of Animal Physiol. The rate of incorporation of gaseous $^{14}CO_2$ into brain tissue constituents. **(Die Rate der Inkorporation von gasförmigem $^{14}CO_2$ in Hirngewebebestandteile.)** Experientia [Basel] **20** (1964) Nr. 2. S. 98-99. — 1 Abb., 7 Lit.

150-160 g schwere Ratten wurden mit Nembutal (4 mg/100 g i.p.) anaesthesiert ohne die Atmung zu beeinflussen. Die Tiere wurden 15-120 Min. in gasförmigem $^{14}CO_2$ (17 μ C $^{14}CO_2$/l) exponiert und anschließend in flüssigem N_2 gefroren. Die Untersuchung der $^{14}CO_2$-Fixation verschiedener Fraktionen des Gehirns brachte folgendes Ergebnis: Nach 15, 30, 60 und 120 Min. waren 9, 17, 21 und 35% vom Gesamt-$^{14}CO_2$ in der Gehirnsubstanz organisch gebunden. Der größte Teil des org. $^{14}CO_2$ fand sich in der säurelöslichen Fraktion, während ein kleinerer Teil (etwa 10%) aus der Proteinfraktion isoliert wurde. I. Schröder. 7960.

Energiewechsel

3-64/11-0496 Regen, D. M., Young, D. A. B., Davis, W. W., Jack jun., J. und Park, C. R.; Nashville, Tenn., Vanderbilt Univ., School of Med. Adjustment of glycolysis to energy utilization in the perfused rat heart. **(Einstellung der Glykolyse auf die Energieverwertung im durchströmten Rattenherz.)** J. biol. Chemistry **239** (1964) Nr. 2. S. 381-384. — 2 Abb., 3 Tab., 24 Lit.

Isolierte Rattenherzen wurden mit Medien differenter, jedoch isotonischer Ionenzusammensetzung durchströmt und der Verbrauch von Glucose, die Bildung von Milchsäure und die Konzentration von ATP, AMP, anorg. P sowie die Aktivität verschiedener glykolytischer Enzyme gemessen. Ferner wurde die Zahl der Herzschläge und die Kontraktionsaktivität bestimmt. Alle Maßnahmen (verminderte Ca^{++}- und Na^{+}-Konzentration oder erhöhte K^{+}- und Mg^{++}-Konzentration), die die Glykolyse verminderten, verminderten auch die Kontraktionsfähigkeit des Herzens. Wenn die Ionenkonzentrationen durch elektrische Stimulierung wieder hergestellt wurden, stieg auch die Glykolyse an. Detailstudien ergaben, daß die glykolytische Aktivität weitgehend von der Phosphofructokinase abhängt. Inhibierung des Enzyms führte zu einer Erhöhung der ATP-Konzentration und einer Verminderung der AMP-Konzentration sowie der von anorg. P. Vff. sehen hierin einen wichtigen Kontrollmechanismus der Glykolyse. R. Schiemann. 8007.

3-64/11-0497 Hsieh, A. C. L.; Hong Kong, Univ. The basal metabolic rate of cold-adapted rats. **(Der Grundumsatz an Kälte angepaßter Ratten.)** J. Physiol. [London] **169** (1963) Nr. 4. S. 851-861. — 3 Abb., 3 Tab., 16 Lit. Bei 5° gehaltene Ratten, denen s. c. Trijod-L-thyronin (**T**) (5 μ g/Tag) injiziert wurde, wuchsen schneller als die ohne **T**-Injektion. Der O_2-Verbrauch von Tieren, die 5 Wochen bei 5° gehalten wurden, lag gegenüber dem bei 30° gehaltenen Ratten bei allen Messungen (bei 5-30°) höher. Die Injektion von **T** hatte bei 5 und 20° keinen Einfluß auf den O_2-Verbrauch , so daß Kälte und **T** keine additive Wirkung auf den Energiestoffwechsel hatten. Kälte stimulierte das Leberwachstum aber verzögerte das Körperwachstum. Es werden Regressionsgleichungen zwischen log. O_2-Verbrauch und log. Leber- sowie Körpergewicht angegeben. Es zeigten sich Differenzen zwischen Wärme- und kälteakklimatisierten Ratten. Letztere hatten eine niedrigere thermoneutrale Zone. W. Jentsch. 8012.

3-64/11-0498 Vahouny, George V., Moede, A., Silver, B. und Treadwell, C. R. Nutrition studies on the cold. IV. Effect of cold environment on experimental atherosclerosis in the rabbit. **(Ernährungsstudien in der Kälte. 4. Mitt. Einfluß von kalter Umgebung auf die experimentelle Atherosklerose beim Kaninchen.)** J. Nutrit. [Philadelphia] **79** (1963) Nr. 1. S. 45-52. — 3 Abb., 4 Tab., 16 Lit. 3. Mitt. vgl. LZ. Abt. III **6** (1961) Nr. 5. S. 875.

Eiweißstoffwechsel

3-64/11-0499 Žuravel, A. A. O belkovom i aminokislotnom obmene u žvačnych. **(Eiweiß- und Aminosäuren-Stoffwechsel bei Wiederkäuern.)** V sb.: Materialy XI Naučn. konferencii, Leningr. vet. in-t **1962** S. 11-13. — Aus: Referativnyj žurnal Moskva. Životnovodstvo, veterinarija **1963** Nr. 15. 58. 79. S. 10.

Sammlung von Daten der Besonderheiten des Eiweiß- und Aminosäuren-Stoffwechsels bei Wiederkäuern. In der Zusammenfassung sind Ergebnisse angeführt, die in dem vom Vf. geleiteten Laboratorium erzielt wurden. Bei Milchkühen wurde die Existenz von 12 freien Aminosäuren (Lysin, Histidin, Arginin, Asparaginsäure, Serin, Glutaminsäure, Threonin, Thyrosin, Valin, Phenylalanin und Leucin) im Gesamtblut, in den Erythrocyten und im Plasma bei unterschiedlicher Fütterung der Tiere nachgewiesen. Es wurde festgestellt, daß in den Erythrocyten 1½ — 2mal mehr AS enthalten sind als im Plasma. Der Gehalt an AS unterliegt einer täglichen Schwankung und ist auch abhängig von der Zusammensetzung der Futterration und der Leistung der Tiere. Eine 3—6 Mon. dauernde Fütterung von Milchkühen und Schafen mit Carbamid in einer Menge, durch die das Gesamtfutter einen Anteil von 20—25% Protein erhielt, zeigte keinen negativen Einfluß auf die physiolog. Verfassung der Tiere, auf den Stoffwechsel sowie im einzelnen auf den Gehalt an AS im Plasma. 8042.

Stoffwechsel stickstofffreier Nährstoffe

3-64/11-0500 Reid, R. L. The nutritional physiology of the pregnant ewe. **(Ernährungsphysiologie des trächtigen Schafes.)** J. Austral. Inst. agric. Sci. **29** (1963) Nr. 4. S. 215—223.

Vf. untersuchte an Schafen die Zusammenhänge zwischen physiolog. Unterernährung während Trächtigkeit bes. bei Zwillingen. Als einen Index für die Unterernährung stellt er den Gehalt an freien Fettsäuren (**I**) im Plasma heraus (∅ 0,1—0,5 mÄquval), der in direktem Zusammenhang mit der Mobilisierung des Körperfettes steht. Letzterer ist abhängig vom Blutzuckerspiegel. Zeitlich gesehen steigt die Conc. an **I**, bevor die an Blutzucker fällt. **I** ist auch ein besserer Indikator für Unterernährung, als die Endprodukte der **I**-Oxydation (Ketonkörper). Der Glucosebedarf von Foeten und für die Milchzuckersynthese ist beachtlich hoch und kann über das Futter (bes. Rauhfutter) nicht gedeckt werden. Dies erfolgt durch die Gluconeogenese (bes. Aminosäuren) und durch Propionsäure. Fett lagert sich nicht im Depot sondern verstärkt in den maternalen Geweben ab. Die Muttertiere verzehrten 20 g Tr.-Subst. je 1 kg Lgw. (Erhaltungsbedarf ca. 15 g kg je Lgw.) Für 1 kg Foetus werden 150 g Tr.-Subst. oder 420 kcal u. E. veranschlagt. Bei fetten Tieren geht die Futteraufnahme in den letzten Wochen der Trächtigkeit zurück, ebenfalls bei Zwillingsgeburten (im letzteren Fall ist die Variation größer). Bei ad libitum-Fütterung liegt das Geburtsgewicht der Lämmer oft niedriger.

B. Piatkowski. 8066.

3-64/11-0501 Salmon-Legagneur, Emmanuel. Sur les origines possibles des lipides du lait chez la truie: influence comparée de différentes régimes alimentaires. **(Über die Herkunftsmöglichkeiten der Milchlipoide bei der Sau: Vergleichender Einfluß verschiedener Futterformen.** C. R. hebd. Séances Acad. Sci. **257** (1963) Nr. 26. S. 4221-4224.

Während der Trächtigkeit und Laktation wurden die Fettsäurezusammensetzungen des Depot- und Milchfettes bei Gruppen belegter Jungsauen untersucht, die man nach folgendem Plan während der a) Trächtigkeit bzw. b) Laktation fütterte: I a) 8% Maisöl im Futter (46% Linolsäure [$C_{18=2}$]) bzw. I b) 8% Kokosfett im Futter, II a) wie I a) bzw. II b) wie I b), aber statt Kokosfett Stärke, III a) 8% Kokosfett im Futter (44% Laurinsäure [C_{12}]) bzw. III b). Bei I a erhöhte sich im Depotfett $C_{18=2}$ auf Kosten von C_{16} und C_{18}, bei III a vermehrte sich der Gehalt von C_{12} und C_{14}, $C_{18=2}$ nahm stark, C_{16} und C_{18} dafür weniger stark ab. Während der Laktation nimmt das Futterfett auf die Zusammensetzung des Depotfettes nur noch wenig Einfluß. Die prozentuale Milchfettzusammensetzung war bei allen Gruppen fast gleich. Also in Gruppen II_b und III_b Fettbildung durch Kohlenhydrate. In Gruppe I_b wurden die Fettsäuren des Kokosfettes direkt von der Milchdrüse verarbeitet. C_{12} und C_{14} waren gegenüber II_b stark erhöht, aber auch die vormalige Maisölfütterung machte sich im $C_{18=2}$-Gehalt gegenüber III_b deutlich bemerkbar. Der Einfluß der Kokosfettfütterung während der Trächtigkeit in Gruppe III_a war in der Fettsäurezusammensetzung des Milchfettes (III_b) ebenfalls nachweisbar.

H. Steger/Dummersdorf. 8066.

3-64/11-0502 Christensen, Konrad D.; Copenhagen, Nat. Res. Inst. of Animal Husbandry. Various fatty acids in fat tissues of pigs of the Danish landrace fed with coconut fat or soybean oil. **(Verschiedene Fettsäuren in den Fettgeweben von Schweinen der dänischen Landrasse, die mit Kokosfett oder Sojabohnenöl gefüttert wurden.)** Acta Agric. scand. **13** (1963) Nr. 3. S. 249-258. — 4 Tab., 17 Lit.

In 3 Gruppen wurden Schweine (20-90 kg) 1. nur mit Magermilchpulver und Gerste = Kontrollgruppe, 2. mit Kokosfett (**I**)-Zusatz und 3. mit Sojabohnenöl (**II**)-Zusatz in Höhe von jeweils 30% des Calorienbedarfs gefüttert. Die beiden qualitativ sehr differenten Fette (Jodzahl von **I** = 9, von **II** = 130) beeinflußten die Zusammensetzung der Gewebefette beträchtlich. Die Schweine der Kontrollgruppe mußten ihr Gewebefett weitgehend selbst synthetisieren. Die Jodzahl betrug 55—56. Die **I**-Fütterung (hoher Gehalt an Laurinsäure) erzeugte einen Speck von fester Konsistenz; die Jodzahl war gegenüber der Gruppe 1 um etwa 12 Einheiten verringert. **I** muß von den Schweinen weitgehend umgeformt werden, da Myristin- und besonders Laurinsäure bei der Bildung von Körperfett nur langsam verwertet werden. Die **II**-Fütterung (hohe Gehalte an Linolen- und Linolsäure) erzeugt einen weichen Speck; die Jodzahl ist gegenüber der Gruppe 1 um etwa 50 Einheiten erhöht. Da die ungesättigten Fettsäuren gut an die Gewebefettsynthese angepaßt sind, zeigten die Tiere der Gruppe 3 trotz derselben Fütterungsstandards eine größere Tendenz zur Fettablagerung als die Tiere der anderen beiden Gruppen.

J. Wünsche. 8066.

3-64/11-0503 Lushbough, C.H. und Urbin, M.C.; Chicago, Ill., Amer. Meat Inst. Foundation; Univ. Effect of diet on serum and muscle chloride and muscle moisture. **(Der Einfluß der Nahrung auf den Chloridgehalt von Serum und Muskel und auf den Wassergehalt des Muskels.)** J. Nutrit. [Philadelphia] 81 (1963) Nr. 2. S. 99-102. – 3 Tab., 11 Lit.
An ♂ Ratten wurden 20 verschiedene Futtermischungen verfüttert, die sich im Gehalt an Casein, Fett und Saccharose unterschieden. Als Fett wurde entweder Schmalz oder Pflanzenöl verwendet. Nach Fütterung mit Öl war der Chloridgehalt des Muskels niedriger als nach Schmalzfütterung. Die gleiche Wirkung hatte ein erhöhter Caseingehalt bei herabgesetztem Saccharoseanteil. Der Chloridgehalt des Serums und der Wassergehalt des Muskels wurden durch die unterschiedliche Ernährung nicht beeinflußt.
W. Goldbach. 8066.

3-64/11-0504 Edwards jun., Hardy M. und Marion, J. E.; Athens, Ga., Univ. Influence of dietary menhaden oil on growth rate and tissue fatty acids of the chick. **(Der Einfluß von verfüttertem Menhadenöl auf das Wachstum und die Fettsäuren in den Geweben von Küken.)** J. Nutrit. [Philadelphia] 81 (1963) Nr. 2. S. 123-130. – 6 Tab., 17 Lit.
Mangel an ess. Fettsäuren im Futter führte bei Küken zu verzögertem Wachstum und erhöhtem Gehalt an Eikosantriensäure in den Leberlipiden. Durch Zugabe von 4% Pflanzenöl oder Fischöl (Menhaden) wurde das Wachstum verbessert. Enthielt das Grundfutter als Eiweißquelle Sojaprotein, war die Gewichtszunahme höher als bei Casein-Gelatine. Pflanzenöl bewirkte in der Leber eine Zunahme von Eikosantretaensäure und eine Abnahme von Eikosantriensäure. Menhadenöl veränderte nicht den Gehalt an Eikosantetraensäure, brachte jedoch Eikosantriensäure zum völligen Verschwinden. Eikosanpentaensäure, Dokosanpentaensäure und Dokosanhexaensäure wurden nur nach Fütterung von Menhadenöl nachgewiesen. Aus den Versuchen wird geschlossen, daß durch das Fischöl mit seinem hohen Gehalt an langkettigen höher ungesättigten Fettsäuren die Synthese von Eikosantriensäure bei Küken gehemmt wird. Diskutiert wird die Beziehung zwischen Fett- und Aminosäurestoffwechsel.
W. Goldbach. 8066.

3-64/11-0505 Packett, L. V. und Butcher, G. A.; Lafayette, Ind., Purdue Univ. Effects of dietary sodium citrate and oxytetracycline upon fattening lambs. **(Wirkungen von Natriumcitrat und Oxytetracyclin im Futter auf die Lämmermast.)** J. Animal Sci. 22 (1963) Nr. 4. S. 1100-1103. – 4 Tab., 11 Lit.
In einem 86tägigen Mastversuch mit 23 Schaflämmern je Gruppe wurden neben der Grundfutterration 60 lb. Na-Citrat je t bzw. 10 mg Oxytetracyclin je lb. verfüttert. Der Na-Citrat-Zusatz bewirkte eine signifikante Erhöhung der täglichen Gewichtszunahmen und verbesserte die Futteraufnahme und die Futterverwertung. Ferner wurden die Wasseraufnahme und die Harnausscheidung erhöht. Der Harn wies einen höheren pH-Wert, ein niedrigeres spez. Gew. und eine niedrigere Citrat-Conc. auf. Die Gesamtausscheidung an Citrat im Harn war jedoch erhöht. Die Citratbeifütterung führte zu höheren Na- und K-Exkretionen und zu niedrigeren Mg-, Ca- und P-Exkretionen im Harn. Oxytetracyclin bewirkte ebenfalls höhere Gewichtszunahmen und ähnliche Veränderungen in den Mineralstoffausscheidungen wie Na-Citrat.
J. Wünsche. 8068.

Mineralstoffwechsel

3-64/11-0506 Svensson, Sven Allan; Uppsala, Dep. of Animal Nutrit. Secretion of radioactive calcium in hen's egg-shells. **(Die Ablagerung von radioaktivem Calcium in der Eierschale.)** Kungl. Lantbrukshögskolans Ann. 29 (1963) Nr. 2. S. 119-128. – 2 Tab., 13 Lit.

7 Kreuzungshennen wurden vom 15-Wochenalter an 11 Mon. in Einzellegekäfigen mit 2 Futtermischungen versorgt, deren eine Ca als Carbonat, die andere als Laktat enthielt. Den Hennen wurden 13 mC ^{45}Ca oral entweder als Laktat oder als Carbonat bzw. i. v. als Chlorid zugeführt. Das ^{45}Ca wurde in 14tägigen Perioden in der Eischale bestimmt. Die ^{45}Ca-Ablagerung in der Schale des 1. Eies hing von der Bildungsphase des Eies im Eileiter z. Zt. der Behandlung ab, d. h. von der noch verfügbaren Zeit bis zur Schalenbildung. Sie war beim 1. Ei geringer als bei den nachfolgenden. Der größte Teil des ^{45}Ca wurde im Skelett abgelagert. Nach dem 4. Ei, das auf die Behandlung folgte, bestand zwischen der Zeit der Eiablage und dem Nachlassen der wiedergefundenen ^{45}Ca-Dosis eine Beziehung, die sich durch die Exponentialfunktion, (die auch für den radioaktiven Zerfall gilt), $C = C_0 e - k t$ wiedergeben läßt, wobei C_0 die Anfangsconc., C die durch Stoffwechselvorgänge (die Strömungsgeschwindigkeit des beständig fließenden Nährstoffstromes) veränderte „aktuelle Concentration" des radioaktiven Anzeigers darstellt.

C. Engelmann. 8123.

3-64/11-0507 Spencer, Herta und Samachson, Joseph; Hines, Ill., Veterans Adm. Hospital. Effect of lysine on calcium metabolism in man. **(Wirkung von Lysin auf den Calcium-Stoffwechsel beim Menschen.)** J. Nutrit. [Philadelphia] **81** (1963) Nr. 4. S. 301-306. — 2 Abb., 4 Tab., 18 Lit.

Mit 3 älteren Patienten (50, 67 und 77 Jahre) wurde in 5 Untersuchungen der Einfluß von L-Lysin · HCl auf den Ca-, P- und N-Stoffwechsel ermittelt. Mit der genau kontrollierten Nahrung erhielten die Versuchspersonen über einen 12—30 Tage dauernden Versuchszeitraum 10 bzw. 20 g Lysin/Tag. Auf den P- und N-Stoffwechsel hatte das zugefügte Lysin bei den 3 Patienten keinen einheitlichen Einfluß. Die Ca-Bilanzen wurden durch die Lysin-Verabreichung nicht verbessert. Der mit einem Patienten durchgeführte Isotopen-Versuch ergab nur eine sehr geringe Verbesserung der ^{45}Ca-Resorption während der Lysin-Supplementierung; die ^{85}Sr-Resorption blieb unbeeinflußt.

J. Wünsche. 8123.

3-64/11-0508 Haaranen, Seppo. Some observations on the zinc requirement of cattle for the prevention of itch and hair licking at different calcium levels in the feed. **(Einige Beobachtungen über den Zinkbedarf bei Rindern zur Verhütung von Juckreiz und Belecken der Haare bei verschiedenem Calciumgehalt in der Fütterung.)** Nord. Veterinärmed. **15** (1963) Nr. 7/8. S. 536 bis 542. — 2 Abb., 2 Tab., 10 Lit. Zus. in Franz., Dtsch.

Vf. untersuchte an laktierenden Kühen das Auftreten von Juckreiz und Belecken der Haare bei unterschiedlicher Beifütterung von Zn und Ca im Futter. Die Untersuchungen wurden in Mittelost-Finnland und an der Südküste durchgeführt. Die Zn-Aufnahme war in den einzelnen Untersuchungszonen verschieden. Sie betrug in Mittelost-Finnland 250—400 mg Zn und im Süden 500—800 mg. Es konnte festgestellt werden, daß der Juckreiz und das Belecken vornehmlich bei den Kühen beobachtet wurde, bei denen im Futter bei normalem K-Gehalt weniger als 45 ppm Zn vorhanden waren. Die errechnete Zn-Menge von 45 ppm, bezogen auf die Tr.-Subst. bei normalem Ca-Gehalt, steigt bei Erhöhung des Ca-Gehaltes von 0,1% um 16 ppm.

W. Richter/Kleinmachnow. 8123.

3-64/11-0509 Zausch, M. **Mineralstoffbilanzen an Milchschafen bei Verfütterung von Zuckerrübenblattsilage.** Jb. Arbeitsgemeinsch. Fütterungsberat. **4** (1961/62, hrsg. 1963) S. 163-170. — 3 Tab., 4 Lit. Zus. in Russ., Engl. — nach Zus.

An 4 Milchschafen wurden Ca-, P-, Na- und K-Bilanzversuche bei ausschließlicher Verfütterung von Zuckerrübenblattsilage und ergänzenden Kraftfuttergaben durchgeführt. Im Vergleich zu den Versuchsgruppen, die Saft- und Kraftfutter erhielten, lagen die Mineralstoffbilanzen bei den Tieren mit einseitiger Silagefütterung um so ungünstiger, je geringer der Mineralstoffgehalt und die Qualität des Futters waren. Ein Einfluß der durch die Kraftfuttergabe bewirkten Veränderung des Ca/P-Verhältnisses der Ration auf die Höhe der Ca-Ausnutzung konnte nicht festgestellt werden. 8123.

3-64/11-0510 Davison, Kenneth L. und Woods, Walter; Ames, Iowa Agric. and Home Econ. Exp. Stat. Calcium and fat interrelationships as influences of performance of fattening lambs. **(Calcium- und Fett-Wechselbeziehungen als Einflüsse auf die Mastleistung von Lämmern.)** J. Animal Sci. 22 (1963) Nr. 4. S. 919-924. — 5 Tab., 12 Lit.
In einer Reihe von Versuchen wurde geprüft, ob Maisöl (**I**)- und Ca-Carbonat-(**II**)-Zusätze zu Maisspindel- und Luzerneheu-Rationen einen Einfluß auf die Mastleistung von Lämmern haben. Der Zusatz von 5% **I** zu einer Ration mit 40% Luzerneheu verbesserte die Futterverwertung und die Schlachtqualität. **I**-Zusätze zu Maisspindel-Rationen hatten keinen positiven Einfluß. **II**-Zusätze mit und ohne Fettbeigaben sowie Zusätze von 5% stabilisiertem Fett (white grease) zu Maisspindel-Rationen bewirkten keine signifikanten Verbesserungen der Lämmerleistung. Der Fettgehalt des Blutes erhöhte sich mit der Mast, wurde aber durch die Fett-Fütterung nicht merkbar beeinflußt. Die Verabreichung großer Maisölmengen mittels Magensonde führte ebenfalls zu keiner Veränderung des Gesamtfettgehaltes des Blutes. J. Wünsche. 8123.

3-64/11-0511 Storry, J. E. und Rook, J. A. F. Magnesium metabolism in the dairy cow. V. Experimental observations with a purified diet low in magnesium. **(Magnesiumstoffwechsel in Milchkühen. 5. Mitt. Experimentelle Beobachtungen an gereinigten, magnesiumarmen Futterrationen.)** J. agric. Sci. **61** (1963) Nr. 2. S. 167-171.
In Fortführung der Arbeiten über den Mg-Stoffwechsel wurden Mg-arme Futterrationen verfüttert, bestehend aus Mais, Mg-freien Mineralien und Vit. A und D. Die Exkretion von Mg im Urin fiel bei dieser Ration rapide ab. Ein ähnlicher Abfall wurde im Blutserum beobachtet. Auch im Kot wurde weniger Mg gefunden, der Gehalt blieb jedoch vom 3. Tag an konstant. Verschiedene Salze des Mg wurden als Zugaben zu den Rationen auf ihre Aufnahme hin untersucht. Dabei traten signifikante Unterschiede bei den beiden Tieren auf. Oxid, Nitrat, Acetat und Laktat waren ähnlich, Citrat gab höhere Werte und Sulfat, Silikat und in einer Kuh auch Chlorid gaben niedrigere Werte. Außerdem wurde Mg-Sulfat injiziert und dessen Ausscheidung gemessen. Es konnte eine lineare Beziehung zwischen dem Mg-Verlust im Urin und dem im Serum festgestellt werden. Unterhalb von 1,46 bzw. 1,76 mg/100 ml hörte die Urinexkretion auf. R. Stellmach-Helwig. 8123.

3-64/11-0512 Bugdol, G. **Das Ca:P-Verhältnis in der Ernährung der Wiederkäuer.** Jb. Arbeitsgemeinsch. Fütterungsberat. 4 (1961/62, hrsg. 1963) S. 62-66. — 8 Tab., 4 Lit. 8123.

3-64/11-0513 Ammerman, C. B., Arrington, L. R., McCall, J. T., Feaster, J. P., Combs, G. E. und Davis, G. K.; Gainesville, Florida Agric. Exp. Stat. Inorganic phosphorus utilization by swine as measured by an isotope technique. **(Mittels einer Isotopentechnik gemessene Verwertung von anorganischem Phosphor durch Schweine.)** J. Animal Sci. 22 (1963) Nr. 4. S. 890-893. — 1 Abb., 2 Tab., 13 Lit.
An insges. 25 ♂ Absatzferkel, die eine Mais-Soja-Tierkörpermehl-Ration (1,19% Ca, 0,85% P) erhielten, wurde einmalig oral eine Dosis von 50 bis 138 mg ^{32}P in Form von „Chloroapatit"-Phosphat, natürlichem Gesteinsphosphat („$FeAlPO_4$") entfluorisiertem Gesteinsphosphat, Di-Ca-Phosphat (chem. rein) oder Weichphosphat verabfolgt. 6 Tage lang wurde der Kot und Harn der Tiere 2 × bzw. 1 × täglich gesammelt und auf ^{32}P analysiert. Nach dem Töten der Tiere erfolgte die Bestimmung der ^{32}P-Aufnahme im rechten

Femur. Die größte Radioaktivität im Harn zeigte sich innerhalb der ersten 12 Std., die im Kot zwischen 24 und 72 Stunden. Die ^{32}P-Ausscheidung im Kot stand in enger Beziehung zur Tr.-Subst.-Exkretion. Die ^{32}P-„Netto-Retentionen" für die einzelnen Phosphate betrugen in oben genannter Reihenfolge 31.0; 6,7; 29,7; 29,9 und 20,1%. Die ^{32}P-Gehalte im Femur waren im allgemeinen dem resorbierten ^{32}P proportional. J. Wünsche. 8124.

3-64/11-0514 O'Donovan, P. B., Pickett, R. A., Plumlee, M. P. und Beeson, W. M.; Lafayette, Ind., Purdue Univ. Iron toxicity in the young pig. **(Eisen-Toxizität beim jungen Schwein.)** J. Animal Sci. **22** (1963) Nr. 4. S. 1075-1080. — 7 Tab., 15 Lit.
In 4 Versuchen mit insges. 138 früh abgesetzten Ferkeln wurde der toxische Fe-Gehalt des Futters ermittelt und geprüft, welche Wechselbeziehungen zu verschiedenen P-Quellen bestehen. Ein Gehalt von 5000 ppm Fe in der Ration verringert die Gewichtszunahmen (**I**), den Gehalt an anorg. P im Serum (**II**) und den Femur-Aschegehalt (**III**) signifikant. 4000 ppm Fe im Futter führten ebenfalls zu signifikant niedrigeren **I**, geringfügigen Verringerungen von **II**, jedoch zu keiner Veränderung von **III**. Hohe Fe-Gehalte in den Rationen waren bei einem P-Gehalt von 0,35% schädlicher als bei 0,60 oder 1,20% P in der Ration (*P* in Form von $NaH_2PO_4 \cdot H_2O$). Bei Gehalten von 5000 ppm Fe und 0,63% P im Futter reagierten die Schweine je nach P-Quelle unterschiedlich. Entfluorisiertes Gesteinsphosphat und Curacao-Island-Phosphat konnten die typischen P-Mangelsymptome nicht verhindern; **I** und **II** waren signifikant verringert. Handelsübliches Di-Ca-Phosphat führte ebenfalls zu signifikant erniedrigten **II**-Werten. Die mit Di-Ca-Phosphat (USP) oder NaH_2PO_4 gefütterten Tiere zeigten während der gesamten Versuchszeit normale **II**-Werte. Die mit Knochenmehl oder getrocknetem Di-Ca-Phosphat gefütterten Ferkel wiesen nur geringfügig verminderte **II**-Werte auf. J. Wünsche. 8127.

3-64/11-0515 Roehm, Richard R. und Mayfield, Helen L.; Bozeman, Mont., State Coll. Effects of several low protein diets on the serum iron, total iron-binding capacity, and serum cholesterol of rats. **(Die Wirkung verschiedener eiweißarmer Nahrungen auf das Serumeisen, die Eisenbindungskapazität und das Serumcholesterin bei Ratten.)** J. Nutrit. [Philadelphia] 81 (1963) Nr. 2. S. 131-138. — 1 Abb., 3 Tab., 28 Lit.
8 Wochen alte ♂ Ratten erhielten 6 Wochen lang in 1,46 km Höhe ein eiweißarmes Futter mit 3,5% Protein in Form von Rindfleisch (Gruppe 1), Weizenschrot (Gruppe 2) oder Weizenschrot + Lysin (Gruppe 3). Den Kontrolltieren wurde ein vollwertiges Standardfutter mit 26,2% Protein verabreicht. Hämatokritwerte und Hämoglobin waren in allen 3 Versuchsgruppen signifikant erniedrigt, wobei Gruppe 3 noch signifikant tiefer als 1 und 2 lag. Das Serumeisen war in Gruppe 1 erniedrigt, in 2 und 3 erhöht, die Eisenbindungskapazität in 1 und 2 erniedrigt, die Eisensättigung in 2 und 3 erhöht. Der Serumcholesterinspiegel war in allen 3 Versuchsgruppen gleichmäßig erhöht. Aus den Versuchen geht hervor, daß die Fütterung mit Weizenschrot (mit und ohne Zugabe von Lysin) zu einer Schwächung des Eisentransportsystems und einer Verminderung der hämatopoetischen Prozesse führt. Die Blutwerte der Kontrolltiere lagen infolge der Höhenlage über den Normalwerten. W. Goldbach. 8127.

3-64/11-0516 Hartmann, N., Henschel, H.-J. und Georgi, P.; Greifswald, Ernst-Moritz-Arndt-Univ., Physiol.-Chem. Inst. **Veränderungen an Schilddrüse und Leber bei Meerschweinchen nach Gaben von ^{131}Jod.** Acta biol. med. german. [Berlin] **11** (1963) Nr. 5/6. S. 881-888. — 5 Tab., 31 Lit. Zus. in Russ., Engl.
Vff. injizieren s. c. an ausgewachsene Meerschweinchen 100 μc (**I**) oder 400 μc ^{131}J (**II**) als trägerfreies Na ^{131}J. 20 Std. nach der Injektion war bei **II** im

Vergleich zu **I** lediglich eine Zunahme des prozentualen Monojodtyrosins (MJT) (in % der Gesamtaktivität des Schilddrüsenhydrolysats) stat. zu sichern. 32 Tage nach der Injektion war bei **II** der Thyroxinanteil stark erhöht und der MJT-Anteil erniedrigt. Eine Verabreichung von 0,5 bzw. 5,0 μc ^{131}J tägl. über 100—120 Tage bedingte keine Abweichungen in den Anteilen der jodhaltigen Schilddrüsenkomponenten. Die Dejodaseaktivität der Leber fiel bei **II** stark ab. Die Dejodaseaktivität der Niere blieb unverändert.
H. Bergner. 8127.

3-64/11-0517 Oll, U. **Der Einfluß einer Kobalt-, Kupfer- und Phosphor-Kobaltbeifütterung auf die Zusammensetzung von Haar und Milch der Kühe.** Jb. Arbeitsgemeinsch. Fütterungsberat. **4** (1961/62, hrsg. 1963) S. 79-96. — 6 Abb., 15 Tab., 17 Lit. Zus. in Russ., Engl. — nach Zus.

Die Beifütterung von 15,3 bzw. 30,6 mg Co, 225 mg Cu und 30,6 mg Co + 18 gP hatte keinen gesicherten Einfluß auf die Milchleistung der Versuchskühe. Die meiste Milch hatten die Tiere der Kontrollgruppe und der Gruppe mit einer täglichen Gabe von 30,6 mg Co je Kuh; die wenigste Milch gaben die Tiere der Co P-Gruppe. Diese Unterschiede sind zufällig. Der Co-Gehalt der Milch nahm in den Gruppen mit zusätzlicher Co-Versorgung signifikant um das 3- bis 4fache zu. Die Milch der Co + P-Gruppe erreichte nicht den Co-Gehalt der Gruppe, die Co allein erhielt. Mit zunehmendem Co-Gehalt der Milch verringerte sich ihr Ca-Anteil. Die P- und Cu-Gaben hatten auf den P- und Cu-Anteil der Milch keinen Einfluß. Im Asche-, K-, Na-, Zn- und Cu-Gehalt des Haares wurde keine signifikante Beeinflussung durch die mineralischen Zusätze gefunden. Jedoch bestand die Tendenz einer negativen Korrelation zwischen dem Co- und dem Cu-Gehalt des Haares. Das zugefütterte Co erhöhte den Co-Gehalt des Haares signifikant. 8127.

3-64/11-0518 Mostert, G. C.; Stellenbosch-Elsenburg, Landboukoll. van die Univ. van Stellenbosch. Die invloed van die sink- en kalsiuminhoud van lêrantsoene op eierproduksie-eienskappe. **(Der Einfluß des Zink- und Kalkgehaltes im Legehennenfutter auf Legeleistungseigenschaften.)** South African J. agric. Sci. **6** (1963) Nr. 3. S. 495-503. — 4 Abb., 3 Tab., 9 Lit. Zus. in Engl., Franz.

270 Weiße Leghorn × Schwarze Australorp-Kreuzungshennen bekamen 3 Grundrationen mit unterschiedlichem Ca-Gehalt (A = 2,56%; B = 3,56%; C = 5,02% Ca) sowie zusätzlich 0,100 und 150 ppm Zn-Carbonat. Das Futter mit 5% Ca ergab die dicksten Schalen sowie Eier mit dem höchsten Prozentsatz Schalenanteil, wenn zusätzlich Zn (100-150 ppm) verabreicht wurde. Ohne Zn-Beifütterung nahm das Eigewicht oberhalb eines Ca-Gehaltes von 3,5% ab; es bestand auch eine ähnliche Tendenz hinsichtlich der Legeleistung. Zn-Beifütterung verbesserte die Schlupffähigkeit signifikant. Die Futtermischung mit dem niedrigsten Ca-Gehalt (2,5%) hatte die höchsten Abgänge, jedoch hatte Zn-Zufütterung keinen Einfluß auf die Sterblichkeitsrate.
K. Männel. 8127.

3-64/11-0519 Obnosov, V. P.; Tadshik. Landwirtsch. Inst. Vlijanie mikroėlementov na organizm svinej. **(Der Einfluß von Mikronährstoffen auf den Organismus der Schweine.)** Veterinarija, Moskva **40** (1963) Nr. 11. S. 61 bis 62. — 2 Tab.

Vf. untersuchte den Einfluß von Mikronährstoffen auf den Schweineorganismus. Durch Fütterung von Mikronährstoffen, besonders im Komplex — Co, Cu, Fe — wurde eine bessere Gewichtszunahme erreicht. Gleichzeitig verbesserte sich die Zusammensetzung der roten Blutkörperchen. Unter dem Einfluß der Mikronährstoffe erhöhte sich die Freßlust, die Verdauung der Nährstoffe und die Stickstoffausnutzung. B. Hoffmann. 8127.

3-64/11-0520 Gerber, J. N.; Stellenbosch-Elsenburg, Landboukoll. van die Univ. van Stellenbosch. Mangaan- en magnesiumvereistes van battery-lê-henne. **(Mangan- und Magnesiumbedarf von Batterie-Legehennen.)** South African J. agric. Sci. **6** (1963) Nr. 3. S. 381-392. — 9 Tab., 13 Lit. Zus. in Engl., Franz.

Zusätzlich zu einer Grundration mit 15,5% Eiweiß wurden Weißen Leghornhennen, die in Lege-Batterien gehalten wurden, 40, 150 und 300 ppm Mn sowie 0,2; 0,3 und 0,4% Mg verabreicht. Eine Erhöhung des Mn-Gehaltes von 0,2 auf 0,4% resultierte in einer signifikant dünneren Eierschale, es existierte außerdem eine Wechselwirkung zwischen Mn und Mg, die die Bruchfestigkeit, Schalendicke sowie den Mg-Inhalt der Leber beeinflußte. Z. B. hatte eine Erhöhung des Mn-Gehaltes von 40 auf 300 ppm keinen Einfluß auf Bruchfestigkeit und Schalendicke bei 0,2 oder 0,4% Mg; bei 0,3% Mg jedoch und 300 ppm Mn wurden die Schalendicke und Schalenstärke signifikant stärker als bei 40 ppm und 150 ppm Mn. Der Mg-Gehalt der Leber wurde im Gegensatz zum Mg-Gehalt der Schale sowohl durch den Mn- als auch durch den Mg-Gehalt im Futter signifikant beeinflußt. Der Mg-und Mn-Gehalt im Futter beeinflußte weder den Ca- oder P-Gehalt in Eischale oder Leber, noch das Körpergewicht, die Legeleistung oder den Futterverbrauch der Hennen. Die Sterblichkeit war bei 150 ppm Mn signifikant höher als bei 40 ppm und 300 ppm, was jedoch zufälligen Ursachen zugeschrieben wird.

K. Männel. 8127.

3-64/11-0521 Chapman jun., H. L. und Kidder, R. W.; Belle Glade, Florida Agric. Exp. Stat. Oral administration of molybdenum and cobalt to Brahman-Angus heifers. **(Orale Verabreichung von Molybdän und Cobalt an Brahman-Angus-Färsen.)** J. Animal Sci. **22** (1963) Nr. 4. S. 985-988. — 2 Abb., 3 Tab., 11 Lit.

Mit 32 Brahman × Angus-Färsen wurde auf Moorweiden ein über 279 Tage laufender Versuch zur Bestimmung der Co- und Mo-Wechselbeziehungen durchgeführt. Die Färsen erhielten in 4 Gruppen (2× wöchentlich) folgende Mengen an Co und Mo je Tier und Tag oral verabfolgt: 1) negative Kontrolle; 2) 8 mg Co; 3) 250 mg Mo; 4) 8 mg Co + 250 mg Mo. Eine Cu-Ergänzung erfolgte nicht. Die Co-Behandlung führte zu höheren Hämoglobin- und Hämatokrit-Werten im Blut, ferner zu höheren Cu- und niedrigeren Fe-Gehalten in der Leber. Die Mo-Verabreichung resultierte in genau entgegengesetzten Befunden. Co konnte die durch Mo verursachte Verminderung der Cu-Vorräte in der Leber nicht vollständig kompensieren. Die Co- und Mo-Gaben hatten keinen signifikanten Einfluß auf den Gehalt an anorgan. P im Plasma oder auf die Lgw.-Veränderung.

J. Wünsche. 8127.

Stoffwechsel der Vitamine und anderer Wirkstoffe

3-64/11-0522 Ibrović, M. Investigations on the influence of nitrate on the utilization of vitamin A in cattle. **(Untersuchungen über den Einfluß der Nitrataufnahme auf die Verwertung von Vitamin A beim Rind.)** Veterin. Arh. [Zagreb] **33** (1963) Nr. 11/12. S. 298-302. — 3 Abb., 17 Lit. Zus. in Serb., Dtsch.

Bei Wiederkäuern, die ein carotinarmes Futter erhielten, wurde der Einfluß einer Nitratverabreichung auf die Vit.-A-Resorption und -Speicherung in der Leber untersucht. Nach Verabreichung von Vit. A (2,5 Mill. IE) stieg der Gehalt des Blutes an Vit. A innerhalb kurzer Zeit steil an. Bei gleichzeitiger Verabreichung von 2,5 Mill. IE Vit. A und 100 g Na-Nitrat in den Pansen war der Anstieg des Vit. A im Blut reduziert. Bei einer Versuchsdauer über mehrere Tage wurde von dem verabreichten Vit. A bei gleichzeitiger Gabe von Nitrat wesentlich weniger Vit. A in der Leber gespeichert, und zwar nur 7% der Dosis vergleichsweise zu 41% bei den Kontrollen. In den ersten Std.

nach Verabreichung des Nitrats erreichte der Methämoglobinspiegel einen beträchtlichen Gipfel; 14-29% des Hämoglobins lagen als Met-Hb vor. Die Schadwirkung des Nitrats dürfte von der Zusammensetzung der Ration abhängig sein, da in anderen Versuchen mit Beigaben von Kraftfutter keine wesentlichen Störungen des Vit.-A-Stoffwechsels gefunden wurden.

E. Kolb. 8152.

3-64/11-0523 Blain, J. A. und Shearer, G.; Glasgow, Dep. of Appl. Microbiol. and Biol. Catalytic destruction of vitamin A and carotene. **(Katalytische Destruktion von Vitamin A und Carotin.)** Proc. Nutrit. Soc. **22** (1963) Nr. 2. S. 162-171. — 8 Abb., 42 Lit.

Vf. beschreiben die Wirkung der Antioxydantien Butylhydroxyanisol (BHA), „Nordihydroguaiaretic"-Säure (NDGA) und 6-aethoxy-1,2-dihydro-2,2,4-trimethylquinolin (Santoquien) in ihrer hemmenden Wirkung auf die Autoxydation von β-Carotin und Vit. A. Die Untersuchungen erfolgten unter verschiedenen Bedingungen: β-Carotin mit Methyllinoleat, hämoglobinkatalysierte Oxydation von β-Carotin in Anwesenheit von Methyllinoleat, lipoxydasekatalysierte Oxydation von β-Carotin in Anwesenheit von Methyllinoleat, lipoxydasekatalysierte Oxydation von β-Carotin in Anwesenheit von Linolensäure, lipoxydasekatalysierte Oxydation von Linolensäure und Vit.-A-Acetat. Die Wirkung der einzelnen Oxydantien und die Versuchsanstellung werden ausführlich beschrieben. M. Hoffmann. 8152.

3-64/11-0524 Heaney, D. P., Hoefer, J. A., Ullrey, D. E. und Miller, E. R.; East Lansing, Michigan State Univ. Effects of marginal vitamin A intake during gestation in swine. **(Wirkungen einer begrenzten Vitamin-A-Aufnahme während der Trächtigkeit bei Schweinen.)** J. Animal Sci. **22** (1963) Nr. 4. S. 925-928. — 2 Tab., 21 Lit.

Mit 15 Jungsauen (3 Gruppen zu je 5) wurde — im Alter von 4 Mon. beginnend und über 2 Trächtigkeitsperioden fortgesetzt — geprüft, welchen Einfluß eine begrenzte Vit.-A-Versorgung auf die Sauenleistung hat. Eine Vit.-A-arme Ration wurde wie folgt mit Vit. A ergänzt: Gruppe I (Kontrolle): 16 μg; II 5 μg; III 2,5 μg je kg Lgw. täglich (bei Gruppe II und III nach vorausgegangener 6monatiger Vit.-A-Verarmung). Die niedrige Vit.-A-Versorgung reichte für die Muttertiere aus, und es zeigten sich auch bei den Ferkeln keine augenscheinlichen Mangelerscheinungen (normale Wurfgrößen, Geburtsgewichte, Überlebensraten und Zunahmen). In den Lebervorräten und Plasmagehalten an Vit. A bestanden bei den Ferkeln der 3 Gruppen jedoch erhebliche Unterschiede. Der Vit.-A-Gehalt in Milch und Colostrum war bei Gruppe I bedeutend höher als bei II und III. Die Vit.-A-Vorräte in den Ferkeln bei der Geburt sind weniger von Bedeutung als der Vit.-A-Gehalt in Colostrum und Milch. J. Wünsche. 8152.

3-64/11-0525 Burroughs, Wise, Kohlmeier, R., Barringer, R., Kawashima, R. und Trenkle, Allen; Ames, Iowa Agric. and Home Econ. Exp. Stat. Selenium and vitamin E and K additions to a no-hay finishing cattle ration. **(Selen- und Vitamin-E- und -K-Zusätze zu einer kein Heu enthaltenden Rindermastration.)** J. Animal Sci. **22** (1963) Nr. 4. S. 929-933. — 1 Abb., 1 Tab., 16 Lit.

Mit 12 bis 24 Mon. alten Mastochsen wurden 4 Fütterungsversuche durchgeführt. In den ersten 3 Versuchen erhielten die Versuchstiere zur Grundration ohne Heu zusätzlich 100 bzw. 200 I.E. Vit. E sowie 47 bzw. 75 mg Vit. K je Tier und Tag. In Versuch 4 enthielten die Versuchsrationen 0,05 bzw. 0,10 ppm Se. Die mit Vit. E und K zusätzlich versorgten Tiere wiesen gegenüber den Kontrollen um ∅ 9% (31 lb.) höhere Lgw.-Zunahmen auf und zeigten eine bessere Futterverwertung. Die Se-Zusätze bewirkten ebenso hohe oder höhere Lgw.-Zunahmen wie die Vit.-Zusätze. Die Leber-Vit.-E-Gehalte der mit Vit.-E- + K-Zusätzen versorgten Tiere lagen um 61% ($P < 0,05$)

höher als bei den Kontrolltieren. Auch Se und Vit. A übten Sparwirkungen auf das Leber-Vit.-E aus. Über die Bedeutung dieser Ergebnisse für die praktische Fütterung wird diskutiert. J. Wünsche. 8156.

3-64/11-0526 Hvidsten, Harald und Astrup, Harald; Vollebekk, Norw. Agric. Coll., Inst. of Animal Nutrit. The effect of vitamin E on the keeping quality and flavour of pork. **(Der Einfluß von Vitamin E auf die Haltbarkeit und den Geschmack von Schweinefleisch.)** Acta Agric. scand. **13** (1963) Nr. 3. S. 259-270. — 1 Abb., 7 Tab., 17 Lit.

Vff. prüften den Einfluß verschieden hoher und in verschiedenen Zeitabschnitten verabfolgter Vit.-E-Zusätze zu praktischen Schweinerationen auf Haltbarkeit und Geschmack des Schweinefleisches. Als Kriterien dienten organoleptische und chemische Analysen (Geschmacksklassifizierung, Thiobarbitursäuregehalt, Induktionsperiode in Tagen, Jodzahl). Bei den meisten Versuchen wurden mit etwa 40 mg Vit. E im tägl. Futter (insges. 2500-5000 I.E. Vit. E) Qualitätsverbesserungen in Haltbarkeit und Geschmack des Fleisches erzielt. Regressionsgleichungen ergaben, daß 1000 I.E. Tocopherol im Futter eine Erhöhung des Körperfettes um 0,56 μg Vit. E/g, eine Erhöhung der Induktionsperiode des Fleisches um 0,45 Tage und eine Senkung der Thiobarbitursäurewerte um 1,0 bewirkten. Der Effekt einer gegebenen Menge Vit. E. ist 1 Monat vor dem Schlachten verabreicht offenbar etwas größer als über die gesamte Wachstumsperiode verteilt verabreicht. J. Wünsche. 8156.

3-64/11-0527 Bernhard, K., Leisinger, S. und Pedersen, W. **Nachweis eines Einflusses des Vitamin E auf die Arachidonsäurebildung in der Leber.** Int. Z. Vitaminforsch. [Bern] **34** (1964) Nr. 1. S. 134.

Vit. E hemmt die Bildung von Arachidonsäure aus Linolsäure. Vit.-E-Mangeltiere weisen einen höheren Gehalt an Arachidonsäure in der Leber auf. 8156.

3-64/11-0528 Weber, F. und Weiser, H. **Beeinflussung des Vitamin-E-Mangels durch essentielle Fettsäuren.** Int. Z. Vitaminforsch. [Bern] **34** (1964) Nr. 1. S. 134.

Eine erhöhte Zufuhr an Linolsäure bewirkte einen höheren Verbrauch an Vit. E. 8156.

3-64/11-0529 Stielau, W. J. und Meyer, J. H.; Davis, Univ. of California. Periodic B-vitamin supplementation of growing rats fed a vitamin-free diet. **(Periodische B-Vitamin-Ergänzung von vitaminfrei gefütterten wachsenden Ratten.)** J. Nutrit. [Philadelphia] **81** (1963) Nr. 4. S. 330-334. — 4 Tab., 11 Lit.

Mit wachsenden ♂ Ratten wurde festgestellt, welchen Einfluß eine periodische Versorgung mit B-Vit. in ½-, 2-, 4- und 8täg. Zeitabständen auf Futteraufnahme, Gewichtszunahme, Futterverwertung und Körperfettbildung hat. Mit abnehmender Häufigkeit der B-Vit.-Versorgung gingen Futteraufnahme und Leistung der Ratten zurück. Bei Verfütterung von Rationen, denen Thiamin, Pyridoxin oder beide Vit. fehlten, war eine in 4täg. Abständen durchgeführte Versorgung mit diesen Vit. nicht angemessen, um normale Futteraufnahmen und Gewichtszunahmen zu erzielen. Aus den Ergebnissen der Versuche wird gefolgert, daß die B-Vit. bei der Bestimmung der Gewichtszunahmen und der Körperfettbildung nicht nur in ihrer Wirkung auf die Futteraufnahme, sondern auch in ihrer Beeinflussung des Stoffwechselbedarfs eine Rolle spielen. J. Wünsche. 8158.

3-64/11-0530 Weber, J. **Über cytologische, histologische und histochemische Veränderungen bei akutem durch Pyramin verursachten Thiaminmangel.** Z. Ernährungswiss. **4** (1964) Nr. 3/4. S. 253-262. 8158.

3-64/11-0531 Stroža, I. K. Cholin i betain kak stimuljatory rosta cypljat. **(Cholin und Betain als Wuchsstimulatoren von Küken.)** Tr. Sektora fiziol. životnych. In-t biol. AN Latv. SSR **3** (1962) S. 145-157. — Aus: Referativnyj žurnal Moskva. Životnovodstvo, veterinarija **1963** Nr. 15. 58. 207. S. 25. Küken der Rasse Weißes Leghorn erhielten ein Grundfutter (Körner und Grünpflanzen), das 15,91% verd. E., 8,33% Fett, 0,108% Cholin, 0,24% Methionin, 0,28% Cystin, 1,64% Ca und 0,64% P enthielt. Die Küken der 20 Gruppen erhielten unterschiedliche Zugaben (0,1-0,4%) von Cholin (**I**), Betain (**II**), Methionin (**III**), Biomycin (**IV**) und Vit. B_{12}. Die besten Zunahmen hatten Küken, die **I** und **III** zusammen mit Vit. B_{12} erhielten. Ohne Zugabe von Vit. B_{12} erhöhten sich die Zunahmen kaum oder nicht. Die gemeinsame Anwendung von **I, II, III** und Vit. B_{12} verursachte eine Erhöhung der I-Einlagerung in der Leber der Küken. Durch diese Einlagerung wurde auch eine Zugabe von **IV** und Vit. B_{12} zum Kükenfutter ermöglicht. **I** und **II** verbessern die BW des Eiweißes in den Rationen mit pflanzl. Charakter. Bei Vorhandensein von **III** im Futter werden **I** und **II** zu Wuchsstimulatoren der Küken. 8158.

3-64/11-0532 Rozenbach, Ja. Ja., Krumiňš, M. N. und Grinberg, G. N. Vlijanie cholina, vitamina B_{12} i nikotinovoj kisloty na rost cypljat v praktičeskich uslovijach vyraščivanija. **(Einfluß von Cholin, Vitamin B_{12} und Nikotinsäure auf den Wuchs von Küken unter praktischen Aufzuchtbedingungen.)** Tr. Sektora fiziol. životnych. In-t biol. An Latv. SSR **3** (1962) S. 133-135. — Aus: Referativnyj žurnal Moskva. Životnovodstvo, veterinarija **1963** Nr. 15. 58. 206. S. 25.

Bei der Aufzucht von Küken mit Futterrationen die 8% Fleischmehl, 2% Futterdrogen bei Zugabe von Grünfutter enthielten, wurde der Bedarf an Vit. B_{12} (**I**) und Cholinchlorid (**II**) untersucht. Im Versuch mit der Zugabe von **I** (in Form von 50 mg trockener Lebendmasse Propionsäure-Bakterien je kg Futter, bei einem Gehalt von 300 μg **I** in 1 g) erhöhte sich die Gewichtszunahme der Küken um 11,9%, jedoch bei gemeinsamer Zugabe von **I** und **II** um 17,6% gegenüber der Kontrollgruppe. Eine 75%ige Lösung von **II** wirkte nicht toxisch, sondern besaß vielmehr eine gute biol. Aktivität. 8158.

3-64/11-0533 Glass, George B. Jerzy; New York City, Med. Coll., Metropolitan Hospital Center. Gastric intrinsic factor and its function in the metabolism of vitamin B_{12}. **(Der Intrinsic-Faktor des Magens und seine Funktion im Vitamin-B_{12}-Stoffwechsel.)** Physiol. Rev. **43** (1963) Nr. 4. S. 529-849. — 15 Tab., 1311 Lit.

Nach einer Übersicht über die Entdeckung des Intrinsic-Faktors (IF), seiner chemischen Eigenschaften, seiner Bildung im Organismus, seiner Physiologie sowie der Pharmakologie und Pathologie seiner Bildung wird auf die Methoden zur Bestimmung der Aktivität und auf die Funktion im Vit.-B_{12}-Stoffwechsel eingegangen. Diskutiert werden die vom IF abhängigen und unabhängigen Mechanismen der B_{12}-Resorption. Entgegen früheren Annahmen findet beim Menschen die vom IF abhängige Resorption im unteren Ileum statt. Ebenfalls im Ileum wird bei Hund, Kaninchen, Hamster und Meerschweinchen resorbiert, bei der Ratte im mittleren Teil des Dünndarms. Abschließend wird über die Möglichkeiten der Behandlung der perniziösen Anämie mit IF-Präparaten aus der Magenschleimhaut von Schweinen berichtet.

W. Goldbach. 8158.

3-64/11-0534 Hennig, A., Jeroch, H. und Kleemann, J. **Der Einfluß einer Ergänzung der mütterlichen Ration mit Wirkstoffen auf das Wachstum der Nachkommen (Untersuchungen an Enten und Hennen.)** Jb. Arbeitsgemeinsch. Fütterungsberat. 4 (1961/62, hrsg. 1963) S. 313-326. — 14 Tab., 7 Lit. Zus. in Russ., Engl. — nach Zus.

Die Versuchsgruppe erhielt zum Legemehl 4 mcg Vit. B_{12}/kg. Für Wachstumsversuche standen in jedem Versuch 100 geschlechtssortierte Küken, für die Versuche mit Legeenten 18 ♀ Tiere je Gruppe zur Verfügung. Die Wachstumsprüfung erfolgt an 304 Tieren. Die mütterliche Ration wurde mit 5000 IE Vit. A je kg oder 20 mcg Vit. B_{12} je kg bzw. mit beiden Vitaminen ergänzt. Der Zusatz beider Vitamine verbesserte bei Hennen und Enten die Legeleistung, Befruchtung und das Schlupfergebnis nicht signifikant. Es wurde jedoch ermittelt, daß Vit. A das Wachstum der Jungtiere bis zum 28. Lebenstag signifikant steigert. Die Mehrzunahme der Versuchstiere betrug im Mittel 10%. Der Zusatz des Vit. B_{12} bewirkte zwar in allen Fällen höhere Zunahmen bei den Nachkommen, jedoch war die Mehrzunahme von der Kontrollgruppe nicht signifikant verschieden. 8158.

3-64/11-0535 Andrušajte, R. Ja. Vlijanie vitamina B_{12} i drožžej na prives kuroček i petuškov. **(Einfluß von Vitamin B_{12} und Drogen auf die Zunahmen von Hennen und Hähnen.)** Tr. Sektora fiziol. životnych. Int. biol. LatvSSR **3** (1962) S. 5-9. — Aus: Referativnyj žurnal Moskva. Životnovodstvo, veterinarija **1963** Nr. 15. 58. 208. S. 25.
Im Alter bis zu 45 Tagen reagieren Hähne und Hennen unterschiedlich auf bestimmte Mengen von Vit. B_{12} (I) im Futter. Bei Fütterung der Hühner mit Rationen ohne tierisches Eiweiß, jedoch mit einer Zugabe von Biomycin (5 μg I je 1 kg Futter) entwickeln sich die Hennen gut, wesentlich höhere Gaben wirken nicht mehr auf sie, während sich das Gewicht der Hähne mit der Erhöhung der I-Menge auf 40 μg je kg Futter erhöht. Beim Fehlen von Riboflavin im Futter bleiben die Hennen stärker im Wuchs zurück als die Hähne. 8158.

3-64/11-0536 Alder, F. E., Tayler, J. C. und Rudman, J. E. Hexoestrol implantation of steers fattened at pasture. I. Effects on growth and herbage intake. **(Hexoestrolimplantation bei Mastochsen auf der Weide. 1. Mitt. Einflüsse auf Wachstum und Futterverzehr.)** Animal Product. **6** (1964) Nr. 1. S. 47-56. — 10 Tab. 8175.

3-64/11-0537 Alder, F. E., Tayler, J. C. und Rudman, J. E. Hexoestrol implantation of steers fattened at pasture. II. Effects on empty weight, carcass weight and carcass quality. **(Hexoestrolimplantation bei Mastochsen auf der Weide. 2. Mitt. Einflüsse auf Lebend- sowie Schlachtkörpergewicht und die Schlachtqualität.)** Animal Product. **6** (1964) Nr. 1. S. 57-71. — 10 Tab. 1. Mitt. vgl. vorst. Titel. 8175.

3-64/11-0538 Cunningham, H. M.; Nappan, Nova Scotia, Canada Dep. of Agric. Effects of epinephrine, norepinephrine and nicotine on growth and carcass composition of chicks. **(Die Wirkung von Epinephrin, Norepinephrin und Nikotin auf das Wachstum und die Körperzusammensetzung von Küken.)** Poultry Sci. **42** (1963) Nr. 5. S. 1197-1202. — 4 Tab., 10 Lit.
Vf. führte insges. 4 Versuche mit nachstehender Gruppeneinteilung durch: Versuch 1: 0, 0,1 mg, 0,2 mg Epinephrin und 2,0 mg Norepinephrin je kg Lgw.; Versuch 2: 0, 0,02, 0,10 und 0,50 mg Epinephrin je kg Lgw.; Versuch 3: 0, 2,5, 5, 10, 20, 40, 80 und 160 mg Nikotin/kg Futter; Versuch 4: 0, 1,25, 2,5 und 5 mg Nikotin/kg Futter. Epinephrin und Norepinephrin wurden als Maisölsuspensionen in den angegebenen Dosen tägl. s.c. injiziert. — Die Injektion von 0,02 und 0,10 mg Epinephrin erhöhte geringfügig den Zuwachs. Höhere Dosierungen führten dagegen zu einer Wachstumsdepression. Der gleiche Befund wurde ebenfalls mit Norepinephrin erzielt. — Zulagen von 2,5 und 5,0 mg Nikotin/kg Futter verbesserten im Vergleich zu 0 und 1,25 mg signifikant den Zuwachs. In der Zusammensetzung des Gesamtkörpers ergaben sich zwischen der 0- und der 5,0-mg-Gruppe keine Unterschiede.
H. Jeroch. 8175.

3-64/11-0539 Anonym. Tetracycline and bone growth. **(Tetracyclin und Knochenwachstum.)** Nutrit. Rev. 22 (1964) Nr. 1. S. 11-12. — 5 Lit.
Röntgenographische Untersuchungen an 27 Frühgeborenen, die per os 25 bzw. 7 mg/kg Tetracyclin (TC) erhielten, ergaben eine Hemmung des Wachstums der Fibula von 40 bzw. 25%. Diese Hemmung verschwand mit dem Absetzen der Droge. Canamycin zeigte diese Wirkung nicht. Die Disposition des menschlichen Skeletts zur Speicherung von TC ergab sich auch aus Untersuchungen an einem nichtlebensfähigen Kind, dessen Mutter in den letzten 3 Wochen vor der Geburt TC erhalten hatte. An Ratten wurde dieser Effekt bestätigt. Die Frage nach einer teratogenen Wirkung von TC bedarf weiterer Untersuchungen. W. Goldbach. 8185.

3-64/11-0540 Manten, A., Kampelmacher, E. H. und Guinee, P. A. M; Utrecht, Rijks-Inst. voor de Volksgezondh. Voorkomen van resistentie tegen tetracycline en chlooramfenicol bij salmonellastammen, geisoleerd gedurende 1962 in Nederland. **(Vorkommen der Tetracyclin- und Chloramphenicol-Resistenz bei Salmonellen, die im Jahre 1962 in den Niederlanden isoliert wurden.)** Tijdschr. Diergeneeskunde 88 (1963) Nr. 24. S. 1858-1866. — 2 Tab., 9 Lit. Zus. in Engl., Franz., Dtsch.
Im Jahre 1962 wurden in den Niederlanden vom Menschen 8175 Salmonellenstämme isoliert, vom Kalb 591, vom Schwein 522, von anderen Tieren 664 sowie sonstigem Untersuchungsmaterial (Fischmehl, Abwasser, Fleischwaren etc.) 2520 Stämme. 10,9% (= 1365 Stämme) der insges. 12472 Salmonellenstämme erwiesen sich als resistent gegenüber Tetracyclin und/oder Chloramphenicol, davon 94,1% nur gegen Tetracyclin und 3,4% nur gegen Chloramphenicol. Im Vergleich zu den Resistenzbestimmungen vorhergehender Jahre ist eine deutliche Zunahme resistenter Stämme zu verzeichnen. Diese Zunahme dürfte in erster Linie auf den Umstand zurückzuführen sein, daß Tetracyclin in großem Maße zu therapeutischen, prophylaktischen und nutritiven Zwecken Anwendung findet. Auch ist der Resistenzentstehung durch Genübertragung von resistenten apathogenen Darmbakterien auf bislang nichtresistente pathogene Darmkeime Beachtung zu schenken.
W. Kuhlmann. 8185.

3-64/11-0541 Gruhn, K., Hennig, A. und Albold, A. **Zusatz von Oxytetrazyklin und Natriumsalicylat zum Enten-Alleinfutter.** Jb. Arbeitsgemeinsch. Fütterungsberat. 4 (1961/62, hrsg. 1963) S. 370-381. — 1 Abb., 9 Tab., 31 Lit. Zus. in Russ., Engl. — nach Zus.
In einem 7wöchigen Wachstumsversuch mit 120 unsortierten Weißen Pekingenten wurde der Zusatz von 20 mg Oxytetracyclin (OTC) bzw. 250 mg Salicylsäure (Na-Salz) je kg Entenmastfutter geprüft. 1. Die Unterschiede im Futterverzehr und in der Zunahme waren zwischen den Gruppen nicht signifikant. 2. Die Gesamtnährstoff-, Rohprotein- und Aminosäureverwertung war im Durchschnitt des gesamten Versuches in der OTC-Gruppe und im Durchschnitt von nur 6 Versuchswochen in der Salicylatgruppe geringfügig besser als in der Kontrollgruppe. 3. Die Verwertung der im Mischfutter bestimmten 16 Aminosäuren ist von der Zusammensetzung des Futtereiweißes entscheidend abhängig. 4. Der Lysinbedarf der Mastenten ist geringer als der Lysinbedarf der Broiler 8185.

3-64/11-0542 Jeroch, H., Hennig, A. und Große, L. **Untersuchungen über den Einsatz der Antibiotika in der Legehennenfütterung.** Jb. Arbeitsgemeinsch. Fütterungsberat. 4 (1961/62, hrsg. 1963) S. 304-312. — 8 Tab., 6 Lit. Zus. in Russ., Engl. — nach Zus.
Im Versuch I war das Chlortetracyclin (CTC) dem Penicillin in bezug auf die Steigerung der Legeleistung (15,4%) und die Verbesserung der Futterverwertung (15,8%) überlegen. Im Versuch II konnte eine OTC-Zulage zu einer

vollwertigen Futterration die Legeleistung erhöhen (6,3% bzw. 13,6% nach eingestallten Hennen), die Futterausnutzung verbessern (4%) und die Verluste erheblich senken. 8185.

3-64/11-0543 Stefanovič, L. E. Vlijanie novokaipenicillina na potrebnost' cypljat v riboflavine. **(Einfluß von Novocain-Penicillin auf den Riboflavin-Bedarf von Küken.)** Tr. Sektora fiziol. životnych. In-t biol. AN LatvSSR **3** (1962) S. 137-143. — Aus: Referativnyj žurnal Moskva. Životnovodstvo, veterinarija **1963** Nr. 15. 58. 205. S. 25.

Bei einer Zugabe von Novocain-Penicillin zum Kükenfutter wurde eine geringe Gewichtszunahme beobachtet, doch verringerte sich der Bedarf an Riboflavin (I) nicht. Hohe tägl. Gewichtszunahme erzielte man bei Zugaben von 1,5 mg **I** und 25 mg Novocain-Penicillin zur Futterration. Ein Zusammenhang zwischen der phagoziden Reaktion und der **I**-Menge im Futter wurde nicht gefunden. Bei Versuchen in vitro wurde festgestellt, daß unter dem Einfluß von Antibiotica im Dünndarm die Biosynthese von **I** verstärkt wurde und im Zwölffingerdarm die **I**-Menge um 50-100 mal höher als im Futter war. 8185.

E. VERWERTUNG DER NÄHRSTOFFE UND FUTTERMITTEL

3-64/11-0544 Lenkeit, W., Strunz, K., Kemme, J. und Spaarmann, W.; Göttingen, Univ., Inst. für Tierphysiol. und Tierernähr. **Die Stickstoff- und Nucleinsäure-Verteilung im Ferkelkörper unter dem Einfluß der Proteinzufuhr (vorläufige Ergebnisse). 1. Mitt. Die relative Gewichtsentwicklung und die N-Verteilung.** Z. Tierphysiol., Tierernähr. Futtermittelkunde **18** (1963) Nr. 4. S. 227-239. — 11 Abb., 2 Tab., 27 Lit.

N-Ansatz ist nicht Fleischansatz gleichzusetzen. Die Totalanalyse des Tierkörpers sowie die Untersuchung des äußeren Stoffwechsels können keinen Aufschluß über die Lokalisation des retinierten N geben. Untersuchungen an 4 Schweinen (etwa 107 kg) hatten bereits gezeigt, daß 43% des vorhandenen N im Skelettmuskel, 20% in Fett und Schwarte und 18% in den Knochen enthalten sind. — 21 Ferkel wurden 12 Std. nach der Geburt abgesetzt und in 2 Gruppen eingeteilt (A — eiweißreich, B — eiweißarm). Die Schlachtung erfolgte nacheinander von der 1. bis zur 8. Lebenswoche. Der Tierkörper wurde in 13 Fraktionen aufgeteilt. Die Gewichtsentwicklung von A war 1,75 mal so hoch wie von B. Die relativen N-Gehalte der einzelnen Fraktionen (bezogen auf Gesamt-N) von der 1. bis zur 8. Lebenswoche werden dargestellt. Im Gesamt-N liegt A über B. Bei den Fraktionen Herz, Knochen, Gehirn ist jedoch das Gegenteil der Fall, wodurch eine Primatstellung dieser Organe bei der N-Versorgung zum Ausdruck kommt. H. Jung. 8265.

3-64/11-0545 Manners, M. J. und McCrea, M. R.; Bristol, Univ., School of Veterin. Sci. Protein requirement of baby pigs. 2. Requirement on high-fat diets and effect of replacing carbohydrate by fat. **(Der Proteinbedarf von Saugferkeln. 2. Mitt. Der Bedarf bei stark fetthaltigen Rationen und die Wirkung des Austausches von Kohlenhydraten durch Fett.)** Brit. J. Nutrit. **17** (1963) Nr. 3. S. 357-372. — 7 Abb., 6 Tab., 22 Lit. 1. Mitt. vgl. LZ. Abt. III **8** (1963) Nr. 5. S. 1047.

Zur Klärung der Fragen wurden 3 Versuche durchgeführt. Exp. I: Einer fettarmen Ration wurden 3 Rationen mit 9% Schmalz und unterschiedlichem Proteingehalt gegenübergestellt (Prüfabschnitt 2.-28. Lebenstag). Exp. II: Rationen mit 21% Milchfett und mit unterschiedlichem Proteingehalt wurden verglichen (Prüfabschnitt 2.-28. Lebenstag). Exp. III: 20% Schweineschmalz wurde in geschmolzenem Zustand oder emulgiert in Wasser (mit Hilfe von Glycerin-Monostearat) dem Futter zugesetzt. (Prüfabschnitt 2.-14. Lebenstag). — Bei einem Fettgehalt (Milchfett) von 21% erwies sich ein Rohproteingehalt von 30,8% hinsichtlich Zunahmen und Futterverwertung als optimal.

Der teilweise Ersatz der Kohlenhydrate durch Schmalz bewirkte stets Wachstumsdepressionen. Das optimale Energie: Protein-Verhältnis war immer enger als das der Sauenmilch. H. Jung. 8265.

3-64/11-0546 Becker, D. E., Smith, I. D., Terrill, S. W., Jensen, A. H. und Norton, H. W.; Urbana, Illinois Agric. Exp. Stat. Isoleucine need of swine at two stages of development. **(Isoleucin-Bedarf von Schweinen auf zwei verschiedenen Entwicklungsstufen.)** J. Animal Sci. **22** (1963) Nr. 4. S. 1093 bis 1096. — 4 Tab., 7 Lit.

In 4 Versuchen wurde der Isoleucin-Bedarf von 5 kg-Ferkeln (**I**) und 45 kg-Mastschweinen (**II**) ermittelt. Lösliches Blutmehl diente A) in einer halbsynthetischen Ration als einzige und B) zusammen mit gelbem Mais als hauptsächliche Proteinquelle. Die L-Isoleucin-Ergänzung erfolgte mit einem 32- oder 40%igen Concentrat, wobei das restliche D-Alloisoleucin als unverwertbar angesehen wurde. Unter folgenden Bedingungen wurden maximale Gewichtszunahmen und Verwertungen erzielt: A I) 22% Protein in der Ration und 3278 umsetzbare Kalorien je kg: bei 0,76% L-Isoleucin in der Ration = 3,45% des Nahrungsproteins; A II) 13,4%Protein in der Ration und 3330 umsetzbare Kalorien je kg: bei 0,35% L-Isoleucin in der Ration = 2,63% des Nahrungsproteins; B) 22,4% Protein in der Ration und 3276 umsetzbare Kalorien je kg: I bei 0,70% L-Isoleucin in der Ration = 3,17% des Nahrungsproteins; II bei nicht mehr als 0,47% L-Isoleucin in der Ration = 2,10% des Nahrungsproteins. J. Wünsche. 8265.

3-64/11-0547 Pieterse, P. J. S.; Potchefstroom, Agric. Res. Inst. of the Highveld Region. Biological evaluation of the protein of groundnut oilcake meal. **(Biologische Bewertung des Eiweißes im Erdnußkuchenmehl.)** South African J. agric. Sci. **6** (1963) Nr. 3. S. 541-547. — 5 Tab., 17 Lit. Zus. in Franz., Afrikaans.

Die Netto-Eiweißverwertung (NPU), bestimmt nach der Methode von Bender & Miller (Bender, A. E. & Miller, D. S., 1953. A new brief method of estimating net protein value. Biochem. J. 53, VII) wurde benutzt, um die biologische Wertigkeit des Proteins im Erdnußkuchenmehl zu ermitteln, wobei Albino-Ratten als Versuchstiere dienten. 6 Versuche mit je einer Kontrollgruppe. Einer im N niedrigen Grundration wurden Testgruppen, die anstelle von Stärke Erdnußkuchenmehl bis zu einem Rohproteingehalt von 10% enthielten, gegenübergestellt. Die mittlere NPU wurde mit 50,3 ermittelt. Ergänzung von Erdnußkuchenmehl mit ess. Aminosäuren ergab, daß Methionin die am meisten, Threonin die an 2. Stelle stehende begrenzende Aminosäure ist. Bei Lysin wurde, im Gegensatz zu anderen Versuchsanstellern, kein solcher begrenzender Effekt festgestellt. Zwischen Methionin und Threonin scheint eine Wechselwirkung zu bestehen. K. Männel. 8265.

F. ERNÄHRUNGSSTÖRUNGEN UND MANGELKRANKHEITEN

3-64/11-0548 Hock, Andreas. **Stoffwechselstörungen als Folge von Fehlernährung.** Berlin, Abt. Physiol. Chem. Veterinärmed. Fak. Humboldt-Univ. Berlin Plan-Nr.: 2152 46/1 3-01/2. 67 S. Abschlußber. (18/3. 1964). — 2 Anlagen.

Die von uns angewendeten Ernährungsumstellungen (Eiweißmangel-(7,54% RP) auf Eiweißsuperdiät (62,6% RP); Eiweißnormalfütterung (24,9% RP) auf Eiweißsuperdiät (62,6% RP) ergaben keinen beobachtbaren Einfluß auf den Gesundheitszustand der Versuchstiere. Die Untersuchungen im Blut und Harn auf ihren Gehalt an verschiedenen N-Subst. (Gesamt-N, Serumprotein, Rest-N, Amino-N, Harnstoff, Kreatin und Kreatinin) sowie im Blut der Gehalt an säurelabilem P, Na und K und ATP-ase-Aktivität ergaben Befunde, die den physiol. Erwartungen entsprachen. Mit den biochemischen Untersuchungen stimmten die anatomisch-histologischen von Matthias überein. Zusammenfassend kann gesagt werden, daß keine Eiweißschädigung, weder durch den zeitweisen Eiweißmangel (40-50 Tage), noch durch die plötzliche Eiweißüberfütterung, beobachtet wurde. 8310.

3-64/11-0549 Mount, L. E., Lister, D. und McCance, R. A.; Cambridge, A.R.C. Inst. of Animal Physiol.; Univ., Med. Res. Council. Severe undernutrition in growing and adult animals. 11. The first effects of rehabilitation on the metabolic rate and body temperature. **(Ernste Unterernährung bei wachsenden und ausgewachsenen Tieren. 11. Mitt. Die ersten Wirkungen einer Normalisierung auf Stoffwechselumsatz und Körpertemperaturen.)** Brit. J. Nutrit. **17** (1963) Nr. 3. S. 407-413. – 2 Abb., 4 Tab., 11 Lit.

Durch Unterernährung wurden 17 Schweine über den Zeitabschnitt von 1 Jahr bei 5,8 kg und 13 junge Hähne über 6 Mon. bei 175 g gehalten. Im Vergleich zu normal ernährten Tieren desselben Gewichts waren bei den unterernährten die Rektal- und Hauttemperaturen und der O_2-Verbrauch erniedrigt. Nach Verabreichung von zusätzlichem Futter an die unterernährten Tiere erreichten die Rektal- und Hauttemperaturen bereits während der ersten Tage normale Werte. Die Körpergewichte stiegen schnell an. Der O_2-Verbrauch (ml/kg min) erhöhte sich ebenfalls und erreichte bei den Hähnen bereits nach 14 Tagen etwa den Normalwert. Die Futterverwertung lag in den ersten Tagen nach der Unterernährung hoch und ging allmählich zurück. J. Wünsche. 8310.

3-64/11-0550 Schmitthenner, W. **Veterinärmedizin und Fütterung.** Tierärztl. Umschau **18** (1963) Nr. 11. S. 581-585. 8310.

3-64/11-0551 Horn jun., H. H. van, Jacobson, N. L., Hartman, P. A., McGilliard, A. D. und Barthe, J. V. de; Ames, Iowa State Univ. Effects of a combination of antibiotics administered for prevention of pasture bloat. **(Wirkungen einer für die Prophylaxe von Weideblähsucht vorgesehenen Antibiotica-Kombination.)** J. Animal Sci. **22** (1963) Nr. 2. S. 399-409. – 5 Abb., 6 Tab., 11 Lit.

Zur Vorbeugung einer raschen Resistenzausbildung werden bei der Prophylaxe der Trommelsucht mehrere Antibiotica entweder einzeln successiv oder kombiniert verabfolgt. In einem Versuch mit Ochsen auf Luzerneweide unter zeitweiliger Zulage von Kraftfutterpellets wurden Antibiotica-Kombinationen aus Procain-Penicillin (P.), Erythromycin (E.), Tylosin-Phosphat (T.), Streptomycin-Sulfat (S.), Chloramphenicol und Oxytetracyclin geprüft. Ein Zusatz von P., E., T. und S. (40 mg P., 70 mg E., 70 mg T. und 70 mg S./lb. Pellets pro Tier/Tag) brachte in ausgedehnten Farmversuchen sehr gute Ergebnisse. Zu beachten ist, daß die E.-Aktivität zuerst zurückgeht. P. E. T. und S. erhöhte auch den ∅ tägl. Zuwachs. P., E., T. und S. in loser Form zeigte nicht so günstige Resultate und ergab keine ersichtliche Auswirkung auf die Quantität der grampositiven und -negativen Pansenmikroflora, jedoch war die Produktion flüchtiger Fettsäuren im Pansen nach der ersten Gabe 3 Tage lang erheblich deprimiert. H. H. Budzier. 9330.

3-64/11-0552 Kemp, A.; Wageningen, Inst. voor Biol. en Scheikundig Onderzoek. De betekenis van het voedermagnesium bij het entstaan van hypomagnesenie en ban hypomagnesenische tetanie bij rundvee. **(Über die Bedeutung des Futtermagnesiums für das Entstehen der Hypomagnesämie und der hypomagnesämischen Tetanie der Rinder.)** Tijdschr. Diergeneeskunde **88** (1963) Nr. 24. S. 1876-1878.

Ausgedehnte Stoffwechseluntersuchungen an Kühen ergaben, daß die Hypomagnesämie dann sich entwickelt, wenn die mit dem Futter aufgenommene Menge an Mg kleiner ist als die für die Erhaltung und Milchproduktion erforderliche. Die Mg-Mangelfütterung wird von Vf. als Hauptursache für das Auftreten der Hypomagnesämie angesehen. W. Kuhlmann. 8350.

3-64/11-0553 Frylink, G. P. A.; Utrecht, Rijksuniv. Kopziekte in de praktijk. **(Grastetanie in der tierärztlichen Praxis.)** Tijdschr. Diergeneeskunde 88 (1963) Nr. 24. S. 1873-1876.
Als Basistherapie hat sich sowohl bei schweren als auch subklinischen Fällen die i.v. Injektion eines komplexen Ca-Mg-Salzes als geeignet erwiesen. Diejenigen Patienten, welche nach dieser Behandlung keine Besserung zeigten, sprachen häufig noch auf Pentobarbital (im Handel als Tetonex oder Triotal) an, insbes. wenn Krampfzustände das klinische Bild bestimmten.
W. Kuhlmann. 8350.

3-64/11-0554 Seekles, L.; Utrecht, Rijksuniv. Hyponagnesemie en grastetanie. Biochemische aspecten. **(Hypomagnesämie und Grastetanie. Biochemische Gesichtspunkte.)** Tijdschr. Diergeneeskunde 88 (1963) Nr. 24. S. 1870-1872. — 1 Lit.
Das Verhältnis von K zu Ca und Mg im Futter ist für das Entstehen der Grastetanie mitbestimmend. Ebenso entscheidend ist aber das Verhalten des das physiol.-chemische Gleichgewicht regulierenden Systems. Viele komplizierte Stoffwechselprobleme sind noch von den Physiologen, die sich neben Vertretern anderer Disziplinen mit diesem Krankheitskomplex beschäftigen, zu lösen. Vorerst gilt es, alle Einzelbeobachtungen zu sammeln und soweit wie möglich auch daraus Schlußfolgerungen für die Praxis zu ziehen. In diesem Sinne muß der prophylaktischen und gegebenenfalls therapeutischen Applikation von MgO das Wort geredet werden. Wie aber auch der Tatsache Beachtung geschenkt werden muß, daß Chloramphenicol bei Schafen das Auftreten der Grastetanie verhindern kann, wenn es diesen beim Übergang auf Grünfütterung verabfolgt wird. W. Kuhlmann. 8350.

3-64/11-0555 Groot, H. de; Wageningen, Proefstat. voor de Akker- en Weidebouw. Landbouwkundige maatregelen ter verbeterin van de magnesiumvoeding van weidend rundvee. **(Landwirtschaftliche Maßnahmen zur Verbesserung der Magnesiumversorgung der Weiderinder.)** Tijdschr. Diergeneeskunde 88 (1963) Nr. 24. S. 1878-1895.
Im Jahre 1961 wurden bei stat. Erhebungen in den Niederlanden 45325 Grastetaniefälle auf 28034 Gehöften registriert, davon 7845 mit tödlichem Ausgang. Im Jahre 1962 waren es 32303 Fälle auf 22187 Gehöften, davon 5408 mit tödlichem Ausgang. Die dadurch entstandenen erheblichen wirtschaftlichen Schäden kann der Landwirt mindern helfen, indem er die N-, K- und Mg-Versorgung der Böden sinnvoll steuert. Dabei sind mancherlei Punkte zu beachten, wenn nicht z. B. durch zu reichliche K- oder N-Gaben Nachteile auftreten sollen. Eine Mg-Zufütterung sollte auf keinen Fall in der kritischen Zeit unterbleiben. W. Kuhlmann. 8350.

G. BEWERTUNG DER FUTTERSTOFFE

3-64/11-0556 Nehring, K., Skulmowski, J., Sandev, S. Chobanow, D., Tangl, H., Palamaru, E., Gondos, M., Platikanov, N., Herzig, J., Reichl, J., Kolar, J., Schiemann, R. und Baintner, K. **Das Problem der Futterbewertung und Futterwerteinheit. VI.** S.-B. dtsch. Akad. Landwirtsch.-Wiss. Berlin 12 (1963) Nr. 11. S. 1-115. — 4 Abb. Zus. in Russ., Engl. — nach Zus.
Vom 11.-14. Juni 1963 fand in Budapest die 6. Arbeitstagung der Arbeitsgemeinschaft „Futterbewertung und Methoden der Futterwertmessung" statt. Nach einer eingehenden Beratung über die weitere internationale Bearbeitung der von der Arbeitsgemeinschaft behandelten Probleme (siehe Diskussionsverlauf) wurden Fragen der Vereinheitlichung der Futtermittelanalytik (Skulmowsky, Pulawy) behandelt und in einem Korreferat über eine vereinfachte Bestimmungsmethodik der org. Säuren im Gärfutter (Sandev, Sofia) berichtet. Zur Frage der Vitaminbestimmung (Carotine und E-

Vitamine) in Futterstoffen wurden die von der ungarischen (Tangl, Budapest) und rumänischen Delegation (Palamaru, Bukarest) vorgelegten Analysenmethoden bestätigt. Zu Problemen der Verdaulichkeitsbestimmung referierte die sowjetische Delegation (Tomme, Moskau), über die Vereinheitlichung der klassischen Methodik und die Herausgabe von Tabellenwerken, die bulgarische Delegation (Platikanow, Sofia), über das Cr_2O_3-Indikatorverfahren, die deutsche Delegation (Nehring, Rostock) über eine Methodik zur kontinuierlichen Bestimmung der Verdaulichkeit von Grünfutterstoffen und die tschechische Delegation (Reichl, Brno) über die Bestimmung der Verdaulichkeit von Weidegras. 8440.

H. FÜTTERUNG DER LANDWIRTSCHAFTLICHEN NUTZTIERE

3-64/11-0557 Corbett, J. L.; Aberdeen, Bucksburn, Rowett Res. Inst. The feeding of livestock. **(Die Fütterung der landwirtschaftlichen Nutztiere.)** J. Roy. agric. Soc. Engl. **123** (1962) S. 157-167. — 3 Tab., 44 Lit.

Übersichtsreferat. Vf. behandelt u. a. die Rolle des Proteins in der Wiederkäuerernährung und weist darauf hin, daß die Löslichkeit von ausschlaggebender Bedeutung ist. Bei Kälbern tritt neben der Löslichkeit die Qualität noch mehr in den Vordergrund als bei ausgewachsenen Tieren. Für Kälber ist der opt. Proteingehalt 19-20% der Tr.-Subst. und das Protein-Energie-Verhältnis 1:3,8-4,4. Die Bestimmung der Protein-Qualität der Geflügel- und Schweineernährung wird besprochen (GPV und ALV). Der Bericht behandelt Ergebnisse über die Ergänzung der Rationen mit synthetischem L-Lysin bei Schweinen sowie mit DL-Methionin bei Küken. B. Piatkowski. 8451.

3-64/11-0558 Stone, J. B., Rennie, J. C. und Ingram, R. H.; Guelph, Ontario Agric. Coll. A comparison of different procedures for the production of veal calves. **(Ein Vergleich verschiedener Verfahren für die Produktion von Kalbfleisch.)** Canad. J. Animal Sci. **43** (1963) Nr. 2. S. 320-326.

32 ♂ Holsteinkälber wurden nach 3 Lebenstagen in 4 Gruppen unterteilt und mit Vollmilch (I), Milchaustauscher (II), der 10% (III) bzw. 15% Fett (IV) enthielt, gefüttert. Das Fett setzte sich zu 90% aus Talg und zu 10% aus Soja-Lecithin zusammen. Eine Hälfte jeder Gruppe wurde mit 225 lb., die andere mit 275 lb. Lgw. geschlachtet. Die Gr. I erzielte den höchsten Tageszuwachs (2,25 bzw. 2,23 lb., Gr. II 1,65 bzw. 1,89 lb., Gr. III 1,50 bzw. 1,77 lb., Gr. IV 1,91 bzw. 1,90 lb.) 15%iger Zusatz übertraf danach einen solchen von 10%. Gr. III schnitt demnach ungünstiger ab als das kommerzielle Präparat mit 2,5% Fett. Die Tiere der Gr. III verzehrten bis zum Gewicht von 275 lb. 50% mehr Kälbermischfutter als die der Gr. IV. In 2 Fällen der Gr. III stellte sich Durchfall ein. Der Fettgehalt 275 lb. schwerer Tiere betrug (I-IV) 5,9%; 2,7%; 3,9% und 4,3%. B. Piatkowski. 8454.

3-64/11-0559 Rowden, W. W., Ingalls, J. E., Gregory, K. E. und Koch, R. M. Protein supplements for beef calves on winter range. **(Proteinbeifütterung an Mastkälber auf Winterweide.)** Univ. Nebraska, Coll. Agric., agric. Exp. Stat., Circ. **1961** Nr. 108. S. 1-8. — 3 Abb., 3 Tab.

In Nebraska überwintern Mastrinder größtenteils auf der Weide. Während 1 lb. Kraftfutter (20% Rohprot.) nicht ausreicht, konnten mit 2 lb. (20% Rohprot.) oder 1 lb. (40% Rohprot.) Kraftfutter oder 4 lb. Alfalfaheu die günstigsten Resultate — bezogen auf Winter und Sommer — erreicht werden. 2 lb. Kraftfutter mit 40% Rohprot. sind unwirtschaftlich. Eine Fütterung von Alfalfaheu ad libitum auf der Weide oder in der Boxe ist ebenfalls nicht ökonomisch. Die Kosten je Einheit Rohprotein sind als wichtigstes Kriterium anzusehen. Höhere Gewichtszunahmen im Winter hatten niedrigere bei Weidegang während des Sommers zur Folge. B. Piatkowski. 8458.

3-64/11-0560 Clanton, D. C. und Matsushima, J. K. Sorghum and alfalfa silages for wintering beef cattle. **(Sorghum- und Alfalfasilage für Mastrinder im Winter.)** Univ. Nebraska, Coll. Agric., agric. Exp. Stat., Stat. Bull. Nr. 461 S. 1-15. — 6 Tab., 7 Lit.

Die Verwendung von Sorghumsilage und -körnern hat auf Grund von Neuzüchtungen zugenommen. Die Flächeneinheit Sorghum liefert etwa die doppelte Silagemenge als Mais. Auf Grund bisheriger Untersuchungen liegt Sorghumsilage um 15% niedriger im Futterwert als Maissilage. In diesem Versuch erhielten 2jährige Mastochsen Alfalfasilage oder Sorghumsilage als Grundfutter. Alleinige Verabreichung von Alfalfasilage erbrachte unbefriedigende Ergebnisse (0,16 lb. je Tier und Tag). Während des Winters erhalten zur Mast vorgesehene Ochsen 25-30 lb. Sorghumsilage + 1 lb. Sojaschrot als Eiweißfutter (40% Rohprot.) oder anstelle des letzteren 3 lb. gutes Alfalfaheu. Im Winter sind Tageszunahmen von ½—1 lb. ausreichend, wenn die Mast im folgenden Herbst abgeschlossen wird. Sollen die Tiere im Frühjahr ausgemästet werden, muß der Tageszuwachs im Winter höher liegen. 3 lb. Maisschrot bzw. Sorghumpellets + 1 lb. Sojaschrot sind hierfür neben Sorghumsilage ad libitum erforderlich. 3 lb. bestes Alfalfaheu ersetzen 1 lb. Sojaschrot (40% Rohprot.). Allerdings wird dadurch die Silageaufnahme herabgesetzt.

B. Piatkowski. 8458.

3-64/11-0561 Ralston, A. T., Church, D. C., Kennick, W. H. und Taylor, N. O.; Corvallis, Oregon Agric. Exp. Stat. Effect of varying milo-barley levels, ration preparation and intraruminal injections of vitamin A upon feedlot performance of steers. **(Einfluß unterschiedlicher Milo-Gersten-Gehalte und verschiedener Zubereitungen der Ration sowie von Panseninjektionen an Vitamin A auf die Gruppenleistung von Jungochsen.)** J. Animal Sci. 22 (1963) Nr. 4. S. 943-945. — 4 Tab., 8 Lit.

An 108 einjährige Ochsen wurden in einem 3 × 3-Faktoren-Versuch 3 Rationen mit verschiedenen Gehalten an Milo und Gerste gefüttert, wobei diese beiden Bestandteile nach 3 verschiedenen Methoden aufbereitet worden waren (grob gemahlen, geflockt und feingemahlen + pelletiert). 2 vergleichbare Tiere jeder Gruppe wurden vor Versuchsbeginn ausgesucht, von denen eines 1 Mill. I.E. wasserlösliches Vit. A in den Pansen injiziert bekam und das andere als Kontrolle diente. Das Feinmahlen + Pelletieren bewirkte im Vergleich zu den anderen Aufbereitungen eine signifikante ($P < 0.01$) Verschlechterung der ∅ tägl. Gewichtszunahmen, wobei der Rückgang bei den Rationen mit höherem Milo-Anteil am größten war. Die Unterschiede zwischen den verschiedenen Zusammensetzungen der Rationen waren jedoch statistisch nicht gesichert. In bezug auf die Futterverwertung und die verschiedenen Schlachtqualitätsmessungen ergaben sich zwischen den Behandlungen keine signifikanten Unterschiede. Die Vit.-A-Ergänzung hatte ebenfalls keinen signifikanten Einfluß; die tägl. Zunahmen waren jedoch in Abhängigkeit von der Aufbereitung bei „grob gemahlen" deutlich erhöht.

J. Wünsche. 8458.

3-64/11-0562 Raleigh, R. J. und Wallace, Joe D. Effect of urea at different nitrogen levels on digestibility and on performance of growing steers fed low quality flood meadow roughage. **(Die Wirkung von Harnstoff bei verschiedenen Stickstoffgaben auf die Verdaulichkeit und die Leistung bei wachsenden Ochsen, die mit geringwertigem Rauhfutter von Überschwemmungswiesen gefüttert wurden.)** J. Animal Sci. 22 (1963) Nr. 2. S. 330-334. — 3 Tab., 21 Lit.

In einem Fütterungs- und Verdauungsversuch mit wachsenden Ochsen wurde die hauptsächlich aus geringwertigem Heu bestehende Ration entweder allein durch Harnstoff oder zur einen Hälfte durch diesen und zur anderen durch Baumwollsaat-Extraktionsschrot auf 6, 9 bzw. 12% Rohprotein gebracht und mit einer alleinigen Zulage von Extraktionsschrot verglichen. Bei der höchsten Harnstoffgabe trat Ammoniakvergiftung auf. In den anderen Fällen stieg die Gewichtszunahme gegenüber der Ration mit nur 6% Rohprotein signifikant an. Durch das höhere N-Angebot verbesserte sich gleichfalls die Verdaulichkeit der Cellulose, Tr.-Subst. und org. Substanz.

F. Weißbach. 8458.

3-64/11-0563 Murley, W. Ray und Everett jun., J. P. Feeding dairy cows. **(Fütterung der Milchkühe.)** North Carolina agric. Exp. Stat., Extens. Circ. **1963** Nr. 193. S. 1-39.

Die Broschüre enthält eine Reihe von Hinweisen für eine nutzbringende Milchproduktion. Vff. weisen nach, wie mit steigender Leistung je Kuh der Gewinn sich erhöht. Weiterhin setzt eine rentable Milchproduktion ein ausreichendes Nährstoffangebot voraus. Gibt man $^3/_4$ der Ration, so kann das Tier davon nur $^1/_4$ für die Milchproduktion einsetzen. Der Proteingehalt der Kraftfuttermischung richtet sich nach der Grundfutterqualität und wird mit 12%, 14%, 16% bzw. 18% angegeben. Die Beifütterung auf der Weide im Frühjahr, Sommer und Herbst ist für hohe Leistung erforderlich. Hirse und Küsten-Bermudagras eignen sich dafür im Sommer. Viel Beachtung wird der Werbung von Alfalfa-Heu in Form von Ballenheu mit anschließender Scheunenlagerung gewidmet. Für große Futtermengen eignet sich die Silierung am besten. Wird Mais als Silage anstatt als Korn eingesetzt, so werden 25 bis 40% mehr Nährstoffe je Flächeneinheit erzielt. Oberirdische Silos im Graben- oder Bunkertyp sind billiger, Hochsilos lassen eine bessere Mechanisierung zu. In Versuchen verzehrten Kühe 10 kg Maissilage je 100 kg Lgw., in gemischter Ration 6 kg + ½ kg Alfalfa-Heu oder 3,5 kg Alfalfa-Heu/100 kg Lgw. + 2 kg Kraftfutter (= 60 lb. Milch). Hoher Kraftfuttereinsatz lohnt am besten, solange die Spitze der Laktationskurve nicht zu weit überschritten ist. Rezepturen und praktische Hinweise für die Fütterung werden angeführt.

B. Piatkowski. 8460.

3-64/11-0564 Brown, W. O. Experiments on the maximal utilization of conserved herbage for winter milk production. **(Versuche über die bestmögliche Nutzung konservierten Futters für die Milchproduktion im Winter.)** J. Soc. Dairy Technol. **17** (1964) Nr. 1. S. 12-18. — 1 Abb., 3 Tab., 14 Lit.

Es wird über 3 Fütterungsversuche an Milchkühen mit unterschiedlichen Fütterungsregimen berichtet. Silage aus unzerkleinertem Gras wurde zwar in etwas größerer Menge verzehrt, führte aber zu einer geringfügig niedrigeren Milchleistung als die Grassilage aus gehäckseltem Material. Die Tr.-Subst.-Aufnahme von Silagen aus nicht vorgewelktem Material befriedigte jedoch allgemein nicht. In einem 2. Versuch konnte die Aufnahme an Silage-Tr.-Subst. durch Einsatz eines schwach vorgewelkten Futters (24,7% Tr.-Subst.) bereits merklich und in einem 3. Versuch bei Verfütterung von Halbheu-Silage (52% Tr.-Subst.) erheblich verbessert werden. Wo ein Vergleich der Rationen mit hohem Silageanteil mit solchen großen Heugaben möglich war, führten die ersteren zu höherer Milchleistung. F. Weißbach. 8460.

3-64/11-0565 Rose, W. K., Irving, Elizabeth A. und Hetherington, R. M. Analysis of feeds of dairy cattle in South Australia with special reference to the calcium/phosphorus ratio. **(Futteranalysen bei Milchrindern in Süd-Australien unter besonderer Berücksichtigung des Ca/P-Verhältnisses.)** Austral. veterin. J. **39** (1963) Nr. 7. S. 253-263. — 2 Abb., 4 Tab., 57 Lit.

In einer Herde konnte ein Einfluß des Ca/P-Quotienten im Futter auf die Fruchtbarkeit nachgewiesen werden. Die Serumgehaltswerte an Ca und Mg sowie anorg. P im Blut hielten sich bei der üblichen Fütterung im Normalbereich. In 1000 im Verlaufe von 18 Mon. untersuchten Blutproben lagen die Durchschnittswerte für Ca bei 10,1 ± 0,9 mg/100 ml, für Mg bei 3,1 ± 0,7 mg und P bei 4,6 ± 0,8 mg/100 ml. Der Gehalt an anorg. P war nach dem Kalben am niedrigsten, während die Ca- und Mg-Werte in Abhängigkeit von der Jahreszeit variierten. H. Busse. 8460.

3-64/11-0566 Hennig, A., Anke, M. und Künzel, S. **Die Fruchtbarkeit der Milchkühe auf Verwitterungsböden verschiedener geologischer Herkunft.** Jb. Arbeitsgemeinsch. Fütterungsberat. **4** (1961/62, hrsg. 1963) S. 46-54. – 2 Abb., 3 Tab., 29 Lit. Zus. in Russ., Engl.—nach Zus.
In der vorliegenden Arbeit werden die Besamungsergebnisse bei Kühen und Färsen in Beziehung zur geologischen Herkunft ihres Standortes gebracht. Die Untersuchungen an 14948 weiblichen Rindern, die mit dem Sperma von 12 Bullen besamt wurden, erbrachten folgende Ergebnisse: Im Mittel aller geprüften Kühe wurde eine Non-return-Zahl von 65,2 errechnet. Auf Keuper (61,7 und 62,9) und oberem Muschelkalkverwitterungsboden (63,8) gehaltene weibliche Rinder hatten unter dem Mittel liegende Non-return-Zahlen, auf Buntsandstein (67,1), Zechstein (69,5) und Tonschieferverwitterungsboden (72,9) stehende hatten überdurchschnittliche Werte. Auf Verwitterungsböden, auf denen weibliche Rinder mit niedriger Non-return-Zahl gehalten werden, wuchsen Mn- und P-arme Pflanzen. 8460.

3-64/11-0567 Schmidt, L. **Verfütterung von Silage an säugende Mutterschafe.** Bayer. landwirtsch. Jb. **40** (1963) Nr. 8. S. 979-991.
Auf Grund der Versuchsergebnisse ist es möglich, durch Verfütterung von tägl. 7–8 kg Silage (Zuckerrübenblattsilage/Grassilage) pro Mutterschaf die Futterkosten zu senken. Vf. empfiehlt, neben diesen Silagemengen aus diätetischen Gründen, noch ungefähr 200 g Heu und als Nährstoffausgleich je nach Lämmerzahl 100–300 g Kraftfutter zu verabreichen. Im Vergleich zu den Kontrollgruppen mit Heu als Grundfutter waren die tägl. Futterkosten pro Mutterschaf bei den Versuchsgruppen mit Silage um DM 0,05 billiger. Im praktischen Schäfereibetrieb sind das bei 250 Mutterschafen eine tägl. Einsparung von DM 10,– und bei 100 Tagen Winterfütterung in der Milchlämmermast eine Einsparung von DM 1000,– pro Schafherde. Die Lämmer erreichen in den Versuchs- u. Kontrollgruppen eine Ø tägl. Zunahme von 304 bzw. 305 g. S. Mertins. 8490.

3-64/11-0568 Clawson, A. J., Barrick, E. R. und Smart jun., W. W. G.; Raleigh, North Carolina Agric. Exp. Stat. Response of pigs to graded levels of soybean meal and added lysine in ten percent protein rations. **(Reaktion von Schweinen auf abgestufte Gehalte an Sojabohnenmehl und zugefügtem Lysin in zehnprozentigen Protein-Rationen.)** J. Animal Sci. **22** (1963) Nr. 4. S. 1027 bis 1032. – 1 Abb., 3 Tab., 19 Lit.
In 2 aufeinanderfolgenden Versuchen mit je 36 Schweinen (6 Gruppen zu je 6 Tieren, Ø Anfangsgew. 44 lb., Endgewicht ca. 200 lb.) wurde geprüft, welchen Einfluß die Proteinqualität auf den Masterfolg (einschl. Schlachtqualität) hat, wenn Rationen mit einem Proteingehalt von 10% gefüttert werden. Das Protein der Rationen bestand in den 6 Gruppen zu 12,5, 25 und 50% aus enthülstem Sojabohnenmehl – jeweils mit und ohne 0,4% Lysin – sowie aus Maisschrot. Die Erhöhung des Sojaprotein-Anteils in der Ration führte zu signifikant höheren Futteraufnahmen und Gewichtszunahmen. Die Magerkeit der Schlachtkörper – gemessen am *Longissimus dorsi*-Muskel rechtsseitig in Höhe der 10. Rippe – wurde mit steigendem Sojaproteinanteil + Lysin signifikant verbessert. J. Wünsche. 8532.

3-64/11-0569 Zausch, M. **Beitrag zur Frage der Qualität des Ferkelaufzuchtfutters nach Aufzuchtversuchen an früh abgesetzten Ferkeln.** Jb. Arbeitsgemeinsch. Fütterungsberat. **4** (1961/62, hrsg. 1963) S. 186-192. – 3 Tab. Zus. in Russ., Engl. – nach Zus. 8532.

3-64/11-0570 Häßler, G. **Die Wirkung von Mineralstoffen, Spurenelementen, Antibiotoka, Vitaminen und sonstigen wachstumsfördernden Stoffen bei Zuchtsauen und Ferkeln.** Jb. Arbeitsgemeinsch. Fütterungsberat. 4 (1961/62, hrsg. 1963) S. 171-177. – 1 Tab. 8532.

3-64/11-0571 Gruhn, K. **Die Bedeutung des Eiweißes für unsere Nutztierbestände.** Jb. Arbeitsgemeinsch. Fütterungsberat. 4 (1961/62, hrsg. 1963) S. 389-393. – 1 Abb., 1 Tab., 13 Lit. Zus. in Russ., Engl. – nach Zus. 8536.

3-64/11-0572 **Ansprüche der Zuchtschweine an Futtereiweißmenge und -qualität.** Jena, Inst. Tierernähr. Friedrich-Schiller-Univ. Jena Plan-Nr.: 17-05 00 1–29. Abschlußber. (25/2. 1964).
In Ergänzung vorher durchgeführter Stickstoffbilanzversuche sollte geprüft werden, ob es möglich ist, das tierische Eiweiß vollkommen durch pflanzliches Eiweiß zu ersetzen. Es wurde deshalb in unserer Lehr- und Versuchsstation Remderoda ein 1½jähriger Versuch mit Sauen durchgeführt. Die Vergleichsgruppe erhielt als Eiweißbeifutter Magermilch, eine Versuchsgruppe Sojaextraktionsschrot und die andere ein Gemisch aus Erbsen- und Ackerbohnenschrot. In der Zahl der mit 8 Wo. abgesetzten Ferkel bestanden keine signifikanten Unterschiede. Es war festzustellen, daß in den Gruppen mit pflanzlichem Eiweiß sogar eine größere Zahl Ferkel abgesetzt werden konnte. Im 8-Wochengewicht je Ferkel waren keine Unterschiede festzustellen. Das gleiche konnte für das Geburtsgewicht vermerkt werden. Es wurde allerdings festgestellt, daß die Sauen, die mit pflanzlichem Eiweiß gefüttert wurden, einen größeren Gewichtsverlust während der Laktation aufwiesen. Dieser betrug in beiden Gruppen im Mittel 28 kg, in der Vergleichsgruppe nur 14 kg. 8538.

3-64/11-0573 Jeroch, H. **Die Jungputenmast.** Jb. Arbeitsgemeinsch. Fütterungsberat. 4 (1961/62, hrsg. 1963) S. 334-339. 8552.

FUTTERMITTELKUNDE

A. FUTTERSTOFFE, IHRE BEEINFLUSSUNG, KONSERVIERUNG UND ZUBEREITUNG

3-64/11-0574 Gasser, J. K. R. und Williams, R. J. B.; Harpenden, Rothamsted Exp. Stat. Soil nitrogen. VII. Correlations between measurements of nitrogen status of soils and nitrogen % and nitrogen content of crops. **(Boden-Stickstoff. 7. Mitt. Korrelationen zwischen Meßgrößen für den Stickstoff-Zustand und Stickstoffgehalt des Bodens und dem Stickstoffgehalt der Pflanzen.)** J. Sci. Food Agric. **14** (1963) Nr. 4. S. 269-277. – 3 Abb., 10 Tab., 5 Lit.
Um den Einfluß des „verfügbaren" Boden-N auf Ertrag, N-Entzug und N-Gehalt von Weidelgras, Gerste- und Weizensämlingen und Gerstenkorn zu prüfen, wurden Laboratoriums- bzw. Feldversuche sowie umfangreiche statistische Berechnungen durchgeführt. Bestimmt wurden: der Gehalt an mineralischem N im frischen Boden und der Anstieg desselben durch 3 wöchige Inkubation des frischen oder lufttrockenen wiederbefeuchteten Bodens bei 25°. Alle drei Kennzahlen korrelierten signifikant mit dem Ertrag und N-Entzug bei allen Pflanzen, mit dem N-Gehalt im Gerstenkorn und manchmal mit N im Weidelgras und in den Gersten- und Weizensämlingen. Die Korrelationen zum N-Entzug waren besser als zum Ertrag.
F. Weißbach. 8630.

3-64/11-0575 McAllister, J. S. V. und McConaghy, S. The effects of applying magnesium compounds to herbage. **(Die Wirkung auf der Weide angewandter Mg-Verbindungen.)** Res. exp. Rec. Ministry Agric. Northern Ireland **12** (1962) Nr. 1. S. 1-7.

Die Bittersalzlösungen, die durch Berieseln auf das Weideland gebracht wurden, erhöhten den Mg-Gehalt. Es wurden bis zu 20% Bittersalzlösungen verwandt, ohne daß Verbrennungen am Gras auftraten. Es wurde die Wirkung von feingemahlenem, gebranntem Mg, direkt auf die Weidefläche gestreut, untersucht. Es trat eine bedeutende Erhöhung des Mg-Gehaltes auf der Weide auf, und der Vf. sieht hierin eine praktische Methode, die Mg-Aufnahme des Weideviehs zu erhöhen. Auch eine Suspension von gebranntem Mg mit einer verdünnten Melasselösung erhöhen den Mg-Gehalt der Weidegräser.
B. Hoffmann. 8630.

3-64/11-0576 Graupe, B. **Einfluß einer Molybdän-Düngung auf den Rohproteingehalt der Luzerne und des Rotklees (Versuche im Bezirk Suhl).** Jb. Arbeitsgemeinsch. Fütterungsberat. **4** (1961/62, hrsg. 1963) S. 403-407. — 1 Abb., 1 Tab., 7 Lit. Zus. in Russ., Engl. — nach Zus.
Düngungsversuche auf mangelverdächtigen Luzerneschlägen und einigen angrenzenden Rotkleebeständen mit 2 kg Na-Molybdat je ha führten zu einem Anstieg des Rohproteingehaltes. Die erhöhte Eiweißbildung der gedüngten Pflanzen deutet darauf hin, daß auf den genannten Bodenarten im Bezirk Suhl der Mo-Bedarf der Leguminosen, insbes. der Luzerne, nicht gedeckt ist.
8630.

3-64/11-0577 McConaghy, S., Stewart, J. W. B. und Lowe, J. The effect, on soils and herbage, of a nitrogenous fertilizer, containing ammonium nitrate, applied regularly at varying levels. **Die Wirkung von regelmäßig angewandten Stickstoffdüngemitteln, die Ammoniumnitrat enthalten, in unterschiedlichen Gaben, auf Böden und Weiden.)** Res. exp. Rec. Ministry Agric. Northern Ireland **12** (1962) Nr. 1, S. 71-92.
Es wurden 2 Wiesen, die verschiedene Mengen an N in Form von Kalkammonsalpeter über mehrere Jahre hinaus erhielten, verglichen. Der Ca-Gehalt im getrockneten Gras wurde jährl. bei einer Kalkammonsalpetergabe von 8 cwt (140 lb. N) je Morgen (0,40467 ha) reduziert und wurde durch die Anwendung von 20 cwt (350 lb. N) je Morgen als Höchstsatz erhöht. Durch die Steigerung der Kalkammonsalpetergabe wird der K-Gehalt reduziert, der Na-Gehalt dagegen erhöht. Ca- und Na-Gehalt erhöhten sich laufend, dagegen K nur beim Höchstsatz des angewandten N. Der N-Gehalt der Weide scheint wesentlich von der botanischen Zusammensetzung der Weide abhängig zu sein, besonders vom Kleegehalt. B. Hoffmann. 8630.

3-64/11-0578 Wichtmann, K. **Einfluß der Bodenreaktion auf Fruchtbarkeit und Milchfettleistung in Rinderbeständen.** Wirtschaftseigene Futter **9** (1963) Nr. 2. S. 99-105. — 1 Abb., 6 Tab., 18 Lit.
Bei der Untersuchung von 62 Betrieben auf Korrelationen zwischen dem pH-Wert des Bodens einerseits und der Fruchtbarkeit der Rinderbestände sowie dem Fettgehalt der Milch andererseits wurde kein Einfluß der Bodenreaktion auf die Zwischenkalbezeit festgestellt; der Milchfettgehalt zeigte jedoch mit ansteigendem pH-Wert eine zunehmende Tendenz. F. Weißbach. 8640.

3-64/11-0579 Der Mineralstoffgehalt wirtschaftseigener Grundfuttermittel auf Böden verschiedener geologischer Herkunft sowie Maßnahmen zur Erkennung und Verbesserung der Mineralstoffversorgung von Pflanze und Tier. Jena, Inst. Tierernähr. Friedrich-Schilller-Univ. Jena Plan-Nr.: 17-05 00 1-26. Abschlußber. (24/2. 1964).
Um die Mineralstoffversorgung auf den Verwitterungsböden verschieden geologischer Formationen zu überprüfen, wurden in Thüringen zum 1. Schnitt 1960 80 Luzerneproben in der Knospe gesammelt und ihr Gehalt an Rohnährstoffen, Ca, Mg, P, K, Na, Fe, Zn, Mn, B, Cu, Mo und Co bestimmt. Auf 14 Standorten der Luzerne, wo sie weniger als 0,10 ppm Mo enthält, wurden zum 2. Schnitt 2 kg Natriummolybdat versuchsmäßig gedüngt und nach 28 Tagen

der Ertrag auf den ungedüngten und gedüngten Flächen bestimmt und Luzerneproben entnommen. Die Untersuchungen brachten folgende Ergebnisse: Der durchschnittl. Mengenelementgehalt der Luzerneproben beträgt 18,9 g Ca, 3,32 g Mg, 2,68 g P, 31,3 g K und 0,41 g Na/kg Trockensubstanz. Die Luzerne des Zechsteins enthielt die größten Mg-Mengen, am ärmsten war die Luzerne des Buntsandsteins und Muschelkalkes. Der durchschnittl. P-Gehalt der Luzerne lag unter der Norm von 3 g/kg. Die schlechteste P-Versorgung zeigte der Keuper (2,3 g/kg). Die Luzerne enthielt im Mittel 168 ppm Fe, 33 ppm Mn, 36 ppm Zn, 34 ppm B, 9,3 ppm Cu, 0,69 ppm Mo und 0,15 ppm Co. Der mittlere Mn-Gehalt der Luzerne ist niedriger als für eine ausreichende Mn-Versorgung der Wiederkäuer erforderlich ist. Besonders die Luzerne des Muschelkalkes enthielt wenig Mn; Cu- und B-Gehalt waren positiv korreliert. Wenig Cu besaß die Luzerne des Buntsandsteins, Schiefers und Granites. Auf oberem Muschelkalk, Löß und Keuper zeigte die Luzerne Mo-Mangelsymptome. Es ergab sich eine positive Korrelation zwischen Mo- und Rohproteingehalt und eine negative zwischen Mo und Fe. 2 kg Natriummolybdat/ha zu Luzerne mit weniger als 0,10 ppm Mo zum 2. Schnitt gedüngt, beseitigt die Mangelsymptome, erhöhte den Trockenmasseertrag von 22,3 auf 32,5 dt/ha, steigerte den Rohproteingehalt von 19,5 auf 23,1% und senkte den Fe-Anteil von 151 auf 129 ppm. 8640.

3-64/11-0580 Melvin, Jean F. und Simpson, Beulah; Victoria, Australia, Sci. and Ind. Res. Organization. Chemical changes and respiratory drift during the air drying of ryegrass. **(Chemische Umsetzungen und Atmungsverlauf während der Lufttrocknung von Weidelgras.)** J. Sci. Food Agric. **14** (1963) Nr. 4. S. 228-234. – 3 Abb., 2 Tab., 22 Lit.
Versuche zur Verfolgung der chemischen Umsetzungen im Gras während der Heubereitung führten zu folgenden Ergebnissen: Der Gehalt an Fructosanen sinkt im allgemeinen während der Trocknung kontinuierlich ab. Der Saccharosegehalt fällt anfangs und steigt später wieder an. Ein Teil des Proteins wird hydrolysiert. Die Verluste an lösl. Kohlenhydraten sind die Hauptursache der Tr.-Subst.-Verluste. Mit Ausnahme der Anfangsphase der Trocknung reichen die festgestellten chemischen Umsetzungen zur Erklärung der beobachteten CO_2-Bildung nicht aus. F. Weißbach. 8710.

3-64/11-0581 Lüddecke, F. und Beyer, M. **Anbauwürdige Futterpflanzen für die Heißlufttrocknung.** Dtsch. Landwirtsch. **15** (1964) Nr. 5. S. 249-251. – 7 Tab., 3 Lit. – nach Zus.
Auf Grund zahlreicher Nährstoffuntersuchungen und Verdaulichkeitsbestimmungen im Oskar-Kellner-Institut für Tierernährung Rostock wird eine vorläufige Einschätzung der wichtigsten Feldfutterpflanzen für Trocknungszwecke vorgenommen. Dabei sind bei der Auswahl der Futterpflanzen in der Praxis einige Punkte zu beachten, die erläutert werden. 8720.

3-64/11-0582 Nielebock, W. **Betrachtungen zur Grünfutteranlieferung und Grünfutterqualität im Bereich der Zuckerfabrik Haldensleben.** Dtsch. Landwirtsch. **15** (1964) Nr. 5. S. 251-254. – 6 Tab. – nach Zus.
Aus den angestellten Untersuchungen im Einzugsbereich der Zuckerfabrik Haldensleben ergeben sich für die Organisation der künstlichen Grünfuttertrocknung einige wichtige Schlußfolgerungen, die besprochen werden. 8720.

3-64/11-0583 Brown, W. O. An experimental study of the loss of ^{14}C labelled sucrose as effluent from silage. **(Eine experimentelle Studie über den Verlust an ^{14}C-markierter Saccharose durch den Saftablauf aus der Silage.)** Res. exp. Res. Ministry Agric. Northern Ireland **11** (1961) Nr. 2. S. 129-132. – 2 Tab., 8 Lit.
In einem Laborversuch wurde dem Grünfutter beim Silieren ^{14}C-markierter Rohrzucker zugesetzt, um die Menge an Zusatz-Zucker im Sickersaft prüfen

zu können. Dabei ergab sich, daß die prozentualen Verluste an Zucker annähernd gleich der prozentualen Sickersaftbildung sind. Die Konsequenzen für die Praxis des Zusatzes von Melasse-Lösung werden besprochen.
W. Weißbach. 8730.

3-64/11-0584 Brown, W. O. The effect of forage-harvesting and wilting on the volume and composition of effluent from silage. **(Der Einfluß der Erntetechnik und des Welkens auf die Menge und Zusammensetzung des Silage-Sickersaftes.)** Res. exp. Rec. Ministry Agric. Northern Ireland **11** (1961) Nr. 2. S. 125-128. – 2 Tab., 5 Lit.

Durch 2 Silierversuche in Flachsilos sollte der Einfluß des Erntens von Gras mit dem Feldhäcksler sowie des Vorwelkens auf die Sickersaftverluste untersucht werden. Das Häckseln führte zu mehr als doppelt so umfangreicher Sickersaftbildung als die Silierung unzerkleinerten Grases von 20–21% Tr.-Substanz. Das Vorwelken von Gras mit 17,5% auf 24,5% Tr.-Subst. verminderte die gebildete Sickersaftmenge um 70%. F. Weißbach. 8730.

3-64/11-0585 Svensson, Lennart und Tveit, M. Effect of different supplements on the fermentation process in silage. **(Die Wirkung verschiedener Sicherungszusätze auf den Vergärungsprozeß der Silage.)** J. Sci. Food Agric. **15** (1964) Nr. 2. S. 78-82. – 4 Tab., 10 Lit.

Es wurden Silierversuche durchgeführt, um die Wirkung verschiedener Sicherungszusätze bei Grünfutter-Silagen mit geringem Zuckergehalt zu prüfen. – Melassiertes Mehl von Erbsenstroh ergab eine ausgezeichnete Silage und senkte die Tr.-Subst.-Verluste durch Aufsaugen der frei werdenden Flüssigkeit. Melasse allein als Sicherungszusatz hatte nicht die gleiche günstige Wirkung. Eine Amylasevorbehandlung und eine Zugabe von Milchsäurebakterien-Kulturen ergab keine stimulierende Wirkung auf den Silierprozeß. – Während die Milchsäurebakterien im frischen Futter nur in sehr geringer Anzahl vorhanden waren, vermehrten sie sich in den ersten Tagen während der Vergärung sehr schnell. Im Vergleich mit Melasse als alleinigem Sicherungszusatz schien die Silierwirkung von Milchsäurebakterien gemeinsam mit Melasse das Endprodukt nicht zu verbessern. W. Klippel. 8730.

3-64/11-0586 Anonym. Évolution de l'ensilage des fourrages verts en Belgique. **(Die Entwicklung des Einsilierens von Grünfutterpflanzen in Belgien.)** Rev. Agric. [Bruxelles] **16** (1963) Nr. 1. S. 113-125. – 3 Abb., 1 Tab.

Es werden u. a. folgende Silierverfahren beschrieben. a) Die A. I. V.-Methode (pH 3,8-4,2; Konservierungsmittel Biosil [60% H_2SO_4] oder Dusariet (20% H_2SO_4]). b) Methode mit org. Säuren. Es werden org. Säuren (1 l/1000 kg Grünmasse) zugesetzt. c) Hardeland-Methode. Mit einer Spezialmaschine wird die Grünmasse zerkleinert und mit einem eiweißarmen Siliergut (Zuckerrüben) gemischt. Das Mischungsverhältnis Grünmasse: Zuckerrüben soll 4:1 betragen. d) Siliermethode mit Zucker. Zur Grünmasse wird Melasse hinzugefügt, um eine Milchsäuregärung in Gang zu bringen (pH etwa 4,2). Mischungsverhältnis: 100 kg Grünmasse, 5 kg Melasse. e) Silieren von angewelkter Grünmasse. E. M. Ardelt. 8730.

3-64/11-0587 Rejholec, B. Ovlivňuje kombinovaný cepový sklízeč jakost sklizené zelené píce? **(Wird die Qualität der Grünfutterernte durch die kombinierte Schlegelerntemaschine beeinflußt?)** Mechanizace Zemědělství **13** (1963) Nr. 11. S. 364. – 1 Tab.

Vf. prüfte, ob die Einwände berechtigt sind, daß die Schlegelerntemaschine SPKZ-160 die Futterpflanzen zerschlägt, wodurch diese Wasser verlieren und sich leichter erhitzen und infolgedessen vom Vieh nicht gern aufgenommen werden. 118 Milchkühe erhielten Mais, der abwechselnd mit dem Mähhäcksler SRUZ-42 und mit der Schlegelerntemaschine SPKZ-160 geerntet wurde. Die Unterschiede waren geringfügig. Wenn das Futter allerdings nicht tägl. beschickt werden kann und über Nacht liegen bleibt, muß es in dünner Schicht aufgeschüttet werden. ČSSR/ÚVTI. 8810.

3-64/11-0588 Aleksiev, A. und Krŭsteva, E. Vlijanie na prodŭlžitelnostta na pokŭlvaneto vŭrchu sŭstava, smilaemostta i sŭdŭržanieto na njakoi vitamini pri ečemik, oves, rŭž i pšenica. **(Der Einfluß der Keimungsdauer auf die Zusammensetzung, Verdaulichkeit und den Gehalt an einigen Vitaminen bei Gerste, Hafer, Roggen und Weizen.)** Naučni trudove. Visš selskostopanski institut „Georgi Dimitrov" — Kostinbrod, Sofija **13** (1963) S. 97-107. — 7 Tab., 12 Lit.
Es wurde festgestellt, daß beim Keimen Verluste an verd. Nährstoffen eintreten (der Gehalt an verd. Rohfaser wird höher), wenn der Vitamingehalt ansteigt. Sowohl die Verluste als auch der Vitamingehalt erhöhen sich mit zunehmender Keimdauer. Die Menge der verd. org. Subst. verringert sich in 1 kg Weizen von 759,2 g in heilen Körner auf 437,5 in Körnern, die 10 Tage lang vorgekeimt wurden, das verd. Protein sinkt von 85,4 auf 76,5 g, die verd. N-fr. E von 651,2 auf 280,1 g, die Menge der verd. Rohfaser steigt aber von 4,48 auf 59,12 g. Der Vit.-E-Gehalt steigt je kg Gerste von 12,5 mg im heilen Korn auf 123,6 mg im 10 Tage vorgekeimten; Vit. C von 0 auf 137,7 mg, Carotin von 0 auf 14,6 mg, Xantophyll von 0 auf 14,0 mg und Chlorophyll von 0 auf 138,5 mg. NRB/ZSNTI. 8820.

3-64/11-0589 Bernhard, Karl und Wagner, Heribert. **Zur Frage möglicher Beeinträchtigung der ernährungsphysiologischen Eigenschaften von Erdnußöl durch längeres Erhitzen.** Z. Ernährungswiss. **3** (1963) Nr. 3/4. S. 155 bis 158. — 3 Tab., 6 Lit. 8820.

3-64/11-0590 Lampila, Martti; Tikkurila, Finland, A. R. C. Experiments with alkali straw and urea. **(Versuche mit Alkali-Stroh und Harnstoff.)** Ann. Agric. fenn. **2** (1963) Nr. 2. S. 105-108. — 4 Lit.
Zur Einsparung von NaOH und Waschwasser beim Aufschluß von Stroh wird vorgeschlagen, in Abänderung des Verfahrens von Beckmann zu 100 kg Stroh nur 300 kg Wasser und 6 kg NaOH zuzusetzen. Um eine gleichmäßige Benetzung zu erzielen, wird das Stroh zusammengepreßt. Die Verdaulichkeit des aufgeschlossenen Strohes ist besser als beim alten Verfahren, da die Wassermenge stärker reduziert worden ist als die NaOH-Menge. Weil aber die abs. NaOH-Menge geringer ist als urspünglich, wird weniger Wasser zum Auswaschen der NaOH benötigt. Zur Konservierung des aufgeschlossenen Strohes im Silo kann Ammoniumbisulfatlösung zugesetzt werden. Im Fütterungsversuch nahmen Hammel 623-1044 g Tr.-Subst. tägl. von dem silierten Stroh bei alleiniger Verfütterung auf. Der Silierungszusatz hatte das Aussehen und die Schmackhaftigkeit des Strohes verbessert. Die N-Bilanz der Hammel konnte durch Zufütterung von täglich 20 g Harnstoff zum Stroh günstiger gestaltet werden als mit 10 g Harnstoff oder bei Ersatz eines Teiles des Strohes durch Heu. V. Koepke. 8845.

3-64/11-0591 Adriaens, E. L.; Tervuren, Lab. voor Scheikundig Onderzoek. De valorisatie van de planten door de extractie van de proteinen. **(Die Valorisation von Pflanzen durch Extraktion der Proteine.)** Rev. Agric. [Bruxelles] **16** (1963) Nr. 3. S. 449-459. — 19 Lit.
Vf. gibt eine Übersicht über die Bemühungen, die unternommen worden sind, um Proteine aus Schrot, Samen und grünen Pflanzen zu extrahieren, um Futtermittel für die Haustierernährung zu gewinnen. Die Studie verfolgt lediglich den Zweck, das Augenmerk auf das besprochene Problem zu lenken. a) Extraktion der Proteine aus Ölschrot. Hierfür kommen hauptsächlich Soja, Erdnüsse und Lein in Frage. Verschiedene Verfahren werden beschrieben. b) Extraktion aus grünen Pflanzen. Seit 1921 werden Versuche dieser

Art gemacht. Im 2. Weltkrieg gewann das Problem an Aktualität; in England wurden umfangreiche Versuche vorgenommen, und zwar mit jungen Gramineenpflanzen, Erbsenstroh, Wicken, Kohl, Kartoffelkraut und Blättern anderer Pflanzen. Die auf diese Art gewonnenen Eiweißmengen können zur Viehfütterung verwendet werden. Man denkt daran, in den wirtschaftlich schwach entwickelten Ländern diese Reserven zu nutzen. E. M. Ardelt. 8860.

3-64/11-0592 Beaty, E. R., Hayes, D. D. und McCreery, R. A. **Preßwürfel von Wiesenschwingel und Hirse und ein Kraftfutter in der Jungochsenmast.** Wirtschaftseigene Futter **9** (1963) Nr. 4. S. 314-318. — 2 Tab., 17 Lit. Zus. in Engl., Franz.

Im Süden der USA wird Hirse als Weide und zur Heugewinnung bevorzugt, während die Bedeutung von Wiesenschwingel als Futterpflanze unklar ist. Pelletiertes Futter beider Pflanzen wurde mit einem Kraftfutter (59,5% Mais) verglichen. 12 Mon. alte Hereford-Ochsen erhielten in einem Gruppenversuch 100 Tage lang eines der 3 Futtermittel. Die mittleren Tageszunahmen je Tier betrugen bei Wiesenschwingel-Preßwürfeln 1057 g, bei Kraftfutter 1034 g, bei Hirse-Preßwürfeln 876 g. Die Futteraufnahme war gleich. Die niedrigeren Gewichtszunahmen bei Hirse werden auf ihren höheren Stengelgehalt zurückgeführt. In der chemischen Analyse hatte sie übrigens den geringsten Eiweißgehalt. G. Weiland. 8860.

3-64/11-0593 *Bellinger, P. L.* and *McColly, H. F.* **Energiebedarf zur Formung von Heupellets.** Aus: Agric. Engng. **42** (1961) Nr. 4. S. 180-181.; Nr. 5. S. 244-247. (Übers. aus. d. Engl.) — TO 724.

3-64/11-0594 *Dobie, John B.* **Die Herstellung von Heuwaffeln.** Aus: Agric. Engng. **41** (1960) Nr. 6. S. 366-369. (Übers. aus d. Engl.) — TO 725.

3-64/11-0595 *Dobie, JohnB.* **Materialtransportanlagen für Heuwaffeln.** Aus: Agric. Engng. **42** (1961) Nr. 12. S. 692-695. 697. (Übers. aus. d. Engl.) — TO 726.

3-64/11-0596 *Könekamp, Alfred Heinrich,* Hrsg. **Silowirtschaft im zukünftigen Futterbaubetrieb.** München; Basel; Wien: BLG Verl. Ges. 1962. (204 S. m. 48 Abb.) 8°. (1963 A 1053)

B. DIE EINZELNEN FUTTERSTOFFE

3-64/11-0597 Chibnall, A. C. Rees, M. W. und Lugg, J. W. H.; Cambridge, Univ. The amino-acid composition of leaf proteins. **(Die Aminosäurezusammensetzung von Blattproteinen.)** J. Sci. Food Agric. **14** (1963) Nr. 4. S. 234-239. — 4 Tab., 15 Lit.

Bei der Hydrolyse von Blattproteinen mit 20%iger HCl bei 100° während 72 Std. ergeben sich keine sichtbaren Unterschiede zur 24 stündigen Hydrolyse unter Rückfluß. Die Aminosäureanalyse der Hydrolysate erfolgt durch Säulenchromatographie. Cystin bzw. Cystein und Methionin werden nach einem Oxydationsverfahren bestimmt. Die Untersuchungsergebnisse einer Reihe von Blattproteinen werden angegeben, jedoch bestehen nur sehr kleine Unterschiede in der Zusammensetzung der verschiedenen Produkte, obwohl einige Blattproteine einen größeren Anteil vom gesamten Protein des Blattes enthalten als andere. Beim Vergleich der Aminosäurezusammensetzung des gesamten Proteins (Nicht-Protein-N wird vorher entfernt) mit der des extrahierten Proteins (Blattprotein) und des Rückstands ergeben sich größere Differenzen nur bei Lysin, Arginin und Asparaginsäure. Aus den Untersuchungsergebnissen folgt, daß zur Beurteilung des Nahrungswertes der Blattproteine mittels Aminosäurenanalyse die Untersuchung des getrockneten Blattmaterials, aus dem alle Nicht-Proteinstoffe entfernt sind, ausreichend ist. F. Kreienbring. 8910.

3-64/11-0598 Gruhn, K. **Der Aminosäuregehalt des Rohproteins von Grünfutterpflanzen verschiedener Bodenarten.** Jb. Arbeitsgemeinsch. Fütterungsberat. **4** (1961/62, hrsg. 1963) S. 394-402. — 2 Abb., 3 Tab., 16 Lit. Zus. in Russ., Engl. — nach Zus.

Folgende Ergebnisse sind zu verzeichnen: 1. Die Summe der essentiellen Aminosäuren schwankt von 40,7 (Wiesenrotklee) bis 43,1 (Weißklee, Wiesenplatterbse). Die MPV-Indices liegen zwischen 68 (Schafgarbe) und 84 (Knaulgras.). 2. Das Methionin ist die limitierende Aminosäure. 3. Ein Vergleich der Aminosäurewerte des Rohproteins der Pflanzen von Böden des mittleren Buntsandsteines mit denen des Muschelkalkverwitterungsbodens läßt nicht den Schluß zu, daß die Bodenarten einen unterschiedlichen Einfluß auf den Eiweißwert ausüben. 4. Auf die Bedeutung der guten Eiweißqualität junger blattreicher Grünfutterpflanzen für die vollwertige Ernährung unserer landwirtschaftlichen Nutztiere wird hingewiesen. 8910.

3-64/11-0599 Singh, C. P. und Talapatra, S. K.; Mathura, Coll. of Veterin. Sci. and Animal Husbandry. Yield, chemical composition and nutritive value of the legume Melilotus indica All. **(Ertrag, chemische Zusammensetzung und Futterwert der Leguminose Melilotus indica All.)** Indian J. veterin. Sci. Animal Husbandry **33** (1963) Nr. 2. S. 63-70. — 8 Tab., 7 Lit.
Morara (*Melilotus indica All.*) ist eine in West-Uttar Pradesh (Indien) wildwachsende Pflanze, die während des Winters verfüttert und von Schafen und Rindern gern gefressen wird. Vff. geben geringen Wasserbedarf, gute Trockenmasseerträge (3713 kg pro acre im Durchschnitt) mit Rohproteingehalten von 17-23% bei 79-82%iger Verdaulichkeit im Grünfutter und Tr.-Subst.-Gehalte von 11-22% an. Die Erträge, die chemische Zusammensetzung in Abhängigkeit von Vegetationsstadium und Bodenbeschaffenheit, die Verdaulichkeit bei Rindern und Schafen und der Futterwert werden dargestellt. L. Schmidt. 8910.

3-64/11-0600 Brown, R. H., Blaser, R. E. und Fontenot, J. P.; Blacksbury, Virginia Agric. Exp. Stat. Digestibility of grasses treated with gibberellic acid. **(Verdaulichkeit von mit Gibberellinsäure behandelten Gräsern.)** J. Animal Sci. **22** (1963) Nr. 4. S. 1038-1042. — 3 Tab., 15 Lit.
Knaulgras und Kentucky 31-Schwingel wurden 1-3 Wo. vor dem Schnitt mit 12-72 g/acre Gibberellinsäure (GS) behandelt. Folgende Änderungen in der chemischen Zusammensetzung wurden festgestellt: Protein verringert, N-fr. E. erhöht, Rohfaser und Lignin nicht einheitlich, Rohfett und lösliche Kohlenhydrate unbeeinflußt. Mit Schafen durchgeführte Verdauungsversuche zeigten folgende Ergebnisse: Die GS-Anwendung hatte in 4 von 5 Versuchen eine geringfügige Verringerung der Tr.-Subst.-Verdaulichkeit bewirkt, die bei 2 Versuchen statistisch signifikant war. Die Tendenz einer Verschlechterung der Verdaulichkeit ergab sich auch bei Rohfaser, N-fr. E. und Cellulose. Die Rohfett-Verdaulichkeit des GS-behandelten Grases war in 2 von 5 Versuchen erhöht. Auf Grund der nur geringfügigen Veränderungen im Rohnährstoffgehalt und den Verdauungswerten ist die Verringerung der Tr.-Subst.-Verdaulichkeit nicht eindeutig erklärbar. In den Versuchen mit signifikanter Verringerung der Tr.-Subst.-Verdaulichkeit waren der Gehalt an Rohprotein erniedrigt und der an N-fr. E. erhöht. J. Wünsche. 8910.

3-64/11-0601 Nováček, J. Vyplatí se zkrmovat hydroponicky vypěstovanou zelenou píci slepicím? **(Ist die Verfütterung des hydroponisch erzeugten Grünfutters an Hennen rentabel?)** Drůbežnictví [Praha] **11** (1963) Nr. 6. S. 92-93. — 1 Abb., 4 Tab.
Die bisherigen Ergebnisse mit Hydroponik-Grünfutter im Winter haben gezeigt, daß sich folgende Kulturen zur Erzeugung des frischen Grünfutters am besten eignen: Gerste, Roggen, Weizen, Gerste + Mais. Beim Einsatz von 20—25 kg Saatgut erntet man nach 3—4 Bestrahlungstagen 1 dt Qualitätsgrünfutter. Die höchsten Ausgaben stellen die Saatgut- und die Lohnkosten dar. Während der Versuchsperiode (vom 17. 1.—15. 2. 63) hat jede Henne der Versuchsgruppe 1,5 kg Grünfutter im Werte von 1,07 Kčs verbraucht. Gleichzeitig legte sie 2,68 Eier mehr. ČSSR/ÚVTI. 8910.

3-64/11-0602 Krŭsteva, E. Proučvanija za sŭdŭržanieto na cianovodorod v zacharna metla, techničeska metla i sudanka v zeleno, sucho i silažirano sŭstojanie. **(Untersuchungen des Gehaltes an Cyanwasserstoff in Zuckerhirse, technischem Sorghum und Sudangras in grüner, trockener und silierter Form.)** Naučni trudove. Visš selskostopanski institut „Georgi Dimitrov". Zootechničeski fakultet, Sofija **13** (1963) S. 123-134. — 10 Tab., 12 Lit.

Untersucht wurde der Cyanwasserstoffgehalt des Zuckersorghums, des technischen (?) Sorghums und des Sudangrases in verschiedenen Phasen der Vegetation sowie als Heu und Silage. Der Cyanwasserstoffgehalt des Zuckersorghums sinkt von 1430,8 mg in 1 kg Tr.-Subst. bei einer Höhe der Pflanzen von 15 cm auf 61,2 mg in der Phase der Wachsreife, des technischen Sorghums von 1634,0 mg bei einer Pflanzenhöhe von 34 cm auf 73,0 mg in der Phase der Wachsreife, des Sudangrases von 564,0 mg bei einer Pflanzenhöhe von 20 cm auf 40,1 mg in der Phase der Milchreife. Bei der Lagerung des Heus sinkt der Cyanwasserstoffgehalt. Ein derartiges Sinken des Cyanwasserstoffgehaltes wurde bei Lagerung der Silage nicht beobachtet.

NRB/ZSNTI. 8910.

3-64/11-0603 Poschenrieder, Hanns; München, Bayer. Landesanst. für Landkult. und Moorwirtsch. **Über die Geschichte, Entwicklung und den derzeitigen Stand der Biologie des Einsäuerns von Futtermitteln.** Bayer. landwirtsch. Jb. **40** (1963) Nr. 4. S. 426-444. — 79 Lit.

Vf. gibt einen umfassenden Abriß über die Geschichte des Silierens allgemein, der Erforschung der Gärungsvorgänge und der Entdeckung ihrer biol. Ursachen. Er geht besonders auf die Bewertung der Mikroorganismen und ihrer pH- und Temperaturoptima im Lauf der Entwicklung sowie auf die Milchsäurebildner und Milchsäuregärung ein. Den Abschluß der zurückgehenden Betrachtungen bildet das A. I. V.-Verfahren. — Es wird eine kritische und genaue Einschätzung neuester Versuchs- und Forschungsergebnisse gegeben, wobei Vf. besonders auf die biochemischen Untersuchungen hinweist.

L. Wohlrabe. 8920.

3-64/11-0604 Playne, M. J.; Edinburgh, School of Agric. Buffering capacity of sweet sorghum: the effects of nitrogen content, growth stage and ensilage. **(Pufferkapazität von Süßhirse: Der Einfluß von Stickstoffgehalt, Wachstumsstadium und Silierung.)** J. Sci. Food Agric. **14** (1963) Nr. 7. S. 495-498. — 1 Tab., 8 Lit.

Pufferkapazitätsbestimmungen in Süßhirse, die bei 2 N-Düngungsstufen gewachsen und in 3 Vegetationsstadien geerntet worden war sowie in den daraus nach 5 tägiger Gärdauer erhaltenen Silagen führten zu folgenden Ergebnissen: Während die Pufferkapazität im Laufe der Vegetation deutlich abfällt, bleibt sie von der N-Düngung nahezu unbeeinflußt, obwohl diese den Gehalt an Gesamt-N und NPN steigerte. Die Pufferkapazität wurde durch die Vergärung in den meisten Fällen mehr als doppelt, ohne daß eine Korrelation zwischen dieser Zunahme und der Proteinspaltung nachgewiesen werden konnte.

F. Weißbach. 8920.

3-64/11-0605 Miller, W. J., Clifton, C. M. und Cameron, N. W.; Athens, Univ. of Georgia. Ensiling characteristics of Coastal Bermudagrass harvested at the prehead and full-head stages of growth. **(Silierungseigenschaften von „Costal Bermudagrass", das im Vorblüten- und Blütenstadium geerntet wurde.)** J. Dairy Sci. **46** (1963) Nr. 7. S. 727-732. — 1 Abb., 3 Tab., 18 Lit.

Es wird über einen Einsäuerungsversuch mit „Costal Bermudagrass" (*Cynodon dactylon*) in 2 Vegetationsstadien unter Zusatz von Maiskolbenschrot berichtet. Das jüngere Material enthielt etwas weniger N-fr. E. und mehr Protein. Im Tr.-Subst.- und Rohfaser-Gehalt war kein Unterschied. Die

Zusammensetzung der Silagen zeigte nur wenig Unterschiede. Das reifere Material führte zu höheren Nährstoffverlusten sowohl durch Saftabfluß als auch durch Gärung. F. Weißbach. 8920.

3-64/11-0606 Harris, C.E. und Raymond, W.F.; Hurley, Berks., Grassland Res. Inst. The effect of ensiling on crop digestibility. **(Der Einfluß der Silierung auf die Verdaulichkeit des Futters.)** J. Brit. Grassland Soc. **18** (1963) Nr. 3. S. 204-212. — 5 Tab., 25 Lit.
Verdauungsversuche an Schafen mit 22 Grünfutterpartien und den daraus bereiteten Silagen führten zu folgenden Ergebnissen: Die Verdaulichkeit des Futters wird durch die Silierung praktisch nicht beeinflußt. Voraussetzung zur Ermittlung dieses Ergebnisses ist die Bestimmung des wahren, auf flüchtige Substanzen korrigierten Tr.-Subst.-Gehaltes der Silagen; andernfalls wird ein Rückgang der Verdaulichkeit gefunden. Die Verdaulichkeit der Silage war unabhängig vom Silierverfahren. Die Futteraufnahme war bei den Feuchtsilagen wesentlich geringer als erwartet. Möglichkeiten zur Verbesserung der Schmackhaftigkeit der Silagen werden diskutiert.
F. Weißbach. 8920.

3-64/11-0607 Kirchgeßner, Manfred; Weihenstephan, Inst. für Tierernähr. der TH München. **Ernährungsphysiologische Aspekte der Milch- und Fleischerzeugung bei Verfütterung von Silage.** Bayer. landwirtsch. Jb. **40** (1963) Sonderh. Nr. 3. S. 52-67. — 13 Abb., 1 Tab., 45 Lit.
Die Silierung von Grünfutter wird als eine Konservierungsmethode herausgestellt, bei der niedrige Nährstoffversluste eintreten, die relativ witterungsunabhängig ist, die eine bessere Mechanisierung und die Schaffung von Futterreserven durch zeitweilige Überschüsse gestattet. Im Rahmen eines Vortrages behandelt Vff. u. a. folgende Probleme: Silage für Milchkühe, der Einfluß auf Milchqualität und Futterverzehr, die Verfütterung an wachsende Rinder, Silage als alleiniges Grundfutter sowie ihre Verwendung in der Schweinefütterung. B. Piatkowski. 8920.

3-64/11-0608 Pratt, A. D., Settlemire, C. T. und Hibbs, J. W.; Wooster, Ohio Agric. Exp. Stat. High dry matter zinc bacitracin-treated legume-grass silage vs. untreated high dry matter silage: each with corn, soybean flakes, and dried beet pulp. **(Vergleichende Untersuchungen mit stark angewelkter Luzerne-Grassilage mit einem Zusatz von Zinkbacitracin bzw. unbehandelter Silage mit hohem Trockensubstanzgehalt: jede mit Mais, Sojaflakes und Trokkenschnitzeln.)** J. Dairy Sci. **46** (1963) Nr. 12. S. 1385-1389. — 5 Abb., 5 Lit.
Der Kraftfutteranteil in der Ration machte 25% der Tr.-Subst. der Gesamtration aus. Die Unterschiede in der Verdaulichkeit der Tr.-Subst. und des Proteins, bezogen auf jede der 3 o. a. Kraftfutterarten war nicht signifkant, was beweist, daß die Cellulose der Sojaflakes und der Trockenschnitzel die Silagen ebenso gut ergänzen kann wie Mais. — Die Unterschiede in der Milchproduktion und im Lebendgewicht der Versuchsgruppen waren nicht signifikant. Die Verdauungsversuche zeigten, daß die Verdaulichkeit der mit Bacitracin behandelten Silage signifikant nur in der Tr.-Subst. höher lag, während dies beim Protein nicht der Fall war. W. Klippel. 8920.

3-64/11-0609 Carlson, James R.; Vollebekk, Agric. Coll. of Norway, Inst. of Animal Nutrit. The acceptability and feeding value of nitrogen fertilized grass silage. **(Die Aufnahme und der Futterwert von N-gedüngtem silierten Gras.)** Meld. Norges Landbrukshøgskole **42** (1963) Nr. 15. S. 1-14. — 3 Abb., 10 Tab., 43 Lit. Zus. in Norw.
An 4 Schafen, die mit Pansenfisteln versehen waren, wurde die Wirkung von 2 Grassilagen des 2. Schnittes, der mit 40 resp. 110 kg N in Form von $Ca(NO_3)_2$ je ha gedüngt worden war, bei ad libitum-Fütterung zusammen mit 100 oder

200 g Gerste untersucht. Ein weiterer Fütterungsversuch an 16 Lämmern, die am Ende geschlachtet wurden, diente der Prüfung einer Zugabe von 5 bzw. 10 g KNO_3 je Tier und Tag zu einer aus Grassilage und Gerste bestehenden Ration. Es konnten keine wesentlichen Unterschiede in der Aufnahme, dem Futterwert, der Schlachtqualität, Blutzusammensetzung und den Pansenbestandteilen als Folge der verschiedenen N-Gaben konstatiert werden. L. Sperling. 8920.

3-64/11-0610 Kiermeier, F. und Renner, E.; Weihenstephan, Milchwirtsch. Inst. der TH München. **Der pH-Wert als Kriterium der Verwendbarkeit von Silage für die Milchviehfütterung.** Wirtschaftseigene Futter **9** (1963) Nr. 2. S. 106-113. – 2 Abb., 2 Tab., 16 Lit.

Vergleichsuntersuchungen an zahlreichen Silageproben ergaben eine ausreichende Genauigkeit eines pH-Indikatorpapiers zur Bestimmung des pH-Wertes auf dem Bauernhof. Der pH-Wert ist als Kriterium der Silagequalität jedoch nur dann brauchbar, wenn die Futterpflanzenart und der Tr.-Subst.-Gehalt der Silage berücksichtigt werden. Unter der Voraussetzung, daß Silagen von 40 Punkten (nach Flieg) an für die Milchviehfütterung als noch tauglich betrachtet werden, ergeben sich folgende pH-Grenzwerte: Maissilage 4,3; Rübenblattsilage 4,6; Gras-, Kleegras- und Kleesilage bis zu 23% Tr.-Subst. 4,8; bei 24-29% Tr.-Subst.: 4,9 und bei 30% Tr.-Subst. und mehr 5,4. F. Weißbach. 8920.

3-64/11-0611 Rydin, Conrad; Uppsala, Dep. of Microbiol. Silage studies. XI. Studies on fermentation processes in silage. Malt-cereal mixtures and straw as supplements in biological ensiling. **(Silagestudien. 11. Mitt. Studien über die Gärungsprozesse während der Silierung. Malz-Getreidemischungen und Stroh als Sicherungszusätze bei der biologischen Einsäuerung.)** Kungl. Lantbrukshögskolans Ann. **29** (1963) Nr. 1. S. 45-61. – 9 Tab., 20 Lit.

Silierversuche mit verschiedenen eiweißreichen Futterpflanzen in Laborsilos zeigten, daß sehr gute Silagen durch Zusatz einer Mischung, bestehend aus 1 Teil Malz und 5 Teilen Getreideschrot, erhalten werden können. Die Dosierung hängt von der Futterpflanzenart und dem Tr.-Subst.-Gehalt des Grünfutters ab und liegt zwischen 3 und 7,5%. Für sehr wasserreiches Material wird der gleichzeitige Zusatz von zerkleinertem Stroh empfohlen. F. Weißbach. 8920.

3-64/11-0612 Knabe, O. und Knabe, Brigitte. **Mineralstoffversorgung der Rinder bei Silagefütterung.** Tierzucht **18** (1964) Nr. 1. S. 34-37. – 3 Tab., 11 Lit. – nach Zus.

Die Untersuchungen von 127 Silageproben auf ihren Mineralstoffgehalt haben ergeben, daß der P-, Cu- und Mn-Gehalt zu gering ist, um eine ausreichende P-, Cu- und Mn-Versorgung der Milchkühe bei Verfütterung hoher Silagemengen zu gewährleisten. Die Beifütterung von 150 bis 200 g Standardmineralstoffgemisch II (mit 15% P_2O_5) ist unter diesen Bedingungen unbedingt erforderlich, um den Bedarf zu decken und die Gesundheit und Leistungsfähigkeit zu verbessern. Es erscheint zweckmäßig, in Mangelgebieten den $CuSO_4$-Anteil im Standardmineralstoffgemisch auf 0,3% und den $MnSO_4$-Anteil auf 0,5% zu erhöhen. 8920.

3-64/11-0613 Orth, A. **Silagefütterung und Milchqualität.** Mitt. Tierhalt. **1963** Nr. 86. S. 9-12. – 3 Tab.

Silage wirkt mindernd auf die Produktionskosten. Vf. unterstreicht eindeutig, daß die Gesundheit der Rinder – Grundvoraussetzung für Qualitätsmilch – auch bei stärksten Silagegaben in keiner Weise beeinträchtigt, u. U. sogar verbessert wird. Kernproblem des Silageeinsatzes in der Milchviehfütterung ist die Wirkung der Silage auf Keimgehalt, Geruch und Geschmack der

Milch. Vf. geht anschließend auf zu diesem Zweck angestellte Versuche ein ein bespricht u. a. diesbezügliche amerikanische Erfahrungen.
E. Kieslinger. 8920.

3-64/11-0614 Winkler, L. Chmelinka jako hodnotné krmivo. **(Hopfengrün als wertvolles Futter.)** Chmelařství **36** (1963) Nr. 7. S. 116-118. – 3 Tab.
Hopfengrün ist schwer vergärbar und daher mit bestimmten leicht silierbaren Futterpflanzen zu kombinieren, wie z. B. mit milchreifem Mais, Sonnenblume bzw. Mohrenhirse. Silage aus Hopfengrün steigert die Milchleistung und senkt leicht den Fettgehalt. ČSSR/ÚVTI. 8920.

3-64/11-0615 Vorotilov, M. A.; Orenburg, Forsch.-Inst. für Milchvieh- und Fleischviehzucht. Mechanizirovannyj sposob vnesenija karbamida v silosnuju massu. **(Die Mechanisierung des Zusetzens von Carbamid zu Silogut.)** Životnovodstvo, Moskva **24** (1962) Nr. 9. S. 41-43. — 1 Abb.
Auf dem Schrägförderer des Feldhäckslers SK-2,6 wurde mit Hilfe eines Rahmens die Düngerdrillvorrichtung KRN-4,2 befestigt. Sie dient als Dosator für das Carbamid, das direkt auf dem Feld bei der Silomaisernte dem Mais zugesetzt und von dessen Saft sofort aufgelöst wird. Maissilage mit Carbamid (0,4-0,6% des Silogutes) hatte einen pH-Wert von 4,1-4,4 (gewöhnliche Maissilage 3,6-3,8) einen N-Gehalt von 0,55% (0,40%) und einen Proteingehalt von 3,4% (2,7%). F. Schenk. 8920.

3-64/11-0616 Holzschuh, W. **Kann Grassilage zur Schließung der Eiweißlücke beitragen?** Tierzucht **17** (1963) Nr. 5. Grünland/Feldfutter **4** S. 9-11. 8920.

3-64/11-0617 Rubach, G. und Leisner, G. **Ergebnisse der Qualitätsuntersuchung von Maissilage in den Jahren 1958 bis 1962.** Jb. Arbeitsgemeinsch. Fütterungsberat. **4** (1961/62, hrsg. 1963) S. 425-430. — 6 Tab., 8 Lit. 8920.

3-64/11-0618 Jahn, S. **Der Futterwert von Silomais bei verschiedenen Düngergaben.** Jb. Arbeitsgemeinsch. Fütterungsberat. **4** (1961/62, hrsg. 1963) S. 439-443. 8920.

3-64/11-0619 Coenen, J. Grasgärfutter und Heu in Milchviehrationen. Mitt. dtsch. Landwirtsch.-Ges. **79** (1964) Nr. 9. S. 259-260. — 3 Tab.
Auf Grund der neuen technischen Möglichkeiten ist nach Ansicht des Vf. unter „Heu" nur noch Belüftungsheu zu verstehen (400 g-StW. und 115 g verd. E. je 1 kg.) Eine einseitige Heukonservierung läßt sich bei den hiesigen Klimabedingungen nicht durchführen, daher wird die Kombination „Silage + Heu" oder „Heu + Silage" als zweckmäßig angesehen. 1 kg-StW. kostet bei Silierung 0,28 DM, bei Heuwerbung (380 g-StW/kg) 0,33 DM. Bei guter Heuqualität liegen die Futterkosten je kg Milch am niedrigsten (Frischsilage 19,6 Pfg., Anwelksilage 18,8 Pfg, Heu 16,3 Pfg.)
B. Piatkowski. 8930.

3-64/11-0620 Ulvesli, Ola (unter Mitarb. v. Andersen, Ivar, Delbekk, Arve, Frank, Henning und Langebrekke, Arne). Kvaliteten av høyavlinga 1963. **(Heuqualität 1963.)** Tidsskr. norske Landbruk **70** (1963) Nr. 12. S. 427-435. 8930.

3-64/11-0621 Rae, A. L., Brougham, R. W., Glenday, A. C. und Butler G. W.; Palmerston North, New Zealand, Massey Coll. Pasture type in relation to live-weight gain, carcass composition, iodine nutrition and some rumen characteristics of sheep. I. Live-weight growth of the sheep. **(Weide-Typ und sein Einfluß auf Zunahme der Lebendmasse, Schlachtkörperzusammensetzung, Jodversorgung und einige Pansenkriterien vom Schaf. 1. Mitt. Lebendmassezunahme des Schafes.)** J. agric. Sci. **61** (1963) Nr. 2. S. 187 bis 190. — 2 Abb., 3 Lit.

1957-1958 und 1959-1960 wurden Beweidungsversuche mit Schafen der Romney-Rasse auf folgenden Weidetypen vergleichsweise durchgeführt: Raygras-Daueraussaat (RD), Raygras von kurzer Standdauer (RK) und Mischaussaat mit Weißklee (WK) als RD + WK sowie RK + WK. Zusätzlich erhielt eine Gruppe 1959-1960 eine Jodpräparat-Injektion (i. m.) Ergebnisse: In beiden Versuchsjahren waren die Gruppendifferenzen in der ∅ Lebendmassezunahme signifikant, nämlich RD 107 lb. bzw. 102 lb., RD + WK 123 lb. bzw. 122 lb., RK 125 bzw. 126 lb., RK + WK 140 lb. bzw. 137 lb. Sowohl RK wie auch WK-Mischaussaat brachten die besseren Resultate. H. H. Budzier. 8940.

3-64/11-0622 Barton, R. A. und Ulyatt, M. J.; Palmerston North, New Zealand, Massey Coll. Pasture type in relation to live-weight gain, carcass composition, iodine nutrition and some rumen characteristics of sheep. II. Carcass composition and the non-carcass components of live weight. **(Weide-Typ und sein Einfluß auf Zunahme der Lebendmasse, Schlachtkörperzusammensetzung, Jodversorgung und einige Pansenkriterien vom Schaf. 2. Mitt. Schlachtkörperzusammensetzung und Nichtschlachtkörperbestandteile der Lebendmasse.)** J. agric. Sci. **61** (1963) Nr. 2. S. 191-195. — 5 Tab., 5 Lit. 1. Mitt. vgl. vorst. Ref.

Methodik und Symbole siehe 1. Mitt. RK wie WK hatten einen signifikanten Einfluß auf Erreichung eines höheren Gewichtes ausgeschlachteter Tierkörper, welches in folgender Reihe anstieg: RD, RD + WK, RK, RK + WK. Der absolute Fettanteil erhöhte sich in gleicher Folge der Weide-Typen, dasselbe galt auch für die Gewichtsanteile der nicht verwertbaren Körperteile wie Kopf, Klauen, Kaldaunen u. a. In der Praxis würde eine Beweidung von RK + WK jedoch eine zeitlich frühere Erreichung des Schlachtgewichtes zur Folge haben, wodurch der Fettanteil nicht so hoch und die Schlachtkörperqualität noch besser wäre. H. H. Budzier. 8940.

3-64/11-0623 Flux, D. S., Butler, G. W. und Glenday, A. C.; Palmerston North, New Zealand, Massey Coll. Pasture type in relation to live-weight gain, carcass composition, iodine nutrition and some rumen characteristics of sheep. III. Effects of treatment with iodine. **(Weide-Typ und sein Einfluß auf Zunahme der Lebendmasse, Schlachtkörperzusammensetzung, Jodversorgung und einige Pansenkriterien vom Schaf. 3. Mitt. Auswirkungen von Jodbehandlung.)** J. agric. Sci. **61** (1963) Nr. 2. S. 197-200. — 2 Tab., 9 Lit. 2. Mitt. vgl. vorst. Ref.

Methodik und Symbole siehe 1. Mitt. Zwischen dem Gewicht der Schilddrüse der auf verschiedenen Weidetypen gehaltenen Tiere bestand keine signifikante Differenz. Lediglich die Gruppe, die zusätzlich eine Jodinjektion i. m. erhalten hatte, erbrachte ein statistisch hoch gesichert geringeres Schilddrüsengewicht. Die Höhe der Lebendmasse der Tiere wurde jedoch nicht beeinflußt. Das größte Schilddrüsengewicht hatten die Lämmer solcher Muttern, die auf RK-Typ geweidet hatten. Der Jodgehalt (%) der Schilddrüse (Trockenmasse) ergab beim Vergleich aller Varianten praktisch keinen Unterschied. H. H. Budzier. 8940.

3-64/11-0624 Johns, A. T., Ulyatt, M. J. und Glenday, A. C.; Palmerston North, New Zealand, Massey Coll. Pasture type in relation to live-weight gain, carcass composition, iodine nutrition and some rumen characteristics of sheep. IV. Some rumen characteristics of the sheep. **(Weide-Typ und sein Einfluß auf Zunahme der Lebendmasse, Schlachtkörperzusammensetzung, Jodversorgung und einige Pansenkriterien vom Schaf. 4. Mitt. Einige Pansenkriterien des Schafes.)** J. Agric. Sci. **61** (1963) Nr. 2. S. 201-206. — 2 Abb., 3 Tab., 16 Lit.

Methodik und Symbole siehe 1. Mitt. Das Pansenvolumen der Tiere, die auf Weiden mit WK-Besatz aufgezogen wurden, war signifikant kleiner als ohne WK, RK lag hierbei noch unter RD. Analog verhielt sich die beim Schlachten gemessene Menge an Ingesta aller Magenabteilungen. Weide mit WK ließ einen signifikant höheren Gehalt an flüchtigen Fettsäuren (mM/100 ml) resultieren, RK + WK lag hierbei am höchsten. RK + WK zeigte im Vergleich mit RD weniger Essigsäure, mehr Propionsäure und erheblich mehr Buttersäure, auch hatten die Pansen dieser Tiere größere Papillen. Bei Lämmern konnten keine Beeinflussungen festgestellt werden, lediglich reduzierte WK das Gewicht des Panseninhaltes etwas.

H. H. Budzier. 8940.

3-64/11-0625 Wolton, Karen M.; North Tawton, Devon, North Wyke Exp. Stat. An investigation into the simulation of nutrient returns by the grazing animal in grassland experimentation .**(Eine Untersuchung über die Nachahmung der Nährstoffrückführung durch die Weidetiere bei Grünlandversuchen.)** J. Brit. Grassland Soc. **18** (1963) Nr. 3. S. 213-219. — 1 Abb., 4 Tab., 20 Lit.

Es wird über einen Versuch berichtet, bei dem der Einfluß eines Aufbringens der Exkremente von Weidetieren auf die Versuchsflächen von Weideversuchen nach dem Schnitt des Futters geprüft werden sollte. Ein solches Verfahren ist dort von Bedeutung, wo Weideversuche durchgeführt werden, eine direkte Beweidung aber nicht möglich ist. Ertrag und Zusammensetzung des Futters kamen denen von beweideten Flächen näher als von solchen, die nur gemäht wurden und wo keine Rückführung der Exkremente erfolgte. Obwohl der N der Exkremente nicht gut ausgenutzt wurde, wird ihm die entscheidende Bedeutung für die Beeinflussung des Ertrages und des Gras/Klee-Verhältnisses zugeschrieben. F. Weißbach. 8940.

3-64/11-0626 Anke, M., Güther, W. und Oll, U. **Die Zusammensetzung des Weidefutters verschiedener Umtriebe.** Jb. Arbeitsgemeinsch. Fütterungsberat. **4** (1961/62, hrsg. 1963) S. 67-78. — 10 Tab., 19 Lit. Zus. in Russ., Engl. — nach Zus.

1. Das Weidefutter der einzelnen Umtriebe unterschied sich im Rohnährstoffgehalt nicht. Der Rohproteinanteil des Weidegrases lag im Mittel unter, der Rohfasergehalt über den Tabellenwerten. Dieses Ergebnis ist nicht auf eine zu späte Nutzung der Weide zurückzuführen, da auch bei einem Eiweißgehalt von 21,5% der Rohfaseranteil bei 26,7% lag. 2. Die Ca- und Mg-Gehaltswerte des Weidefutters nahmen stat. gesichert von Umtrieb zu Umtrieb zu, der P-Anteil verringerte sich gleichermaßen. Die K- und Na-Werte blieben von der Jahreszeit unbeeinflußt. 3. Der Fe-Gehalt des Weidefutters vom 2. Auftrieb war stat. gesichert niedriger als der des 1. und 3. Auftriebes. Der Cu-Anteil des Weidefutters nahm gesichert vom Frühjahr zum Herbst hin ab. Keine stat. sichere Abhängigkeit vom Umtrieb ergab sich bei den Elementen Mn, Zn, Mo und Co, obwohl die Tendenz zu höheren Werten im Herbst angedeutet /ist. 8940.

3-64/11-0627 Vetter, H. **Zweckmäßige Ruhezeiten auf der Weide.** Wirtschaftseigene Futter **9** (1963) Nr. 4. S. 319-328. — 11 Abb., 20 Lit.

Die bisherige Auffassung, daß die Weidenutzung im Spätsommer und Herbst nach wesentlich längeren Ruhepausen vorzunehmen sei als im Vorsommer, wird abgelehnt. Der stärkste Futterwuchs wurde im Vorsommer bei 45 Ruhetagen erzielt, im Sommer bei 43, im Spätsommer bei 30-43. Offensichtlich geht der Tageszuwachs auch im Sommer und Herbst nach Überschreiten bestimmter Aufwuchszeiten zurück. Zur Erzielung höchster Jahreserträge ist es offenbar nötig, im Herbst bei geringerem Futteraufwuchs aufzutreiben als im Vorsommer. Die Qualität des jüngeren Futters im Herbst würde nicht wesentlich anders sein. In neuen Versuchen wären Bestandesmerkmale herauszufinden, die die Nutzungsreife einer Weide richtig anzusprechen erlauben.

G. Weiland. 8940.

3-64/11-0628 Mückenberger, K. **Hat der pH-Wert des Grünlands Einfluß auf die Fruchtbarkeit des Rindviehs und den Milchfettgehalt.** Wirtschaftseigene Futter **9** (1963) Nr. 4. S. 297-304. — 6 Abb., 4 Tab., 29 Lit. Zus. in Engl., Franz.

Die Untersuchungen erstrecken sich auf 154 Betriebe mit Sandböden und 112 Betriebe mit Marschböden im Weser-Ems-Gebiet. Die Beziehungen zwischen den pH-Werten des Grünlandes und dem Gehalt an pflanzenaufnehmbarer Phosphorsäure betrugen r = +0,52 bzw. +0,46. Aus der Gegenüberstellung vom pH-Wert des Grünlandes zum ⌀ Besamungsindex der Betriebe aus 3 Deckperioden erkennt der Vf. eine positive Tendenz der Fruchtbarkeitsverhältnisse bei steigenden pH-Werten (r = +0,16(?) bzw. −0,24). Die Korrelationskoeffizienten zwischen den P-Werten des Bodens und dem Besamungsindex betrugen +0,09 bzw. +0,07. Soweit Milchkontrollergebnisse vorliegen, wurde der pH-Wert des Grünlandes dem mittleren Milchfettgehalt der Herden im Jahre 1961 gegenübergestellt (r = +0,29 bzw. +0,32).

G. Weiland. 8940.

3-64/11-0629 Olschewski, H. **Die Bewertung der Weidebewirtschaftung.** Tierzucht **17** (1963) Nr. 9. Grünland/Feldfutter **4** S. 38-41. — 2 Abb., 2 Tab., 2 Lit.

Seit dem Jahre 1960 bildet der „Paulinenauer Schlüssel" zur Bewertung der Weidebewirtschaftung neben der Weideleistung nach Falke-Geith den Hauptbestandteil des Weidewettbewerbes im Bezirk Karl-Marx-Stadt. Durch seine Verwendung wird operativ und umkompliziert auf die Verbesserung der Weideführung eingewirkt. Die Ergebnisse von 209 Weiden mit 4292 ha Gesamtfläche werden besprochen. Die Bewertung sollte in für die Weideführung kritischen Zeiten (20. 7.-5. 8.) durchgeführt werden. Zur Beurteilung der N-Düngung, der org. Düngung und des Kalkzustandes scheinen Änderungen erwünscht. G. Weiland. 8940.

3-64/11-0630 Bondarev, Ju. F. und Gurtich, V. A. Obrabotka solomy ammiačnoj vodoj. **(Die Behandlung von Stroh mit Ammoniakwasser.)** Životnovodstvo, Moskva **24** (1962) Nr. 10. S. 33-35.

17 t Stroh wurden in einer Miete unter einer Kunststoffhaut mit 2040 l 25%igem Ammoniakwasser berieselt, nach 7 Tagen 3 Tage gelüftet, dann gehäckselt und verfüttert. Kühe verzehrten 6 kg, Kälber 2 kg behandeltes Winterweizenstroh. F. Schenk. 8960.

3-64/11-0631 Bolchovitinov, N. Ammiačnaja voda sdabrivaet korm. **(Ammoniakwasser verbessert den Geschmack des Futters.)** Moločnoe i mjasnoe skotovodstvo, Moskva **7** (1962) Nr. 10. S. 14-16. — 2 Abb.

Mit Ammoniakwasser bearbeitetes Stroh wird besser aufgenommen und kann wie Heu mittlerer Qualität in der Futterration eingesetzt werden. Das Stroh wird in ein Silo eingebracht und schichtenweise mit 25%igem Ammoniakwasser (12 l/dt Stroh) begossen. Nach 5-7 Tagen wird das mit einer synthetischen Plane abgedeckte Silo geöffnet und durchlüftet. Eine Verfütterung von angereichertem Stroh erfolgt am besten zusammen mit Silage.

R. Ihssen. 8960.

3-64/11-0632 Korobov, A. P. und Štoda, I. V.; Saratow, Zootechn. und Veterinärmed. Inst. Chimičeskaja obrabotka solomy. **(Die chemische Behandlung von Stroh.)** Životnovodstvo, Moskva **24** (1962) Nr. 10. S. 36-37. — 1 Tab.

Unzerkleinertes Stroh wurde in einem unverkleideten Grabensilo in 50-60 cm dicken Schichten gleichmäßig mit einer 3%igen alkalischen Lösung (ungelöschter Kalk und kaustische Soda zu gleichen Teilen) befeuchtet (100-120 l Lösung auf 1 dt Tr.-Subst.). Dieses Stroh hatte nach 10 Mon. einen Nähr-

wert von 74,8-80,6 FE/dt und 74,2% Gesamtfeuchtigkeit; 1,9% Rohprotein, 9,4% Rohfaser, 0,47% Fett, 10% N-fr. E. und 4,2% Asche.
F. Schenk. 8960.

3-64/11-0633 Stoddart, J. L. Seed ripening in grasses. I. Changes in carbohydrate content. **(Die Reife der Grassamen. 1. Mitt. Veränderungen im Kohlenhydratgehalt.)** J. agric. Sci. **62** (1964) Nr. 1. S. 67-72.
In vorliegender Arbeit wurden Untersuchungen über die Saatreife in verschiedenen physiolog. Zeitabschnitten bei *Lolium perenne, Dactylis glomerata* und verschiedenen Thimothearten durchgeführt. Die Proben wurden mit 80%igem Äthanol analysiert, die Zucker, Saccharose und Stärke reduzieren und die entspr. Proben wurden dann lufttrocken zur Bestimmung des 1000 Korngewichtes und der Keimfähigkeit herangezogen. Alle Arten hatten einen ähnlichen Verlauf bei den Kohlenhydratveränderungen, die durch 2 Höhepunkte, die Staubbeutelreife und die Anfangsphase der Samenentwicklung, charakterisiert war. B. Hofmann. 8990.

3-64/11-0634 Rintelen, P. und Schmidt, J. **Mais als Schweinemastfutter.** Mitt. dtsch. Landwirtsch.-Ges. **79** (1964) Nr. 3. S. 51-53. – 6 Tab. 8990.

3-64/11-0635 Wallmen, A. **Körnerhülsenfrüchte — gute Eiweißlieferanten.** Tierzucht **18** (1964) Nr. 3. S. 152-153. – 4 Tab. 9000.

3-64/11-0636 Szentmihályi, S. **Der Rohnährstoff- und Mineralstoffgehalt von Sonnenblumen und Futtererbsen sowie ihrer Gemenge in Ungarn und Thüringen.** Jb. Arbeitsgemeinsch. Fütterungsberat. **4** (1961/62, hrsg. 1963) S. 408-418. – 8 Tab., 7 Lit. Zus. in Russ., Engl. – nach Zus.
Die Untersuchungen hatten folgende Ergebnisse: 1. Im Rohnährstoffgehalt besteht zwischen den in Ungarn und der DDR angebauten Sonnenblumen und Futtererbsen kein Unterschied. Das Sonnenblumen-Futtererbsen-Gemenge enthält bei einem Tr.-Subst.-Gehalt von 16,5% etwa 18 g verd. Rohprotein in 90 g St. je kg. Es entspricht demnach im Futterwert dem Landsberger Gemenge in der Wickenblüte. 2. Das Sonnenblumen-Futtererbsengemenge Thüringens war im Mittel Ca-, P-, K-, Fe-, Mn-, Cu- und Co-reicher, aber Mg-, Na- und Mo-ärmer als das Ungarns. 9010.

3-64/11-0637 Nash, M. J., McDonald, P., Greenhalgh, J. F. D. und Cunningham, J. M. M. **Potato silage. (Kartoffelsilage.)** Scott. Agric. **43** (1963/64) Nr. 3. S. 136-140. – 2 Tab.
Zur Frage der Kartoffelsilierung wurden Versuche mit gedämpften, roh geschnittenen, roh gemusten Kartoffeln durchgeführt. Die rohen Kartoffeln erreichen nicht die Silagequalität der gedämpften Kartoffeln. Auch lagen die Verluste, bezogen auf Tr.-Subst. und Frischgewicht, über denen der gedämpft silierten Kartoffeln. Die Fütterungsversuche mit Mastschweinen zeigten, daß in der Verdaulichkeit der Tr.-Subst. keine Unterschiede bestanden. Die Futteraufnahme je Tier und Tag war bei den gedämpftsilierten Kartoffeln etwa doppelt so hoch; bezogen auf Tr.-Subst. waren die Unterschiede nicht mehr so groß, da die rohsilierten Kartoffeln einen höheren Tr.-Subst.-Gehalt aufwiesen. Wenn Kartoffeln, siliert oder frisch, an Schweine verfüttert werden, sind 2-3 lb Kraftfutter mit entspr. Gehalt an Eiweiß beizufüttern. G. Leisner. 9030.

3-64/11-0638 Zimmer, E.; Braunschweig-Völkenrode, Inst. für Grünlandwirtsch., Futterbau und Futterkonserv. **Untersuchungen über Kartoffeleinsäuerung 1961-1962.** Wirtschaftseigene Futter **9** (1963) Nr. 2. S. 114-129. – 1 Abb., 14 Tab., 6 Lit.
2jährige Silierversuche mit gedämpften Kartoffeln in einer Bilanzanlage zur Erfassung der Gärgase sowie in Behelfssilos führten zu folgenden Ergebnissen: Die Verluste an org. Subst. betrugen während der Silierung ∅ 11,54

bzw. 11,26% und in den Behelfssilos 19,08 bzw. 20,46%. Sie erhöhen sich durch heißes Einfüllen und durch Saftablauf. Der Sickersaft von heiß in den Behälter gefüllten Kartoffeln hat einen wesentlich höheren Tr.-Subst.-Gehalt als bei kalt eingefüllten Kartoffeln. Die Qualität der Silagen war durch Saftregelung und Lagerungsdauer unbeeinflußt. Obwohl alle Silagen von guter Qualität waren, wurden die nach Kaltsilierung erhaltenen Silagen in allen Merkmalen besser beurteilt. F. Weißbach. 9030.

3-64/11-0639 Hofmann, P.; Grub, Bayer. Landesanst. für Tierzucht. **Einfluß des Abkühlens gedämpfter Kartoffeln auf Gärverlauf, Verdaulichkeit und Nährstoffverluste bei der Kartoffelsilage.** Bayer. landwirtsch. Jb. **40** (1963) Nr. 4. S. 498-509. — 2 Abb., 10 Tab., 6 Lit.
Zur Untersuchung der gestellten Aufgaben werden unterschiedliche Mengen in verschiedenen Silotypen ohne Zusätze in 3 Behälterpaare bei einer Temperatur von ca. 90 bzw. 45 °C eingelagert und etwa gleichzeitig entleert. Bei Verdauungsversuchen an je 2 Schweinen wird keine Veränderung der Verdaulichkeit festgestellt. Die Nährstoffbilanz wurde hauptsächlich vom Unterschied der Tr.-Subst.-Menge bei der Ein- und Auslagerung beeinflußt, weniger von der Änderung des Nährstoffgehaltes. Die Nährstoffverluste sind bei den Behälterpaaren fast gleich und werden stärker von anderen Silierbedingungen beeinflußt. — Vf. bespricht den Verlauf der Gewichtsveränderung bei der Lagerung, die Tr.-Subst.-Verluste durch Sickersaftabfluß (bei Kalteinlagerung geringer) und den Verlauf der Abkühlung, wobei die Kälteeinlagerung besonders für große Behälter günstiger ist. Es zeigt sich aber, daß die Gärverluste durch heiße Einlagerung nicht bedeutend ansteigen. L. Wohlrabe. 9030.

3-64/11-0640 Podkowka, W. Badania nad przemianą węglowodanową w procesie zakiszania ziemniaków parowanych. **(Untersuchungen über die Kohlenhydratumwandlung während des Einsäuerns von Dämpfkartoffeln.)** Roczniki Nauk rolniczych, Ser. B **81** (1963) Nr. 3. S. 463-486. — 12 Abb., 2 Tab., 36 Lit.
Während des Einsäuerns entstehen 2 neue Zuckerarten, (Maltose, Maltriose, Maltotetrose sowie Dextrin), die in den Kartoffeln fehlen. Die Stärkehydrolyse verläuft unter Einwirkung von amylolytischen Enzymen der säuernden Mikroflora. Die Schnelligkeit der Stärkehydrolyse hängt vom Säuregehalt des Eingesäuerten ab — sie hört bei einem pH-Wert von 4,0 auf. Die Dämpfkartoffeln unterliegen auf Grund der kleinen Pufferkapazität einem schnellen Säuern und am sechsten Tag nach dem Beginn erreicht das Eingesäuerte den gewünschten pH-Wert. PRL/CBR. 9030.

3-64/11-0641 Teichmann, W.; Oldenburg, Landwirtsch. Untersuch.- und Forsch.-Anst. der Landwirtschaftskammer Weser-Ems. **Schweinemastversuche mit Kartoffelsilagen und Kartoffelschroten.** Wirtschaftseigene Futter **9** (1963) Nr. 2. S. 148-159. — 8 Tab.
Schweinemastversuche unter praktischen Bedingungen mit Kartoffelschroten im Vergleich zu Kartoffelsilagen brachten folgende Ergebnisse: Die Nährstoffe in den Kartoffelschroten wurden von wachsenden Schweinen in gleicher Weise ausgenutzt wie die aus Kartoffelsilagen oder Futtergerste. Der Verkleisterungsgrad der Stärke in den Kartoffelschroten hat für die Verwertung durch das Schwein keine Bedeutung. Der bei der Verwendung von schweren Heizölen (bis 4% Schwefel) auftretende höhere SO_2-Gehalt der Kartoffelschrote hat keinen Einfluß auf die Futteraufnahme und Nährstoffverwertung. F. Weißbach. 9030.

3-64/11-0642 Wacker, H. und Kretzschmar, G.; Oldenburg, Landwirtschaftskammer Weser-Ems. **Die Konservierung von Futterkartoffeln.** Wirtschaftseigene Futter **9** (1963) Nr. 2. S. 130-147. — 4 Abb., 7 Tab., 16 Lit.

Mehrjährige Versuche zur Ermittlung der Nährstoffverluste bei der Konservierung von Futterkartoffeln führten zu folgenden Ergebnissen: Bei der Silierung betrugen die Verluste an Tr.-Subst. Ø 19,2% bei Sickersaftabfluß und 17,4% bei Sickersaftstau. Der Zerkleinerungsgrad der gedämpften Kartoffeln war ohne Einfluß auf die Verlusthöhe. In Praxissilos liegen die Nährstoffverluste im Durchschnitt noch etwas höher als in Versuchssilos. Mit längerer Lagerungsdauer der Silagen im Silo nehmen die Verluste zu. Bei der Kartoffeltrocknung betrugen die Verluste an Tr.-Subst. 7,7%, der Verkleisterungsgrad der Stärke 53%. Der SO_2-Gehalt der Trockenkartoffeln steigt mit dem S-Gehalt des Heizöls an. F. Weißbach. 9030.

3-64/11-0643 Kürten, P. W.; Dülmen, Versuchsanst. „Landwirtsch. Forsch. Hanninghof". **Anbau, Ernte und Verwertung von Stoppelrüben.** Wirtschaftseigene Futter **9** (1963) Nr. 2. S. 89-98. — 3 Tab., 28 Lit.
Im Durchschnitt von 22 Versuchen wurden bei 120 kg N/ha 342 dt Grünmasse von Stoppelrüben geerntet. Der Tr.-Subst.-Gehalt liegt zwischen 8 und 11%, der Rohproteingehalt bei 17-20% der Tr.-Substanz. Unter günstigen klimatischen Bedingungen gehört die Herbstrübe damit zu den leistungsfähigsten Stoppelsaaten. Voraussetzung ist eine ausreichende N-Gabe, die bei der Frischverfütterung höher sein kann als bei der Silierung. Die neuerdings angebauten frostharten, späten Sorten haben einen hohen Laubanteil und eignen sich gut für eine Ernte mit der Stoppelrübenziehmaschine. Es sollten nicht mehr als 50 kg Herbstrüben pro Kuh und Tag verfüttert werden. Bei der Silierung geht der Senfölgehalt zurück. F. Weißbach. 9080.

3-64/11-0644 Burzyński, B. Próba oceny przydatności suchych amoniakowanych wysłodków buraczanych w żywieniu krów mlecznych. **(Die Eignung von mit Ammoniak behandelten Trockenschnitzeln für die Fütterung der Milchkühe.)** Roczniki Nauk rolniczych, Ser. B **81** (1963) Nr. 4. S. 573-589. — 9 Tab., 44 Lit.
Der Ersatz von 94 g Roheiweiß des Futters durch NH_3-N übte keinerlei Einfluß aus auf die Verdaulichkeit des Futters, die N-Retention und die Milchleistung. Die Verabreichung größerer NH_3-N-Mengen reduzierte die Eiweißverdaulichkeit, beeinflußte die N-Bilanz und verminderte die Milchleistung; die Reduzierung des Gehalts an Roheiweiß in den Futterrationen der Kontrollkühe um 242 g verursachte eine stärkere Herabsetzung der Eiweißverdaulichkeit als der Ersatz dieser Eiweißmenge durch NH_3-N. Die mit NH_3 behandelten Schnitzel verursachten bis zu 6 kg je Tag und Tier keine Toxikosen. PRL/CBR. 9140.

3-64/11-0645 Bieliński, K. L. Badania nad wartością pokarmowa amoniakowanych wysłodków w opasie młodego bydła. **(Der Futterwert mit Ammoniak versehener Melassetrockenschnitzel für die Jungrindermast.)** Roczniki Nauk rolniczych, Ser. B **82** (1963) Nr. 4. S. 785-807. 15 Tab., 51 Lit. PRL/CBR. 9140.

3-64/11-0646 Laczyński, B. O możliwości uszlachetniania wywaru gorzelniczego na drodze wysycania go wodą amoniakalną. **(Die Veredelung der Brauereirückstände durch Anreicherung mit Ammoniakwasser.)** Przemysł Rolny 8 (1963) Nr. 9. S. 3-7. PRL/CBR. 9155.

3-64/11-0647 Seljametov, R. A. Ėffektivnost' primenenija oblučennych drožžej v racionach teljat. **(Wirkung bestrahlter Hefe in der Kälberfütterung.)** Vestnik sel'skochozjajstvennoj nauki, Moskva 8 (1963) Nr. 5. S. 87-89. — 5 Tab. Zus. in Engl., Franz., Dtsch.
Verfütterung bestrahlter Hefe als Vit.-D_2-Konzentrat in Dosen von 20-50 I.E. je kg Lgw. löst das Problem der Vit.-D-Versorgung während der Winterfütterung. Es steigt der Ca- und P-Gehalt in Knochen und Blut sowie Eiweißspiegel im Blut. Gleichlaufend damit tritt eine bessere Ausnutzung

des in der Ration enthaltenen N, Ca und P ein. Die tägl. Zunahmen lagen um 9-20% höher bei einem um 6-15% geringeren Futteraufwand.
G. Bernert. 9160.

3-64/11-0648 Rous, Jan. Studium účinku sušených krmných kvasnic jako hlavního zdroje bílkoviny při výkrmu kachňat ve srovnání s rybí moučkou. **(Studium der Wirkung von Trockenhefe als Hauptquelle von Eiweiß bei der Entenkükenmast im Vergleich mit Fischmehl.)** Živočišná Výroba 8 **(36)** (1963) Nr. 6. S. 379-388. — 6 Tab. Zus. in Russ., Franz., Dtsch.
Mit Hinsicht auf die Versuchsergebnisse wird ein 50%iger Ersatz des Fischmehlanteils im Futter von Mastenten durch Trockenhefe empfohlen.
ČSSR/ÚVTI. 9160.

3-64/11-0649 Clemens, E.; Kiel, Univ., Inst. für Tierphysiol. und Tierernähr. **Über Toxizität und Verträglichkeit von Ricinusextraktionsschrot bei verschiedenen Tierarten.** Landwirtsch. Forsch., Sonderh. Nr. **17** (1963) S. 202-211. — 9 Tab., 20 Lit.
Infolge steigender Nachfrage der technischen und pharmazeutischen Industrie nach Ricinusöl fallen in vermehrtem Umfang Ricinusextraktionsschrote (I) an. Der Rohproteingehalt von 5 **I**-Proben der Industrie betrug **37,3%** und der Rohfasergehalt ca. 32%. Eigene Extraktionen des Vf. ergaben für geschälte Ricinussamen ein **I**-Produkt mit 58,5% Rohprotein und **7,6%** Rohfaser. In Fütterungsversuchen an Ratten und Kaninchen ($^1/_6$ der Gesamtration) und an Hammeln ($^1/_3$ der Gesamtration) wurde **I** geprüft, das in einem normalen Produktionsgang angefallen war (Fettlösungsmittel mit Heißdampf bei 105 °C ausgetrieben). **I** enthielt 8 mg/kg Ricin, diese Menge entspricht etwa dem tausendsten Teil der Giftwirkung eines nicht erhitzten Schrotes. **I** wurde von den Tieren nicht gern gefressen, jedoch nach Gewöhnung vollständig und ohne erkennbare Nachteile verzehrt. Das Rohprotein war bei Ratten zu 79,5%, bei Kaninchen zu 82,4% und bei Hammeln zu 90,2% verdaulich. Die Verdaulichkeit der übrigen Nährstoffe wird ebenfalls mitgeteilt. **I** aus nichtgeschältem Samen enthält in 100 g 31,5 g verd. Eiweiß, 46,7 Stärkeeinheiten (bei einer angenommenen Wertigkeit von 85) und 265,1 kcal verd. Energie. H. Bergner. 9170.

3-64/11-0650 Dunkin, A. C.; Palmerston North, New Zealand, Massey Coll. Lactic casein whey powder in rations for pigs. I. The substitution of un-neutralized lactic casein whey powder for barley meal in an all-meal ration for growing pigs. **(Caseinmolkenpulver in Rationen für Schweine. 1. Mitt. Der Austausch von Gerste durch nicht neutralisiertes Caseinmolkenpulver in einer Getreideration für wachsende Schweine.)** J. Dairy Res. **30** (1963) Nr. 3. S. 323-330. — 3 Tab., 11 Lit.
Das zu untersuchende Futtermittel ist ein Nebenprodukt der Milchcaseinherstellung. 28 Schweine wurden im Abschnitt von 48-140 lb. in 4 Gruppen geprüft. Zu 0,5 lb. Fleischmehl wurde jeweils verabreicht: Gr. 1-Molkenpulver bis zur Sättigungsnorm, Gr. 2-0,5 lb. Gerste und Molkenpulver, Gr. 3-1,5 lb. Gerste und Molkenpulver, Gr. 4-Gerste bis zur Sättigung (Kontrollgruppe). Die Gruppe 3 zeigte die besten Zunahmen und Futterverwertung. Der günstigste Molkenpulvergehalt im Gesamtfutter betrug 40%. Insges. zeigte sich mit zunehmendem Molkenpulvergehalt Neigung zu Durchfallserscheinungen.
H. Jung. 9210.

3-64/11-0651 Dunkin, A. C.; Palmerston North, New Zealand, Massey Coll. Lactic casein whey powder in rations for pigs. II. A comparison of un-neutralized and neutralized lactic casein whey powders with barley meal in all-meal rations for growing pigs. **(Caseinmolkenpulver in Rationen für Schweine. 2. Mitt. Ein Vergleich neutralisierten und nicht neutralisierten Caseinmolkenpulvers mit Gerste in einer Getreideration für wachsende Schweine.)** J. Dairy Res. **30** (1963) Nr. 3. S. 331-338. — 6 Tab., 9 Lit.

Es galt zu überprüfen, ob der Nährwert von Caseinmolkenpulver durch Neutralisation mit Ätznatron gemindert wird. Eine Kontrollgruppe (1) wurde mit folgenden Gruppen verglichen: 25% Molkenpulver nicht neutralisiert (2), 50% nicht neutralisiert (3), 25% neutralisiert (4) und 50% neutralisiert (5). Von 50-110 lb. waren Zunahmen und Futterverwertung bei 2,3 und 4 signifikant höher als bei 1 und 5. Von 50-140 lb. waren die Zunahmen und die Futterverwertung von 2,3 und 4 nur gegenüber 5 signifikant höher. Bei 4 und 5 zeigte sich gegenüber den übrigen Gruppen ein größerer Wasserverbrauch. Hinsichtlich der Schlachtkörpermaße gab es keine Unterschiede.
H. Jung. 9210.

3-64/11-0652 Krüger, W. **Das Milcheiweiß in der Tierernährung.** Dtsch. Landwirtsch. **14** (1963) Nr. 11. S. 550-551. — 1 Tab. 9210.

3-64/11-0653 Bergner, H. **Fischmehl, Blutmehl und Tierkörpermehl in der Tierernährung.** Dtsch. Landwirtsch. **14** (1963) Nr. 11. S. 551-552. — 3 Lit. 9220.

3-64/11-0654 Jannermann, G. **Betriebswirtschaftliche Probleme bei der Eiweißversorgung und Eiweißerzeugung.** Dtsch. Landwirtsch. **14** (1963) Nr. 11. S. 547-548. — 1 Tab., 4 Lit. 9250.

3-64/11-0655 Werner, K. **Die Wirtschaftlichkeit des Einsatzes von Nichtproteinstickstoff.** Dtsch. Landwirtsch. **14** (1963) Nr. 11. S. 548-549. — 5 Lit. 9250.

3-64/11-0656 Sannan, Fritjov. Tang- og taremjøl til fjørfe. **(Tang- und Algenmehl für Geflügel.)** Tidskr. norske Landbruk **69** (1962) Nr. 6. S. 153 bis 162. Sep. — 3 Tab., 3 Lit.
Die Versuche zeigten, daß Tang- und Algenmehlzusätze (vergleichsweise auch Grasmehl- und Futterhefezusätze) zum vitaminarmen Kükenfutter zu bedeutend besserem Wachstum der Tiere führten, die Futterausnutzung steigerten und dem Gesundheitszustand förderlich waren. Beim vollwertig zusammengesetzten Küken- und Legehennenfutter konnten demgegenüber keine positive Wirkungen festgestellt werden. Vf. schlußfolgert, daß im gesamten Futter der Küken 7% Tang- und Algenmehl und bei Legehennen 10-15% ohne Gesundheitsschädigungen der Tiere verwendet werden können.
I. Kraack. 9250.

3-64/11-0657 *Platikanov, N., Češmedžiev, B.* und *Džarova, M.* **Tablici za sŭstava, smilaemostta i energetičnata chranitelnost na furažite v Bŭlgarija.** (Tabellen über die Zusammensetzung, die Verdaulichkeit und den energetischen Nährwert der Futtermittel in Bulgarien.) Sofija: BAN. 1963. (134 S. m. 17 Tab. u. 97 Lit.; Zus. in Russ., Dtsch.) (NRB/ZSNTI)

C. MISCH- UND ZUSATZFUTTERMITTEL

3-64/11-0658 Jahn, S. **Mischfutterproduktion und -einsatz im Jahre 1963.** Tierzucht **17** (1963) Nr. 5. S. 222. — 1 Tab. 9302.

3-64/11-0659 Kempen, G. J. M. van und Cornelissen, J. Antikopziekte koek. **(Antigrastetanie-Kuchen.)** Tijdschr. Diergeneeskunde **88** (1963) Nr. 24. S. 1867-1869. — 1 Tab., 3 Lit.
Durch prophylaktische Verfütterung MgO-haltiger Futterkuchen läßt sich der Prozentsatz an Grastetaniefällen nachweislich vermindern. Die Fabrikation dieser Futterkuchen ist jedoch mit einigen Schwierigkeiten verbunden. So wird durch MgO die Futtermittelmischung schwer preßbar, was sich aber durch ein richtiges Verhältnis der einzelnen Komponenten einigermaßen beheben läßt. Durch MgO wird auch der Futterkuchen weniger schmackhaft. Zusatz von Leinkuchen und Johannisbrot schaffen hier Abhilfe. Bei längerer Lagerung werden ferner die Futterkuchen sehr hart und demzufolge von Rindern kaum noch aufgenommen, so daß eine Bevorratung nur in kleinen Mengen von Wert ist. Es empfiehlt sich, MgO nur in grießiger und nicht in Pulver-Form dem Futtermittelgemisch zuzusetzen, da sonst zu viel MgO bei der Herstellung der Kuchen verstaubt. W. Kuhlmann. 9350.

FISCHEREI

A. ALLGEMEINES

3-64/11-9001 Myers, George S.; Stanford, Calif., Univ. A brief sketch of the history of ichthyology in America to the year 1850. **(Ein kurzer Abriß der Geschichte der Ichthyologie in Amerika bis zum Jahre 1850.)** Copeia [Philadelphia] **1964** Nr. 1. S. 33-41. — 8 Abb.

Vf. verfolgt die Geschichte der Ichthyologie zurück bis zur Entdeckung Amerikas im Jahre 1492. Der erste bedeutende Erforscher der amerik. Ichthyologie war der Deutsche Georg Markgraf, der 1638 an einer Expedition in Brasilien teilnahm. Seine Manuskripte wurden später von Piso veröffentlicht Die Frühgeschichte der amerik. Ichthyologie ist eng mit Namen wie Garden, Willoughby, Ray, Alexander v. Humboldt, Ferreira, Spix, Martius, Rafinesque, Mitchill, Le Suer, Kirtland, Holbrook, Ayres und Richardson verbunden. Als Begründer der eigentlichen Ichthyologie wird Artedi betrachtet, der das von Willoughby aufgestellte System mit großer Sorgfalt weiterentwickelte und dem etwas jüngeren Linné viele wertvolle Anregungen gab. G. Seifert. 6010.

3-64/11-9002 Hubbs, Carl L.; La Jolla, Univ. of California, Scripps Instn. of Oceanography. History of ichthyology in the United States after 1850. **(Geschichte der Ichthyologie in den Vereinigten Staaten nach 1850.)** Copeia [Philadelphia] **1964** Nr. 1. S. 42-60. — 23 Abb.

Die Geschichte der Ichthyologie in den USA kann nach 1850 in 4 Abschnitte gegliedert werden. Der 1. Abschnitt (1850-1875) ist durch die allg. rasche Entwicklung der Naturwissenschaften beeinflußt, und es werden vor allem umfassende Grundlagenforschungen angestellt. Wissenschaftler wie Cuvier, Valenciennes, J. Müller, Agassiz und Steindachner spielen in dieser Periode eine hervorragende Rolle. Der 2. Abschnitt (1875-1900) kann als das „goldene Zeitalter" der beschreibenden Ichthyologie in den USA bezeichnet werden. Das geniale Wirken von Jordan und seiner Mitarbeiter Gilbert und Evermann gibt diesem Zeitabschnitt und dem folgenden (1900-1925) seine Prägung. In jene Zeit fallen eingehende Beschreibungen der nord- und mittelamerik. Fischfauna, ausgedehnte Tiefseeforschungen im Westatlantik und Ostpazifik sowie eine bedeutende Intensivierung der Fischzucht und Teichwirtschaft. Später folgen Untersuchungen der Tiefseefauna im Westpazifik. 1914 wurde von Nichols die erste Nummer der Zeitschrift „Copeia" herausgegeben, die später von der „American Society of Ichthyologists and Herpetologists" (ASIH) übernommen wurde. Vf. würdigt in dieser Arbeit die Verdienste der zahlreichen Wissenschaftler, die die amerik. Ichthyologie auf ihren heutigen Stand gebracht haben. An der Entwicklung im letzten Abschnitt (seit 1925) ist Vf. selbst maßgeblich beteiligt, so z. B. durch die Gründung des „Institute of Fisheries Research" an der Universität Michigan im Jahre 1930. G. Seifert. 6010.

3-64/11-9003 Dymond, J. R.; Toronto, Univ. A history of ichthyology in Canada. **(Geschichte der Ichthyologie in Kanada.)** Copeia [Philadelphia] **1964** Nr. 1. S. 2-33. — 421 Lit.

Der Aufsatz gibt einen vollständigen Überblick über die Beiträge Kanadas zur ichthyologischen Forschung. Beginnend mit den ersten Reiseberichten John Cabots von der Labradorküste im Jahre 1497 über die Untersuchungen der „Hudsons-Bay-Company" im 17. und 18. Jh. werden die Ergebnisse der zahlreichen Forschungsreisen dargestellt und gewürdigt. Neben einer Zusammenstellung der seit 1771 erschienenen ichthyol. Standardwerke wird eine Übersicht über die Forschungsprogramme der einzelnen Inst. und Museen sowie über deren Sammlungen gegeben. G. Seifert. 6010.

3-64/11-9004 Breitenstein, W. **Aufgaben und Stand der fischereilichen Aus- und Weiterbildung.** Dtsch. Fischerei-Ztg. **11** (1964) Nr. 3. S. 61-68. – 1 Tab., 8 Lit.
Vf. behandelt den Stand und die Aufgaben der Aus- und Weiterbildung der Binnenfischer in der DDR und berücksichtigt bes. die Probleme der Seen- und Flußfischerei. Für die fischereiliche Aus- und Weiterbildung sind grundsätzlich nur die Fachschule für Binnenfischerei in Storkow-Hubertushöhe und die Spezialschule für Teichwirtschaft und Fischzucht in Königswartha zuständig. Zum Aufgabenbereich beider Schulen gehören die Berufsausbildung (Lehrlingsausbildung und die Qualifizierung der Produktionsarbeiter), die Meisterausbildung, die Spezialausbildung und die Weiterbildung (Erwachsenenbildung). Die Fachschule für Binnenfischerei führt zusätzlich die Ausbildung der Elektrofischer und der mittleren Kader (Staatlich geprüfte Fischwirte) durch. Die Berufsbezeichnung „Staatlich geprüfter Fischwirt" kann bei Erfüllung gewisser Voraussetzungen durch die Prüfung als Externer und durch Zuerkennung erworben werden. Die einzelnen Formen der Aus- und Weiterbildung werden durch Angaben über Ziel, Voraussetzungen und Lehrplan beschrieben. B. Fuhrmann. 6010.

3-64/11-9005 *Soulier, A.* **Preliminary bibliography of fish and fisheries for Indonesia.** Bangkok: FAO Regional Office for Asia and the Far East. 1962. (111 S.) 22 × 28 cm = FAO, Indo-Pacific Council, Occasional Paper 62/4. In der vorliegenden Bibliographie sind ca. 1400 Arbeiten aus aller Welt zusammengetragen, die sich mit den Fischen und der Fischerei Indonesiens befassen. Die Anfänge reichen bis 1750 zurück, die neuesten Veröffentlichungen stammen aus dem Jahr 1961. Am Schluß der nützlichen Zusammenstellung befinden sich eine Liste der Periodica Indonesiens, die für fischereiliche Arbeiten in Frage kommen, sowie ein chronologisches Verzeichnis aller aufgeführten Publikationen. W. Steffens.

B. BIOLOGIE DER FISCHEREILICHEN NUTZTIERE

Biologie der Fische

3-64/11-9006 Crossman, E. J.; Toronto, Roy. Ontario Museum. The redfin pickerel, Esox a. americanus in North Carolina. **(Der Rotflossenhecht, Esox a. americanus, in Nord-Karolina.)** Copeia [Philadelphia] **1962** Nr. 1. S. 114-123. – 6 Abb., 3 Tab., 23 Lit.
Vf. ergänzt das spärliche bisher vorliegende Material über Wachstum, Lebenslauf, Nahrung usw. und vergleicht die an 237 Exemplaren gewonnenen Ergebnisse mit älteren Literaturangaben. Von *E. niger* unterscheidet sich *E. a. americanus* außer in der Färbung auch durch die wesentlich kürzere und breitere Schnauze und die geringere Anzahl an Kiemenhautstrahlen. Beide Arten kommen oft gemeinsam vor, *E. americanus* jedoch in wesentlich geringerer Zahl. Im Gegensatz zu anderen Hechtarten finden sich bei den reifen Weibchen Eier in drei Entwicklungsstadien (1,9 mm; 1,3 mm und 0,3 mm). Die Maximalgröße betrug nach 6 Wachstumsperioden 285 mm. Das Alter-Längen-Verhältnis, Längen-Gewichts-Verhältnis und die Längenhäufigkeitsverteilung werden dargestellt. Außerdem wurden Färbung, Körperform, Verbreitung, Vorkommen, Geschlechtsverhältnis, Nahrung und Parasitenbefall untersucht. G. Seifert. 6080.

3-64/11-9007 Blackett, Roger F. Some phases in the life history of the Alaskan blackfish, Dallia pectoralis. **(Einige Lebensabschnitte von Dallia pectoralis.)** Copeia [Philadelphia] **1962** Nr. 1. S. 124-130. – 5 Abb., 2 Tab., 9 Lit.
Vf. untersucht erstmalig Wanderungen, Alter, Wachstum, Fortpflanzungsbiologie und Parasitenbefall dieses außergewöhnlich kälteresistenten Fisches im Big-Eldorado-Creek aus dem Tanana-Flußsystem. Die Fische wandern stromaufwärts, wenn nach dem Eisaufbruch die Wassertemperatur um 5-8 °C angestiegen ist. In einem Reusenfang von 126 Exemplaren waren 3 Altersgruppen mit den Durchschnittsgrößen 64,4 mm, 107,8 mm und 127 mm

enthalten. Das Längen-Massen-Verhältnis und die Abhängigkeit der Größe des Ovars von der Körpermasse werden graphisch dargestellt. Messungen der Eigröße ergaben, daß die Hauptintensität der portionsweisen Laichablage von Mai-Aug. zu verzeichnen ist. G. Seifert. 6080.

3-64/11-9008 Knudsen, Harry. Studies on whiting (Merlangus merlangus [L.]) in the North Sea, Skagerrak and Kattegat. I-II. **(Untersuchungen über Merlangus merlangus in Nordsee, Skagerrak und Kattegat. 1. u. 2. Mitt.)** Medd. Danmarks Fiskeri- og Havundersøgelser **4** (1964) Nr. 5. S. 95-136. – 21 Abb., 18 Tab., 15 Lit. 6080.

3-64/11-9009 Aleev, Ju. G. O mestopoloženii naibol'šej vysoty tela u ryb. **(Über die Stelle der größten Körperhöhe bei Fischen.)** Zoologičeskij žurnal, Moskva **41** (1962) Nr. 9. S. 1429-1431. – 1 Abb., 2 Tab., 3 Lit. Zus. in Engl.
Die Lage der größten Körperhöhe hängt bei den Fischen von ihrer abs. Höhe und von der erzielten Geschwindigkeit beim Schwimmen ab. Bei den schnellsten Schwimmern beträgt die Körperhöhe 10-30, meistens jedoch 12-27% der Länge. Fische mit ruhiger Lebensweise zeichnen sich durch größere Körperhöhen aus (30-50% der Länge). Der Ansatz für die Totalhöhe wird bei den Fischen entsprechend ihrer Lebensweise schon während der Ontogenese ausgebildet. Bei reophilen und pelagischen Fischen sowie bei einigen typischen Räubern ist die größte Körperhöhe weiter nach hinten verlagert worden, wogegen die langsameren Fische ihre Maximalhöhe im mittleren oder cranialen Teil des Körpers aufzuweisen haben. A. Kozianowski. 6085.

3-64/11-9010 Smith, C. Lavett und Bailey, Reeve M.; Ann Arbor, Mich., Univ. The subocular shelf of fishes. **(Der subokulare Rand bei Fischen.)** J. Morphol. [Philadelphia] **110** (1962) Nr. 1. S. 1-17. – 3 Abb., 1 Tab., 14 Lit.
Der subokulare Rand ist eine Knochenplatte, die bei verschiedenen Fischen als Teil der Suborbitalknochen an der Bildung der Augenränder beteiligt ist und den Suborbitalring mit verfestigt. Durch selektive Modifikation und Verlust einzelner Elemente hat der Rand bei den verschiedenen Gruppen der barschartigen Fische mannigfaltige Formen angenommen. Gewöhnlich ist der subokulare Rand ein taxionomisches Familienmerkmal, das jedoch bei einigen Formen innerhalb der Familie auch fehlen kann, wie bei den Carangidae, Emmelichthyidae, Ephippidae, Gerridae, Pempheridae, Scorpaenidae und Sparidae. Bedeutung als phylogenetischer Indikator wird angenommen. M. Hegemann. 6085.

3-64/11-9011 Barsukov, V. Smena zubov u ryb. **(Zahnwechsel bei Fischen.)** Rybovodstvo i rybolovstvo, Moskva **5** (1962) Nr. 4. S. 25-28. – 10 Abb.
Der Zahnwechsel ist bei den Fischen von der Form, der Befestigung und der Lage der Zähne abhängig und verläuft bei den einzelnen Arten unterschiedlich. Im Gegensatz zu den Haien (Selachoidei), die einen kontinuierlichen Zahnwechsel haben, wechseln die Hechte (Esocidae) unregelmäßig und meist nur nach Bedarf ihre Zähne. Der Zahnwechsel bei einigen Plattfischen (Pleuronectidae) und bei den Seewölfen (Anarhichadidae) vollzieht sich periodisch, meist einmal im Jahr, wobei die Fische bis zur vollständigen Ausbildung des neuen Gebisses fast keine Nahrung aufnehmen. Die Karpfenfische (Cyprinidae) wechseln ihre Zähne nicht gleichzeitig, sondern einzeln in unregelmäßigen Abständen und zwar um so öfter, je schneller die Fische wachsen. A. Kozianowski. 6085.

3-64/11-9012 Flood, P. R. und Storm Mathisen, J.; Oslo, Univ., Anatom. Inst. A third type of muscle fibre in the parietal muscle of the Atlantic

hagfish Myxine glutinosa (L)? **(Ein dritter Typ von Muskelfasern im Parietalmuskel von Myxine glutinosa?)** Z. Zellforsch. mikroskop. Anatom. **58** (1962) Nr. 4. S. 638-640. — 3 Abb., 7 Lit.
Seit den Untersuchungen von Maurer und Cole sind 2 Typen von Muskelfasern im Parietalmuskel von *Myxine glutinosa* bekannt, die sich durch die Form der Innervierung und den Lipoidgehalt unterscheiden. Das „Lipoidbild" des Querschnittes läßt das Vorhandensein eines 3. Fasertyps vermuten, der durch einen mittleren Lipoidgehalt charakterisiert ist. Übergänge zwischen den einzelnen Typen sind nicht auffindbar. Die Menge des Sarkoplasmas, die Myofibrillenanordnung und der Faserdurchmesser mit Werten zwischen den schon bekannten 2 rechtfertigen die Annahme eines 3. Fasertyps.
M. Hegemann. 6085.

3-64/11-9013 Stewart, Kenneth W.; Vancouver, Univ. of Brit. Columbia, Inst. of Fisheries. Observations on the morphology and optical properties of the adipose eyelid of fishes. **(Beobachtungen über die Morphologie und die optischen Eigenschaften des Fettlides der Fische.)** J. Fisheries Res. Board Canada **19** (1962) Nr. 6. S. 1161-1162.
Das aus einem vorderen und hinteren Abschnitt bestehende Fettlid ist typisch für die Clupeoides, Mugilidae, Carangidae und Scombridae. Die Albulidae haben nur einen sehr schmalen Spalt des Lides über der Pupille, und bei den Salmoniden ist schließlich nur noch der hintere Teil des Lides erhalten. Das Lid besteht aus mehreren Schichten, deren Lichtabsorption von der Polarisationsebene des Lichtes abhängt. Das Fettlid läßt weniger Licht hindurch, wenn dessen Polarisationsebene parallel mit der dorsoventralen Achse des Lides ist, was durch die Lage der in gleicher Achse liegenden parallelen Fasern des Gewebes bedingt wird. 2 Wirkungsmechanismen des Fettlides stehen zur Diskussion: 1. Das Lid verstärkt die Wirkung der Linse. 2. Es befähigt den Fisch zur Wahrnehmung polarisierten Lichtes. M. Hegemann. 6085.

3-64/11-9014 Garcia Romeu, Federico und Pascar, Celia G. de. The caudal neurosecretory system of the teleostean Clupea melanostoma. **(Das caudale neurosekretorische System des Teleosteers Clupea melanostoma.)** Z. Zellforsch. mikroskop. Anatom. **58** (1962) Nr. 3. S. 422-426. — 5 Abb., 13 Lit.
Das caudale neurosekretorische System, die Urophyse, von *Cl. melanostoma* ist eine Erweiterung des Rückenmarks mit 2 deutlich unterscheidbaren Zonen, einer ventralen und ventrolateralen Zone, in der Neurosekret gesammelt wird, und einer dorsalen zellreichen Zone. Vff. nehmen an, daß sich die vasculäre Zone bei den höher entwickelten Knochenfischen zur Urophyse entwickelt, während die dorsale zellreiche Zone ein Teil des Filum terminale wird. 2 Haupttypen neurosekretorischer Zellen sind zu unterscheiden, die polygonalen oder fusiformen basophilen Zellen im Filum terminale und die Dahlgren-Neuronen, die zwei- bis dreimal größer sind als die ersteren.
M. Hegemann. 6085.

3-64/11-9015 Roberts, Nicholas J. und Winn, Howard E.; College Park, Univ. of Maryland. Utilization of the senses in feeding behavior of the Johnny darter, Etheostoma nigrum. **(Der Gebrauch der Sinnesorgane beim Ernährungsverhalten von Etheostoma nigrum.)** Copeia [Philadelphia] **1962** Nr. 3. S. 567-570. — 1 Tab., 2 Lit.
Versuche mit lebenden und toten Würmern sowie Wurmextrakt demonstrierten, daß die Freßreaktionen bei *E. nigrum* in erster Linie durch die visuelle Bewegungswahrnehmung hervorgerufen werden. Leichte Reaktionen gegenüber Geruchswahrnehmungen waren gleichfalls zu beobachten. Es bestand eine Beziehung zwischen dem Gebrauch des Gesichtssinnes und der Gehirnstruktur. G. Seifert. 6085.

3-64/11-9016 Aronov, M. P. Rol' organov čuvstv v dobyvanii pišči u ryb. **(Die Rolle der Tastorgane bei der Nahrungssuche der Fische.)** Uspechi sovremennoj biologii, Moskva **54** (1962) Nr. 1. S. 115-128. – 3 Tab., 60 Lit.
Im Ablauf der als mehrstufig erkannten Nahrungsreaktion der Fische lassen sich 3 Arten von Tätigkeiten abgrenzen: signalisierende, richtungsweisende und kontrollierende. Nach der Bedeutung der Sinnesorgane können die Fische in mehrere adaptive Gruppen eingeteilt werden, die auf Kombinationen optischer, seismosensorischer, olfaktorischer und gustatorischer Empfindungen beruhen. E. Koch/Jena. 6085.

3-64/11-9017 McBride, J. R., Idler, D. R., Jonas, R. E. E. und Tomlinson, N.; Vancouver, Brit. Columbia, Fisheries Res. Board of Canada. Olfactory perception in juvenile salmon. I. Observations on response of juvenile sockeye to extracts of foods. **(Die Geruchsperzeption junger Lachse. 1. Mitt. Beobachtungen der Reaktion junger Sockeye-Lachse gegenüber Nahrungsextrakten.)** J. Fisheries Res. Board Canada **19** (1962) Nr. 2. S. 327-334. – 2 Abb., 4 Tab., 11 Lit.
Smolts von *Oncorhynchus nerka*, denen im Aquarium wäßrige Auszüge verschiedener Naturnahrung zugeführt wurden, zeigten Such- und Freßreaktionen, wenn sie bereits einmal die betreffende Nahrung aufgenommen hatten. War dies jedoch nicht der Fall, so blieben die Reaktionen aus. Diese Reaktionen der Fische zeichneten sich durch Austritt aus dem Schwarm, zunehmende Schwimmgeschwindigkeit und Schwimmen in hellere Gebiete aus. Die Fische waren in der Lage, ihre Nahrungssubstanzen noch in einer Verdünnung von 1 · 80 Mill., berechnet auf die Frischmasse der Nahrung, wahrzunehmen. G. Seifert. 6085.

3-64/11-9018 Kapoor, A. S.; Jodhpur, India, Univ. On the nomenclature of various pores of laterosensory canals in fishes. **(Über die Nomenklatur verschiedener Poren des Seitenlinienkanals bei Fischen.)** Zool. Anz. **169** (1962) Nr. 9/10. S. 368-372. – 5 Abb., 8 Lit.
Vf. versucht anhand seiner bisherigen Untersuchungen am Seitenliniensystem von *Heteropneustes fossilis*, *Wallago attu* und *Ophiocephalus punctatus* eine Systematisierung der Nomenklatur der verschiedenen Poren zu erreichen, da die Bezeichnungen früherer Autoren voneinander abweichen bzw. nicht mehr den neuen Erkenntnissen entsprechen. M. Hegemann. 6085.

3-64/11-9019 Burke, Jack D.; Richmond, Va., Univ. A simple technique for immobilizing fish to remove blood. **(Eine einfache Haltevorrichtung für Fische bei der Blutentnahme.)** Copeia [Philadelphia] **1962** Nr. 4. S. 852-854. – 1 Abb., 6 Lit.
Eine Schwierigkeit bei der Blutentnahme liegt in der kurzen Gerinnungszeit, die 30 s und weniger beträgt. Vf. beschreibt eine Methode, nach der die Fische auf einem Brett (2 × 12 × 38 cm) befestigt werden. Dadurch wird in kurzer Zeit eine sichere Blutentnahme aus dem Herzen mittels Spritze oder Pipette möglich. Der Fisch wird dabei durch je 1 Haken am Unterkiefer und am Schwanzstiel, sowie durch je 1 Schnur-Halterung am vorderen und hinteren Rumpfabschnitt unbeweglich auf dem Brett gehalten. Das Blutentnahmegerät ist vorher mit einem gerinnungshemmenden Mittel (Heparin) zu spülen. G. Merla. 6085.

3-64/11-9020 Gončarov, G. D.; Borok, Inst. für Biol. der Stauseen der Akad. der Wiss. der UdSSR. Immunologičeskaja reaktivnost' u ryb. **(Die immunologische Reaktion der Fische.)** Bjulleteń Instituta biologii vodochranilišč. Akademija nauk SSSR, Moskva-Leningrad **1962** Nr. 12. S. 53-56. – 2 Tab., 19 Lit.
Entgegen den früheren Ergebnissen von B. G. Awetikjan konnte Vf. einwandfrei feststellen, daß auch bei Fischen (*Cyprinus carpio*, *Abramis brama*

und *Rutilus rutilus*) ausgesprochen spez. wirkende Agglutinine gebildet werden. Die Mißerfolge B. G. Awetikjans sind auf methodische Fehler, insbes. darauf zurückzuführen, daß die Fische bei zu niedrigen Wassertemperaturen (6-12 °C) und ohne ausreichende Fütterung gehalten wurden. Die Versuchsfische müssen bei 17-20 °C gehalten und regelmäßig gefüttert werden.

H.-W. Hattop. 6085.

3-64/11-9021 Papermaster, Ben W., Condie, Richard M. und Good, Robert A. Immune response in the California hagfish. **(Immunreaktion bei Eptatretus stoutii.)** Nature [London] **196** (1962) Nr. 4852. S. 355-357. – 2 Abb., 6 Lit.

Mit verschiedenen Antigenen (abgetötete *Brucella abortus*, Typhus-, Paratyphus-A- und B-Vakzine, Rinder-Serum-Albumin u. a.) konnte die Bildung zirkulierender Antikörper nicht erzielt werden. Nach Behandlung mit BCG und Alttuberkulin konnte keine Überempfindlichkeit beobachtet werden. Transplantationen und Autimplantationen von Hautstücken schlugen mit einer Ausnahme fehl. Operationswunden führten meist innerhalb von 7 bis 14 Tagen zum Tode. Im Serum fehlten Stoffe vom Typ der Albumine und γ-Globuline höherer Tiere. Experimentelle Entzündungen in der Muskulatur boten histol. das Bild lokaler Infiltrationen von Erythrozyten und weißen Zellen (phagozytierende Histiozyten ?). Den Lymphozyten höherer Tiere vergleichbare Zellen fehlten im Blut. Th. Mattheis. 6085.

3-64/11-9022 Brett, J. R.; Nanaimo, Brit. Columbia, Fisheries Res. Board of Canada. Some considerations in the study of respiratory metabolism in fish, particularly salmon. **(Einige Betrachtungen über das Studium des Atemstoffwechsels beim Fisch, speziell beim Lachs.)** J. Fisheries Res. Board Canada **19** (1962) Nr. 6. S. 1025-1038. – 43 Lit.

Die Arbeit ist ein Überblick über die Grundlagen und Messungen des Atemstoffwechsels spez. beim Pazifiklachs (*Oncorhynchus*), mit bes. Berücksichtigung des Ursprungs und der Größe der von verschiedenen Faktoren vorgetäuschten Einflüsse. Für die stromlinienförmigen Salmoniden wird vorgeschlagen, die zum Antrieb notwendige Energie auf der Basis 1 Körperlänge/s zu vergleichen. M. Hegemann. 6085.

3-64/11-9023 Saunders, Richard L.; St. Andrews, Fisheries Res. Board of Canada. The irrigation of the gills in fishes. II. Efficiency of oxygen uptake in relation to respiratory flow activity and concentrations of oxygen and carbon dioxide. **(Der Durchströmungs-Vorgang in den Kiemen der Fische. 2. Mitt. Leistungsfähigkeit der Sauerstoffaufnahme in Beziehung zur Atemaktivität und den Konzentrationen von O_2 und CO_2.)** Canad. J. Zool. **40** (1962) Nr. 5. S. 817-862. – 14 Abb., 9 Tab., 58 Lit. 1. Mitt. vgl. LZ. Abt. III **7** (1962) Nr. 12. S. 2644.

Das Atemvolumen, die prozentuale Ausnutzung des Sauerstoffs und die Rate des Sauerstoffverbrauchs wurden bei schwimmenden und nichtschwimmenden *Catostomus commersoni, Ictalurus nebulosus* und *Cyprinus carpio* unter verschiedenem Angebot von O_2 und CO_2 gemessen. Bis 85% des zugeführten Sauerstoffs werden vom ruhig atmenden Fisch ausgenutzt. Hohe Atemvolumina sind allg. mit geringer Ausnutzung des Sauerstoffs verbunden und umgekehrt. Bei geringem Sauerstoffangebot und hohem CO_2-Gehalt kann das Atemvolumen bis zum 30fachen des normalen zunehmen. Geringe Erhöhung des pCO_2 führt zur Verminderung der Ausnutzung des Sauerstoffangebots, wobei jedoch nach 3-5 h schon wieder Normalwerte erreicht werden. Aktiv schwimmende Fische beantworten die CO_2-Zunahme durch dauernde Verstärkung der Atemrate und Abnahme der prozentualen Ausnutzung.

M. Hegemann. 6085.

3-64/11-9024 Wohlschlag, Donald E. Antarctic fish growth and metabolic differences related to sex. **(Das Wachstum antarktischer Fische und**

Stoffwechselunterschiede in Beziehung zum Geschlecht.) Ecology **43** (1962) Nr. 4. S. 589-597. – 3 Abb., 2 Tab., 19 Lit.

Der unter dem Eis lebende *Trematomus vernacchii* wurde im.Lab. bei −1,9° bis +3,0 °C gehalten. Die ♂♂ zeigten höhere Stoffwechselaktivität. Sowohl bei einigen ♂♂ als auch ♀♀ waren im Temperaturbereich von −1,9° bis 0,0 °C Tendenzen zu erhöhtem Stoffwechsel vorhanden. Trotz geringeren Stoffwechsels wuchsen die ♀♀ schneller. M. Hegemann. 6085.

3-64/11-9025 Baslow, Morris H.; New York, N. Y., Aquarium. Neurosine, a new oligopeptide isolated from the brain of fish and other cold-blooded vertebrates. I. Identification and partial characterization. **(Neurosin, ein neues aus dem Gehirn von Fischen und anderen Kaltblütern isoliertes Oligopeptid. 1. Mitt. Identifikation und vermutliche Struktur.)** J. Fisheries Res. Board Canada **21** (1964) Nr. 1. S. 107-113. – 1 Abb., 3 Tab., 13 Lit.

Bei der auf Grund der Entdeckung des Dipeptids Homocarnosin im Rinderhirn begonnenen Durchmusterung von Poikilothermengehirnen stellte sich heraus, daß fast alle Histidinreste des wässerigen Hirnauszuges weder mit Histidin noch mit Homocarnosin, Carnosin oder Anserin identisch sind. Das neue Oligopeptid wurde Neurosin genannt und bei *Fundulus heteroclitus*, *F. majalis*, *Carassius auratus*, *Pseudopleuronectes americanus*, *Scomber scombrus*, *Mollienisia formosa*, *Lobotes surinamensis*, *Ocyurus chrysurus*, drei Amphibien und zwei Reptilien gefunden, nicht aber bei Säugern und Vögeln und auch nicht bei *Squalus acanthias* und *Petromyzon marinus*. Neurosin enthält vermutlich einen Homocarnosinrest und hat mit diesem wahrscheinlich funktionelle Ähnlichkeit. H. J. Rümmler. 6085.

3-64/11-9026 Hochachka, P. W. und Sinclair, A. C.; Edmonton, Univ. of Alberta. Glycogen stores in trout tissues before and after stream planting. **(Der Gewebeglykogengehalt bei Forellen vor und nach dem Besatz in Flüssen.)** J. Fisheries Res. Board Canada **19** (1962) Nr. 1. S. 127-136. – 3 Tab., 21 Lit.

Während des Transportes sank der Glykogengehalt in der Körpermuskulatur von künstlich aufgezogenen *Salmo gairdneri* und wilden *Salmo clarki*, während er in der Herzmuskulatur etwas zunahm. Bei größeren Fischen erneuerte sich der Glykogengehalt der Muskulatur schneller als bei kleineren und zeigte Beziehungen zum Glykogengehalt der Leber und dem Milchsäurespiegel des Blutes. Nach der Ernährungsstabilisierung sank der Glykogenspiegel des Herzens wieder ab. In Gegenwart der künstlich aufgezogenen Fische waren die Reserven an Muskel-Glykogen bei den wilden Forellen niedriger als ohne deren Anwesenheit. Eine Erschöpfung an Glykogen in Verbindung mit erhöhter körperlicher Inanspruchnahme und gesteigertem Grundumsatz wird als Ursache für verspätete Mortalität nach dem Besatz betrachtet.
G. Seifert. 6085.

3-64/11-9027 Trautner, Klaus und Bramstedt, Fritz; Hamburg, Univ., Physiol.-Chem. Inst.; Bundesforsch.-Anst. für Fischerei, Inst. für Küsten- und Binnenfischerei. **Der Einfluß verschiedener Fang- und Tötungsmethoden auf den ATP- und Glykogengehalt der Forellenmuskulatur.** Arch. Fischereiwiss. **13** (1962) Nr. 3. S. 130-138. – 8 Abb., 2 Tab., 10 Lit.

Bei 25 cm langen *Salmo gairdneri* konnten nach 30 min Jagd durchs Aquarium und anschließender Tötung durch Dekapitieren 1,40 μMol ATP/g fettfreier Trockensubstanz und 0,063% Muskelglykogen bestimmt werden. Für Fang mit Kescher ergaben sich Werte von 14,60 μMol ATP/g und 2,079% Glykogen, elektrische Betäubung im Aquarium und Einfrieren in flüssiger Luft 21,23 μMol ATP/g und 1,886% Glykogen. Das Verhältnis des ATP-Gehaltes nach verschiedenen Methoden getöteter Forellen war lebend in flüssiger Luft : Schlag : dekapitiert : elektrisch = 1 : 1,46 : 1,82 : 3,31. Der Glykogengehalt erfuhr keine erkennbare Beeinflussung. Th. Mattheis. 6085.

3-64/11-9028 Thurston, Claude E.; Seattle, Wash., U.S. Bureau of Commercial Fisheries. Physical characteristics and chemical composition of two subspecies of lake trout. **(Körpermerkmale und chemische Zusammensetzung zweier Subspecies des Seesaiblings.)** J. Fisheries Res. Board Canada **19** (1962) Nr. 1. S. 39-44. – 2 Abb., 3 Tab., 4 Lit.
In der Tiefe des Oberen Sees werden 2 verschiedene Typen des Seesaiblings gefangen, ein „fetter" und ein normaler oder „magerer". Beide Typen repräsentieren getrennte Subspecies: *Cristivomer* (*Salvelinus*) *namaycush namaycush* und *Cristivomer namaycush siscowet*. Die letztere Subspecies unterscheidet sich von *C. n. namaycush* durch einen kleineren Kopf, einen größeren Rumpf, hellere Färbung, größere Schuppen und einen wesentlich höheren Fettgehalt. Das Filet von *C. n. siscowet* erreichte mit 67% den höchsten von Fischen bekannt gewordenen Fettgehalt. Bei *C. n. namaycush* betrug er etwas weniger als 20%. G. Seifert. 6085.

3-64/11-9029 Khoe, T. H.; Münster/Westf., Dtsch. Inst. für Fettforsch. **Ergebnisse neuerer Untersuchungen über Fette von See- und Süßwassertieren.** Arch. Fischereiwiss. **13** (1962) Nr. 1/2. S. 9-21. – 95 Lit.
Es wird ein Überblick über das Schrifttum aus den Jahren 1955-1960 auf dem Gebiet der Analyse, der Konstitutionsermittlung, der Biologie und der Technologie der Seetier- und einiger Süßwasserfisch-Fette gegeben.
M.-L. Albrecht. 6085.

3-64/11-9030 Ackman, R. G., Burgher, R. D. und Hughes, M. L.; Halifax, Nova Scotia, Fisheries Res. Board of Canada. The free fatty acids of cod oil. I. Anomalous composition by fatty acid chain length. **(Die freien Fettsäuren des Kabeljau-Öls. 1. Mitt. Anomale Zusammensetzung, bedingt durch die Kettenlänge der Fettsäuren.)** J. Fisheries Res. Board Canada **19** (1962) Nr. 6. S. 1081-1084. – 1 Tab., 10 Lit.
Beim Vergleich der Zusammensetzung der neutralen Fraktion von Kabeljau-Öl, das von Neufundland stammte, mit den freien Fettsäuren wurden Unstimmigkeiten im rel. Verhältnis gewisser Fettsäurekomponenten zueinander festgestellt. Mit Hilfe der Gaschromatographie durchgeführte quantitative Analysen über die Kettenlänge zeigten, daß bes. die C_{22}-Gruppe im geringeren Prozentsatz als gewöhnlich vorhanden war. Die Jodzahl war gleichfalls niedriger als üblich. Es wird angenommen, daß spez. Enzyme und bakterielle Vorgänge für die Veränderungen verantwortlich zu machen sind.
M.-L. Albrecht. 6085.

3-64/11-9031 Altner, Helmut. **Die Bedeutung von Lipiden im Epithel des Saccus vasculosus des Selachiergehirns.** Naturwissenschaften **51** (1964) Nr. 9. S. 225-226. – 1 Abb., 9 Lit. 6085.

3-64/11-9032 Münkner, W. **Fettbestimmungsmethoden in der Fischwirtschaft.** Fischereiforschung **5** (1962) Nr. 5. S. 17-19. – 1 Tab., 13 Lit.
Die wichtigsten Fettbestimmungsmethoden werden kurz erläutert. Die Methode von Soxhlet ist sehr zeitraubend. Außerdem wird mit ihr nicht der gesamte Lipoidanteil erfaßt, sondern nur das ungebundene freie Fett. Besser eignet sich deshalb die am häufigsten angewendete und die besten Ergebnisse liefernde Methode nach Weibull-Stoldt. Dieses Verfahren wird wegen seiner generellen Anwendungsmöglichkeit auch als „Universal"-Fettbestimmungsmethode bezeichnet. Durch den Säureaufschluß wird das gesamte Fett quantitativ erfaßt. Auch diese Methode ist sehr zeitraubend. Weiterhin wird ein Schnellverfahren zur Fettbestimmung von Podeszewski und Nodzinski mitgeteilt. Das Verfahren von Großfeld und Leithe ist zeitsparend und daneben sehr einfach. Die Ergebnisse sind jedoch nicht voll befriedigend. Die volumetrische Fettbestimmung nach van Gulik bzw. Gerber wendet Verfahren an, die ausgesprochene Schnellmethoden sind. Dabei müssen je-

doch Fehler von $\pm 1\%$ in Kauf genommen werden. Hennings wandelte die Methode dahin um, daß er den Fisch mit Essigsäure zunächst homogenisierte. Der größte auftretende Fehler betrug $\pm$ 0,6%. M.-L. Albrecht. 6085.

3-64/11-9033 Warner, Kendall. The landlocked salmon spawning run at Cross Lake thoroughfare, Maine. **(Die Laichwanderungen des Binnenseelachses im Cross-See-Durchgang, Maine.)** Copeia [Philadelphia] **1962** Nr. 1. S. 131-138. — 2 Abb., 5 Tab., 10 Lit.

Die Arbeit enthält einige Untersuchungen über das Laichverhalten und die Zusammensetzung der Wanderzüge des Binnenseelachses (*Salmo salar*) in den Seen des Fish-Flusses sowie Vergleiche mit anderen Gewässern des Staates Maine. Von 1953-58 fanden die Laichwanderungen ca. zwischen dem 20. Okt. und 10. Nov. statt, Wanderung und Laichablage erfolgten meist nachts. Der größte Teil der Laichfische gehörte den Altersgruppen III-VI an, in anderen Gewässern des Staates fehlte die Altersgruppe VI. Nach dem Ablaichen betrug der durchschnittliche Massenverlust der Rogner ca. 25%. Das Geschlechtsverhältnis wird mit annähernd 1:1 angegeben. Während die Milchner mit 3-5 Jahren zum erstenmal laichen, beginnen die Rogner erst im 4.-5. Jahr. Markierungsversuche zeigten, daß nur wenige Lachse in aufeinanderfolgenden Jahren laichen, die meisten setzen ein Jahr aus. G. Seifert. 6090.

3-64/11-9034 Hartman, G. F., Northcote, T. G. und Lindsey, C. C. Comparison of inlet and outlet spawning runs of rainbow trout in Loon Lake, British Columbia. **(Vergleich von Laichwanderungen der Regenbogenforelle im Zu- und Abfluß des Loon-Sees, British-Kolumbien.)** J. Fisheries Res. Board Canada **19** (1962) Nr. 2. S. 173-200. — 12 Abb., 5 Tab., 11 Lit.

Die Arbeit enthält Informationen über Zeitpunkt, Überlebensrate, Alterszusammensetzung und eine Anzahl weiterer Merkmale der Vermehrungsbiologie von *Salmo gairdneri*. Alle in den Zu- oder Abluß des Sees hinein- oder aus ihm herauswandernden Forellen wurden von 1953-55 in Reusen gefangen, untersucht und markiert. Im Abfluß fand die Laichwanderung jährlich ca. zur gleichen Zeit statt, trotz der großen Unterschiede im Zeitpunkt des Eisaufbruches. Im Zufluß begann die Laichwanderung ca. 3-5 Wochen früher und wurde hier durch verspäteten Eisaufbruch verzögert. In beiden Flüssen wurden das Geschlechtsverhältnis und die tägl. Wanderungen festgestellt. Die in verschiedener Weise vorgenommenen Markierungen verursachten bei Entfernung der Fettflosse eine weit geringere Mortalität als bei Verwendung der Petersenscheibe. Im Abfluß existiert zwischen der Anzahl an Laichern und der Überlebensrate, Kondition sowie der Länge des Aufenthaltes eine umgekehrte Korrelation. Abschließend werden einige Faktoren diskutiert, welche möglicherweise die Unterschiede im Zeitpunkt der Laichwanderungen verursachen. G. Seifert. 6090.

3-64/11-9035 Lewis, Robert M.; Beaufort, N. C., U. S. Fish and Wildlife Serv. Sexual maturity as determined from ovum diameters in striped bass from North Carolina. **(Bestimmung der Laichreife an den Eidurchmessern bei Roccus saxatilis von Nord-Karolina.)** Trans. Amer. Fisheries Soc. **91** (1962) Nr. 3. S. 279-282.

Bei den Untersuchungen fanden sich 3 Eitypen: 1. durchscheinende Eier von 0,03-0,23 mm, 2. durchscheinende Eier mit beginnender Dotterbildung (0,15-0,30 mm) und 3. undurchsichtige Eier von 0,33-ca. 1 mm Durchmesser. Bei Typ 2 und 3 wurde für jeden Mon. die Minimalgröße festgestellt. Erreichen die Eier eines Weibchens diese Minimalgröße, dann kann angenommen werden, daß es zur nächsten Saison laichreif wird. Fische mit Eiern von Typ 1 werden erst später reif. Der Anteil laichreifer Fische nimmt ab Altersgruppe III schnell zu und verringert sich ab Altersgruppe VII wieder, bis völliger Stillstand erreicht ist. G. Seifert. 6090.

3-64/11-9036 Miller, Jack G.; Bellefonte, Pa., Fish Commiss. Occurrence of ripe chain pickerel in the fall. **(Vorkommen reifer Esox niger im Herbst.)** Trans. Amer. Fisheries Soc. **91** (1962) Nr. 3. S. 323. – 2 Lit.
Von 101 Hechten, die im Sept. 1961 auf dem Black-Moshannon-Stausee mit Reusen gefangen wurden, waren 10 Milchner und 8 Rogner laichreif. Die Eier wurden abgestreift, befruchtet und mit einem Schlupfergebnis von 64-72% erbrütet. Die Entwicklung der Larven verlief normal. Ein herbstliches Ablaichen war bisher bei *Esox niger* noch nicht beobachtet worden. Die Anzahl der Eier scheint in diesem Fall geringer zu sein als bei den im Frühjahr laichenden Exemplaren. Im Okt. 1961 gelang es, *E. niger* ♀ mit *E. americanus vermiculatus* ♂ zu kreuzen, von dem schon mehrfach im Herbst laichreife Fische beobachtet worden waren. Auch bei *E. vermiculatus* treten im Herbst laichreife Exemplare auf. G. Seifert. 6090.

3-64/11-9037 Pitt, T. K. Fecundity of the American plaice, Hippoglossoides platessoides (Fabr.) from Grand Bank and Newfoundland areas. **(Die Fruchtbarkeit von Hippoglossoides platessoides aus den Gebieten der Großen Bank und Neufundlands.)** J. Fisheries Res. Board Canada **21** (1964) Nr. 3. S. 597-612. – 3 Abb., 4 Tab., 16 Lit. 6090.

3-64/11-9038 Hisaoka, K. K. und Firlit, C. F.; Chicago, Ill., Loyola Univ. Ovarian cycle and egg production in the zebrafish, Brachydanio rerio. **(Ovarialzyklus und Eiproduktion bei Brachydanio rerio.)** Copeia [Philadelphia] **1962** Nr. 4. S. 788-792. – 3 Tab., 16 Lit.
Histol. Untersuchungen von Ovarium und Ovidukt außerhalb und während der Zeit der Eiablage zeigten, daß ohne Stimulation durch ♂♂ beim Vermehrungsprozeß keine Oocyten das ovariale Gewebe verlassen. *B. rerio* läßt bei 26 °C einen Ovarialzyklus von 5 d erkennen. Bei Temperaturanstieg auf 29 °C verkürzt sich der Zyklus auf 2 d, bei 22,5 °C ist die Eiablage gehemmt. G. Merla. 6090.

3-64/11-9039 Robertson, O. H. und Wexler, Bernard C. Histological changes in the pituitary gland of the Pacific salmon (genus Oncorhynchus) accompanying sexual maturation and spawning. **(Histologische Veränderungen in der Hypophyse des Pazifik-Lachses [Gattung Oncorhynchus] in Beziehung zu Geschlechtsreife und Fortpflanzung.)** J. Morphol. [Philadelphia] **110** (1962) Nr. 2. S. 171-185. – 17 Abb., 21 Lit.
Die Hypophyse nicht reifer Lachse zeigt gleiche Verhältnisse wie die der Regenbogenforellen, nämlich einen rel. kleinen Dorsallappen, der vorwiegend aus Azidophilen besteht, und einen großen ventralen Lappen. Bei Reifung der Gonaden wächst der Dorsallappen, die Chromophilenzahl nimmt zu. Einige Zeit vor dem Reifebeginn treten die degenerativen Erscheinungen auf. Diese sind ausgedehnte Faserbildungen, Bildung von Cysten in beiden Lappen, Vakuolisierungen, Verkleinerung der Basophilen mit nachfolgender Auflösung der Baso- und Azidophilen. M. Hegemann. 6090.

3-64/11-9040 Holliday, F. G. T.; Aberdeen, Univ. Hermaphroditism in the herring (Clupea harengus L.). **(Hermaphroditismus beim Hering [Clupea harengus].)** Proc. Roy. Soc. Edinburgh, Sect. B **68** (1961/62) Nr. 3. S. 208-214. – 4 Abb., 21 Lit.
Vf. beschreibt 4 hermaphroditische Exemplare von *Clupea harengus*. Bei 3 Heringen war der männliche Teil der Gonaden in einem späteren Entwicklungsstadium als der weibliche, beim 4. waren beide Teile gleichzeitig laichreif und wurden gemeinsam ausgestoßen. Bei 2 Fischen war die für die Kloakenregion der männlichen Heringe charakteristische Muskelpartie vorhanden, sie war jedoch schwächer entwickelt. Die Zeitdifferenz in der Reifung der männlichen und weiblichen Gonadenanteile wird in ihrer Relation zur Kontrolle der Gametogenese durch die Hypophyse diskutiert. J. Waldmann. 6090.

3-64/11-9041 Holčik, Juraj und Duyvené de Wit, J. J.; Bratislava, Akad. of Agric. Sci.; Bloemfontein, Univ. of the Orange Free State. The taxonomic characteristics of hybrid Rhodeus. **(Taxionomische Eigenschaften von Hybriden der Gattung Rhodeus.)** Copeia [Philadelphia] **1962** Nr. 4. S. 777-788. – 7 Abb., 3 Tab., 20 Lit.
Die Kreuzung der allopatrischen Arten *R. sericeus amarus* × *R. o. ocellatus* lieferte normal lebensfähige Nachkommen. Beide Hybridkombinationen ergaben nur ♂♂. Zähl- und meßbare Merkmale der Hybriden von *R. s. amarus* ♀ × *R. o. ocellatus* ♂ deuteten auf intermediäre Erbgänge, das Erscheinungsbild neigte jedoch zur ♀-Art. Ähnliches wurde bei der reziproken Kreuzung beobachtet. Die Variabilität der Hybrid-Eigenschaften war bei *R. o. ocellatus* ♀ × *R. s. amarus* ♂ größer als im umgekehrten Falle. Die Mehrheit der Hybrid-Eigenschaften war hier mehr ♀-bedingt, seltener ♂-bedingt. Einige Eigenschaften traten neu auf. Vermutlich sind beide Elter-Arten phylogenetisch nahe verwandt. G. Merla. 6090.

3-64/11-9042 New, John G.; Oneonta, N. Y., State Univ. Coll. Hybridization between two cyprinids, Chrosomus eos and Chrosomus neogaeus. **(Hybridisation zwischen zwei Cypriniden, Chrosomus eos und Chrosomus neogaeus.)** Copeia [Philadelphia] **1962** Nr. 1. S. 147-152. – 6 Abb., 1 Tab., 12 Lit.
Die Arbeit enthält die Ergebnisse morphometrischer Studien, die an 12 charakteristischen Merkmalen bei *Chrosomus eos*, *C. eos* × *C. neogaeus* und *C. neogaeus* durchgeführt wurden. Von diesen 12 Merkmalen der Hybriden tendierten 9 nach *C. eos*. Beide Arten besitzen einen sehr verschieden langen Darm, womit erhebliche Unterschiede in Lage und Gestalt der Leibeshöhlenorgane verbunden sind. Auf Grund dieser Unterschiede kommt es bei den Hybriden zu intermediären Erscheinungen, aus deren Tendenz zur einen oder anderen Art geschlossen werden kann, ob es sich um echte F_1-Hybriden oder um Rückkreuzungen handelt. Vf. nimmt an, daß bei dieser Hybridisation Introgression auftritt, was aber durch Versuche noch zu bestätigen ist.
G. Seifert. 6090.

3-64/11-9043 Kosswig, Curt; Hamburg, Zool. Staatsinst.; Zool. Museum. Problems of polymorphism in fishes. **(Probleme des Polymorphismus bei Fischen.)** Copeia [Philadelphia] **1964** Nr. 1. S. 65-75. – 13 Abb., 18 Lit.
Vf. erörtert genetische Fragen am Beispiel von 5 Fischarten mit stark variierendem Phänotyp. Bei *Lebistes reticulatus* und *Xiphophorus maculatus* geht er auf Probleme des Polymorphismus in der Färbung und bei *Gasterosteus aculeatus* auf die Möglichkeiten der Entstehung von drei Beschuppungsformen (*trachurus*, *semiarmatus* und *leiurus*) ein. Die Gruppe „*Anatolichthys*" weist eine sehr große Variabilität der Körperbeschuppung auf, nahezu jedes Individuum besitzt eine andere Beschuppungsform. Hybriden zwischen *Astyanax mexicanus* und dem als eine weitgehend spezialisierte ökologische Rasse derselben Art zu betrachtenden Höhlenbewohner *Anoptichthys jordani* lassen alle Übergangsformen im Verlust der Pigmentierung und in der Reduktion der Augen erkennen. G. Seifert. 6090.

3-64/11-9044 Iversen, E. S. und Tabb, D. C.; Miami, Univ., Inst. of Marine Sci. Subpopulations based on growth and tagging studies of spotted seatrout, Cynoscion nebulosus, in Florida. **(Subpopulationen auf der Grundlage von Wachstums- und Markierungsuntersuchungen bei Cynoscion nebulosus in Florida.)** Copeia [Philadelphia] **1962** Nr. 3. S. 544-549. – 2 Abb., 2 Tab., 16 Lit.
Aus den Ergebnissen von Markierungen und Wachstumsuntersuchungen ist zu entnehmen, daß an der Küste von Florida Subpopulationen von *Cynoscion nebulosus* existieren, die sich durch unterschiedliche Wachstumsraten von-

einander unterscheiden. Markierungsversuche, nach denen 95% der Fische weniger als 30 Meilen abwanderten, lassen eine gewisse Standorttreue erkennen. Diese Erkenntnis macht einige Einschränkungen in der Befischungsintensität bestimmter Subpopulationen erforderlich. G. Seifert. 6095.

3-64/11-9045 Groenewald, A. A. v. J.; Lydenburg, Republic of South Africa, Prov. Fisheries Inst. The role of Eutropius depressirostris Peters (Pisces: Schilbeidae) as a predator in a lowveld impoundment in the Transvaal. **(Die Rolle von Eutropius depressirostris [Pisces: Schilbeidae] als Raubfisch in einem Flachlandstaubecken in Transvaal.)** Hydrobiologia [Den Haag] **23** (1964) Nr. 1/2. S. 267-273. — 2 Abb., 4 Tab., 3 Lit.
Vf. untersucht die Artenzusammensetzung und die rel. Populationsdichte im Njelele-Damm, einem oligotrophen Flachlandstausee. Die Probefänge bestanden zahlenmäßig zu 38% und massenmäßig zu 65% aus *Tilapia*-Arten. Die gesamte Population ist zu gering genutzt, dennoch ist keine Übervölkerung der *Tilapia*-Arten zu bemerken, auch ihre Brut tritt nur spärlich auf. Es wird nachgewiesen, daß dieses Gleichgewicht auf die Gegenwart des räuberischen Siluroiden *E. depressirostris* zurückgeführt werden kann. Im Wachstum von *E. depressirostris* wird ein deutlicher Geschlechtsdimorphismus nachgewiesen. G. Seifert. 6095.

3-64/11-9046 Gebhardt, M. **Fischfauna des Elbhafens Prossen bei Bad Schandau und der Polenz mit ihren Nebenbächen.** Dtsch. Fischerei-Ztg. **11** (1964) Nr. 5. S. 156-157. 6100.

3-64/11-9047 Balon, Eugenuisz K. und Havlena, František; Bratislava, Lab. für Ichthyol. **Studien über die Ichthyofauna des tschechoslowakischen Donau-Abschnittes.** Arch. Hydrobiol., Suppl. **27** (1964) Nr. 3. S. 325-364. — 1 Abb., 5 Tab., 118 Lit.
Vff. geben eine Übersicht über die ichthyologischen Studien am tschechoslowakischen Donauabschnitt unter bes. Berücksichtigung der Arbeiten in den Jahren von 1954-1961. Im einzelnen werden Entwicklung der Ichthyofauna, Artenzusammensetzung, Alter und Wachstum, Populationsdynamik, Parasiteninvasion, Biometrik, Taxionomie, Morphologie und Fruchtbarkeit der Donaufische behandelt. Daneben werden Hinweise auf weitere Aufgaben zum Schutz der natürlichen Biocoenosen der Fische und deren wirksamster Nutzbarmachung gegeben. Als wichtigste Faktoren der Schädigung der Fischbiocoenosen werden Flußregulierungen, Abwässer und unrationeller Fischfang genannt. 1961 wurden 112,9 t Fische angelandet, davon entfielen auf Aland (*Leuciscus idus*) 4,2 t; Karpfen (*Cyprinus carpio*) 2,6 t; Hecht (*Esox lucius*) 2,3 t; Wels (Silurus glanis) 1,4 t; Blei (*Abramis brama*) über 0,5 kg 24,2 t. Die Hauptmasse der Anlandungen bilden Kleinfische (39,8 t). Durch zielbewußte Regulierungen der Fischbestände könnte eine Produktionserhöhung erreicht werden. H. Jähnichen. 6100.

3-64/11-9048 Zahuranec, Bernard J.; La Jolla, Calif., Univ., Scripps Instn. of Oceanography. Range extensions of some cyprinid fishes in Southeastern Ohio. **(Veränderungen im Verbreitungsgebiet bei einigen Cypriniden im südöstlichen Ohio.)** Copeia [Philadelphia] **1962** Nr. 4. S. 842-843. — 4 Lit.
Veränderungen im Verbreitungsgebiet von Flußfischen können wichtige faunistische Indikatoren sein. Die Ursachen für die Veränderungen sind u. a. oft im Wechsel von Strömungsverhältnissen oder in Abwässern zu sehen, die durch menschlichen Einfluß bedingt sind. Für einige Fischarten wurden Abweichungen vom bislang bekannten Verbreitungsgebiet festgestellt: *Phenacobius mirabilis, Hybopsis amblops, H. storeriana* und *Notropis blennius.* Im unteren Abschnitt eines größeren Flusses wurde der Fisch *Chrosomus erythrogaster* gefunden, der jedoch durch ein Hochwasser nach dort lediglich abgetrieben sein dürfte. G. Merla. 6100.

3-64/11-9049 McCarraher, D. B.; Bassett, Nebraska Game, Forestation and Parks Commiss. Northern pike, Esox lucius, in alkaline lakes of Nebraska. **(Der Hecht, Esox lucius, in alkalischen Seen Nebraskas.)** Trans. Amer. Fisheries Soc. **91** (1962) Nr. **3.** S. 326-329. — 1 Abb., 2 Tab., 7 Lit.

Der Hecht kommt in Nebraska in Gewässern mit pH-Werten bis zu 9,8 vor, deren Gesamtalkalinitäten 1200 mg/l nicht überschreiten. Die Alkalinität von Seen mit Hechtvorkommen setzt sich durchschnittlich aus 86,6% Bikarbonaten und 13,2% Monokarbonaten zusammen, bei Seen ohne Fischvorkommen ist die Zusammensetzung im Mittel 75% Bikarbonat und 25% Monokarbonat. In Nord-Dakota, Minnesota und Saskatchewan erträgt der Hecht wahrscheinlich wegen des höheren Sulfatanteils nur weit geringere Gesamtalkalinitäten. I. allg. reagieren Brut- und Jungfische empfindlicher als adulte Exemplare. Die Möglichkeit einer Wachstumsbeeinträchtigung durch hohe Alkalinitäten wird in Erwägung gezogen. G. Seifert. 6100.

3-64/11-9050 Jean, Yves. Seasonal distribution of cod (Gadus morhua L.) along the Canadian Atlantic coast in relation to water temperature. **(Die jahreszeitliche Verbreitung von Gadus morhua entlang der kanadischen Atlantikküste in Beziehung zur Wassertemperatur.)** J. Fisheries Res. Board Canada **21** (1964) Nr. **3.** S. 429-460. — 12 Abb., 3 Tab., 19 Lit. 6100.

3-64/11-9051 Beaufort, L. F. de; Amsterdam, Zool. Museum. Notes on the distribution of freshwater fishes. **(Bemerkungen zur Abzweigung der Süßwasserfische.)** Copeia [Philadelphia] **1964** Nr. 1. S. 60-65. — 3 Abb., 20 Lit.

Je nach dem Zeitpunkt des Überganges zum Süßwasserleben sind 1. Fische, die auf das Süßwasser beschränkt sind (primäre Abzweigung), 2. Fische mit Toleranz gegenüber Seewasser (sekundäre Abzweigung) und 3. Meeresfische, die in das Süßwasser einwandern (periphere Abzweigung) zu unterscheiden. Zur ersten Gruppe werden die Ostariophysi gerechnet, die auf Grund ihrer Anatomie bereits am besten an das Süßwasserleben angepaßt sind. Auf Grund eingehender anatomisch-morphol., zoogeographischer und paläontol. Untersuchungen gelangt Vf. zu dem Schluß, daß die Melanoteaniinae und Osteoglossidae gleichfalls in der Gruppe 1 (Fische primärer Einwanderung ins Süßwasser) einzugliedern sind. G. Seifert. 6100.

3-64/11-9052 Legendre, Vianney. Author and type of Lampetra. **(Autor und Typ von Lampetra.)** Copeia [Philadelphia] **1962** Nr. 1. S. 221-222.

Nach Fowler (1925) soll das Genus *Lampetra* zuerst bei Bonnaterre 1778 auftauchen. Es wird klargestellt, daß diese Arbeit nicht 1778, sondern 1788 erschien und daß bereits Linné *Lampetra* als Synonym für *Petromyzon* angegeben hat. Bonnaterre beschrieb die Species *planeri*, für die er als Gattungsnamen teilweise *Lampetra* und teilweise *Petromison*, i. allg. aber nur den volkstümlichen Namen verwendete. Nach Fowler sollte der Name *Lampetra* Bonnaterre zugeschrieben werden, als Typ sollte man jedoch *Petromyzon fluviatilis* Linné betrachten. Dagegen erhob sich bisher kein Einspruch, so daß die Bezeichnung lauten muß: *Lampetra* Bonnaterre, 1788 (Fowler 1925), Typ *Petromyzon fluviatilis* Linné, 1758.
G. Seifert. 6100.

3-64/11-9053 Uyeno, Teruya und Miller, Robert Rush; Ann Arbor, Univ. of Michigan, Museum of Zool. Relationships of Empetrichthys erdisi, a pliocene cyprinodontid fish from California, with remarks on the fundulinae and cyprinodontinae. **(Verwandtschaftsverhältnisse von Empetrichthys erdisi, einem Cyprinodontiden des Pliozäns aus Kalifornien, mit Bemerkungen über die Fundulinae und Cyprinodontinae.)** Copeia [Philadelphia] **1962** Nr. 3. S. 520 bis 532. — 7 Abb., 1 Tab., 31 Lit.

Gut erhaltene Funde eines pliozänen Cyprinodontiden aus Südkalifornien, der sich von lebenden Formen durch kleinere Schuppen- und größere Wirbelzahl unterscheidet, werden als *Empetrichthys erdisi* identifiziert. Die Untersuchungsmethodik wird genau beschrieben. Der Vergleich mit 9 lebenden Arten von *Empetrichthys, Crenichthys, Profundulus* und *Fundulus* führte zu veränderten Diagnosen für die 3 ersten Gattungen und zeigte die enge Verwandtschaft zwischen *Empetrichthys* und *Crenichthys*. Auf der Grundlage neuer osteologischer Erkenntnisse werden die Unterfamilien Cyprinodontinae und Fundulinae anerkannt. Das Vorkommen der Cyprinodontinae ist auf die Neue Welt beschränkt. G. Seifert. 6100.

3-64/11-9054 Lindsey, C. C.; Vancouver, Univ. of Brit. Columbia, Inst. of Fisheries. Distinctions between the broad whitefish, Coregonus nasus, and other North American whitefishes. **(Unterschiede zwischen Coregonus nasus und anderen nordamerikanischen Coregonen.)** J. Fisheries Res. Board Canada **19** (1962) Nr. 4. S. 687-714. — 6 Abb., 3 Tab., 41 Lit.

Entgegen älteren Ansichten weist Vf. nach, daß *Coregonus nasus* eindeutig von der „Buckelmaräne“ (zu *C. clupeaformis* gehörig) getrennt werden kann. Er überprüft und verbessert die konventionellen Bestimmungsmerkmale zur Identifizierung von *C. nasus*, wobei vor allem Material aus 15 Gewässern verwendet wurde, in denen beide Species nebeneinander vorkommen. Von den 15 meristischen oder proportionalen Merkmalen, von denen fast alle m. o. w. starke Überschneidungen aufweisen, zeigte sich als sicherstes das Verhältnis der Länge des längsten Kiemenreusendorns zu der interorbitalen Kopfbreite. Bei allen *C. nasus* betrug dieses Verhältnis weniger als 0,2 und bei allen „Buckelmaränen“ mehr als 0,2. Abschließend wird die Verteilung und Nomenklatur von *C. nasus* besprochen. G. Seifert. 6100.

3-64/11-9055 Swift, D. R.; Ambleside, Westmorland, Freshwater Biol. Assoc. Activity cycles in the brown trout (Salmo trutta Lin.). I. Fish feeding naturally. **(Aktivitätszyklen der Bachforelle [Salmo trutta]. 1. Mitt. Natürlich ernährte Fische.)** Hydrobiologia [Den Haag] **20** (1962) Nr. 3. S. 241 bis 247. — 4 Abb., 9 Lit.

Die Beobachtungen über den jährl. und tägl. Aktivitätszyklus wurden an 4 Bachforellen von 18-20 cm Länge aus dem Windermere vorgenommen. Jede Forelle wurde in einem Netzkäfig von etwa 2,50 m Länge und 0,65 m Höhe und Breite gehalten. Die Käfige waren 1,80-2,50 m tief im Windermere versenkt worden. Als Nahrung dienten ausschließlich die Organismen, die durch die Netze gelangten. Die Bewegungsaktivität wurde elektrisch gemessen, indem die Passage der Fische zwischen 3 Paar Elektroden notiert wurde. Alle Forellen zeigten einen ähnlichen Jahreszyklus mit einem Aktivitätsmaximum im Mai und Juni. Ein Fisch hatte ein 2. Maximum im Herbst. Der tägliche Aktivitätsrhythmus war ebenfalls bei allen Fischen gleichartig. Die Aktivität war in der Nacht gering, nahm während des Tages zu und erreichte ihren Höhepunkt in der Dämmerung. Die Ursachen für die Aktivitätszyklen sind bisher ungeklärt. Der mögliche Einfluß von Licht und Temperatur wird erörtert. M.-L. Albrecht. 6105.

3-64/11-9056 Swift, D. R.; Ambleside, Westmorland, Freshwater Biol. Assoc. Activity cycles in the brown trouth (Salmo trutta L.). 2. Fish artificially fed. **(Aktivitätszyklen der Bachforelle [Salmo trutta]. 2. Mitt. Künstlich gefütterte Fische.)** J. Fisheries Res. Board Canada **21** (1964) Nr. 1. S. 133-138. — 2 Abb., 9 Lit. 1. Mitt. vgl. vorst. Ref.

In diesem Bericht werden die Aktivitätszyklen gut gefütterter Forellen, die entweder einmal tägl. Nahrung erhielten oder ständig Futter aufnehmen konnten, geschildert. Die Versuchsanordnung war die gleiche wie bei der ersten Arbeit. Es ist kaum ein Unterschied (weder tägl. noch jährl.) in der Bewegungsaktivität der unter 3 verschiedenen Ernährungsbedingungen lebenden Fische festzustellen. Die Fische waren im Winter weniger aktiv als im Sommer. Im Juni und Aug. waren 2 Maxima zu verzeichnen. Die Aktivität erreichte ihren Höhepunkt in der Dämmerung, in der Dunkelheit sank sie schnell ab. Die Untersuchungsergebnisse zeigen, daß das Licht und nicht die Nahrung der primär stimulierende Faktor ist, der die Bewegungsaktivität der Bachforelle auslöst. M.-L. Albrecht. 6105.

3-64/11-9057 Northcote, T. G.; Vancouver, Brit. Columbia, Univ., Inst. of Fisheries. Migratory behaviour of juvenile rainbow trout, Salmo gairdneri, in outlet and inlet streams of Loon Lake, British Columbia. **(Das Wanderverhalten juveniler Regenbogenforellen, Salmo gairdneri, in den Zu- und Abflüssen des Loon-Sees, Britisch-Kolumbien.)** J. Fisheries Res. Board Canada **19** (1962) Nr. 2. S. 201-270. — 30 Abb., 4 Tab., 43 Lit.

Auf Grund zahlreicher Laborversuche und Beobachtungen am Zu- und Abfluß des Loon-Sees wird festgestellt, daß das unterschiedliche Strömungsverhalten der aus beiden Flüssen in den See wandernden Forellenbrut nicht auf genetische Unterschiede zwischen den Laichbeständen, sondern auf die verschiedenen Milieufaktoren in den beiden Flüssen zurückzuführen ist. Dabei wird die Wanderrichtung hauptsächlich durch die herrschenden Temperaturunterschiede bestimmt. Die Brut hält sich bei Temperaturen über 15 °C dicht am Boden auf und behält auch in der Dunkelheit ihre Position, während sie bei niederen Temp. nachts stromabwärts wandert. Niedrige Wassertemp. und lange Tageslänge bewirken eine stromabwärts gerichtete Wanderung. Bei niedriger Temp. und kurzer Tageslänge findet dagegen keine Abwärtswanderung statt, und es tritt gleichzeitig eine leichte positive Rheotaxis auf. Die Entwicklung eines Strömungsverhaltens, welches es den Regenbogenforellen gestattet, beide Typen von Laichflüssen (Zu- und Abfluß) zu benutzen, ist nur durch temperaturabhängige Reaktionen möglich, da nur in der Temperatur Unterschiede im Milieu der Zu- und Abflüsse bestehen. G. Seifert. 6105.

3-64/11-9058 Chapman, D.W.; Corvallis, Oregon State Univ. Aggressive behavior in juvenile Coho salmon as a cause of emigration. **(Das Angriffsverhalten junger Coho-Lachse als ein Grund zur Abwanderung.)** J. Fisheries Res. Board Canada **19** (1962) Nr. 6. S. 1047-1080. — 18 Abb., 13 Tab., 29 Lit.

Eine große Anzahl der Jungtiere von *Oncorhynchus kisutch*, die sog. Nomaden, bewegen sich bald nach dem Schlüpfen stromabwärts. Diese Nomaden sind kleiner als die verbleibenden Fische der gleichen Art. Der Coho ist angriffsfreudig und verteidigt Territorien und Hierarchien. Die abwandernden Lachse verhielten sich gegenüber den verbleibenden Fischen in Durchstromaquarien, die an den natürlichen Stromlauf angebaut waren, gleichgültig und wollten eher im Aquarium bleiben, als den stromabwärts führenden Zug fortzusetzen, während zu bestehenden Gruppen verbleibender Fische zugesetzte Nomaden den Kanal zu verlassen suchten, da sie angegriffen wurden. Es wird vermutet, daß dieses Verhalten ein wichtiger Faktor zur Abwärtswanderung der Coho-Lachslarven ist. M. Hegemann. 6105.

3-64/11-9059 Barlow, George W. Ethology of the Asian teleost Badis badis. V. Dynamics of fanning and other parental activities, with comments on the behavior of the larvae and postlarvae. **(Ethologie des Blaubarsches, Badis badis. 5. Mitt. Dynamik des Fächelns und andere Tätigkeiten der Eltern, mit Erläuterungen zum Verhalten der Larven und Postlarven.)** Z. Tierpsychol. **21** (1964) Nr. 1. S. 99-123. — 15 Abb., 2 Tab., 26 Lit. 4. Mitt. vgl. LZ. Abt. III **8** (1963) Nr. 7. S. 1543.

Der Blaubarsch bewohnt Höhlen und Spalten, die wohnlich gemacht werden. Weibchen und unreife Fische befächeln ihren Bau mit langsamen Flossenschlägen (2,5-4,1/s). Das ♂ gräbt die Höhlen mit Hilfe schneller Schwimmbewegungen aus. Nach dem Ablaichen verläßt das ♀ sofort die Höhle. Die Brutpflege obliegt dem ♂ allein. Nach 3 Tagen schlüpfen die Larven und schwimmen unter das Höhlendach. Die Höhle wird von den Vollarven am 6. Tag verlassen. Während der Brutperiode werden vom ♂ die Eier sortiert und verteidigt. Ausbrechende Larven werden immer wieder in den Schwarm eingetragen. Durch Schüttelbewegungen des ♂ werden die Eier gereinigt. Die Fächelaktivität nimmt bis zum Augenblick des Schlüpfens zu, danach ab. Vf. stellt eine Reihe von Maßen für die Fächelaktivität des Blaubarsches auf. M. Hegemann. 6105.

3-64/11-9060 Picciolo, Anthony R.; College Park, Univ. of Maryland. Sexual and nest discrimination in anabantid fishes of the genera Colisa and Trichogaster. **(Geschlecht- und Nestunterscheidung bei Anabantiden der Gattungen Colisa- und Trichogaster.)** Ecol. Monogr. **34** (1964) Nr. 1. S. 53 bis 77. – 3 Abb., 9 Tab., 51 Lit.

An je 2 *Trichogaster*- und *Colisa*-Arten wurden 8 Körpermerkmale hinsichtlich ihrer Bedeutung für die Unterscheidung der Geschlechter experimentell, u. a. durch Darbietung von Atrappen, untersucht. Die Unterscheidung der Arten und Geschlechter ist ausschließlich auf optische Wahrnehmungen zurückzuführen; andere Reize (akustische, chem., taktile) spielen keine Rolle. Die Bewegungsart des Partners bildet zusammen mit einem anderen Merkmal einen Hauptanhaltspunkt. Auch bei ähnlichem Bewegungsverhalten werden die Arten unterschieden. Bei den beiden *Trichopterus*-Arten ist die Länge der Rückenflosse Unterscheidungsmerkmal. Das Nestbauverhalten kann auf verschiedene Weise angeregt werden und ist sowohl von inneren wie von äußeren Ursachen bedingt. Die Gegenwart eines ♀ und der optische Reiz eines natürlichen oder künstlichen Nestes kann das Nestbauverhalten stimulieren. Mit *Colisa lalia* wurden Nestaustauschexperimente durchgeführt. Fremde Nester wurden bereitwillig angenommen. Nestmaterial fremder Nester wurde für das eigene Nest verwendet. H. J. Rümmler. 6105.

3-64/11-9061 Myrberg jun., Arthur A. An analysis of the preferential care of eggs and young by adult cichlid fishes. **(Analyse der Brutbevorzugung bei Cichliden.)** Z. Tierpsychol. **21** (1964) Nr. 1. S. 53-98. – 1 Abb., 22 Tab., 41 Lit.

Die Untersuchung umfaßte eine längere (in Los Angeles) und eine kürzere (in Seewiesen) Versuchsreihe von insgesamt 250 Gelegen von mehr als 30 Paaren *Cichlasoma biocellatus*, mehr als 30 Paaren *Cichlasoma nigrofasciatus*, ca. 20 Paaren *Hemichromis bimaculatus* und einigen Paaren *Hemichromis fasciatus*. Die meisten Eltern fraßen artfremde Junge auf und pflegten die eigenen, konnten sie also unterscheiden. Arteigene Junge anderer Eltern wurden innerhalb gewisser Grenzen zwischen den eigenen geduldet und mit aufgezogen. In Los Angeles wurden artfremde Junge von H.-*bimaculatus*-Eltern bevorzugt, wenn solche im ersten Brutzyklus untergeschoben worden waren. In Seewiesen konnte jedoch das Anhalten der Bevorzugung nicht einwandfrei beobachtet werden. Von *H. fasciatus* wurden *Cichlasoma*-Eier nicht gepflegt, wenn eigene vorher gesehen werden konnten. Die *Cichlasoma*-Arten verhielten sich ebenso und lehnten in vielen Fällen danach fremde Brut ab. In Seewiesen wurde die Artbevorzugung oft nicht beibehalten. Offensichtlich sind das Brutpflegeverhalten und die beobachteten Unterschiede bei den *Hemichromis*- und *Cichlasoma*-Arten von den bei der ersten Brut gemachten Erfahrungen abhängig. Diesen Vorrang der Objektfixierung als Prägung zu bezeichnen, wird für gerechtfertigt gehalten. Allerdings kann unter abgeänderten Versuchsbedingungen auch eine Änderung in der Brutbevorzugung eintreten. Die hierfür in Betracht kommenden Faktoren werden diskutiert. H. J. Rümmler. 6105.

3-64/11-9062 Protasov, V. R. und Romanenko, E. V.; Moskau, Sewerzow-Inst. für Tiermorphol. der Akad. der Wiss. der UdSSR; Inst. für Akustik der Akad. der Wiss. der UdSSR. Zvuki, izdavaemye nekotorymi rybami, i ich signal'noe značenie. **(Die von einigen Fischen ausgesandten Laute und ihre signalisierende Bedeutung.)** Zoologičeskij žurnal, Moskva **41** (1962) Nr. 10. S. 1516-1528. – 6 Abb., 1 Tab., 12 Lit. Zus. in Engl.
Durch bioakustische Untersuchungen an 43 Süßwasser- und Meeresfischarten konnte festgestellt werden, daß die allg. als stumm geltenden Tiere Laute ausstoßen und empfangen, wobei sie auf kurze Entfernungen (bis zu 1 m) sogar die Richtung der Schallquelle bestimmen können. Der ausgesandte Schall ist für jede Fischart charakteristisch und kann von den einzelnen Individuen auf kurzer Entfernung entsprechend gedeutet werden. Angst- und Schmerzenslaute wirken auf die Fische abschreckend, andere anlockend. Diese Eigenschaft könnte für praktische Ziele ausgenutzt werden, wenn die Reaktion der Fische auf solche akustischen Signale nicht so gering wäre. Die Mehrheit der Fische reagiert überhaupt nur bei komplexer Einwirkung verschiedener Signale (Schall, Licht, Chemismus). A. Kozianowski. 6105.

3-64/11-9063 Greene, George N.; Auburn, Ala., Univ. White bass feeding: scent or sight. **(Ernährung von Roccus chrysops: Durch Geruchssinn oder Sicht.)** Trans. Amer. Fisheries Soc. **91** (1962) Nr. 3. S. 326. – 3 Lit.
In einer Versuchsreihe wurden einer Anzahl *Roccus chrysops* unter Laborbedingungen Wasserproben zugeführt, die den Geruch des Nahrungsfisches *Notropis lutrensis* enthielten. Die Reaktion der Fische war dabei nicht wesentlich anders als bei Kontrollversuchen ohne Geruchsstoffe. Wurden die Nahrungsfische jedoch in einem Glasgefäß in das Versuchsbecken gebracht, so reagierten die Raubfische in jedem Fall sehr heftig. Daraus kann geschlossen werden, daß *Roccus chrysops* seine Beute mehr mit dem Gesichtssinn als durch den Geruch wahrnimmt. G. Seifert. 6110.

3-64/11-9064 Groenewald, A. A. v. J.; Lydenburg, Republic of South Africa, Prov. Fisheries Inst. Observations on the food habits of Clarias gariepinus Burchell, the South African freshwater barbel (Pisces: Clariidae, in Transvaal. **(Beobachtungen über die Ernährungsweise von Clarias gariepinus [Pisces: Clariidae] in Transvaal.)** Hydrobiologia [Den Haag] **23** (1964) Nr. 1/2. S. 287-291. – 1 Abb., 2 Tab., 6 Lit.
Magenuntersuchungen von Populationen aus 3 verschiedenartigen Gewässern zeigten, daß *C. gariepinus* vorwiegend tierische Nahrung, darunter hauptsächlich Fische, wirbellose Landtiere, Wasserinsekten und Zooplankton aufnimmt. Die Anteile der einzelnen Komponenten sind sehr variabel und einige Beispiele für Not- und Vorzugsnahrung werden dargestellt. Der Fisch ist nicht sehr wählerisch und nimmt teilweise auch größere Mengen nicht-tierischen Materials auf, das jedoch von geringem Futterwert und als nebensächlich zu betrachten ist. Auffallend ist sein Kannibalismus, der seinen räuberischen Charakter eindeutig beweist. *C. gariepinus* ist in der Lage, Artgenossen zu bewältigen, die die Hälfte seiner eigenen Körperlänge aufweisen.
G. Seifert. 6110.

3-64/11-9065 Arndt, E. A. und Nehls, H. W.; Rostock, Univ., Zool. Inst. **Nahrungsuntersuchungen an Postlarvalstadien und Jungtieren von Pleuronectes flesus L. und Pleuronectes platessa L. in der äußeren Wismarer Bucht.** Z. Fischerei Hilfswiss. [N. F.] **12** (1964) Nr. 1/2. S. 45-73. – 22 Abb., 4 Tab., 33 Lit.
1100 junge Plattfische der O-Gruppe, die zu 98% Flundern, zu 2% Schollen waren, sind hinsichtlich ihrer Nahrung untersucht worden. Der weitaus größte Teil der Fische hatte Nährtiere aufgenommen, die 30 Arten, vorwiegend den Oligochaeten, Harpacticiden, Nereiden und *Corophium volutator* angehörten. Zwischen Bodenfauna und Nahrung der Fische bestehen direkte Bezie-

hungen. Bestandsschwankungen der Bodenfauna sind im Nahrungsbild wiederzufinden. Vff. unterscheiden Nahrung 1. Ordnung (Anneliden, *Corophium* und Harpacticiden) und Nahrung 2. Ordnung (Mollusken, Gammariden, *Idotea*, *Crangon* und Insektenlarven). Für gutes Gedeihen der jungen Plattfische ist Voraussetzung, daß stets eine der Tiergruppen beider Ordnungen im Überschuß vorhanden ist. Der Größe der Fische entsprechendes Bevorzugen einzelner Tierarten konnte beobachtet werden. Es liegt eine Tagesperiodizität der Freßaktivität vor. Die Verdauungszeit bei 15-17 °C ist 14 bis 16 h. Im ersten Sommer bis Mitte Sept. wachsen die Tiere auf durchschnittl. 60 mm heran. Unterschiedliche Startlängen werden späterhin durch Wachstumsüberholungen nicht ausgeglichen. M. Hegemann. 6110.

3-64/11-9066 McCormack, Jean C.; Ambleside, England, Freshwater Biol. Assoc. The food of young trout (Salmo trutta) in two different becks. **(Die Nahrung junger Forellen [Salmo trutta] in zwei unterschiedlichen kleinen Bächen.)** J. Animal Ecol. **31** (1962) Nr. 2. S. 305-316. – 5 Abb., 2 Tab., 11 Lit.

Die Nahrung der Altersgruppe 0 und der AG 1 von Bachforellen wurde in 2 Bächen (einer durch Schiefergestein, der andere durch Kalkgestein fließend) durch Untersuchung von 909 Mägen, die in den Jahren 1956-1960 gesammelt worden waren, ermittelt. Die AG 0 fraß in beiden Bächen Ephemeropterenlarven, Chironomidenlarven, Gammariden und Dipterenlarven. Der rel. Anteil der verschiedenen Organismen an der Gesamtnahrung wich jedoch in beiden Gewässern erheblich voneinander ab. Die Forellen der AG I fraßen in dem durch Schiefergestein fließenden Bach vor allem Luftnahrung, in dem kalkreichen Bach dagegen waren es im wesentlichen Wassertiere. Dottersackbrut fraß das gleiche wie ältere Brut. Die aufgenommenen Organismen waren nicht immer die kleinsten vorhandenen Formen. Junge Forellen fressen das gleiche wie Koppen (*Cottus gobio*) und Aale (*Anguilla anguilla*). Forellen über 10 cm Lt fressen gelegentlich auch Forelleneier und frischgeschlüpfte Brut. Selbst bei Temperaturen von 1 °C wurde noch Nahrung aufgenommen. M.-L. Albrecht. 6110.

3-64/11-9067 Thomas, J. D.; Legon, Accra, Ghana, Univ. The food and growth of brown trout (Salmo trutta L.) and its feeding relationships with the salmon parr (Salmo salar L.) and the eel (Anguilla anguilla [L.]) in the River Teify, West Wales. **(Nahrung und Wachstum der Bachforelle [Salmo trutta] und ihre Ernährungsbeziehungen zum Junglachs [Salmo salar] und zum Aal [Anguilla anguilla] im Teify, West-Wales.)** J. Animal Ecol. **31** (1962) Nr. 2. S. 175-205. – 5 Abb., 5 Tab., 86 Lit.

Der Teify, ein Bach mit einem Gefälle von 6,6%, diente als Versuchsgewässer. Die zur Untersuchung benötigten Fische wurden geangelt. Aale fehlten zwischen Dez. und März. Ihre Aktivität ist – bedingt durch niedrige Temperaturen – in dieser Zeit stark herabgesetzt. Die Ernährung der 3 Fischarten ist unterschiedlich. Die Forellen hielten sich häufiger im freien Wasser auf als die Lachse und waren z. T. älter als diese. Sie fraßen daher vorwiegend größere Bodentiere als die Lachse und Luftnahrung. Nur die Nahrung der 1- und 2jährigen Forellen glich derjenigen der Junglachse, so daß in diesem Falle echte Nahrungskonkurrenz vorlag. Die Aale hatten vor allem Fische aufgenommen. Sie sind daher nicht als Nahrungskonkurrenten für die Salmoniden aufzufassen. M.-L. Albrecht. 6110.

3-64/11-9068 Frank, Stanislav; Prague, Charles' Univ., Dep. of Zool. A contribution to the growth and food biology of the brown trout Salmo trutta trutta m. fario and Salmo trutta labrax m. fario in some waters of Czechoslovakia. **(Beitrag zur Wachstums- und Nahrungsbiologie von Salmo trutta trutta m. fario und Salmo trutta labrax m. fario in einigen Gewässern**

der Tschechoslowakei.) Věstník českoslov. Společnosti zool. **25** (1962) Nr. 4. S. 316-323. — 8 Abb., 1 Tab., 32 Lit. Zus. in Tschech.

Untersuchungen an insgesamt 461 Exemplaren von *S. trutta trutta* m. *fario* aus den kleinen Flüssen Morávka und Mohelnice und 60 Exemplaren von *S. trutta labrax* m. *fario* aus dem kleinen Fluß Přimda ergaben, daß sich beide Unterarten hauptsächlich von Insekten (82% der Gesamtnahrung) ernähren. Das Wachstum der Forellen ist verhältnismäßig langsam. Nach Umsetzen in Talsperren wachsen die Fische schneller. Das geringere Wachstum in den kleinen Wasserläufen läßt sich durch die räumliche Beschränkung und auch durch Nahrungsmangel erklären. F. Svoboda. 6110.

3-64/11-9069 Domanevskij, L. N.; Wolgograd, Abt. des Staatl. Forsch.-Inst. für Binnenfischerei. Dostupnyj razmer žertv dlja ščuki. **(Die Größe der Beutetiere beim Hecht.)** Bjulleteń Instituta biologii vodochranilišč. Akademija nauk SSSR, Moskva-Leningrad **1962** Nr. 12. S. 50-53. — 2 Abb., 2 Tab., 9 Lit.

Vf. untersuchte die Größenbereiche der für Hechte (*Esox lucius*) verschiedener Altersgruppen verwertbaren Beutetiere. Es wird festgestellt, daß für die Verwertbarkeit der Beutetiere durch den Raubfisch in erster Linie nicht die Länge, sondern die Körperhöhe des Beutetieres von Bedeutung ist, und daß Hechte bestimmter Größen sehr begrenzte Größengruppen von Beutetieren aufnehmen. Aus den Untersuchungen geht weiterhin hervor, daß außer dem Wildkarpfen (*Cyprinus carpio*) nur wenige andere Fische (*Lucioperca lucioperca, Aspius rapax* und *Silurus glanis*) so schnell wachsen, daß sie aus dem Nahrungsbereich gleichaltriger Hechte herauskommen. Während 4-5-jährige Plötzen (*Rutilus rutilus*) noch von 2jährigen Hechten aufgenommen werden können, sind 3-4jährige Wildkarpfen nur noch durch große Hechte gefährdet. H.-W. Hattop. 6110.

3-64/11-9070 Thorsteinson, Fredrik V.; Auke Bay, Alas., U. S. Bureau of Commercial Fisheries. Herring predation on pink salmon fry in a Southeastern Alaska estuary. **(Der Hering als Brutfeind des Gorbuscha-Lachses in einem Ästuar Südost-Alaskas.)** Trans. Amer. Fisheries Soc. **91** (1962) Nr. 3. S. 321-323. — 1 Tab., 2 Lit.

Die im Sashin-Creek abwärts wandernde Lachsbrut (*Oncorhynchus gorbuscha* wird gefangen, gezählt und portionsweise wieder eingesetzt. Dabei wurde im Mai 1961 beobachtet, daß die in die Flußmündung gelangende Brut in großer Menge von Pazifischen Heringen (*Clupea harengus pallasi*) geraubt wurde. Von 436 daraufhin untersuchten Heringen hatten 250 insgesamt 4505 Stück Lachsbrut aufgenommen. Das Wasser des Little-Port-Walter-Ästuars weist eine strenge Salinitätsschichtung auf. Dennoch dringen die Heringe aus den tieferen Schichten nach oben vor, um hier die bei geringerer Salinität in dichten Schwärmen vorhandene Lachsbrut zu rauben. Es wird angenommen, daß das portionsweise Einsetzen der Lachsbrut (stündlich bis zu 85000 Stück) den Raub begünstigt, bei kontinuierlicher Abwanderung wäre wahrscheinlich der Verlust geringer. G. Seifert. 6110.

3-64/11-9071 Netsch, Norval F. und Witt jun., Arthur; Fort Sill, Okla., U. S. Army Artillery and Missile School; Columbia, Univ. of Missouri. Contributions to the life history of the longnose gar, (Lepisosteus osseus) in Missouri. **(Beiträge zur Lebensgeschichte von Lepisosteus osseus in Missouri.)** Trans. Amer. Fisheries Soc. **91** (1962) Nr. 3. S. 251-262. — 7 Abb., 5 Tab., 19 Lit.

Vff. untersuchten Alter und Wachstum von *Lepisosteus osseus* in Zentral-Missouri und ergänzten ihre Ergebnisse durch Laborversuche. Der Fisch zeigt ein außergewöhnlich schnelles Wachstum. Einjährige Männchen waren 495 mm und Weibchen 560 mm lang. Die langlebigeren Weibchen nehmen

noch bis zum 14. Jahr jährlich um 25 mm an Länge zu. Ihr Laich wirkt auf einige höhere Wirbeltiere (Mäuse) toxisch. Die mittlere Eizahl betrug 4273. 20 Jungfische, die 52 Tage lang bei 26,4 °C im Labor gehalten wurden, hatten eine Wachstumsrate von 2,95 mm/Tag und ihr Futterquotient betrug 2,34 (1,57-2,94). Die Fische nahmen tägl. durchschnittl. 9,1% ihrer Eigenmasse an Nahrung auf und die Verdauung war nach 24 h beendet. Diese ungewöhnliche Wachstumsgeschwindigkeit (ca. das 6fache anderer Süßwasserfische) beruht in erster Linie auf der Inaktivität des Fisches und weiterhin auf seinem hohen Nahrungsverbrauch und seinem raschen Stoffwechsel.
G. Seifert. 6110.

3-64/11-9072 Saksena, Vishnu P.; Norman, Univ. of Oklahoma. The post-hatching stages of the red shiner, Notropis lutrensis. **(Die Larvenstadien von Notropis lutrensis.)** Copeia [Philadelphia] **1962** Nr. 3. S. 539 bis 544. – 2 Abb., 1 Tab., 6 Lit.
Vf. beschreibt 9 auf das Schlüpfen folgende Jugendstadien von *Notropis lutrensis* bis zum Alter von 34 Tagen. Bei 25-28 °C betrug die Erbrütungszeit 57-72 h. Die frisch geschlüpften Larven waren 4,7 mm lang, besaßen Hämoglobin und Melanophoren am Körper und in den Augen. 19 Myomeren vor und 14 hinter dem After waren vorhanden. Die Entwicklung der Prolarve dauerte 4 und die der Postlarve 30 Tage. G. Seifert. 6110.

3-64/11-9073 Morduchaj-Boltovskoj, F. D.; Borok, Inst. für Biol. der Stauseen der Akad. der Wiss. der UdSSR. Dannye dnočerpatelja i temp rosta lešča. **(Untersuchungsergebnisse mit dem Bodengreifer und Wachstumsgeschwindigkeit des Bleies.)** Bjulleteń Instituta biologii vodochranilišč. Akademija nauk SSSR, Moskva-Leningrad **1962** Nr. 12. S. 41-45. – 3 Abb., 1 Tab., 11 Lit.
Bei verändertem Nahrungsangebot ändert sich die Wachstumsgeschwindigkeit des Bleies (*Abramis brama*) sehr stark. Bei einem Vergleich zwischen den Veränderungen der Wachstumsgeschwindigkeit der Bleie und den Veränderungen in der Bestandsdichte der Bodentierwelt, die durch Bodengreiferproben ermittelt wurden, fand Vf. eine gute Übereinstimmung. Er stellt daher fest, daß dieses bereits vor 50 Jahren entwickelte Gerät eine wertvolle Hilfe bei der Durchführung von Untersuchungen der Produktivität der Gewässer darstellt. H.-W. Hattop. 6110.

3-64/11-9074 Brown, Bradford E. und Tatum, Walter M.; Auburn, Ala., Univ., Agric. Exp. Stat. Growth and survival of young spotted bass in Lake Martin, Alabama. **(Wachstum und Überlebensrate beim jungen Micropterus punctulatus im Lake Martin, Alabama.)** Trans. Amer. Fisheries Soc. **91** (1962) Nr. 3. S. 324-326. – 2 Tab., 9 Lit.
Vff. führten anhand von Schuppensammlungen Wachstumsrückberechnungen für die Altersgruppen 0 + und 1 + von *Micropterus punctulatus* durch. Aus dem Körperlänge-Schuppenradius-Verhältnis von 2 bis 9 in. langen Fischen ergab sich die Formel $Y = 0{,}98 + 0{,}77\,X$, wobei X der Schuppenradius in mm × 65 und Y die Totallänge in zehntel Inch ist. In den Untersuchungsjahren 1959-61 nahmen die Jungfische vom Juli ihrer ersten Wachstumsperiode bis zum Juli ihres zweiten Sommers um 4,0 bis 4,4 in. an Länge zu, der Überlebendenanteil betrug nach der gleichen Zeit 1-4%. Bei einer Länge von 3,2-4,2 in. wird auf den Schuppen die erste Jahresmarke gebildet. G. Seifert. 6110.

3-64/11-9075 Bacmeister, Arnold. **Von Riesenfischen und Rekordfängen. Wie schwer werden unsere Süßwasser-Sportfische?** Allg. Fischerei-Ztg. **89** (1964) Nr. 6. S. 171-176.
Vf. hat aus Lit.-Angaben folgende Höchstmassen und größte Längen von Süßwasserfischen zusammengestellt. Die Zahlen beziehen sich überwiegend

auf verbürgte Rekordfänge von Sportanglern. Stör (*Acipenser sturio*) 200 kg, Länge 3 m; Lachs (*Oncorhynchus tschawytscha*) 41,8 kg; Huchen (*Hucho hucho*) 52 kg; Seesaibling (*Salvelinus alpinus*) ca. 9 kg; Wels (*Silurus glanis*) 150 kg, Länge 3 m; Hecht (*Esox lucius*) 40,5 kg; Zander (*Lucioperca lucioperca*) 19 kg, Länge 1,20 m; Barsch (*Perca fluviatilis*) 3,4 kg; Bachforelle (*Salmo trutta fario*) 18 kg; Seeforelle (*Salmo trutta lacustris*) 31 kg; Regenbogenforelle (*Salmo gairdneri*) 7,3 kg; Äsche (*Thymallus thymallus*) 4 kg; Aal (*Anguilla anguilla*) 8,3 kg; Rapfen (*Aspius aspius*) 6,5 kg; Karpfen (*Cyprinus carpio*) 27,5 kg; Schleie (*Tinca tinca*) 10 kg; Blei (*Abramis brama*) 6 kg; Barbe (*Barbus barbus*) 14 kg; Döbel (*Leuciscus cephalus*) 4,8 kg; Plötze (*Rutilus rutilus*) 1,8 kg; Rotfeder (*Scardinius erythrophthalmus*) 2,1 kg. H. Jähnichen. 6110.

3-64/11-9076 Ellis, D. V.; Nanaimo, Brit. Columbia, Fisheries Res. Board of Canada. Preliminary studies on the visible migrations of adult salmon. **(Voruntersuchungen über die sichtbaren Wanderungen adulter Lachse.)** J. Fisheries Res. Board Canada **19** (1962) Nr. 1. S. 137-148. — 4 Abb. 1 Tab., 12 Lit.

Die Untersuchungen dienten dem Zweck festzustellen, mit welchen Mitteln die Wanderungen von *Oncorhynchus nerka* und *O. kisutch* in ihren Einzelheiten genau festgehalten und analysiert werden können. Derartige Kenntnisse sind bei der zunehmenden industriellen Wassernutzung und Wasserverunreinigung von hohem Wert, einmal um dem Verhalten der Fische beim Bau von Fischpässen entgegenzukommen und außerdem um bei Verlagerungen der Wanderwege auf Verunreinigungen schließen zu können. Von Beobachtungsposten, die sich zum Teil unter Wasser befanden wurde die Zahl der vorüberziehenden Fische mit allen Nebenumständen (ausgewählte Route, Geschwindigkeit, gleichmäßige oder stoßweise Fortbewegung, Sozialverhalten u. a.) festgehalten und anschließend die Einwirkung von Umweltfaktoren auf den Rhythmus der Wanderaktivität untersucht. Über das Verhalten der Fische bei verschiedenen Strömungsgeschwindigkeiten und vor Wasserfällen werden genaue Angaben gemacht. Bei den Untersuchungen zeigte es sich, daß der Wanderimpuls bei den Lachsen oftmals durch vorüberziehende atmosphärische Warmfronten ausgelöst wird. G. Seifert. 6110.

3-64/11-9077 Saunders, Richard L. und Gee, John H.; St. Andrews, New Brunswick, Fisheries Res. Board of Canada. Movements of young Atlantic salmon in a small stream. **(Wanderungen junger Atlantik-Lachse in einem kleinen Flüßchen.)** J. Fisheries Res. Board Canada **21** (1964) Nr. 1. S. 27-36. — 2 Abb., 2 Tab., 8 Lit.

Auf einer in 12 Beobachtungsabschnitte geteilten 1000 Fuß langen Versuchsstrecke des Waweig, eines ca 8 Meilen langen Flüßchens in Süd-Neu-Braunschweig, ca. 1½ Meilen oberhalb der Mündung, wurden im Aug. 1962 Setzlinge sowie 1- und 2jährige Junglachse markiert und durch Wiederfangen bis Dez. 1962 der jeweilige Standort innerhalb der Versuchsstrecke festgestellt. Von den 63 individuell markierten 1- bis 2jährigen wurden 48 ein- bis viermal wiedergefangen. 45 von ihnen wurden im Bereich oder ganz in der Nähe ihrer ursprünglichen Standareale gefangen oder beobachtet, und zwar insgesamt 72mal; nur 3 wurden außerhalb, 2 von diesen aber dann wieder innerhalb des Standareals gefangen. Auch von den 306 in 3 verschiedenen Beobachtungsabschnitten gefangenen, durch Abschneiden von Flossen markierten Setzlingen wurde nur 1 Exemplar der 116 Wiedergefangenen außerhalb des Abschnitts gefangen. Bei benachbarten flachen und tiefen Stellen wurde von 24 wiedergefangenen 1- und 2jährigen nur 1 Fisch an beiden Stellen gefangen. Aus den Wiederfängen von fern von ihren Erstfang-Standarealen ausgesetzten Junglachsen ist die Tendenz abzulesen, diese wieder aufzusuchen. Die Junglachse halten sich also ständig innerhalb eng begrenzter Standorte auf. H. J. Rümmler. 6110.

3-64/11-9078 Schiemenz, Friedrich. **Wanderweite und Wanderdruck bei den Fischen und die Auswirkung auf den Fischbestand in Flußstrecken mit Wehren.** Österreichs Fischerei **15** (1962) Nr. 3/4. S. 22-26. — 6 Lit.
Vf. erläutert an einigen Beispielen der letzten Jahre, insbes. aus der Elbe und Aller, die Abhängigkeit des Wanderdruckes der Fische von bestimmten äußeren und inneren Anlässen. Zu den äußeren Anlässen gehören Überbevölkerungen — die durch Flucht vor Verunreinigungen oder Zusammendrängen an Winterplätzen entstanden sein können —, Lockströmungen und Raumzunahme durch Hochwasser. Als innere Anlässe gelten Laichbetrieb und die Suche nach Überwinterungsstellen. Äußere und innere Anlässe bedingen sich jedoch gegenseitig. Dies gilt insbes. auch für die Wanderweite, denn ein Fisch wird zum Beispiel seine Laichwanderung so lange fortsetzen bis er befriedigende Bedingungen vorfindet. Für Gewässer mit Stauhaltungen kann es sehr wichtig sein, daß in jedem Stau geeignete strömungsarme Winterplätze vorhanden sind, andernfalls wandern die Fische im Winter ab und können unter Umständen mangels geeigneter Fischtreppen im Frühjahr nicht zurückkehren. In solchen Gewässerteilen kann sich dann auch durch Besatzmaßnahmen kein guter Fischbestand entwickeln.
G. Seifert. 6110.

3-64/11-9079 Scott, D. P.; London, Ontario, Fisheries Res. Board of Canada. Radioactive caesium as a fish and lamprey mark. **(Radioaktives Cäsium zur Markierung von Fischen und Neunaugen.)** J. Fisheries Res. Board Canada **19** (1962) Nr. 1. S. 149-157. — 4 Abb., 3 Tab., 2 Lit.
Die Brauchbarkeit der Markierung von Neunaugenlarven mit ^{137}Cs sollte durch Versuche nachgewiesen werden. Zur Feststellung der biol. Halbwertszeit erhielten Seesaiblinge (*Salvelinus fontinalis*) je 10μc intraperitoneal injiziert. Die effektive Halbwertszeit betrug 42,2 d. Für die Markierungen wurden Ammocoeten von *Entosphenus lamottei* und *Petromyzon marinus* 36 h in einer ^{137}Cs-Lösung von 0,03 μc/ml gebadet und in einige Fließgewässer der St.-Josephs-Insel im Huronsee ausgesetzt. Die Markierungsmethode stellte sich als brauchbar heraus. Im Gegensatz zu Versuchen mit ^{59}Fe wurde keine Mortalität beobachtet. Die Möglichkeit der Akkumulation von ^{137}Cs durch Raubfische ist bei Neunaugenlarven gering, die Markierung von Fischen sollte man jedoch nur zu Populationsstudien in unbefischten Gewässern vornehmen. G. Seifert. 6115.

3-64/11-9080 *Krajuchin, Boris Vladimirovič.* **Fiziologija piščevarenija presnovodnych kostistych ryb.** (Verdauungsphysiologie der Süßwasser-Knochenfische.) Moskva: Izd. Akad. nauk SSSR. 1963. (137 S.) 8°. (1964 A 320)

Biologie der sonstigen fischereilichen Nutztiere

3-64/11-9081 Orsonneau, Philibert. Acclimatation de l'écrevisse Américaine dans le département des Deux-Sèvres et par extension dans le Marais Poitevin. **(Die Einwanderung des amerikanischen Flußkrebses in das Gebiet der Deux-Sèvres und seine Ausbreitung in dem Marais Poitevin.)** Bull. franç. Piscicult. **34** (1962) Nr. 205. S. 165-166. — 1 Abb.
Der amerikanische Flußkrebs, *Cambarus affinis*, war erstmalig 1949 in einem kleinen Kanal, der in die Sèvre mündet, entdeckt worden. Zunächst wurde keine weitere Ausbreitung festgestellt. Erst nachdem die Zahl der Krebse von 1949-1951 erheblich zugenommen hatte, wanderte der Krebs die Sèvre flußabwärts und drang auch in die Nebenflüsse ein. Bis 1961 wurde ein Gebiet von ca. 42 km Länge und 10 km Breite von *Cambarus* neu besiedelt. Der Krebs wird sehr intensiv gefangen. Der beste Köder ist die Muschel *Anodonta*, dann folgen Fische und schließlich Pferdefleisch. Die reichsten Fänge werden bei warmem, sonnigem Wetter gemacht.
M.-L. Albrecht. 6125.

C. LEBENSRAUM DER FISCHE
(Hydrographie und Hydrobiologie)

3-64/11-9082 Hausen, Helmuth; Hannover, TH, Inst. für Thermodynamik und Verfahrenstechn. **Gewinnung von Süßwasser aus Meerwasser als verfahrenstechnisches Problem.** Wasserwirtschaft **54** (1964) Nr. 5. S. 126 bis 133. — 17 Abb., 1 Tab.
Die aussichtsreichsten Verfahren zur Wasserentsalzung sind Verdampfungsverfahren, Gefrierverfahren und Elektrodialyse unter Verwendung ionendurchlässiger Membranen. Das Verdampfungsverfahren, das auf der Destillation des Salzwassers beruht, ist das älteste und wahrscheinlich aussichtsreichste Verfahren. Beim Gefrierverfahren wird das Meerwasser auf ca. —3 °C abgekühlt. Die allmählich entstehenden Eiskristalle werden gesammelt, von der anhaftenden Salzkruste befreit und geschmolzen. Die Elektrodialyse wird bes. bei Brackwasser mit weniger als 1% Salzgehalt angewendet. Dabei fließt das Wasser senkrecht durch Zellen, deren Wände abwechselnd für Kationen und Anionen durchlässig sind. Im elektrischen Feld tritt dann Entsalzung ein. In bes. Kapiteln wird auf Probleme der Thermodynamik, Wärmeübertragung, Strömung, Kristallisation, Abscheidung der Kristalle, Vermeidung von Ablagerungen sowie Vermeidung von Korrosion eingegangen. 1 m^3 entsalzenes Meerwasser kostet 1,— DM gegenüber 0,40 DM für aufbereitetes Oberflächenwässer. D. Nehring. 6130.

3-64/11-9083 Visser, S. A.; Kampala, Uganda, Univ. Chemical investigations into a system of lakes, rivers and swamps in S. W. Kigezi, Uganda. **(Chemische Untersuchungen im System der Seen, Flüsse und Sümpfe in S. W. Kigezi, Uganda.)** East African agric. Forestry J. **28** (1962) Nr. 2. S. 81-86. — 2 Abb., 2 Tab., 8 Lit.
Es wurde gefunden, daß das Wasser beim Durchfließen der Sümpfe einen beträchtlichen Teil der gelösten Ionen an den Torf entweder durch Adsorption oder Ionenaustausch abgibt. Ferner besteht eine Abhängigkeit zwischen dem pH-Wert und der Alkaliionenkonzentration. Die Erdalkaliionen spielten nur eine untergeordnete Rolle, und die Anionen (vornehmlich HCO_3^- und CO_3^{--}) übten gar keinen Einfluß auf den pH-Wert aus. Der pH-Wert scheint umgekehrt proportional der Konzentration an Kjeldahl-Stickstoff zu sein, was einem Kolloideffekt zugeschrieben wird. Zwischen den Konzentrationen der Alkaliionen bestehen enge Wechselbeziehungen. Zusammen mit dem Ca bestimmen diese Ionen die Leitfähigkeit. Zwischen den Konzentrationen des Fe, Mn und Al bestehen ebenfalls gewisse Beziehungen.
D. Nehring. 6135.

3-64/11-9084 Anthony, E. H. und Hayes, F. R.; Halifax, Nova Scotia, Dalhousie Univ., Inst. of Oceanogr. Lake water and sediment. VII. Chemical and optical properties of water in relation to the bacterial counts in the sediments of twenty-five North American lakes. **(Seewasser und Sediment. 7. Mitt. Chemische und optische Eigenschaften des Wassers in Beziehung zur Bakterienzahl in den Sedimenten von 25 nordamerikanischen Seen.)** Limnol. and Oceanogr. **9** (1964) Nr. 1. S. 35-41. — 2 Abb., 5 Tab., 7 Lit.
Vff. untersuchten in 25 Seen in Nova Scotia, New Brunswick, Prince Edward Island und Wisconsin die Beziehungen zwischen der Biomasse an Bakterien in den Sedimenten und der Färbung (Trübung) sowie Alkalinität des Wassers. Es ergaben sich Verhältnisse, die in folgender Gleichung wiedergegeben werden können: log Bakterien = 0,568 + 0,513 log Färbung + 0,019 Alkalinität. Dabei werden Bakterien in Kolonien/g Trockensediment, Alkalinität nach Methylorangetitration in mg/l $CaCO_3$ und Färbung in mg Pt/l angegeben.
K. Anwand. 6135.

3-64/11-9085 Steemann, Nielsen E. und Jorgensen, Erik G.; Copenhagen, Roy. Danish School of Pharmac. The physiological background for using chlorophyll measurements in hydrobiologie and a theory explaining daily variations in chlorophyll concentration. **(Physiologische Bedingungen bei Chlorophyll-Messungen in der Hydrobiologie und eine Theorie zur Erklärung der täglichen Schwankungen in der Chlorophyll-Konzentration.)** Arch. Hydrobiol. **58** (1962) Nr. 3. S. 349-357. — 3 Abb., 27 Lit.

Vff. gehen kritisch auf die „Chlorophyll-Methode" ein, die zuerst zur Berechnung der Biomasse, später der Photosyntheserate des Phytoplanktons und schließlich zur Bestimmung der Primärproduktion benutzt wurde. Vff. stellten an Kulturen von *Chlorella vulgaris* fest, daß die Photosynthese bei stärkeren Lichtintensitäten gehemmt wird und daß während eines künstlichen Tageszyklus „mittags" 6 h lang kein Chlorophyll gebildet wurde. Die häufig festgestellte Chlorophyll-Abnahme eines Wasservolumens in den Nachmittagsstunden wird in kausalen Zusammenhang mit der Nahrungsaufnahme von Herbivoren gebracht. M. Schlüter. 6135.

3-64/11-9086 Lund, J. W. G.; Ambleside, Freshwater Biol. Assoc. The periodicity of Melosira islandica O. Müll. in Great Slave Lake. **(Die Periodizität von Melosira islandica im Großen Sklavensee.)** J. Fisheries Res. Board Canada **19** (1962) Nr. 3. S. 501-504. — 3 Abb., 3 Lit.

Zwischen dem Zeitpunkt des Beginns der thermischen Schichtung und dem Auftreten eines Maximums von *Melosira islandica* bestehen im Großen Sklavensee eindeutige Zusammenhänge. Der stärkste Bestand findet sich einige Tage nach dem Eisaufbruch, was entweder auf ein schnelles Wachstum von *Melosira* bei den noch niedrigen Temperaturen oder auf einen großen Anteil überwinterter Zellen im Bestand zurückzuführen ist. Mit beginnender Stratifikation sinken die Zellen rasch ab, bei Erfassung des gesamten Vertikalbestandes ist die Dichte zunächst noch groß, innerhalb weniger Tage geht sie jedoch schnell auf sehr niedrige Werte zurück. G. Seifert. 6135.

3-64/11-9087 Ėrman, L. A.; Kaliningrad, Techn. Inst. für Fischind. und -wirtsch. Ciklomorfoz i pitanie planktonnych kolovratok. **(Zyklomorphose und Ernährung planktischer Rotifera.)** Zoologičeskij žurnal, Moskva **41** (1962) Nr. 7. S. 998-1003. — 2 Tab., 26 Lit. Zus. in Engl.

Im Lab. wurden Massenkulturen von *Brachionus calyciflorus* über 2 Mon. gehalten und mit *Lagerheimia ciliata* gefüttert. Bei gleicher Menge Rotatorien und konstanten Temperatur- und Sauerstoffverhältnissen unterschieden sich die 3 Versuchsgefäße lediglich durch ihren unterschiedlichen Gehalt an Nahrung. Es zeigte sich, daß die hinteren seitlichen Dornen um so länger waren, je geringer die Nahrungskonzentration war. G. Predel. 6135.

3-64/11-9088 Sorokin, Ju. I. und Morduchaj-Boltovskaja, E. D. Izučenie pitanija kolovratok Asplanchna s pomošč'ju C^{14}. **(Untersuchung der Ernährung von Asplanchna mit Hilfe von ^{14}C.)** Bjulleteń Instituta biologii vodochranilišč. Akademija nauk SSSR, Moskva-Leningrad **1962** Nr. 12. S. 17-20. — 2 Tab., 8 Lit.

Zur Untersuchung der Nahrungsaufnahme von *Asplanchna priodonta* und *A. herricki* wurden Futterorganismen (verschiedene Algen, Bakterien und Kleinkrebse) mit ^{14}C markiert. Die zu untersuchenden Exemplare wurden mit den Futterorganismen zusammen in Gläser eingesetzt. Anschließend wurde ihre Radioaktivität gemessen. Hierbei zeigte sich, daß die Kleinkrebse (*Bosmina longirostris*) die Hauptnahrung darstellten und daß der tägl. Nahrungsbedarf der Rotatorien deren Körpermasse um das 1,5-2fache übersteigt. Die Körpersubstanz der Rotatorien erneuert sich demnach innerhalb eines Tages durch die Verdauung der Nahrung annähernd zu $^1/_3$.

H.-W. Hattop. 6135.

3-64/11-9089 Davis, Charles C. The plankton of the Cleveland Harbor area of Lake Erie in 1956-1957. **(Das Plankton des Erie-Sees in der Gegend**

des Cleveland Harbor während der Jahre 1956-1957.) Ecolog. Monogr. **32** (1962) Nr. 3. S. 209-247. — 17 Abb., 7 Tab., 79 Lit.
In 2wöchigem Abstand wurden an 3 Stationen im Erie-See vor Cleveland (Ohio) an der Oberfläche, in 6 m und 12 m Tiefe Proben entnommen und Temperaturen gemessen. Neben dem Phyto- und Zooplankton wurden Silicium, Orthophosphat und Alkalinität quantitativ bestimmt. Auf das Frühjahrsmaximum des Phytoplanktons folgt ein Maximum der kleineren Zooplankter. Im Juni erreichten Cladoceren und Copepoden ihren Entwicklungshöhepunkt, der mit dem Sommerminimum des Phytoplanktons zusammenfällt. Vf. erklärt das mit der starken Phytoplanktonkonsumtion durch die Zooplankter. Bisher kann in den Veröffentlichungen über das Plankton des Erie-Sees kaum ein Beweis für fortschreitende Veränderungen des Sees gefunden werden. Lediglich *Diaptomus siciloides* hat seit 1929 stark zugenommen und deutet vermutlich auf zunehmende Eutrophierung oder Erwärmung hin. Die einzelnen Phyto- und Zooplankter, die nach Möglichkeit bis zur Art bestimmt wurden, werden eingehend besprochen.
D. Barthelmes. 6135.

3-64/11-9090 Bayly, I. A. E.; Brisbane, Univ. of Queensland. Ecological studies on New Zealand lacustrine zooplankton with special reference to Boeckella propinqua Sars (Copepoda: Calanoida). **(Ökologische Untersuchungen an neuseeländischem Seenplankton unter besonderer Berücksichtigung von Boeckella propinqua [Copepoda: Calanoida].)** Austral. J. Marine Freshwater Res. **13** (1962) Nr. 2. S. 143-197. — 22 Abb., 25 Tab., 57 Lit.
Die umfangreiche Arbeit enthält neben einer limnol. Beschreibung des Kratersees Aroarotamahine in erster Linie Angaben über das Crustaceenplankton dieses Sees, denen ein kurzer Überblick über die Rädertiere und ein Vergleich mit dem Zooplankton anderer neuseeländischer Seen folgt. Im Aroarotamahine reicht die Wohnschicht aller Crustaceen und Rotatorien bei gut ausgebildeter Temperaturschichtung bis zum oberen Metalimnion und ist scharf begrenzt. Die geringsten Populationsdichten traten etwas über dieser unteren Grenze auf. Für *Daphnia carinata* und reife ♂♂ von *Boeckella propinqua* wird eine inverse Vertikalwanderung beschrieben, deren Ursachen unklar sind. Bei *Boeckella propinqua* sind die mittlere Länge und die Eizahlen einer Temporalvariation unterworfen, die zeitweise eine inverse Korrelation zur Temperatur zeigen. Im Nov. war die *Boeckella*-Population aus 2 Größengruppen zusammengesetzt: Die großen Exemplare standen in den oberflächennahen Schichten, die kleineren darunter. In den Stadien V und VI von *Boeckella* parasitierte der Cysticercus eines Cestoden, der bei ♂♂ zur Kastration führen kann.
D. Barthelmes. 6135.

3-64/11-9091 Berg, Kaj, Jónasson, Pétur M. und Ockelmann, K. W.; Copenhagen, Univ. The respiration of some animals from the profundal zone of a lake. **(Die Atmung einiger Tiere aus der Profundalregion eines Sees.)** Hydrobiologia [Den Haag] **19** (1962) Nr. 1. S. 1-39. — 21 Abb., 5 Tab., 29 Lit.
Das Hauptziel der Arbeit bestand darin, den O_2-Verbrauch einiger Bodentiere unter verschiedenen O_2-Verhältnissen zu untersuchen. Die meisten Versuche wurden mit Profundaltieren aus dem Esromsee, Dänemark, durchgeführt. Sie erstreckten sich auf die Ermittlung des O_2-Verbrauchs 1. im Verhältnis zur Zeit nach dem Sammeln der Tiere (Einfluß des Hungerns), 2. im Verhältnis zur Temperatur und 3. im Verhältnis zum O_2-Gehalt des Wassers. Die O_2-Bestimmungen wurden nach einer polarometrischen, von Bartels entwickelten Methode, die bereits früher für ähnliche Versuche angewandt worden ist, vorgenommen. Der Einfluß des Hungerns auf den O_2-Verbrauch ließ sich nur bei *Pisidium casertanum* nachweisen. Der O_2-Gehalt war etwas erniedrigt. Bei allen anderen Organismen war keine Abnahme feststellbar.

Bei allmählichem Temperaturanstieg erhöhte sich der O_2-Verbrauch. Im Verhältnis zum O_2-Gehalt des Wassers wurden 3 Hauptgruppen getrennt: a) O_2-Verbrauch gleichbleibend, von Luftsättigung bis 1·½-5% O_2 (*Tubifex tubifex, T. barbatus, Ilyodrilus hammoniensis* und *Chironomus anthracinus*), b) abnehmender O_2-Verbrauch von Luftsättigung bis 4-6% O_2 (*Lumbricillus rivalis, Procladius, Pisidium casertanum*), c) O_2-Abnahme bis zu niedrigsten Werten (*Corethra flavicans*). M.-L. Albrecht. 6135.

3-64/11-9092 Pattee, Eric; Lyon, Fac. des Sci. Méthodes de mesure du métabolisme respiratoire chez les animaux aquatiques. **(Methoden zur Messung des Atmungsmetabolismus bei Wassertieren.)** Hydrobiologia [Den Haag] **19** (1962) Nr. 1. S. 40-56. — 4 Tab., 44 Lit.

Die wichtigsten Untersuchungsmethoden zur Messung des Atmungsmetabolismus bei Wassertieren werden im Hinblick auf ihre Vor- und Nachteile diskutiert. Die Bedingungen, denen die Tiere während des Versuchs unterworfen werden, sind von einer Methode zur anderen sehr unterschiedlich. Eine chem. und eine manometrische Methode wurden verglichen. Die Resultate differierten erheblich. Für *Crenobia alpina* und *Dendrocoelum lacteum* lagen die Werte, die auf chem. Wege ermittelt worden waren, niedriger, während sie für *Planaria gonocephala* und *Cloeon dipterum* höher waren. Man muß daher äußerst vorsichtig sein, wenn man Schlüsse aus den Ergebnissen ziehen will, die auf verschiedenen Wegen erzielt wurden. Um den Atmungsmetabolismus eines Tieres unter natürlichen Bedingungen zu ermitteln, müssen Methoden Anwendung finden, unter denen die Tiere möglichst wenig unnatürlichen Verhältnissen ausgesetzt werden. M.-L. Albrecht. 6135.

3-64/11-9093 Strojkina, V. G.; Kuibyschew, Stat. des Inst. für Biol. der Stauseen der Akad. der Wiss. der UdSSR. O raspredelenii sinezelenych vodoroslej v nižnej časti volžskogo kaskada vodochranilišč. **(Über die Verbreitung der Blaualgen im unteren Abschnitt der Wolgatalsperren-Kaskade.)** Bjulleteń Instituta biologii vodochranilišč. Akademija nauk SSSR, Moskva-Leningrad **1962** Nr. 12. S. 3-6. — 2 Abb., 7 Lit.

Die Blaualgen, die sich in der Kuibyschewer Talsperre entwickeln, bleiben zum überwiegenden Teil in der Talsperre, wo sie absterben und mineralisiert werden. Die Menge der aus der Kuibyschewer Talsperre in die Wolga abschwimmenden Blaualgen verringert sich allmählich, und bei Wolgograd war die Menge der Blaualgen 1957 und 1958 im Fluß nicht höher als vor der Errichtung der Talsperre. Der größte Teil der abgetriebenen Blaualgen erreicht das Wolgadelta nicht. Während in den Talsperren *Aphanizomenon flos-aquae* vorherrscht, steht im Wolgadelta bei Astrachan *Microcystis aeruginosa* an erster Stelle. H.-W. Hattop. 6138.

3-64/11-9094 Poddubnaja, T. L.; Borok, Inst. für Biol. der Stauseen der Akad. der Wiss. der UdSSR. O vertikal'nom raspredelenii Limnodrilus newaensis Mich. i L. hoffmeisteri Clap. v gruntach Rybinskogo vodochranilišča. **(Über die vertikale Verteilung von Limnodrilus newaensis und L. hoffmeisteri im Boden der Rybinsker Talsperre.)** Bjulleteń Instituta biologii vodochranilišč. Akademija nauk SSSR, Moskva-Leningrad **1962** Nr. 12. S. 20-26. — 3 Abb., 1 Tab., 11 Lit.

In der Rybinsker Talsperrre haben die Tubificiden stellenweise einen Anteil von 55-60% an der Gesamtbiomasse der Bodentiere (8,5 g/m^2). Die beiden genannten Arten besiedeln die obersten Schlammschichten bis zu einer Tiefe von 5-10 cm. Zur Fortpflanzung werden Tiefen von 5-15 cm aufgesucht. Bei sehr geringem Sauerstoffgehalt von 0,5-0,6 mg/l zeigen sich auch bei höheren Temperaturen keine schädlichen Einwirkungen auf die Tubificiden. H.-W. Hattop. 6138.

3-64/11-9095 Micheev, V. P.; Kuibyschew, Stat. des Inst. für Biol. der Stauseen der Akad. der Wiss. der UdSSR. O raspredelenii Dreissena polymorpha Pallas na konstrukcijach Volžskoj GÈS im. V. I. Lenina. **(Über die Verbreitung von Dreissena polymorpha an den Bauwerken des Lenin-Wolga-Kraftwerkes.)** Bjulleteń Instituta biologii vodochranilišč. Akademija nauk SSSR, Moskva-Leningrad **1962** Nr. 12. S. 32-33. — 1 Tab., 2 Lit.
Die Larven der Dreikantmuschel (*D. polymorpha*) können sich bereits bei Strömungsgeschwindigkeiten von 0,7-0,8 m/s nicht mehr an glatten vertikalen Flächen festsetzen. Bei Geschwindigkeiten von 1,0-1,5 m/s können sich sich jedoch an rauhen Flächen noch ansiedeln. Ausgewachsene Exemplare können sich noch bei Strömungsgeschwindigkeiten von 2,0 m/s halten, ihre Wachstumsgeschwindigkeit ist dabei aber geringer, und es wird ein bes. kräftiger Byssus entwickelt. Kolonien werden nur bei Strömungsgeschwindigkeiten unter 0,9 m/s gebildet. H.-W. Hattop. 6138.

3-64/11-9096 Bamforth, Stuart S.; Tulane, Univ. Diurnal changes in shallow aquatic habitats. **(Tägliche Schwankungen in Kleingewässern.)** Limnol. and Oceanogr. 7 (1962) Nr. 3. S. 348-353. — 5 Abb., 10 Lit.
Vf. entnahm in verschiedenartigen Kleingewässern mehrfach während des Jahres morgens zwischen 5 und 6 Uhr und nachmittags zwischen 15 und 16 Uhr Proben. Nach wenigen Tagen erfolgte jeweils eine Wiederholung. Bestimmt wurden Temperatur, pH, ferner der Gehalt an O_2, CO_2, PO_4, Fe, NH_3 in mg/l sowie die Zahl der grünen Flagellaten und der Ciliaten pro ml. Diese Größen schwanken im Tageslauf oft recht erheblich, wie auch einige 24-Stunden-Untersuchungen bestätigen. Die Werte, die man bei der Untersuchung solcher Kleingewässer erhält, hängen demnach sehr von der Zeit der Probenentnahme ab. D. Barthelmes. 6140.

3-64/11-9097 Brewer, Robert H.; Chicago, Univ. The phenology of Diaptomus stagnalis (Copepoda: Calanoida): The development and the hatching of the egg stage. **(Die Phänologie von Diaptomus stagnalis [Copepoda: Calanoida]: Die Entwicklung und das Schlüpfen der Eistadien.)** Physiol. Zoöl. **37** (1964) Nr. 1. S. 1-20. — 6 Abb., 8 Tab., 21 Lit.
Die Art bewohnt kleine temporäre Gewässer, ihr einjähriger Lebenszyklus zeigt eine kurze aktive Phase von März-Mai. Die am Gewässerboden in Eisäckchen abgelegten Eier ruhen über Sommer, Herbst und Winter. Freilandbeobachtung und Zucht im Labor zeigen, daß die Ruhezeit der Eier in 3 Perioden zerfällt: 1. Eine obligatorische Ruheperiode von 5-6 Mon. Dauer bei hohen Temperaturen. Das gegen Wärme und Austrocknung unempfindliche Ei zeigt keinerlei morphol. Entwicklung. 2. Mit sinkender Temperatur vollzieht sich die Embryogenese im Herbst innerhalb von 2 Wochen. Die Eier sind nun gegen Kälte sehr widerstandsfähig. 3. Während des Winters ruht das Ei wieder 3 Mon., doch ist diese durch tiefe Temperaturen induzierte Periode fakultativ. Das Schlüpfen der Nauplii wird schließlich durch verminderten Sauerstoffgehalt des Mediums induziert. Die beiden Ruheperioden der Eier stellen echte Diapauseerscheinungen dar und werden mit der Diapause bei Insekten verglichen. W. v. Tümpling. 6140.

3-64/11-9098 Macan, T. T. The odonata of a moorland fishpond. **(Die Odonaten eines Moorteiches.)** Int. Rev. ges. Hydrobiol. **49** (1964) Nr. 2. S. 325-360. — 9 Abb., 20 Tab., 20 Lit. 6140.

3-64/11-9099 Dvihally, Zsuzsa T.; Alsógöd, Ungarn, Donauforsch.-Stat. **Der gelöste Sauerstoff, die Schwebstoffmenge und die Trübung im Oberflächenwasser der Donau während des Jahres 1959.** Arch. Hydrobiol., Suppl. **27** (1962) Nr. 1. S. 72-84. — 1 Abb., 1 Tab., 25 Lit.
Vf. untersuchte den Sauerstoffgehalt, die Trübung und die Schwebstoffmenge im Wasser der Donau. Im Hauptarm schwankte der Sauerstoffgehalt

zwischen 6,1 und 12,2 mg/l. Das Sauerstoffdefizit war im Sommer größer als im Winter. Bei Niedrigwasser war das Defizit geringer als bei Hochwasser. Die Schwebefracht betrug 20-290 mg/l, sie war bei Hochwasser am höchsten. Die Schwebefracht bestand zu 99% aus anorg. Substanzen (Kalkstein und Quarz) und nur 1% war org. Material (eingeschwemmte org. Masse und Algen). Die Durchsichtigkeit wird naturgemäß durch die Menge der Schwebefracht bestimmt. In den Nebengewässern der Donau, die bei Niedrigwasser teichähnlichen Charakter aufweisen können, liegen andere biol. Verhältnisse vor. Sie sind reicher an Zooplankton als der Hauptarm, und durch das Vorkommen von Phytoplankton kann Sauerstoffübersättigung eintreten.

D. Nehring. 6145.

3-64/11-9100 Golyškina, R. A.; Irkutsk, Univ. Fauna ručejnikov (Trichoptera) reki Angary. **(Die Trichopterenfauna der Angara.)** Zoologičeskij žurnal, Moskva **41** (1962) Nr. 11. S. 1646-1658. – 2 Tab., 10 Lit. Zus. in Engl.

46 Trichopterenarten, die zu 12 Familien gehören, wurden in der Angara festgestellt. Die Arten werden beschrieben, und ihre ökologische Verbreitung wird mitgeteilt. Die Angara ist die westlichste Verbreitungslinie einiger östlicher Arten. Ebenso ist sie für einige westliche Arten die Verbreitungsgrenze nach Ost-Sibirien und nach dem Fernen Osten. Zwischen der Trichopterenfauna von Angara und Baikal konnte kein Zusammenhang gefunden werden. Die Fauna des Hauptflusses und der größten Nebenflüsse mischt sich nicht mit der der kleinen Nebenflüsse. Die Artenzusammensetzung wechselt ganz erheblich mit der Entfernung von den Quellgebieten der Flüsse.

M.-L. Albrecht. 6145.

3-64/11-9101 Lucht, Fritz; Hamburg, Wasser- und Schiffahrtsdirektion. **Hydrographie des Elbe-Aestuars.** Arch. Hydrobiol., Suppl. **29** (1964) Nr. 1/2. S. 1-96. – 38 Abb., 20 Tab., 87 Lit.

Die Schwankungen des Abflusses in der Oberelbe (obere Aestuargrenze) wirken sich auch auf die Reflexion der aus der Nordsee in das Aestuar einlaufenden Tidewelle aus. Sie bestimmen die Grenzen und Beschaffenheit der Brackwasserregion in der Elbe. In 100 Jahren ist der Wasserspiegel gegenüber dem Festland um 21,9 cm gestiegen. Die obere Grenze des Aestuars verschiebt sich jährlich um 200 m stromaufwärts. Die Entwicklung der Sturmfluten im unteren Elbe-Aestuar verläuft in der Regel in 3 Phasen. Mit Hilfe von Strömungsmessungen wurden die Wassermengen, die die verschiedenen Querschnitte des Aestuars durchströmen, berechnet. Es wurde eine Methode entwickelt, die gestattet, den Weg eines Wasserteilchens in den Gezeitenströmen theoretisch zu verfolgen. Die Kenntnis dieses Vorganges bietet die Möglichkeit, die Verteilung und die Bewegung der Suspensoide einschließlich des Planktons festzustellen. Die Sandkorngrößen nehmen stromabwärts gleichmäßig ab. Aus der Statistik der Sandmengen, die in den letzten 50 Jahren in das Aestuar ein- bzw ausgeführt wurden, ergibt sich die Abhängigkeit der Sandwanderung von den Windverhältnissen im Mündungsgebiet. In der Brackwasserregion werden ständig mit der Tide veränderliche Salzgehalte gemessen. Bei verschiedenem Oberwasser verschiebt sich dieses Gebiet. Der Gehalt des Wassers an Ammonium, Nitrit, Nitrat und Sauerstoff wird im wesentlichen durch die Menge der zugefuhrten Abwässer beeinflußt, während die Verteilung des Salzgehaltes als Folge der Geschwindigkeitsentwicklung der Gezeitenströme in den einzelnen Tidestunden unterschiedlich ist.

M.-L. Albrecht. 6148.

3-64/11-9102 Movaghar, Chokouh-Aazam. **Verbreitung und Ökologie der Amphipoden im Elbe-Aestuar.** Arch. Hydrobiol., Suppl. **29** (1964) Nr. 1/2. S. 97-179. – 28 Abb., 20 Tab., 126 Lit.

Die Bearbeitung erstreckte sich über die Zeit von 1950-1958. Es wurden die Elbefahrrinne und der Flußgrund an insgesamt 340 Stationen auf der 150 km langen Unter- und Außenelbe auf die Amphipodenfauna untersucht. Von den 30 gefundenen Arten waren 15 bisher noch nicht aus dem Elbe-Aestuar und 1 (*Phoxocephalus holbölli*) nicht aus der Deutschen Bucht bekannt. 4 Arten wurden ausschließlich auf den Tonnen, 3 sowohl auf den Tonnen als auf der Flußsohle gefunden. Die übrigen Arten sind auf den Flußgrund beschränkt. Die quantitative Verbreitung der Arten und ihre Abhängigkeit von Salzgehalt, Substrat und Strömung werden geschildert. Limnische Arten können nicht in die Brackwasserregion einwandern, marine Arten dringen dagegen weit in das Aestuar vor. Unter den euryhalinen Bewohnern des Aestuars ist eine Gruppe bes. an poikilohaline Bedingungen angepaßt. Da sie in der Lage ist, kurzfristige starke Salzgehaltsschwankungen zu ertragen, wird sie als „omnieuryhalin" bezeichnet. Es werden 3 Amphipodenzonen unterschieden: 1. *Ampelisca-brevicornis*-Zone, 2. *Bathyporeia*-Zone, 3. *Gammarus-Corophium*-Zone. Ein Vergleich mit der Ostsee zeigt, daß die spez. Faktoren des Aestuars als instabiles Milieu nicht die Artenzahl der Brackwasseramphipoden reduzieren. M.-L. Albrecht. 6148.

3-64/11-9103 Jeffries, Harry P.. Copepod indicator species in estuaries. **(Copepoden als Indikator-Arten in Ästuaren.)** Ecology **43** (1962) Nr. 4. S. 730 bis 733. — 1 Abb., 3 Tab., 23 Lit.
Die Strömung in der Raritan Bay, N. J., wird durch 2 regional verschiedene Gezeitenströme hervorgerufen. Der in das Ästuar einfließende Flutstrom streicht entlang der Nordküste und der ozeanwärts gerichtete Ebbestrom entlang der Südküste. Über 15 Mon. hin wurde das Erscheinen 8 nichtendogener Copepodenarten (*Pseudocalanus minutus*, *Oithona similis*, *Centropages hamatus*, *C. typicus*, *Paracalanus crasirostris*, *Temora longicornis*, *Labidocera aestiva*, *Temora stylifera*) parallel zu diesen Strömungen beobachtet. Im Flutstrom war die rel. Häufigkeit aller 8 Arten um 22% höher als im Ebbestrom. M. Hegemann. 6148.

3-64/11-9104 Kappanna, A. N., Visweswara Rao, A. und Mody, I. C.; Bhavnagar, India, Chem. Res. Inst. Alginic acid content of some of the brown seaweeds of Saurashtra coast. **(Alginsäuregehalt von einigen Braunalgen der Küste von Saurashtra.)** Current Sci. [Bangalore] **31** (1962) Nr. 11. S. 463-464. — 1 Tab.
Vff. bestimmten den Alginsäuregehalt einer größeren Anzahl von *Sargassum*-Arten, *Cystophyllum muricatum*, *Dictyota* und einer Cystoseiracee, die an der Küste von Saurashtra häufig sind. Der Alginsäuregehalt schwankte zwischen 4 und 29% der Trockenmasse (lufttrocken). M. Schlüter. 6150.

3-64/11-9105 Enright, J. T.; La Jolla, Calif., Scripps Instn. of Oceanography. Estimates of the compressibility of some marine crustaceans. **(Schätzung der Kompressionsfähigkeit einiger mariner Crustaceen.)** Limnol. and Oceanogr. 8 (1963) Nr. 4. S. 382-387. — 1 Abb., 3 Tab., 10 Lit.
Mittels eines Mikropiezometers wurden kleine Seewasserproben (2 ml) verschieden starken Drucken ausgesetzt, um die spez. Kompressionsfähigkeit einiger Krebse zu prüfen. Es zeigte sich, daß die Tiergewebe 15-40% weniger Druck aushielten, als auf das Seewasser ausgeübt wurde. Es besteht kein Grund zur Unterstützung der Hypothese, daß die Krebse durch einen ultradünnen Gasfilm nur geringen Druckunterschieden ausgesetzt werden. J. Waldmann. 6150.

3-64/11-9106 Berner, Ågot. Feeding and respiration in the copepod Temora longicornis (Müller). **Nahrungsaufnahme und Atmung bei dem Copepoden Temora longicornis.)** J. Marine biol. Assoc. United Kingdom **43** (1962) Nr. 3. S. 625-640. — 8 Abb., 4 Tab., 29 Lit.

Aus Laborexperimenten mit Hilfe von radioaktivem Phosphor an *Temora longicornis* aus dem Clyde-Seegebiet ergibt sich, daß die Filterrate sehr variabel ist und wahrscheinlich von der Tiergröße abhängt. Durch wöchentl. Untersuchungen wurden nachgewiesen, daß 1961 stets ausreichend Nahrung für *T. longicornis* im Meer vorhanden war. Der O_2-Verbrauch zeigte Beziehungen zur Körperoberfläche. In den Experimenten wurde die Respirationsrate erst nach ca. 30 h konstant. Es konnten Hinweise auf jahreszeitliche Unterschiede in der O_2-Aufnahme erhalten werden. D. Barthelmes. 6150.

3-64/11-9107 Suškina, A. P.; Moskau, Unions-Forsch.-Inst. für Hochseefischerei und Ozeanogr. Skorost' raschodovanija žira pri različnoj temperature i žiznennyj cikl u Calanus finmarchicus (Gunn) i C. glacialis Jaschn. **(Geschwindigkeit des Fettverbrauchs bei verschiedener Temperatur und unterschiedlichem Lebenszyklus bei Calanus finmarchicus und C. glacialis.)** Zoologičeskij žurnal, Moskva **41** (1962) Nr. 7. S. 1004-1012. – 3 Abb., 3 Tab., 20 Lit. Zus. in Engl.

Bei Untersuchungen der Biologie der Calaniden wurden festgestellt, daß sich ihr Lebenszyklus in 4 Phasen einteilen läßt. In den Copepoditstadien I-III halten sich die Tiere in den oberen Schichten auf, ohne nennenswerte Bewegung und bei niedrigem Fettgehalt. Die Fettakkumulation findet im IV. und zu Beginn des V. Stadiums statt. Bei Temperaturen von 2 °C kommt im IV. Stadium die Fettakkumulation zum Stillstand, so daß die Tiere im Tiefenwasser überwintern können. G. Predel. 6150.

3-64/11-9108 Todd, Mary E.; Glasgow, Univ. Osmotic balance in Littorina littorea, L. littoralis, and L. saxatilis (Littorinidae). **(Das osmotische Gleichgewicht bei Littorina littorea, L. littoralis und L. saxatilis [Littorinidae].)** Physiol. Zoöl. **37** (1964) Nr. 1. S. 33-44. – 8 Abb., 26 Lit.

Die 3 Arten bewohnen verschiedene Höhen der Gezeitenzone. Vf. untersuchte die Abhängigkeit des osmotischen Wertes von Blut, Pericardialflüssigkeit und Urin von der Salinität des Mediums zwischen 25 und 150% Seewasser (SW) durch Bestimmung der Gefrierpunkterniedrigung. Die untersuchten Körperflüssigkeiten waren untereinander stets isotonisch. Alle 3 Arten sind zwischen 125% und 50% SW isotonisch mit dem Medium, bei geringeren Salzgehalten in steigendem Maße hypertonisch, wobei z. T. das Operculum von Einfluß ist. Bei Salzgehalten unter 50% oder 25% SW ziehen sich die Schnecken in das Gehäuse zurück. Durch 0,01% Phenolrot im Medium wurde jedoch nachgewiesen, daß die Gewebe noch Kontakt mit dem Medium haben. Jahreszeit, Größe und Geschlecht sind ohne Einfluß auf das osmotische Gleichgewicht der Tiere. Die Überlebensfähigkeit der Tiere im stark hypotonischen Medium ist der Temperatur umgekehrt proportional. W. v. Tümpling. 6150.

3-64/11-9109 Murray, J. W.; London, Imperial Coll. A new bottom-water sampler for ecologists. **(Ein neues Gerät zur Entnahme von bodennahem Wasser für den Ökologen.)** J. Marine biol. Assoc. United Kingdom **42** (1962) Nr. 3. S. 499-501. – 1 Abb., 1 Lit.

Eine Nokalon-Netzkugel, die oben ein Sicherheitsventil und unten einen Schlauch trägt, wird mit Hilfe zweier Bleiplatten, die eine Art Fuß bilden, auf den Gewässerboden hinabgelassen. Der Schlauch ist beim Hinablassen und Aufholen durch die Masse der 2. Platte, die unter der 1. hängend angebracht ist und mit einem Bügel über den Schlauch greift, abgeklemmt. Beim Aufsetzen auf den Boden öffnet er sich und entnimmt je nach seiner Stellung verschieden dicht über der Kontaktzone soviel Wasser, als dem in der Tiefe herrschenden Überdruck entspricht. Beim Aufholen entweicht bei abnehmendem Außendruck die äquivalente Luftmenge durch das Sicherheitsventil. D. Barthelmes. 6200.

3-64/11-9110 Pennak, Robert W. Quantitative zooplankton sampling in littoral vegetation areas. **(Die Gewinnung quantitativer Zooplanktonproben in pflanzenbewachsenen Litoralbezirken.)** Limnol. and Oceanogr. 7 (1962) Nr. 4. S. 487-489. — 1 Abb.

Zur Gewinnung quantitativer Zooplanktonproben in Gebieten mit dichtem Unterwasserpflanzenwuchs beschreibt Vf. folgende Einrichtung: Ein drahtverstärkter Schlauch von gleichbleibendem Innendurchmesser (64 mm) wird zum Ausstechen einer bis zum Gewässerboden reichenden Wassersäule benutzt. Das untere Ende wird dann mit einer Leine knapp über die Oberfläche emporgeholt, während das Oberende, das mit Gaze verschlossen ist, versenkt wird. Anschließend kann der Schlauch aus dem Wasser gehoben werden, wobei das Zooplankton auf der Gaze zurückbleibt. Der Schlauch trägt eine Metereinteilung, so daß die Probengröße aus Schlauchdurchmesser × Höhe der ausgestochenen Wassersäule bestimmt werden kann. Das Gerät wird jetzt auch zur Planktonprobenentnahme im freien Wasser bis zu Tiefen von 9 m verwendet. Wichtig für einwandfreies Funktionieren ist die Luftdurchlässigkeit der Gaze, die deshalb beim Versenken des gazefreien Schlauchendes trocken sein muß. D. Barthelmes. 6200.

3-64/11-9111 Hopkins, Thomas L. A zooplankton subsampler. **(Ein Planktonprobenunterteiler.)** Limnol. and Oceanogr. 7 (1962) Nr. 3. S. 424-426. — 1 Abb., 3 Tab., 1 Lit.

Zur Entnahme von Teilmengen aus Planktonproben eignet sich die Pipettenmethode nach den Untersuchungen des Vf. nicht, weil durch die unterschiedliche Sinkgeschwindigkeit der einzelnen Arten Fehler entstehen. Er empfiehlt deshalb einen schachtelartigen Behälter, der die Probe aufnimmt und aus dem nach gründlicher Durchmischung mittels eines Einsatzes ein Teil der Probe „herausgestochen" wird. Die einwandfreie Arbeitsweise der neuen Unterteilerapparatur ist statistisch überprüft. D. Barthelmes. 6200.

3-64/11-9112 Butorin, N. V. und Litvinov, A. S.; Borok, Inst. für Biol. der Stauseen der Akad. der Wiss. der UdSSR. Opyt primenenija samopisca tečenij Ju. K. Alekseeva dlja izučenija skorostnogo režima vodochranilišč. **(Ein Versuch zur Anwendung des Strömungsschreibers von Ju. K. Alexejew zur Untersuchung der Strömungsverhältnisse in Talsperren.)** Bjulleteń Instituta biologii vodochranilišč. Akademija nauk SSSR, Moskva-Leningrad **1962** Nr. 12. S. 59-62. — 1 Abb., 3 Lit.

Der Strömungsschreiber von Alexejew stellt ein sehr empfindliches Registriergerät dar, welches in der Rybinsker Talsperre zur Messung von Strömungsgeschwindigkeiten unter 2 cm/s mit Erfolg benutzt wurde. Mit Hilfe des Gerätes konnten z. B. Strömungen erfaßt werden, die innerhalb der Talsperre in umgekehrter Richtung, d. h. entgegen der allg. Strömungsrichtung verlaufen. H.-W. Hattop. 6200.

3-64/11-9113 Luferova, L. A.; Borok, Inst. für Biol. der Stauseen der Akad. der Wiss. der UdSSR. Pribor dlja izučenija vlijanija tečenija na vodnych bespozvonočnych. **(Ein Gerät zur Untersuchung des Einflusses der Strömung auf wirbellose Wassertiere.)** Bjulleteń Instituta biologii vodochranilišč. Akademija nauk SSSR, Moskva-Leningrad **1962** Nr. 12. S. 62-64. — 1 Abb., 1 Lit.

Vf. benutzte ein Gefäß mit unterschiedlichem Querschnitt, in dem mit Hilfe eines Propellers eine Strömung erzeugt werden konnte und in welchem Kleinkrebse verschiedener Arten unterschiedlichen Strömungen ausgesetzt wurden. Hierbei zeigte sich, daß *Daphnia longispina* bei Strömungsgeschwindigkeiten von 0,17-0,13 m/s von der Strömung abgetrieben wird, jedoch bei 0,06 m/s noch in der Lage ist gegen die Strömung anzuschwimmen. *Diaptomus graciloides* konnte sich noch bei Strömungsgeschwindigkeiten von 0,08-0,06 m/s halten. Auch *Acanthocyclops viridis* wurde erst bei Strömungsgeschwindigkeiten über 0,08 m/s abgetrieben. Seine eigene Fortbewegungsgeschwindigkeit erreichte dabei 0,016 m/s. H.-W. Hattop. 6200.

D. FISCHEREIWIRTSCHAFT

Binnenfischerei

3-64/11-9114 Hunt, J. D. Planting fish eggs through ice. **(Seenbesatz mit Fischeiern durch die Eisdecke.)** Canad. Fisherman **49** (1962) Nr. 7. S. 30. – 2 Abb.
Der in den letzten Jahren auf dem Winnipeg- und Winnipegosis-See erheblich zurückgegangene Ertrag an *Coregonus clupeaformis* soll in Zukunft durch Besatzmaßnahmen wieder verbessert werden. Die im Okt. von Fischen des Clearwater-Sees gewonnenen Eier werden erbrütet und im Augenpunktstadium, welches meist im März erreicht ist, ausgesetzt. Der Transport der Eier erfolgt durch Flugzeuge und Kraftwagen. Durch Eislöcher, die sich über geeignetem Untergrund befinden müssen, wird der Besatz vorgenommen. Seit 1958 erhielten beide Seen bereits 300 Mill. Eier. Gleichzeitig laufen Untersuchungen über die Auswirkungen von Abwässern auf den Bestand von *C. clupeaformis*. G. Seifert. 6240.

3-64/11-9115. Karpevič, A. F.; Moskau, Unions-Forsch.-Inst. für Hochseefischerei und Ozeanogr. Akklimatizacija ryb i bespozvonočnych. **(Die Akklimatisierung von Fischen und Wirbellosen.)** Zoologičeskij žurnal, Moskva **41** (1962) Nr. 7. S. 969-985. – 4 Tab., 39 Lit. Zus. in Engl.
In den letzten zehn Jahren hat die Akklimatisation von Wasserorganismen in der Fischwirtschaft der UdSSR eine große Rolle gespielt. Diese Arbeiten haben eine bes. Bedeutung im Zusammenhang mit der beschleunigten Formierung der Fischfauna und deren Nahrung in den neu entstehenden Gewässern, aber auch zur Erhöhung der fischereilichen Produktivität der natürlichen Gewässer. Vf. berichtet über die Erfahrungen auf dem Gebiet der Akklimatisation von Fischen und Wirbellosen, berücksichtigt dabei die außerhalb der UdSSR gemachten Erfahrungen und geht bes. auf die mit diesem Fragenkomplex zusammenhängenden Probleme in der SU ein. Hier wurden in den vergangenen Jahren mit 57 Arten Akklimatisationsversuche gemacht. G. Predel. 6240.

3-64/11-9116 Seidlitz, Ulrich. **Ein See wird „aufgepumpt". Wie kann man der Ausstickungsgefahr eines Gewässers begegnen?** Fischwirt **14** (1964) Nr. 2. S. 33-34.
Vf. schildert einige Erfahrungen zum Verhindern der Ausstickung von Gewässern bei Frost, großer Hitze oder sonstigem O_2-Mangel. Insbes. wird eine Methode beschrieben, bei der durch eine Niederdruckluftpumpe (Kreisel- oder Drehkolbengebläse) Luft direkt in das Gewässer gepumpt wird. Als Verteiler dienen perforierte Metallrohre. Gegenüber der Umwälzung des Wassers durch Propeller oder Wasserstrahlen mit Injektorwirkung besitzt diese Methode den Vorteil, daß kein O_2-zehrender Bodenschlamm aufgewühlt oder das Wasser soweit unterkühlt wird, daß die Fische Frostschäden erleiden. In einem 0,75 ha großen Teich stieg der O_2-Gehalt unter der Eisdecke schon nach 1 h auf das 5fache und erreichte fast den Sättigungsgrad. Eine Pumpe mit einer Leistung von 500 l/min reicht aus, um 20-25 t Fische längere Zeit zu hältern. G. Seifert. 6240.

3-64/11-9117 Heard, William R.; Auke Bay, Alaska, U. S. Bureau of Commercial Fisheries. The use and selectivity of small-meshed gill nets at Brooks Lake, Alaska. **(Anwendung und Selektionsvermögen kleinmaschiger Kiemennetze im Brooks-See, Alaska.)** Trans. Amer. Fisheries Soc. **91** (1962) Nr. 3. S. 263-268. – 5 Abb., 2 Tab., 11 Lit.

Für Populationsstudien an juvenilen *Oncorhynchus nerka* und einigen Nebenfischen wurden Kiemennetze aus 110 Td-Nylondraht in den Größen 9,5; 12,5; 19; 22 und 25,5 mm (doppelte Maschenweite) eingesetzt. 13 von 20 vorkommenden Arten konnten gefangen werden, darunter Exemplare unter 50 mm Länge. Das Selektionsvermögen einiger dieser Netze wird in Längen-Häufigkeitskurven dargestellt. Maschen unter 25 mm zeigten nur eine geringe Fängigkeit. Die dünnen Netze konnten nur mit äußerster Sorgfalt angewendet werden. Verbindungsleinen zwischen Ober- und Unterleine sollten das Netzmaterial entlasten, dennoch war die Haltbarkeit nur gering, und die Geräte waren nach einer Saison unbrauchbar. Insbes. beim Hineingelangen großer Fische traten an den Netzen enorme Schäden auf. G. Seifert. 6245.

3-64/11-9118 Schlieker, E.; Potsdam-Sacrow, Zweigstelle für Fangtechn. und Mechanisier. des Inst. für Binnenfischerei der Dtsch. Akad. der Landwirtsch.-Wiss. zu Berlin. **Hinweise zur Fischerei mit Scherbretthamen.** Dtsch. Fischerei-Ztg. **11** (1964) Nr. 5. S. 146-151. — 4 Abb.
Seitens der Zweigstelle für Fangtechnik und Mechanisierung des Inst. für Binnenfischerei wurde ein 1000er Scherbretthamentyp berechnet, in Zusammenarbeit mit einer PwF gebaut und erprobt. Die Fangerfolge waren ausgezeichnet, so daß in der Oderfischerei die allg. Umstellung von Rahmen- auf Scherbretthamen erfolgte. Zur weiteren Auswertung vorliegender Erfahrungen wird empfohlen: 1. Bau von Scherbretthamen nur nach Unterlagen der Zweigstelle; 2. Einrichtung eines Kurzlehrganges für Hamenfischer; 3. Bildung einer Kommission zur Festlegung von Hamenstellen; 4. Wiederaufnahme der Scherbretthamenfischerei in der Elbe in Verbindung mit bes. Hälterungsversuchen; 5. Fortsetzung der Versuche mit Windehamen in der Havel. E. Schlieker. 6245.

3-64/11-9119 Kozianowski, A. **Der Stand und die Perspektive der fischereilichen Produktion im Bezirk Neubrandenburg.** Dtsch. Fischerei-Ztg. **11** (1964) Nr. 1. S. 1-5.
Der Bezirk Neubrandenburg hat als seenreichstes Gebiet im Verhältnis zu anderen Bezirken der DDR sehr niedrige Feinfischerträge. 1962 wurden von den ca. 48000 ha Seen und Fließgewässern 10,3 kg/ha Feinfische erzeugt. Nach Abzug des eingeführten Karpfenbesatzes der Vorjahre beträgt die tatsächlich im Bezirk produzierte Feinfischmenge nur 9,5 kg/ha. Eine Steigerung der Erträge im Sinne des Ministerratbeschlusses vom 22. 8. 1963 ist durch die Sicherung der eigenen Satzfischproduktion, durch verstärkten Besatz der Gewässer und durch andere Wirtschaftsmaßnahmen möglich.
A. Kozianowski. 6255.

3-64/11-9120 Petin, J. Les barrages à permis spéciaux: Aménagements originaux de la pisciculture Marocaine. **(Talsperren mit besonderen Erlaubnisscheinen: Originelle Fischwirtschaft in Marokko.)** Bull. franç. Piscicult. **34** (1962) Nr. 205. S. 169-170.
Marokko ist rel. arm an Gewässern. Forellenbäche gibt es nur im Gebirge. In den Oberläufen der Flüsse hat man kleine Rückhaltebecken angelegt, in denen Regenbogenforellen (*Salmo gairdneri*) gehalten werden. Die Dämme sind ca. 50 m lang und 4-5 m hoch, die Flächen 3-10 ha groß. Zufahrtswege und Umgebung werden für den Touristenverkehr hergerichtet. Die Staugewässer werden im Sept. oder Okt. geleert, von neuem bespannt und mit 5000 8 Mon. alten Regenbogenforellen/ha besetzt. Im folgenden Frühjahr werden an Sportangler Erlaubnisscheine ausgegeben, die 1-3 Mon. Gültigkeit haben und nur 1-2mal in der Woche benutzt werden dürfen. Die Nettoproduktion/ha und Jahr beträgt in diesen kalkreichen Gewässern 200-800 kg Salmoniden. Die Wassertemperatur schwankt im Winter zwischen 5 und 12 °C, im Sommer zwischen 17 und 20 °C. 30-60% des Einsatzes überleben. In manchen Stauweihern wiegen die Forellen im Alter von 20 Mon. 350 g und

mehr und sind ca. 25 cm lang. Plankton fehlt in den Gewässern. Die Nahrung der Forellen besteht vorwiegend aus Gammariden, Limnaeen, Odonaten- und Dipterenlarven. M.-L. Albrecht. 6255.

3-64/11-9121 Shetter, David S. und Alexander, Gaylord R.; Lewiston, Mich., Dep. of Conserv. Effects of a flies-only restriction on angling and on fall trout populations in Hunt Creek, Montmorency County, Michigan. **(Auswirkungen einer Köderbeschränkung [Fliege] auf den Fang und auf die herbstlichen Saiblingsbestände im Hunt-Bach, Montmorency County, Michigan.)** Trans. Amer. Fisheries Soc. **91** (1962) Nr. 3. S. 295-302. – 4 Abb., 9 Tab., 4 Lit.
Bachsaiblinge (*Salvelinus fontinalis*), die mit Wurmködern gefangen und wieder ausgesetzt werden, gehen häufig zugrunde. Aus diesem Grunde wurde auf 2 Versuchsstrecken des Hunt-Bachs 1955-59 die Wurmangelei verboten und nur die künstliche Fliege erlaubt. Da seit **1949** eine genaue Fangkontrolle vorlag, konnten genaue Vergleiche zwischen dem Angelertrag und der Bestandsentwicklung in den Vorjahren und in den anderen Flußabschnitten, wo ohne Einschränkungen geangelt werden durfte, gezogen werden. Der Haupteffekt war ein größerer Fangertrag/h für die kleiner gewordene Anglerzahl. Eine Vergrößerung des Bestandes an untermaßigen Saiblingen konnte nicht beobachtet werden. G. Seifert. 6255.

3-64/11-9122 Baker, W. Donald; Raleigh, N. C., Wildlife Resources Commiss. Scoop for rotenone sampling of lake fish populations. **(Ein Schöpfgerät zum Einsammeln rotenonvergifteter Fischpopulationen in Seen.)** U. S. Dep. Interior, Fish Wildlife Serv., progr. Fish-Culturist **24** (1962) Nr. 3. S. 141-142. – 3 Abb.
Das Gerät besteht aus einer mit Maschendraht oder Netztuch bespannten Rohrkonstruktion und kann in einfacher Weise am Vorderende eines Kahnes befestigt werden. Zum Einsammeln der vergifteten Fische wird das siebartige Gerät im Winkel von ca. 30° zur Wasseroberfläche durch die Fischansammlungen geschoben. Ist eine genügende Füllung erreicht, wird das Vorderende des Gerätes durch Seilzug hochgezogen und es entleert sich über eine trichterförmige Verengung der Seitenwände in ein Sammelgefäß. Konstruktion und Befestigungsweise dieser Schöpfapparatur wird im einzelnen beschrieben. G. Seifert. 6255.

3-64/11-9123 Guseva, N. N. und Šaronov, I. V.; Kuibyschew, Stat. des Inst. für Biol. der Stauseen der Akad. der Wiss. der UdSSR. Uslovija zimovki ryb v Čeremšanskom i Suskanskom zalivach Kujbyševskogo vodochranilišča. **(Die Überwinterungsbedingungen der Fische in der Scheremscha- und Suska-Bucht der Kuibyschewer Talsperre.)** Bjulleteń Instituta biologii vodochranilišč. Akademija nauk SSSR, Moskva-Leningrad **1962** Nr. 12. S. 45-49. – 2 Tab., 5 Lit.
Die Scheremscha- und Suska-Bucht umfassen zusammen ca. 8% der Gesamtwasserfläche der Kuibyschewer Talsperre (64 000 ha). Sie enthalten ausgedehnte Flachwasserbezirke, in denen die Sauerstoffverhältnisse im Winter so schlecht sind, daß Fischsterben in großem Umfang eintreten. Da es sich um sehr produktive Flächen handelt, wird vorgeschlagen, die Suska-Bucht durch einen Damm von der Talsperre abzutrennen und bei konstantem Wasserstand zur Aufzucht von Karpfen zu verwenden. H.-W. Hattop. 6255.

3-64/11-9124 Rezvoj, P. D. und Jalynskaja, N. S.; Lwow, Univ. Gubki-badjagi kak rybij korm v karpovych prudach. **(Süßwasserschwämme als Fischnahrung in Karpfenteichen.)** Zoologičeskij žurnal, Moskva **41** (1962) Nr. 10. S. 1567-1568. – 3 Lit. Zus. in Engl.
Neben einer natürlichen Bauchwassersuchtresistenz haben die in den westlichen Teichwirtschaften der UdSSR eingeführten Amur-Hybriden auch noch

andere günstige Eigenschaften. Im Verhältnis zum Karpfen (*Cyprinus carpio*) nehmen sie weit mehr Wirbellose auf, darunter auch die oft massenhaft vorkommenden Süßwasserschwämme (Spongillidae). Darmanalysen deuten darauf hin, daß die von den Hybriden aufgenommenen Schwämme auch verdaut und verwertet werden, was sich bes. bei periodischer Abnahme des natürlichen Nahrungsangebotes in den Teichen sehr vorteilhaft bemerkbar macht. Im Gegensatz zum Karpfen ist bei den Hybriden zu dieser Zeit kein Massenrückgang eingetreten. A. Kozianowski. 6310.

3-64/11-9125 Kuznecova, I. I.; Wolgograd, Abt. des Staatl. Forsch.-Inst. für Binnenfischerei. Povyšenie vyživanija potomstva u sazana (Cyprinus carpio L.). **(Vergrößerung der Zahl der überlebenden Nachkommen beim Wildkarpfen [Cyprinus carpio].)** Zoologičeskij žurnal, Moskva **41** (1962) Nr. 9. S. 1367-1373. — 8 Tab., 10 Lit. Zus. in Engl.
Nach statistischen Angaben aus den Brutaufzuchtanlagen im Wolgadelta betrug die durchschnittliche Verlustzahl beim Wildkarpfen (*Cyprinus carpio*) in den ersten Mon. 82-99,5%. Um die Ursache dieser hohen Verluste zu erforschen, wurden frisch geschlüpfte Larven mit dem Substrat in 0,5 l-Gläser gebracht, wo sie bei extrem schlechten Nahrungsverhältnissen (mit dem Substrat hineingelangten Urtierchen) 23 Tage ohne Verluste durchgehalten haben. Nahrungsmangel scheidet also als Hauptfaktor der hohen Verluste aus. Eine größere Rolle spielen nach Angaben des Vf. die Temperaturverhältnisse und die Ei- bzw. Bruträuber, zu deren Bekämpfung noch keine wirksamen Maßnahmen bekannt sind. A. Kozianowski. 6315.

3-64/11-9126 Therezien, E.; Madagaskar, Centre Techn. Forestier Trop. Note sur un voyage en Allemagne pour étudier les problèmes que pose la pisciculture de la carpe à Madagascar. **(Bemerkungen über eine Reise nach Deutschland, um die Probleme, die die Karpfenzucht in Madagaskar aufwirft, zu studieren.)** Bull. franç. Piscicult. **34** (1962) Nr. 205. S. 157-164.
Es wurden zahlreiche Teichwirtschaften des Aischgrundes besucht und deren Wirtschaftsweise studiert. In Madagaskar ist es bisher nicht möglich gewesen, die für die Karpfenaufzucht erforderlichen großen Mengen Karpfenbrut zu erzeugen. Die Ursachen hierfür sind wahrscheinlich a) saures Wasser, das stark mit suspendierten Stoffen, insbes. Pflanzenresten, angereichert ist, wodurch leicht Sauerstoffmangel eintreten kann; b) mangelnde Pflege der Teiche, vor allem keine Bodenbearbeitung und Düngung. M.-L. Albrecht. 6315.

3-64/11-9127 Barthelmes, Detlev; Berlin-Friedrichshagen, Inst. für Binnenfischerei. **Ursachen der K_1-Verluste in Peitz-Lakoma und Möglichkeiten zu ihrer Verringerung.** Dtsch. Fischerei-Ztg. **9** (1962) Nr. 11. S. 341-348. — 7 Tab., 5 Lit.
Die K_1-Verluste in Peitz-Lakoma lassen sich mit großer Wahrscheinlichkeit auf Naturnahrungsmangel im Sommer zurückführen, der die Verluste entweder direkt oder auf dem Wege über sekundär auftretende Krankheiten und andere Schädigungen verursachen kann. Die Entwicklung der Naturnahrung im Sommer muß deshalb verstärkt werden. Neben der Entenhaltung, deren Wirksamkeit in diesem bes. Zusammenhang noch genauer zu ermitteln wäre, läßt sich eine grundlegende Besserung nur von der Einführung des Vorstreckverfahrens in regelrechten Vorstreckteichen erhoffen.
D. Barthelmes. 6315.

3-64/11-9128 Schäperclaus, W.; Berlin-Friedrichshagen, Inst. für Binnenfischerei der Dtsch. Akad. der Landwirtsch.-Wiss. zu Berlin. **Wichtige Grundsätze für die intensive Getreideverfütterung in Karpfenabwachsteichen.** Dtsch. Fischerei-Ztg. **11** (1964) Nr. 1. S. 15-31. — 9 Tab.
Durch Getreidezufütterung läßt sich bei *Cyprinus carpio* mit guter Kondition ein rechnerischer Naturzuwachs von 200-250 kg/ha auf das 5- bis 6fache

steigern, es können daher auch unter Praxis-Bedingungen ca. 1300 kg/ha abgefischt werden. Bei 600-1000 kg Gesamtzuwachs/ha wurden 2,5-3,2 kg Getreide/Stück Karpfen benötigt, der abs. FQ lag zwischen 3 und 4. Bei gleichem Naturzuwachs waren max. 1700 kg Karpfen/ha abzufischen bei noch wirtschaftlichem FQ. Abfischungsmassen bis 800 kg/ha erfordern nur ca. 2 kg Getreide/kg Karpfen, höhere Ergebnisse jedoch 2-3 kg. Hohe Erträge sind nur bei sorgfältigem Futterplan erreichbar, und große Futtermengen müssen auf eine hinreichende Zahl von Futterplätzen/Teichfläche verteilt werden. G. Merla. 6320.

3-64/11-9129 Schäperclaus, W.; Berlin-Friedrichshagen, Inst. für Binnenfischerei der Dtsch. Akad. der Landwirtsch.-Wiss. zu Berlin. **Ergebnisse eines Fütterungsversuchs mit Kobaltchlorid bei Karpfen und über die Bedeutung der Spurenelemente in der Teichwirtschaft im allgemeinen.** Dtsch. Fischerei-Ztg. **11** (1964) Nr. 2. S. 33-39. — 2 Tab.
Vf. spricht zunächst über Vorkommen und Funktion verschiedener Spurenelemente in Wasserpflanzen und -tieren, auch unter Berücksichtigung teichwirtschaftlicher Produktionsfragen. Den Fischen können über Düngung und Fütterung Spurenelemente zugeführt werden. Ihre Wirkung hängt u. a. von den bereits im Teich vorhandenen Mengen ab. Kupferdüngungsversuche lieferten bisher noch keine klaren Ergebnisse, und eigene Untersuchungen zur Frage der Kobaltchlorid-Verfütterung führten zu nicht gesicherten Aussagen über einen positiven Einfluß. G. Merla. 6320.

3-64/11-9130 Muchina, R. Skorost' perevarivanija kormov segoletkami. **(Verdauungsgeschwindigkeit bei einsömmrigen Karpfen.)** Rybovodstvo i rybolovstvo, Moskva **5** (1962) Nr. 5. S. 9. — 1 Tab.
Durch ernährungsphysiol. Versuche mit einsömmrigen Karpfen (37 und 16 g) konnte die Verdauungsgeschwindigkeit dieser Fische bei Fütterung mit Ölkuchen und Ölkuchen-Fischmehl-Gemisch gemessen werden. Zu diesem Zweck wurde der Darm in 3 Abschnitte eingeteilt und die Durchlaufgeschwindigkeit der aufgenommenen Nahrung verfolgt. 15 h nach der Fütterung waren der erste und zweite Teil fast leer. Im dritten befanden sich noch umfangreiche Kotmassen, die nach 25 h jedoch auch den Darm verlassen hatten. Das Ölkuchen-Fischmehl-Gemisch passierte bei einer Wassertemperatur von 13 bis 16 °C den Karpfendarm innerhalb von 38,5 h, wogegen der Verdauungsprozeß des reinen Ölkuchens 40 h betrug. A. Kozianowski. 6320.

3-64/11-9131 Michajlov, F. Udobrenie prudov perebrožennym kompostom. **(Teichdüngung mit ausgegorenem Kompost.)** Rybovodstvo i rybolovstvo, Moskva **5** (1962) Nr. 5. S. 8-9.
Die für unsere Verhältnisse ungewöhnlichen Erträge der chinesischen Teichwirtschaften werden u. a. auch durch eine intensive Kompostdüngung erreicht. Die Düngermischung wird in 20-50 m^2 großen Becken aus Stalldung, Unkraut, Wasserpflanzen, Fäkalien, Teichschlamm, Branntkalk und anderen Mineraldüngern vorbereitet und nach längerer Gärungsdauer zerkleinert und durch ein Sieb geschüttet. Die kleinen Komposteilchen werden nun mit Wasser aufgeschwemmt und in einer Menge von 75 kg/ha innerhalb von 20 d auf die Teiche verteilt. Die Kompostdüngung hat den Vorteil gegenüber der Gründüngung, daß die Düngermischung gleichmäßig im Teich verteilt werden kann und somit nicht zu örtlichen Sauerstoffdefiziten führt.
A. Kozianowski. 6325.

3-64/11-9132 Mamontova, L. Mineral'nye udobrenija. **(Mineraldüngung.)** Rybovodstvo i rybolovstvo, Moskva **5** (1962) Nr. 4. S. 13-15. — 1 Abb.
Durch Anwendung von Stickstoff- und Phosphordüngern konnte die Entwicklung des Phytoplanktons innerhalb von 3 d so weit gefördert werden, daß die natürliche Produktivität der Brutstreckteiche von 200 auf 1180 kg/ha

anstieg. In den südlichen Teichwirtschaften konnten noch bessere Ergebnisse erzielt werden. Bei einem Besatz von 60000 K_V und einer Düngermenge von 715 kg Salpeter und 101 kg Superphosphat/ha (verabreicht innerhalb 1 Mon.) konnten im Herbst bei einer mittleren Stückmasse von 21 g Erträge in Höhe von 998 kg K_1/ha erreicht werden. Der Futterbedarf ist durch die Einwirkung der Teichdüngung von 3,7 auf 1,4 kg/1 kg Fischfleisch gesunken.

A. Kozianowski. 6325.

3-64/11-9133 Agapova, G. Udobrenie vyrostnych prudov. **(Düngung der Aufzuchtteiche.)** Rybovodstvo i rybolovstvo, Moskva **5** (1962) Nr. 4. S. 15-16. — 1 Abb.

Vf. beschreibt eine Reihe von Düngungsversuchen in Brutteichen bei wechselnden Besatzstärken. Das i. allg. nährstoffarme Wasser der Versuchsteiche wurde mit 4 mg N/l und 0,3 mg P/l gedüngt, wodurch sich innerhalb von 5-7 d eine üppige Planktonflora entwickelte. Bei einer Besatzdichte von 18700 K_V/ha konnten im Herbst 520,3-907,8 kg K_1 (mittlere Stückmasse (30-48 g)/ha abgefischt werden. Bei einem Besatz von 40000 K_V brachten die Teiche einen Ertrag von 1481,1 kg K_1/ha, wogegen ohne Fütterung und Düngung bei gleichem Besatz nur 239 kg/ha abgefischt wurden. Die zusätzlichen Kosten der Düngung betrugen im Höchstfalle 4 Kop./1 kg K_1.

A. Kozianowski. 6325.

3-64/11-9134 Barthelmes, D.; Berlin-Friedrichshagen, Inst. für Binnenfischerei der Dtsch. Akad. der Landwirtsch.-Wiss. zu Berlin. **Über den produktionsbiologisch günstigsten Zeitpunkt der Frühjahrsabfischung von Satzkarpfenbeständen.** Dtsch. Fischerei-Ztg. **11** (1964) Nr. 1. S. 5-10. — 22 Lit.

Wie aus den in der Literatur vorliegenden Angaben über die Nährtierentwicklung in Karpfenteichen und aus Untersuchungen in der Karpfenteichwirtschaft Peitz hervorgeht, haben stehenbleibende Teiche häufig die Tendenz zur Ausbildung von Nährtiermaxima in der kalten Jahreszeit. Da andererseits über Winter trockenliegende Teiche zu bes. Nahrungsarmut in der ersten Zeit nach dem Bespannen neigen, wird i. allg. eine rel. späte Frühjahrsabfischung stehengebliebener Teiche produktionsbiol. am günstigsten sein. Im Einzelfall ist jedoch mit einer großen Vielfalt von Bedingungen zu rechnen, so daß sinnvolle Änderungen der Abfischungstermine nur nach vorheriger Untersuchung der Teiche vorgenommen werden können. Die Untersuchungen sollten qualifizierten Kräften (Diplom-Fischwirten) vorbehalten bleiben und müssen nach und nach zu Routineuntersuchungen entwickelt werden. Auf diesem Wege lassen sich wirtschaftlich unter Umständen sehr einschneidende Fehler in der Festsetzung der Abfischungstermine wahrscheinlich beheben.

D. Barthelmes. 6340.

3-64/11-9135 Merla, Günther; Königswartha, Zweigstelle für Karpfenteichwirtsch. des Inst. für Binnenfischerei der Dtsch. Akad. der Landwirtsch.-Wiss. zu Berlin. **Der Einfluß der Karpfen-Freßtätigkeit auf die Entwicklung einiger Gruppen niederer Tiere im Streckteich.** Dtsch. Fischerei-Ztg. **11** (1964) Nr. 5. S. 134-138. — 4 Abb., 7 Lit.

Beim Vergleich von Teichen mit 2000 und 6000 K_1(*Cyprinus carpio*)/ha waren die Chironomiden, die den Hauptanteil der Bodentiere stellten, vom Frühsommer bis Aug. stark von den Fischen genutzt worden. Im Vorkommen von *Corethra* war kein Unterschied zwischen unterschiedlich besetzten Teichen erkennbar, und selbst die Oligochaeten kamen erst zum Spätsommer zu in Teichen mit starkem Fischbesatz in verminderter Menge vor. Letzteres war jedoch nicht eindeutig auf intensivere Nahrungsaufnahme der Fische zurückzuführen. Wahrscheinlich ist die Bedeutung der Oligochaeten für die Karpfenernährung geringer als die der Chironomiden, was bei Bodentierangaben aus verschiedenen Teichen zu bedenken ist. G. Merla. 6340.

3-64/11-9136 Zobel, H. **Entenmast in der Binnenfischerei.** Dtsch. Fischerei-Ztg. **11** (1964) Nr. 2. S. 45-47.
Die Entenproduktion in der Binnenfischerei der DDR hat sich seit 1954 sprunghaft entwickelt und stellt jetzt schon einen wesentlichen Teil der Hauptproduktion der Fischereibetriebe dar. Sie ist von 505,6 t im Jahre 1959 auf 2956 t Entenfleisch im Jahre 1962 gestiegen und war im letztgenannten Jahr mit 47,3% an den Erlösen der gesamten Binnenfischerei beteiligt. Die am Beispiel des VEB Binnenfischerei Wermsdorf ermittelte Rücklaufzeit der für den Bau eines Entenkombinates erforderlichen Mittel beträgt 2 ½ Jahre. Für die Vorbereitung der Entenfreiwasserhaltung werden im Gegensatz zur Trockenmast nur wenige Mittel benötigt. A. Kozianowski. 6345.

3-64/11-9137 Menzel, H. U. **Ein Beitrag zur Ermittlung und Auswertung der Stückverluste bei Satzkarpfen.** Dtsch. Fischerei-Ztg. **11** (1964) Nr. 1. S. 10-15.
Vf. unterbreitet einen Vorschlag zur exakten und einheitlichen Ermittlung und Auswertung der Stückverluste bei Satzkarpfen in den 3 Zuchtjahren, wobei er entsprechend den verschiedenen Bewirtschaftungsmethoden die Verlustermittlung und Auswertung in mehreren Gruppen empfiehlt. Als wichtigste Angaben innerhalb der einzelnen Gruppen werden folgende Kennzahlen vorgeschlagen: 1. Anzahl der Teiche, 2. Nutzfläche, 3. Stückverluste in %, 4. Variationsbreite der Stückverluste, 5. Anzahl und Nutzfläche der nicht auswertbaren Teiche. A. Kozianowski. 6350.

3-64/11-9138 Müller, K. **Eine Methode zur Gewinnung von Naturfutter für Forellenzuchten.** Z. Fischerei Hilfswiss. [N. F.] **11** (1964) Nr. 9/10. S. 743 bis 745. — 2 Abb., 5 Lit.
Durch Ausnutzung der org. Drift kann in Bächen, die eine *Gammarus*-Besiedlung aufweisen, Naturfutter in größeren Mengen gewonnen werden. Dazu wird ein Teil der Wasserführung (ca. 10%) mit Hilfe eines Rohres filtriert. Auch im Winter lagen die Driftwerte recht hoch, die Maxima wurden im Juni/Juli erreicht. Die meisten Tiere werden nachts gefangen.
W. Steffens. 6420.

3-64/11-9139 Golovkov, G.; Leningrad, Staatl. Forsch.-Inst. für Binnenfischerei. Pervyj opyt razvedenija čira. **(Erste Erfahrungen mit der Zucht von Coregonus nasus.)** Rybovodstvo i rybolovstvo, Moskva **5** (1962) Nr. 5. S. 10-12. — 1 Abb., 2 Tab.
1959 wurden erstmalig Eier von *Coregonus nasus* an einem nördlichen Fluß der UdSSR abgestrichen, künstlich befruchtet und in der Zentralen Versuchsstation in Leningrad erbrütet. Die Brut wurde im Mischbesatz mit einsömmrigen Karpfen oder Peledmaränen (*C. peled*) sowie auch im Reinbesatz in Teichen aufgezogen. Das Wachstum der jungen Fische übertraf in vielen Fällen das der Karpfen und der Peledmaränen. In manchen Teichen erreichten die einsömmrigen Tiere eine Masse von 200 g, wogegen die Peledmaränen höchstens 120 g wogen. Als typischer Bodentierfresser ist *C. nasus* für einen Mischbesatz mit Karpfen nicht geeignet. Er kann jedoch wie diese einen längeren Transport auch bei höheren Temperaturen sehr gut überstehen.
A. Kozianowski. 6450.

3-64/11-9140 **A horgászat kézikönyve.** (Handbuch des Anglers.) Budapest: Sport. 1963. (294 S.) 8°. (1964 A 217)

Küsten- und Hochseefischerei

3-64/11-9141 Chadwick, Harold K. Catch records from the striped bass sportfishery in California. **(Fangberichte von der Sportfischerei auf Roccus saxatilis in Kalifornien.)** Calif. Fish and Game **48** (1962) Nr. 3. S. 153-177. — 17 Abb., 8 Tab., 11 Lit.

Die Arbeit enthält eine ausführliche Analyse der Ergebnisse der kalifornischen Sportangelei auf *R. saxatilis* während der Jahre 1949-59, wobei die Fangergebnisse von 1938-48 zum Vergleich herangezogen werden. Die Hauptveränderungen seit 1948 bestehen in einem Rückgang der Fischerei im Sacramento-San-Joaquin-Delta von 1952-1959 und einer bedeutenden Zunahme in der nördlichen San-Franzisko-Bucht, die auf eine Veränderung der Fangmethoden 1957 zurückzuführen ist. Ende der 1940er bis zu Beginn der 1950er Jahre verursachte eine zunehmende Anglerzahl geringere Fangerfolge und es wird angenommen, daß sich der Bestand während dieser Zeit verringerte. Seit 1956 verbesserten sich die Fangerfolge wieder, und die Durchschnittsgröße der Fische ging etwas zurück. G. Seifert. 6480.

3-64/11-9142 Forrester, C. R. und Ketchen, K. S.; Nanaimo, Brit. Columbia, Fisheries Res. Board of Canada. The Strait of Georgia trawl fishery. **(Die Trawlfischerei der Straße von Georgia.)** Western Fisheries **67** (1963) Nr. 2. S. 47-56. ;Nr. 3. S. 32-36. 38-46.; (1964) Nr. 4. S. 38-43.; Nr. 5. S. 36 bis 40. — 32 Abb., 5 Tab.

Vff. schildern die Geschichte der Trawlfischerei der Straße von Georgia und analysieren die Statistik der Fänge. Der mögliche Maximalertrag wird diskutiert, und eine Einführung von Regulierungsmaßnahmen wird für nötig gehalten. Die Straße von Georgia liefert ca. 25% der Anladungen Britisch-Kolumbiens. Durch verstärkte Fischerei mit größeren Maschenweiten wäre es möglich, den Gesamtertrag zu erhöhen. Die ökonomischen Effekte der erwähnten Veränderungen auf Flotte und Markt werden erörtert.
J. Waldmann. 6515.

3-64/11-9143 *Rao, S. N.* **Mechanization of fishing in Andhra Pradesh.** Bangkok: FAO Regional Office for Asia and the Far East. 1963. (14 S. m. 3 Tab.) 22 × 28 cm = FAO, Indo-Pacific Council, Occasional Paper 63/4. In der Arbeit schildert Vf. die bisher erzielten Ergebnisse und Vorteile der Mechanisierung der Meeresfischerei (insbes. in den Küstengewässern) des indischen Staates Andhra Pradesh. Zunächst wird auf die Boote und ihre Motorisierung eingegangen, anschließend werden die Fischereigeräte behandelt, und zum Abschluß wird die Ausbildung der Fischer besprochen. Die erforderliche Modernisierung der Fischerei bereitet infolge des Fehlens von geeigneten Häfen, von Maschinen und ihrer fachlichen Betreuung sowie des Mangels an synthetischen Fasern und ihrer hohen Kosten erhebliche Schwierigkeiten.
W. Steffens.

3-64/11-9144 *Qureshi, M. R.* **Progress of mechanization of fishing boats in West Pakistan.** Bangkok: FAO Regional Office for Asia and the Far East. 1963. (2 S. m. 1 Tab.) 22 × 28 cm = FAO, Indo-Pacific Council, Occasional Paper 63/3.

E. BEEINFLUSSUNG DER FISCHEREI DURCH DIE UMWELT

3-64/11-9145 Christaller, Hans. **Reinhaltung des Bodensees und Hochrheinschiffahrt.** Wasserwirtschaft **54** (1964) Nr. 5. S. 122-126. — 3 Abb.

Der Bodensee befindet sich augenblicklich in einem labilen Übergangsstadium zwischen einem oligotrophen und einem eutrophen Seentyp. Diese Alterung des Sees ist auf eine durch zunehmende Abwasserlast bedingte Verschlechterung der Wassergüte zurückzuführen. Dadurch ist die Wasserversorgung der Bodenseegemeinden und des Stuttgarter Raumes gefährdet. Durch Verbesserung der Ernährungsbedingungen hat der Ertrag der Blaufelchenfischerei stark zugenommen. Infolge des raschen Wachstums erreichen die Fische jedoch nicht mehr die Laichreife, was auf längere Sicht eine Ertragsminderung bedeutet. Die Ursachen für die Verschmutzung des Bodensees sind darin zu suchen, daß die meisten Ortschaften des Einzugsgebietes zwar eine Kanalisation und eine mech. Kläranlage, aber keine biol. Aufbereitungsanlage, geschweige denn chem. Fällungsvorrichtungen zur Entfernung der Phosphate besitzen. Eine weitere Gefährdung ist in der im Bau befindlichen Ölfernleitung Genua-Ingolstadt und in dem geplanten Anschluß des Bodensees an die Hochrheinschiffahrt zu sehen. D. Nehring. 6655.

3-64/11-9146 Moens, N. L., Wibaut, Isebree und Peelen, R. Biological purification in riverwater under the influence of light. **(Biologische Reinigung von Flußwasser unter Lichteinfluß.)** Hydrobiologia [Den Haag] **19** (1962) Nr. 4. S. 339-350. — 5 Abb.
Für die Versuche wurde grobfiltriertes Rheinwasser verwendet, so daß die Zooplankter zwar entfernt worden sind, das Phytoplankton, insbes. das Nannoplankton, jedoch erhalten blieb. Die Proben wurden bei einer Temperatur von 25 °C sowohl im Hellen (Dauerbeleuchtung) als auch im Dunkeln gehalten. Die Ergebnisse der Versuche zeigen, daß Phytoplankton unter Lichteinfluß erhebliche Mengen Sauerstoff produzieren kann (O_2-Anstieg in 12 Tagen im März von 5 auf 37 mg/l, im Apr. von 8 auf 25 mg/l, im Mai von 8 auf 26 mg/l, im Juli von 6,5 auf 26 mg/l). In den Dunkelproben sank der O_2-Gehalt in 10 (März, Apr.) bis 5 Tagen (Mai, Juli) auf Null. Im März war das Phytoplankton bei 9 °C noch so schwach entwickelt, daß in den ersten 2 Tagen des Versuchs kein Sauerstoff zu verzeichnen war. Erst nach der durch die hohe Temperatur bedingten Vermehrung kam es zu einer O_2-Überproduktion. Dieses Beispiel zeigt, daß in der dunklen und kalten Jahreszeit praktisch keine Selbstreinigung stattfindet. Mit Hilfe der durchgeführten Experimente ist es möglich, die potentielle O_2-Produktion verunreinigter Gewässer unter Lichteinfluß zu messen. Steigt der Sauerstoffgehalt an, so ist das Phytoplankton „gesund", und das Wasser kann sich selbst reinigen.
M.-L. Albrecht. 6655.

3-64/11-9147 Lehn, Hubert; Konstanz, Anst. für Bodenseeforsch. **Zur Sichttiefen-Minderung im Bodensee seit 1920.** Int. Rev. ges. Hydrobiol. **47** (1962) Nr. 4. S. 523-532. — 4 Abb., 1 Tab., 24 Lit.
Ein Vergleich von Sichttiefemessungen im westl. Obersee und Überlinger See (oligo- bis mesotroph) früherer Jahre (1920-1924) mit den heutigen (1953 bis 1961) zeigt, daß z. Z. in der ersten Jahreshälfte eine Sichttiefenminderung von 30%, in der zweiten von 10% zu verzeichnen ist. Das Sichttiefeminimum erstreckt sich heute über 5 Mon. (Mai-Sept.), während es früher nur auf 2 Mon. (Juli, Aug.) beschränkt war. Als Ursache wird die stark erhöhte Zufuhr von Phosphor-Verbindungen (Siedlungsabwässer, Kunstdünger) angesehen. Diese können in weiten Teilen des Bodensees sogar im Winter bei sehr niedrigen Phytoplanktonzahlen in kurzer Zeit einen Trübungsschirm bilden, der die Sichttiefe innerhalb von 2 d auf $^1/_5$ vermindert. M.-L. Albrecht. 6665.

3-64/11-9148 Findenegg, Ingo; Lunz, Österr. Akad. der Wiss. **Limnologische und fischereibiologische Untersuchungen an einem durch Abwasser alkalisierten Alpensee, dem Millstätter See in Kärnten.** Z. Fischerei Hilfswiss. [N. F.] **11** (1962) Nr. 1/2. S. 115-127. — 1 Abb., 7 Tab., 8 Lit.
Durch die Einleitung von stark alkalischen Abwässern des Magnesitwerkes Radentheim in den Millstätter See ist der pH-Wert auf 9,4 angestiegen. Vf. wies anhand eingehender Untersuchungen über den Chemismus, die Biomassen des Phytoplanktons, die Primärproduktion mittels der ^{14}C-Methode sowie die optischen Eigenschaften des Sees nach, daß die von 1952-1961 erneut eingetretene Alkalisierung des Wassers keinen Rückgang der planktischen Produktionsfähigkeit zur Folge hatte, wie es in Gutachten von Nereshеimer und Ruttner 1928 sowie Weber und Knie 1958 dargelegt worden war. Dagegen wurde durch die pH-Werterhöhung die qualitative Zusammensetzung des Phytoplanktons zeitweise beeinträchtigt. Von den Fischarten ist in dieser Periode der Alkalisierung keine in bedenklicher Weise zurückgegangen, obwohl die Erträge an Seeforellen und Hechten gesunken sind. Dagegen sind die Saiblings- und Schleienfänge gestiegen und die Erträge an Welsen annähernd gleich geblieben. K. Anwand. 6665.

3-64/11-9149 Herbert, D. W. M.; Stevenage, Herts., Water Pollution Res. Lab. The toxicity to rainbow trout of spent still liquors from the distillation of coal. **(Die Toxizität der Rückstandsflüssigkeiten von der Destillation der Kohle gegenüber Regenbogenforellen.)** Ann. appl. Biol. **50** (1962) Nr. 4. S. 755-777. — 14 Abb., 5 Tab., 31 Lit.

Flüssigkeiten dieser Art enthalten an Giftstoffen Ammoniumsalze, Phenol, Cyanid, Sulfid, Thiocyanat und Thiosulfat. Es wurde vermutet und durch Versuche bestätigt, daß die Giftwirkung dieser Flüssigkeit hauptsächlich durch Ammoniumsalze und einwertige Phenole bestimmt wird. In weiteren Versuchen wird der Einfluß von pH-Wert, Härte, O_2-Konzentration und Temperatur auf den Eintritt einer Schädigung durch einwertige Phenole beschrieben und mit entsprechenden Resultaten für das NH_4^+ verglichen. Ferner wurde die Giftwirkung von phenolhaltigen Ammoniumsalzlösungen untersucht. Die Versuchsergebnisse aus dem Lab. werden mit entsprechenden Resultaten unter natürlichen Bedingungen verglichen. Vf. glaubt auf Grund der Ermittlung von Phenol- und NH_4^+-Konzentration die Schadwirkung von Gaswerksabwässern auf den Vorfluter vorhersagen zu können.

D. Nehring. 6665.

3-64/11-9150 Holden, A. V. A study of the absorption of ^{14}C-labelled DDT from water by fish. **(Untersuchungen zur Adsorption von ^{14}C-markiertem DDT aus dem Wasser durch Fische.)** Ann. appl. Biol. **50** (1962) Nr. 3. S. 467-477. — 2 Abb., 2 Tab., 17 Lit.

Vf. untersuchte die Verteilung von radioaktiv markiertem DDT in vergifteten Forellen. Das DDT wurde aus dem Wasser sehr schnell durch Fische und Detritus entfernt. In allen untersuchten Organen und Geweben der Fische wurden verhältnismäßig hohe Konzentrationen ermittelt. Eine Speicherung wurde beobachtet im Magen, in den Blindsäcken, in den Eingeweiden, in Gehirn, Muskeln und Haut. Die Konzentration bezogen auf die Fettextrakte der verschiedenen Organe ergab einheitlichere Resultate, als wenn diese auf die Masse der Organe bezogen wurden. Hieraus wird geschlossen, daß die im Fettgewebe vorhandene DDT-Konzentration die Toxizität gegenüber den Fischen beeinflußt. Es wird weiter geschlossen, daß Fische in schlechtem Ernährungszustand und fettarme Fische gegenüber DDT empfindlicher sind als andere. Der DDT-Gehalt in den Ovarien weist auf eine Gefahr für die Fortpflanzung hin. D. Nehring. 6665

3-64/11-9151 McDonald, S. Rapid detection of chlorinated hydrocarbon insecticides in aqueous suspension with Gammarus lacustris lacustris (Sars.). **(Die schnelle Bestimmung von chlorierten Kohlenwasserstoff-Insektiziden in wäßriger Suspension mit Gammarus lacustris lacustris.)** Canad. J. Zool. **40** (1962) Nr. 5. S. 719-723.

Gammarus lacustris steht während der Mon. Mai-Okt. in Seen und Tümpeln in ausreichendem Maß zur Verfügung. Die wäßrige Suspension der Insektizide wurde durch Verwendung von Azeton als Lösungsvermittler, das für die Versuchstiere wenig giftig ist, erhalten. Bestimmt wurde die DL_{50}. Das Absterben der Versuchstiere wurde mittels eines Spannungsstoßes festgestellt. Tiere, die auf den Elektroschock nicht mehr reagierten, galten als tot. Die Versuchsperiode darf nicht zu lange ausgedehnt werden, da die Versuchstiere auch durch hohe Wassertemperaturen, den Einfluß der Kupferelektroden, den Anstieg des CO_2-Gehalts sowie durch Giftstoffe aus den zu untersuchenden Pflanzen geschädigt werden können. Konzentrationen von 0,01 mg/l Lindan oder Endrin lassen sich noch quantitativ erfassen. D. Nehring. 6665.

3-64/11-9152 Hynes, H. B. N. und Roberts, F. W.; Liverpool, Univ.; Luton, Sewage Purification Works. The biological effects of synthetic detergents in the river Lee, Hertfordshire. **(Die biologischen Einflüsse von synthetischen Detergentien im Fluß Lee, Hertfordshire.)** Ann. appl. Biol. **50** (1962) Nr. 4. S. 779-790. — 1 Abb., 1 Tab., 12 Lit.

Vff. untersuchten die Flora und Fauna im Lee-Fluß, der stark durch Abwässer in Mitleidenschaft gezogen wird. Die Untersuchungen erstreckten sich über die Jahre 1950-1961. Während dieses Zeitraumes stieg der Detergentiengehalt von 1 mg/l auf 3 -4 mg/l im Jahre 1958. Danach wurden neue Arten von synthetischen Waschmitteln verwendet, die durch Abwasserbehandlung biol. abgebaut werden; die Detergentienkonzentration sank daraufhin stufenweise auf ca. 2 mg/l im Jahr 1960 ab. Es zeigte sich, daß keine merklichen biol. Veränderungen, die auf die Detergentienkonzentration zurückgeführt werden können, auftraten. Versuche deuten jedoch darauf hin, daß das Fehlen oder die geringe Anzahl einiger Pflanzenarten auf das Vorhandensein dieser Substanzen zurückzuführen ist. D. Nehring. 6665.

3-64/11-9153 Knaut, Hellmut; Dresden, TU, Inst. für Boden- und Wasserwirtsch. **Toxizität und Abbaubarkeit von Detergentien im Abwasser in der Sicht der Abwasserreinigungstechnik.** Wasserwirtsch.-Wassertechn. **14** (1964) Nr. 3. S. 70-74. — 6 Abb., 1 Tab.
Bei der Abwasseraufbereitung werden die Detergentien nur ungenügend aus dem Wasser entfernt. Im Vorfluter verursachen sie Schäden durch Beeinträchtigung der Wasserflora und -fauna. Darüber hinaus gefährden sie durch Schaumbildung die Schiffahrt und beeinträchtigen die Qualität des Trinkwassers. Nach Behandlung der allg. Wirkung von Detergentien gegenüber Wasser- und Landtieren werden Versuche an Hähnchen über die unmittelbare Toxizität und die sog. „Schlepperwirkung" dieser Substanzen beschrieben. Die Mast unter Zufütterung von Detergentien ergab keine Schädigung oder Beeinträchtigung der Zuchttauglichkeit der Hähnchen. Versuche über die Bodenbehandlung detergentienhaltiger Abwässer zeigen, daß die Beseitigung der Detergentien durch Sorption und Abbau im Boden möglich ist. Bei Detergentienkonzentrationen zwischen 800 und 30000 $mg/m^2 \cdot J$ wurden keine statistisch gesicherten Minderungen von Ertrag und Qualität der getesteten Kulturpflanzen gefunden. D. Nehring. 6665.

3-64/11-9154 Butler, L.; Toronto, Ontario, Univ. Periodicities in the annual muskrat population figures for the province of Saskatchewan. **(Veränderungen in der jährlichen Bisamrattenpopulationsdichte, dargestellt für die Provinz Saskatchewan.)** Canad. J. Zool. **40** (1962) Nr. 7. S. 1277-1286. — 4 Abb., 2 Tab., 2 Lit.
Die jährliche Produktion von Bisamhäuten in Saskatchewan wurde für die Periode 1915-1960 ermittelt. Der südliche Teil der Provinz, die Prärie-Zone, hat 2 Hauptspitzen: 1923 und 1955. Die restlichen Spitzen, die in 6jährigen Intervallen auftreten, wechseln sehr stark hinsichtlich der Menge der Tiere. Der mittlere Teil von Saskatchewan, die Espenhain-Zone zeigt eine ähnliche Periodizität wie die Prärie-Zone. Im Nordabschnitt dagegen treten die Fangspitzen in Intervallen von 10 Jahren auf und sind hinsichtlich ihrer Menge ca. gleich groß. Zum Teil kann der Massenwechsel der Populationen mit den Niederschlägen in Zusammenhang gebracht werden. In der Prärie-Zone wurden die größten Fänge stets nach 2 feuchten Jahren gemacht. In der Espenhain-Zone besteht eine gewisse Korrelation zwischen dem Schneefall und dem Fang im folgenden Frühjahr. M.-L. Albrecht. 6695.

3-64/11-9155 Haydock, C. Irwin; Dillon Beach, Calif., Pacific Marine Stat. An experimental study to control oyster drills in Tomales Bay, California. **(Eine Untersuchung zur Eindämmung der Austernschnecken in der Tomales-Bucht, Kalifornien.)** Calif. Fish and Game **50** (1964) Nr. 1. S. 11-32. — 2 Abb., 43 Lit.
Die Untersuchungen hatten das Ziel, die Möglichkeiten der Einschränkung der Austernschnecken mit Hilfe chem. Mittel zu prüfen. Die Bekämpfung der nur wenige cm großen Schneckenarten *Urosalpinx cinerea*, *Acanthina spirata* und *Ocenebra* (= Tritonalia) *japonica* ist wirtschaftlich wichtig, weil alljährlich durch sie große Verluste bei *Crassostrea virginica* auf den Austern-

bänken in der Tomales-Bucht verursacht werden. Insgesamt wurden mehr als 2000 Verbindungen auf ihre spez. Wirkung gegenüber den genannten Schädlingen getestet, die aber für Austern ungiftig sein sollten. Als geeignet erwiesen sich nur 1,2-Dichlorbenzol und 1-Naphthyl-N-methylcarbamat. Beide Mittel werden in dem Untergrund um die Austernbänke angereichert und bieten einen Schutz gegenüber einer Schädlingsinvasion über mehrere Monate. K. Anwand. 6695.

F. FISCHKRANKHEITEN

3-64/11-9156 Kunst, Lj.; Zagreb, Veterin. Fak., Inst. za Zarazne i Invazione Bolesti. Kultura bubrežnih stanica šarana. **(Kultur des Nierengewebes von Karpfen.)** Veterin. Arh. [Zagreb] **32** (1962) Nr. 5/6. S. 121-126. — 1 Tab., 8 Lit.
Die Methode zur Züchtung von Nierenzellen von *Cyprinus carpio* mittels Trypsinierung wird beschrieben. Das verwendete Medium enthielt 74% isotonisch verdünnter Rinder-Amnion-Flüssigkeit und 26% isotonisch verdünntes Kälberserum. Die Kulturen wuchsen ebenfalls gut in Medien, die 80% der isotonisch verdünnten Hanks-Lösung und 20% Fischserum enthielten. Die Bruttemperatur betrug 23 °C. Das Nährmedium wurde alle 5 Tage erneuert. Th. Mattheis. 6710.

3-64/11-9157 Markov, G. S. und Kosareva, N. A.; Wolgograd, Staatl. Pädagog. Serafimowitsch-Inst. O zakonomerno-razdel'noj i sovmestnoj vstrečaemosti sočlenov v parazitocenozach ryb. **(Über das gesetzmäßige getrennte und gemeinsame Auftreten der Individuen in den Biozönosen der Fischparasiten.)** Zoologičeskij žurnal, Moskva **41** (1962) Nr. 10. S. 1477-1487. — 4 Tab., 43 Lit. Zus. in Engl.
Bei der Erforschung der Fischparasiten des Wolga-Don-Kanals „Lenin" wurden auch die gegenseitigen Beziehungen der einzelnen Parasitenarten untersucht. So konnte z. B. festgestellt werden, daß *Caryophyllaeus laticeps* und *Digramma interrupta*, *Ergasilus sieboldi* und die Larven von *Anodonta anatina* und *Unio pictorum* stets getrennt auftreten. Dagegen wird *D. interrupta* meist von *Philometra ovata* begleitet, was durch ökol. und physiol. Verhältnisse bedingt ist. Die Verhältnisse zwischen den einzelnen Parasitenarten hängen im wesentlichen von den Umweltbedingungen und von den Veränderungen ab, die unter dem Einfluß der Parasiten im Organismus des Wirtes stattfinden. A. Kozianowski. 6730.

3-64/11-9158 Čerepanov, V. V.; Irkutsk, Univ., Biol.-Geogr. Forsch.-Inst. Parazitofauna Amurskich ryb, akklimatizirovannych v bassejne Bajkala. **(Die Parasitenfauna der im Baikal-See akklimatisierten Amurfische.)** Zoologičeskij žurnal, Moskva **41** (1962) Nr. 10. S. 1568-1571. — 2 Tab., 11 Lit. Zus. in Engl.
Vf. hat bei 2 Amurfischarten, *Cyprinus carpio haematopterus* und *Parasilurus asotus*, die Parasitenfauna untersucht. Das Ergebnis der Untersuchungen waren 11 Parasitenarten bei *P. asotus* und 9 bei *C. carpio haematopterus*. Vf. stellte weiterhin fest, daß von den 11 Arten 5 und von den 9 Arten nur eine für den Amur spez. waren. Die übrigen gefundenen Parasitenarten sind im Baikal-See lokalisiert. Sie parasitieren bei den einheimischen Cypriniden und Raubfischen. A. Kozianowski. 6730.

3-64/11-9159 Mann, Hans; Hamburg, Bundesforsch.-Anst. für Fischerei, Inst. für Küsten- und Binnenfischerei. **Beobachtungen über Krankheiten und Parasiten an Elbfischen.** Fischwirt **12** (1962) Nr. 10. S. 300-309. — 7 Abb., 11 Lit.
Die Untersuchungen fanden zwischen 1956 und 1961 statt. Am auffälligsten war die Fleckenkrankheit der Weißfische. Am häufigsten erkrankte der Aland,

seltener Plötze, Rotfeder und Blei. Regelmäßig in jedem Jahr tritt die Süßwasseraalseuche auf. Im Juli/Aug. ist sie am häufigsten. Ebenfalls in jedem Jahr erkrankten die Hechte an Fleckenseuche. Größere Verluste traten nur im Frühjahr 1957 auf. Bis zu 10% der kleinen Aale (25-30 cm) hatten im Brackwasser Merkmale der Blumenkohlkrankheit. Auch oberhalb Hamburg, im Süßwasser, wurden einzelne blumenkohlkranke Aale gefangen. Wurden Aale von 100-250 g einige Zeit gehältert, hatten sie größere Verluste durch *Ichthyophthirius*-Befall. *Lernaea cyprinacea* wurde beim Aland und Blei häufiger, seltener bei Plötze, Güster und Rotfeder gefunden. *Ergasilus sieboldii* kam vereinzelt auf den Kiemen von Blei und Güster vor. *Achtheres percarum* trat nur beim Zander auf. Unter 1% lag der Befall mit *Philometra opercularis* bei Güster, Blei, Uklei und Aland. *Philometra abdominalis* kam stets mit *Ligula* zusammen bei Blei und Güster vor. *Triaenophorus nodulosus* kam selten bei Hechten vor. Dagegen waren 30-40% der stichprobenartig untersuchten Stinte mit Larven von *Porrocaecum decipiens* befallen. Ziemlich häufig wurden durch Wurmstar (Larve von *Proalaria spathaceum*) erblindete Zander, Barsche und Kaulbarsche beobachtet. Viele Barsche, Kaulbarsche und Weißfische hatten in der Haut Larven von *Neodiplostomum cuticola*. Häufig wurde auch bei Bleien Mopskopfbildung beobachtet, deren Ursache nicht bekannt ist. Th. Mattheis. 6730.

3-64/11-9160 Mann, Hans; Hamburg, Bundesforsch.-Anst. für Fischerei, Inst. für Küsten- und Binnenfischerei. **Tracheliastes maculatus (Copepoda parasitica) auf den Schuppen von Elbfischen.** Arch. Fischereiwiss. **13** (1962) Nr. 3. S. 126-128. — 1 Abb., 8 Lit.

Auf *Abramis brama* aus Altarmen und Nebengewässern der Elbe kam *Tracheliastes maculatus* in unterschiedlichen Mengen vor. Im Laascher See waren 71,5% der Bleie befallen. Bleie aus dem freien Strom hatten eine Befallsrate unter 1%. Direkte Schadwirkung konnte nicht festgestellt werden. Offene Stellen auf der Haut durch abgestorbene oder anderweitig entfernte Parasiten können Eintrittspforten für sekundäre bakterielle Infektionen sein. Th. Mattheis. 6740.

3-64/11-9161 Lahav, M., Shilo, M. und Sarig, S.; Jerusalem, Univ., Hadassah Med. School; Nir David, Dep. of Fisheries. Development of resistance to lindane in Argulus populations of fish ponds. **(Die Entstehung einer Resistenz gegenüber Lindan bei Argulus-Populationen in Fischteichen.)** Bamidgeh, Bull. Fish Cult. Israel **14** (1962) Nr. 4. S. 67-76. — 6 Abb., 1 Tab., 16 Lit.

Eine Überprüfung verschiedener, mit Lindan behandelter Teiche zeigte, daß die *Argulus*-Populationen in der Widerstandsfähigkeit gegenüber Lindan sehr voneinander abweichen. Dabei wurde eine Beziehung zwischen der Anzahl der Lindan-Teichbehandlungen und dem Grad der Resistenz gefunden. Letztere erstreckt sich ebenfalls auf andere chlorhaltige Insektizide, wie z. B. auf Endrin. Die Lindan-Behandlungen beeinflussen jedoch die Resistenz von *Argulus* gegenüber Malathion, einer Phosphor-Verbindung, nicht. G. Merla. 6740.

3-64/11-9162 Lukin, E. I.; Charkow, Staatl. Zootechn. und Veterinärmed. Inst. K poznaniju fauny pijavok Kujbyševskogo vodochranilišča. **(Zur Kenntnis der Egelfauna der Kuibyschewer Talsperre.)** Bjulleteń Instituta biologii vodochranilišč. Akademija nauk SSSR, Moskva-Leningrad **1962** Nr. 12. S. 30-31. — 1 Tab., 3 Lit.

In der Kuibyschewer Talsperrre wurden 9 Arten von Egeln gefunden. Am weitesten verbreitet ist *Helobdella stagnalis*. Vor Errichtung der Talsperre stand dagegen *Glossiphonia complanata* an erster Stelle. Der Fischegel *Piscicola geometra* ist wegen der zunehmenden Verunreinigung des Wassers seltener

geworden. Die Egelfauna der Talsperre befindet sich noch in der Entwicklung, sie wird sich erst in den folgenden Jahren stabilisieren.
H.-W. Hattop. 6750.

3-64/11-9163 Kulakovskaja, O. P.; Lwow, Naturkunde-Museum der Akad. der Wiss. der Ukrain. SSR. Razvitie gvozdičnikov (Caryophyllaeidae, Cestoda) v promežutočnom chozjaine. **(Die Entwicklung von Caryophyllaeidae [Cestoda] im Zwischenwirt.)** Zoologičeskij žurnal, Moskva **41** (1962) Nr. 7. S. 986-992. — 17 Lit. Zus. in Engl.
Vf. berichtet von 3jährigen Beobachtungen in der Natur und im Labor über die Entwicklung von *Caryophyllaeidae* (*Caryophyllaeus fimbriceps, C. laticeps, Biacetabulum appendiculatum* und *Khavia sinensis*) in Zwischenwirten. Als Zwischenwirte wurden verschiedene Arten von Tubificiden und Naididen ermittelt. Charakteristisch für diese Cestoden ist das Fehlen von frei lebenden Oncosphaeren-Stadien. G. Predel. 6750.

3-64/11-9164 Coupland, Anne C.; Birmingham, Univ. The taxonomy of monogenean gill parasites from Scyliorhinus canicula and Raia clavata at Plymouth. **(Die Taxionomie von monogenen Kiemenparasiten von Scyliorhinus canicula und Raia clavata aus dem Fanggebiet von Plymouth.)** J. Marine biol. Assoc. United Kingdom **42** (1962) Nr. 3. S. 521-526. — 2 Abb., 9 Lit.
Die monogenen Kiemenparasiten von *Scyliorhinus canicula* und *S. stellaris* erwiesen sich als identisch. Ihre exakte systematische Bezeichnung ist *Hexabothrium appendiculatum* (Kuhn, 1829) Nordmann, 1832. *H. canicula* ist synonym mit obiger Art. Die Hexabothriiden von *Raia clavata* wurden als *Rajonchocotyle emarginata* (Olsson, 1876) Sproston, 1946 identifiziert. Synonym mit ihr ist *Rajonchocotyle clavata.* Th. Mattheis. 6750.

3-64/11-9165 Behrman, E. J.; Boston, Mass., New England Deaconess Hospital; Harvard Med. School; Cancer Res. Inst. Tryptophan metabolism in Pseudomonas. **(Tryptophan-Stoffwechsel bei Pseudomonas.)** Nature [London] **196** (1962) Nr. 4850. S. 150-152. — 2 Abb., 28 Lit.
Tryptophanabbau über Anthranilsäure (aromatischer Weg) und über Kynurensäure (Chinolin-Weg) kommen bei *Pseudomonas*-Stämmen vor. Die noch bestehenden Lücken im Wissen (Abbau von D-Tryptophan und Kynurensäure) wurden durch die vorliegenden Untersuchungen weiter eingeengt, und ein Bakterienstamm mit zusätzlichen Enzymeigenschaften konnte gefunden werden. Th. Mattheis. 6790.

3-64/11-9166 Hofmann. **Hat der Käufer von Satzfischen die Möglichkeit, Schadenersatz zu verlangen, wenn sich nach der Besetzung herausstellt, daß die gelieferten Satzfische an BWS eingehen?** Fischbauer **15** (1964) Nr. 184. S. 743 bis 744.
Nach § 477 des BGB kann der Käufer, sofern der Verkäufer Mängel nicht arglistig verschwiegen hat, nur innerhalb von 6 Mon. Schadenersatz verlangen. Bei Karpfenlieferungen im Frühjahr ist eine längere Gewährfrist nicht geboten, wohl aber beim Satzfischverkauf im Herbst. In der Regel wird allerdings keine Garantie für die Seuchenfreiheit übernommen. Auf anderer Ebene stehen allerdings die Fälle, in denen das arglistige Verschweigen von Krankheiten durch Zeugen oder Gutachter nachzuweisen ist. Hierfür werden Beispiele genannt. G. Merla. 6790.

3-64/11-9167 Duijn jun., C. van. Taxonomy of the fish furunculosis organism. **(Taxionomie des Furunkulose-Erregers bei Fischen.)** Nature [London] **195** (1962) Nr. 4846. S. 1127. — 8 Lit.
Vf. macht darauf aufmerksam, daß Vickers und McClean (1961), die Furunkulose bei *Coregonus pollan* diagnostizierten, ein nomenklatorischer Fehler unterlaufen ist. Die gefundenen Bakterien können nach ihren Eigenschaften

(gramnegativ, asporogen, fermentieren Zucker zu Säure) nicht zur Gattung *Bacillus* gehören, sondern sind zur Gattung *Aeromonas* zu stellen. Die korrekte Bezeichnung des Furunkulose-Erregers der Fische ist *Aeromonas salmonicida*.
Th. Mattheis. 6790.

3-64/11-9168 Hewetson, Ann; Dublin, Fisheries Div. Furunculosis in salmon kelts. **(Furunkulose bei laichreifen Lachsen.)** Nature [London] **196** (1962) Nr. 4858. S. 1009. – 1 Tab., 1 Lit.
Zwischen Dez. 1961 und Mai 1962 wurden aus 6 irischen Flüssen 49 tote laichreife Lachse gesammelt und bakteriologisch untersucht. Bei 3 Fischen (6,1%) ließ sich der Furunkulose-Erreger *Aeromonas salmonicida* nachweisen.
Th. Mattheis. 6790.

3-64/11-9169 Rabb, L. und McDermott, L. A.; Guelph, Ontario Agric. Coll. Bacteriological studies of freshwater fish. II. Furunculosis in Ontario fish in natural waters. **(Bakteriologische Untersuchungen an Süßwasserfischen. 2. Mitt. Furunkulose bei Fischen aus Naturgewässern Ontarios.)** J. Fisheries Res. Board Canada **19** (1962) Nr. 6. S. 989-995. – 5 Tab., 16 Lit. 1. Mitt. vgl. LZ. III **7** (1962) Nr. 5. S. 1115.
Während eines Zeitraumes von 29 Mon. wurden 1044 Fische (zugehörig zu 12 Arten) aus 10 Flüssen des südlichen Ontario auf das Vorkommen von *Aeromonas salmonicida* untersucht. Mit einer Ausnahme wurden Stämme von *A. salmonicida* nur bei *Salvelinus fontinalis* gefunden. Am häufigsten kam *A. salmonicida* bei den Bachsaiblingen eines Abschnittes des Beaver Rivers vor. Eine Erklärung konnte hierfür nicht gegeben werden.
Th. Mattheis. 6790.

3-64/11-9170 Stolk, A.; Amsterdam, Free Univ., Dep. of Histol. Tumours in fishes. XXXII. Adenoma of the pharyngeal glands in the mouthbreeding anabantid Betta anabatoides Bleeker. **(Geschwülste bei Fischen. 32. Mitt. Adenom der Pharyngeal-Drüsen bei Betta anabatoides.)** Proc. Kon. nederl. Akad. Wetensch., Ser. C **65** (1962) Nr. 5. S. 469-482. – 14 Abb., 13 Lit. 28. Mitt. vgl. LZ. III **8** (1963) Nr. 4. S. 887.
Bei einem adulten und einem jungen Weibchen von *B. anabatoides* konnten an der dorsalen Fläche des Gaumens ein gutentwickelter bzw. ein kleiner Tumor beobachtet werden. Die unregelmäßige, knötchenartige Geschwulst bestand aus alveolären und nichtalveolären Teilen sowie fibrillärem Bindegewebe. Die Tumorzellen besaßen rel. kleine, fast runde Kerne, cytoplasmatische Einschlüsse und Vakuolen. Im reifen Tumorgewebe waren Nekroseherde und Zysten. Der Tumor drang in das Nachbargewebe, bes. Bindegewebe und Muskulatur, ein. Th. Mattheis. 6800.

3-64/11-9171 Tesch, F. W. **Die Ursachen eines Aal- und Barbensterbens in der oberen Weser.** Fischwirt **14** (1964) Nr. 2. S. 39-40.
Nach dem Eisaufgang in der Weser im Frühjahr 1963 konnten die Auswirkungen eines vorangegangenen Fischsterbens festgestellt werden. Unter den betroffenen Fischarten befanden sich überwiegend Aale (*Anguilla anguilla*), Barben (*Barbus barbus*) und Bleie (*Abramis brama*). Es wird die Vermutung geäußert, daß das Sterben auf Grund einer Salzgehalts-Temperaturschichtung in der infolge starker Versalzung belasteten Flußstrecke bes. in bodennahen Schichten durch extrem niedrige Temperaturen und hohe Salzkonzentrationen verursacht wurde. Flachere Gewässerteile sollen verschont geblieben sein.
K. Anwand. 6805.

G. FISCHVERARBEITUNG

3-64/11-9172 Boyd, J. W. und Southcott, B. A.; Vancouver, Brit. Columbia, Fisheries Res. Board of Canada. Ultraviolet irradiation of circulating refrigerated fish storage brines. **(UV-Bestrahlung zirkulierender gekühlter**

Salzlösungen für Fischtransport und -lagerung.) J. Fisheries Res. Board Canada **21** (1964) Nr. 1. S. 37-43. — 5 Abb., 7 Lit.

Der Einfluß andauernder oder intermittierender UV-Bestrahlung auf den Bakteriengehalt gekühlter mit 0 °C bis —1 °C umlaufender 3%iger Natriumchlorid-Lösung und auf die Qualität der darin gelagerten Fische (*Ophiodon elongatus* und *Oncorhynchus nerka*) wurde untersucht. Unter den Versuchsbedingungen verhinderte die UV-Strahlung die Weiterentwicklung der Bakterien in der Salzlösung; der Bakteriengehalt des in der Salzlösung gelagerten Fisches wurde dadurch nicht in gleicher Weise beeinflußt. Außerdem bewirkte die Bestrahlung eine Veränderung des Geruches und der Farbe der Salzlösung. Auch der Geruch des Fisches wurde in Mitleidenschaft gezogen. Die Schnittflächen verfärbten sich leicht. Trübe, hoch verunreinigte Salzlösungen wurden nach längerer Bestrahlungsdauer nahezu entkeimt.

H. J. Rümmler. 6830.

3-64/11-9173 Power, H. E.; Halifax, Nova Scotia, Fisheries Res. Board of Canada. An improved method for the preparation of fish protein concentrate from cod. **(Eine verbesserte Methode zur Herstellung von Fischproteinkonzentrat aus Kabeljau.)** J. Fisheries Res. Board Canada **19** (1962) Nr. 6. S. 1039-1045. — 4 Abb., 1 Tab., 7 Lit.

Im Hinblick auf die Wichtigkeit für den Einsatz in der menschlichen Ernährung wird über die Herstellung eines Fischproteinkonzentrates hoher Qualität im Versuchsmaßstab berichtet. Die Erzeugung des Produktes aus frischen, enthäuteten Kabeljaufilets (*Gadus morhua*) erfolgt nach einem angegebenen Schema, das im wesentlichen aus 2 Extraktionen mit Isopropanol/Wasser (Berücksichtigung des Wassergehaltes im Rohmaterial) im Verhältnis 70:30 und einer Extraktion mit 99%igem Isopropanol jeweils bei 178-180 °F besteht. Bei einer noch steigerungsfähigen Ausbeute von 12-15% bezogen auf die Filetmasse wird ein weißes, weiches geschmack- und geruchloses Mehl erhalten, das ca. 4% Feuchtigkeit enthält. Eine typische Probe des Proteinkonzentrates zeigt folgende Zusammensetzung (in Prozent der Tr.-S.): 96% Protein (N × 6,25), 5% Asche, 0,033% Lipide (Extraktion mit Methanol/Chloroform).

H. Kreienbring. 6850.

3-64/11-9174 Lang, K.; Mainz, Univ., Physiol.-Chem. Inst. **Ernährungsphysiologische Eigenschaften von Fischölen.** Arch. Fischereiwiss. **13** (1962) Nr. 1/2. S. 1-9. — 2 Tab., 33 Lit.

Die Fischöle unterscheiden sich in ihrer Zusammensetzung nicht unwesentlich von den Säugetierfetten. Sie enthalten nur ca. 20% gesättigte Fettsäuren (hauptsächlich Myristinsäure und Palmitinsäure). Bes. typisch ist die hohe Konzentration an Polyensäuren, die fast ausschließlich der Linolensäure-Reihe angehören. Die Linolsäure-Reihe (essentielle Fettsäuren) ist nur schwach vertreten. Die Öle bestehen vorwiegend aus Triglyceriden. Die Fette der Seefische und der im Meer lebenden Säugetiere ähneln einander sehr, während sich diejenigen der Süßwasserfische etwas davon unterscheiden. Bei ihnen sind die ungesättigten Säuren mit C_{20} und C_{22} zugunsten der C_{18} vermindert. Die Zusammensetzung der Fischöle ist weitgehend nahrungsabhängig. Der Fettsäurestoffwechsel der Fische entspricht grundsätzlich dem der Säugetiere. Die ernährungsphysiol. Eigenschaften der Fette werden sehr wesentlich von den in ihnen enthaltenen fettlöslichen Wirkstoffen und Begleitstoffen mitbestimmt. Viele Fischfette enthalten reichlich Vit. A und D, dagegen sehr wenig Tocopherol (Vit. E).

M.-L. Albrecht. 6850.

3-64/11-9175 Treščeva, V. I.; Unions-Forsch.-Inst. für Hochseefischerei und Ozeanogr. Soderžanie vitaminov v rybnoj i kitovoj kormovoj muke. **(Der Vitamingehalt im Fisch- und Walmehl.)** Rybnoe chozjajstvo, Moskva **38** (1962) Nr. 7. S. 70-73. — 3 Tab.

Vf. führt Werte über den Gehalt von Vitaminen in Fisch- und Walmehl an. Die Vit.-Gehalte sind zwar in Abhängigkeit von den Fisch- bzw. Walarten unterschiedlich, jedoch sind Vitamine in allen angeführten Produkten zu finden. Es handelt sich bes. um Vitamine des B-Komplexes (B_1, B_2) und Nikotinsäure RR. Vergleichende Untersuchungen ergaben bei Fisch- und Walmehl günstigere Vit.-Gehalte als bei Sojaölkuchen, Fleischmehl und Blutmehl. Es wird auf die Notwendigkeit der Verarbeitung aller Abfälle des Fisch- und Walfanges zu Futtermitteln hingewiesen. G. Predel. 6850.

H. FANGGERÄTE

3-64/11-9176 Brandt, A. v.; Hamburg, Bundesforsch.-Anst. für Fischerei, Inst. für Netz- und Materialforsch. **Die Leistung von Netzkonservierungsverfahren unter subtropischen und tropischen Bedingungen.** Arch. Fischereiwiss. **13** (1962) Nr. 3. S. 141-154. – 5 Abb., 4 Lit.
Netzkonservierungen, die sich unter nordeuropäischen Verhältnissen bewährt haben, wurden auf ihre Leistungen in tropischen Fischereigebieten überprüft. Dazu wurden verschieden imprägnierte Baumwollzwirne bei Alexandria, an der Malabarküste und bei Manila ausgesetzt und in bestimmten Zeitabständen geprüft. Es stellte sich heraus, daß die Konservierung verschiedener Mittel eine Reihenfolge ergibt, die ca. unseren nordeuropäischen Verhältnissen entspricht (am günstigsten Spezialgerbung und Dreibad-Verfahren). E. Schlieker. 6866.

3-64/11-9177 Köthke, Hugo. **Bericht über die Einführung der Aalreuse aus Kunststoff.** Fischwirt **14** (1964) Nr. 2. S. 29-33. – 2 Abb.
Zur Verbesserung der westdeutschen Aalwirtschaft sind außer der Durchführung von Besatzmaßnahmen auch neue Fangmöglichkeiten zur besseren Ausnutzung der vorhandenen Aalbestände (*Anguilla anguilla*) zu suchen. Diesem Zweck dient eine nach dem Baukastensystem konstruierte Kunststoffreuse, die in der Form einem herkömmlichen Aalkorb ähnelt, jedoch an der Oberseite eine verdunkelnde Überdachung besitzt, die den Aal veranlassen soll, sich darin zu verbergen. Das Grundmodell besteht aus 7 Teilen und kann auf einfache Weise beliebig verlängert oder verkürzt werden. Von diesem Reusentyp sind bereits mehrere Tausend Exemplare im Einsatz und bringen sehr gute Fangerträge. Eine Versuchsserie ließ erkennen, daß das Grundmodell annähernd die Optimallösung darstellt, denn die Fänge wurden bei Veränderungen in der Länge der Reuse oder der Weite des Kehleneinganges allg. geringer. G. Seifert. 6866.

Redaktionsschluß: 15. 8. 1964

Herausgeber: Deutsche Demokratische Republik · Deutsche Akademie der Landwirtschaftswissenschaften zu Berlin, Institut für Landwirtschaftliche Information und Dokumentation, Berlin W 8, Krausenstr. 38/39; Fernsprecher: 225161. Chefredakteur: Dr. Werner Kleeberg, Berlin W 8, Krausenstr. 38/39; Fernsprecher: 225161. Redaktion der Abteilung III – Tierzucht · Tierernährung · Fischerei: Dr. Hans Dieter Hennig, Dr. habil. Bernhard Piatkowski und Dr. habil. Werner Steffens, Berlin W 8, Krausenstraße 38/39; Fernsprecher: 225161. Verlag: Akademie-Verlag GmbH, Berlin W 8, Leipziger Straße 3—4; Fernsprecher: 220441, Telex-Nr. 011773, Postscheckkonto: Berlin 35021. Bestellnummer dieses Heftes: 1030 III – IX/11. Das Landwirtschaftliche Zentralblatt, Abt. Tierzucht · Tierernährung · Fischerei, erscheint monatlich. Einzelheft MDN 20,–; einseitig bedruckte Ausgabe MDN 24,–. Jahresbezugspreis MDN 240,–; einseitig bedruckte Ausgabe MDN 288,– einschl. Register, zuzüglich Porto und Versandkosten. Gesamtherstellung: VEB Druckerei „Thomas Müntzer" Bad Langensalza. Veröffentlicht unter der Lizenznummer 1290 des Presseamtes beim Vorsitzenden des Ministerrates der Deutschen Demokratischen Republik.

Bei Fragen zur Produktsicherheit wenden Sie sich bitte an:
If you have any questions regarding product safety,
please contact:

Walter de Gruyter GmbH
Genthiner Straße 13
10785 Berlin
productsafety@degruyterbrill.com